钢筋混凝土结构设计

（第三版）

舒士霖　邵永治　赵羽习　张爱晖　编著

ZHEJIANG UNIVERSITY PRESS
浙江大学出版社

图书在版编目（CIP）数据

钢筋混凝土结构设计／舒士霖等编著．—3版．—杭州：浙江大学出版社，2013.3（2024.3重印）
ISBN 978-7-308-11225-3

Ⅰ．①钢… Ⅱ．①舒… Ⅲ．①钢筋混凝土结构—结构设计 Ⅳ．①TU375.04

中国版本图书馆CIP数据核字（2013）第033761号

钢筋混凝土结构设计（第三版）
舒士霖　邵永治　赵羽习　张爱晖　编著

责任编辑　杜希武
封面设计　刘依群
出版发行　浙江大学出版社
（杭州市天目山路148号　邮政编码310007）
（网址：http://www.zjupress.com）
排　　版　杭州好友排版工作室
印　　刷　广东虎彩云印刷有限公司绍兴分公司
开　　本　787mm×1092mm　1/16
印　　张　21
字　　数　511千
版 印 次　2013年6月第3版　2024年3月第14次印刷
书　　号　ISBN 978-7-308-11225-3
定　　价　58.00元

浙江大学出版社发行中心联系方式：（0571）88925591；http://zjdxcbs.tmall.com

内容简介

本书共五章，书中系统地介绍了混凝土梁板结构、单层厂房及多层和高层房屋的结构设计原理、结构组成和结构布置、适用条件、计算简图、设计计算实用方法以及配筋构造和施工图等，扼要地介绍了结构计算机分析方法，还介绍了抗震设计原则及方法，强调了概念设计和结构延性的重要作用及各类结构的延性设计方法。每章均有计算例题、复习思考题，此外，书中还附有单向板肋梁楼盖和单层厂房两个设计实例。

本书按国家建设部建筑工程专业指导委员会的要求及我国现行有关规范、规程、图集、手册及有关教材、专著编写而成。

本书是《钢筋混凝土结构》(舒士霖主编)的后续课程教材，是一本实践性很强的专业课用书。编写过程中，既注意到理论性，又注意到实践性，是一本理论性和实践性并重的教材。通过本书的学习，读者将掌握一般钢筋混凝土结构设计的能力。

本书主要对象是高等院校土木建筑类专业本科生；对大专、夜大和函授类学生，按不同要求对本书内容取舍后同样适用。本书也可供土木建筑工程设计、施工及科学研究人员参考。

第三版说明

第三版根据国家最新颁布的《混凝土结构设计规范》GB50010—2012、《建筑结构荷载规范》GB50009—2011、《建筑抗震设计规范》GB50011—2010、《建筑地基基础设计规范》GB50007—2011 等对第二版作了相应的修改。

同时，根据第二版使用情况，对其内容和章节也作了较大的调整和补充：(1)新增了第 1 章“结构设计内容要求及课程的内容性质”使读者在进行单体建筑结构设计之前，对建筑结构设计的全过程和主要环节具有比较全面的了解；(2)原第 1 章“钢筋混凝土梁板结构设计”改为第 2 章，并对塑性分析内容作了较多补充，上述两章由舒士霖教授执笔；(3)原第二章“单层厂房”改为第 3 章，由赵羽习教授修改补充；(4)原第 3 章“多层与高层房屋的结构与分析”和第 4 章“多层和高层房屋构件的截面与抗震设计”合并为新第 4 章“多层及高层建筑结构设计”，内容突出框架结构的非抗震和抗震设计，删去了大部分其他高层建筑结构体系，以免与“高层建筑结构”课程重复，本章由张爱晖副教授修改补充；(5)取消了原第 5 章“多层与高层房屋基础设计”，亦是为了避免与“地基基础”课程重复；(6)随着电算设计日益普遍，为了使读者及早掌握有关结构设计电算的基本知识，新增了第 5 章“PKPM 软件简介及算例分析”由赵羽习教授执笔。

编　者

2012 年 11 月于浙江大学求是园

第二版说明

近几年来，混凝土结构的设计理论有了较大的发展；国家根据大量的有关科研成果和工程实践，对原有的许多国家标准进行了全面、系统的修订和编制。这些新编制的国家标准现已在陆续实施执行。为此编者根据这几年的教学实践和各有关新的现行国家标准，对本书进行了较为全面的修改、增减和调整，以适应形势的发展和教学的需要。

本书第 2 版主要按照现行新的国家标准：《混凝土结构设计规范》(GB 50010—2010)，《高层建筑混凝土结构技术规程》(JGJ 3—2002)，《建筑抗震设计规范》(GB 50011—2001)，《建筑结构荷载规范》(GB 50009—2001)，《建筑地基基础设计规范》(GB 50007—2002)等进行了修改。由于我们的水平有限，时间仓促，对新的国家标准的理解难免有疏漏和谬误之处，敬请读者批评指正。

编　　者

2003 年 7 月于浙大求是园

第一版前言

本书根据国家建设部建筑工程专业指导委员会制订的《混凝土结构及砌体结构》课程的要求，并按照我国现行的《钢筋混凝土结构设计规范》(GBJ 10-89)等有关规范、规程及其局部修改条文编写而成，同时参考了有关的图集、手册，以及国内外有关的教材和专著。

全书共5章，系统地介绍了钢筋混凝土梁板结构、单层厂房及多层和高层房屋的结构设计原理、结构组成和结构布置、设计计算方法、截面配筋和构造要求。书中还介绍了抗震设计的原则和方法。

钢筋混凝土梁板结构一章中重点阐述了塑性铰及内力重分布的概念、单向板肋梁楼盖按弹性及塑性调幅设计的方法以及双向板按塑性铰线设计的方法，结合无梁楼盖介绍了受冲切承载力的计算方法。单层厂房一章中重点阐述荷载计算、等高排架的内力分析和内力组合方法以及排架柱、柱下独立基础和牛腿的设计方法和配筋构造。在目前的设计中，屋架和吊车梁等大多选用标准图，因此本书适当压缩了这部分内容，主要介绍其受力特点和设计要点。多层和高层房屋一章中，重点介绍常用的框架结构、剪力墙结构和框架—剪力墙结构及其结构组成、结构布置、受力特点和适用条件；对内力和变形计算，主要介绍实用的计算方法，并着重其物理概念。鉴于目前多层房屋，特别是高层房屋的结构设计已大多采用计算机计算，因此扼要地介绍了结构计算机分析的内容以及对计算机计算结果进行分析判断的要点。在多层与高层房屋构件的截面与抗震设计一章中，适当增加了抗震设计的内容，强调了概念设计的重要性、应遵循的原则、主要内容及设计经验；重点阐述了结构延性的概念和作用、各结构体系和结构构件的延性设计方法，简要介绍了国内外有关这方面的试验研究成果和设计实践经验；结合框架结构，还阐述了叠合构件的受力特点及计算方法；本书最后对高层房屋常用的基础形式和实用计算方法也作了扼要介绍。

书中每章均有计算例题和复习思考题，此外还附有单向板肋梁楼盖和单层厂房等高排架两个设计实例及供参考的两个课程设计任务书。

本书是《钢筋混凝土结构》(舒士霖主编)的后续课程教材，也是一本实践性很强的专业课用书。作者在编写过程中，既注意其理论性，也注意其实践性，因此是一本理论和实践并重的教材。通过本书的学习，力求使读者达到对建筑工程中一般钢筋混凝土结构进行设计的能力，并为学习后续有关课程、毕业设计及今后工作打好基础。

本书第1章由陈鸣副教授撰写，第2章、第3章、第4章和第5章由邵永治副教授撰写，全书由舒士霖教授校核定稿。

由于作者水平有限，书中的不当和谬误之处，请读者不吝指正。

编　者

2000年5月于浙江大学求是园

目　　录

第 1 章

钢筋混凝土结构设计内容要求及课程的内容性质

导读

通过本章学习要求：(1)了解结构设计的内容和要求，重点是结构方案和结构分析；(2)理解结构方案的重要性，对其内容和要求应有全面的认识；(3)理解结构分析的基本原则和基本条件；(4)建立计算模型是结构分析中的重点，掌握建模的原则和方法；(5)理解结构分析各种方法的基本概念、适用范围及其优缺点；(6)理解构造措施在结构设计中的重要性，避免重计算轻构造的倾向；(7)了解课程的内容和性质，培养结构设计的实践能力和综合分析能力。

任何一个建筑物的设计都是建设设计、结构设计、设备和节能环保设计等多工种设计的综合成果，结构设计是其中一个十分重要的部分。

建筑结构是由各类结构构件组成的一个空间结构体系，是建筑物的基本受力骨架，结构设计的根本任务是保证建筑物的安全可靠，满足正常使用和耐久性的要求，并应尽可能节约材料和投资、方便施工、降低能耗和保护环境。

1.1 结构设计的内容

混凝土结构设计包括下述内容：

(1)结构方案设计，包含选择结构体系(结构选型)、结构和构件布置及传力途径等；

(2)作用及作用组合；

(3)结构内力分析计算;

(4)结构极限状态计算;

(5)必要的构造措施;

(6)耐久性设计;

(7)满足特殊要求结构的专门性设计;

(8)绘制施工图。

上述各项内容的重点是选用合理结构方案、正确进行结构分析和采取必要的构造措施。

1.2 结构方案

结构方案是结构设计的核心内容,对整个结构设计的全局起着决策性作用。灾害调查和事故分析表明,结构方案对建筑物的安全有着决定性的影响。

结构设计是否安全、适用、经济和合理的关键在于选用的结构方案是否恰当。

对抗震结构,更要重视抗震概念设计,抗震概念设计是根据地震灾害和工程经验等所形成的基本设计原则和设计思想,进行建筑和结构的总体布置并确定细部的构造,概念设计具有一定的经验性。

1.2.1 结构体系的选用(结构选型)

结构设计时,采用何种结构体系是结构方案优化的关键。选用结构体系包括上部承重结构体系和下部承重结构体系。上部结构由竖向承重结构和水平向承重结构两部分组成,竖向承重结构主要是墙柱剪墙力和筒体等,承受竖向荷载和水平荷载,水平向承重结构主要由梁和板组成的楼盖和屋盖等,主要承受竖向荷载。

上部承重结构根据主体结构形式和使用功能的不同,有多种结构体系,如多层民用和工业建筑中的混合结构体系和框架体系等;单层厂房中的排架结构体系、刚架结构体系及桁架结构体系等;多层和高层建筑中的框架结构体系、框架一剪力墙结构体系、剪力墙结构体系和筒体结构体系等,大跨度大空间建筑中的拱结构和壳结构体系、网架结构体系、悬索结构体系等。

下部结构主要指地基和基础,根据场地工程地质和水文地质条件和上部结构形式的不同,有天然基础、条形基础、柱下单独基础、筏形基础、箱形基础、桩基础和复合地基基础等。

选用合理的结构体系应根据建筑物的功能要求,结构物高度,平面和立面形状和总体型,建筑场地的工程和水文地质条件、施工条件、材料性能、工程投资、施工期限和环境要求等，经综合分析比较后确立。

选用的结构体系和构件布置应保证结构的强度、刚度和整体稳定性，满足结构承载力和正常使用两类极限状态的要求。结构物的安全可靠和耐久性应作为选用结构体系的主线贯彻始终。

对抗震结构或受风力影响较大的结构，在水平荷载作用下，随着房屋高度增高，结构的变形很快增大，侧移将成为控制指标，此时要注意选用抗侧力强的结构体系。选定的结构体系，应具有明确的计算模型和简捷的传力路线。要采取减小偶然作用影响的措施。尽量避免因部分结构或物件破坏导致房屋的连续倒塌。

1.2.2　结构布置

结构平面布置应在满足使用要求的前提下，力求简单规则，均匀对称，尽量避免复杂不规则的平面，这对抗震结构尤为重要。结构平面愈复杂，在凹凸拐角处愈易造成应力集中而遭受破坏，尽量避免平面上的凹进凸出，立面上的高低错落。在抗震设防和沿海地区，由于地震作用和风荷载较大，结构平面宜尽量采用方形、矩形、圆形和椭圆形等形式，详见第 4 章多高层建筑结构设计。

结构的高宽比、长宽比应适当，特别在高层建筑中，控制侧移往往成为结构设计的主要问题，随着房屋高度的增加，倾复力矩将迅速增大，因此建筑物的宽度很小是不合适的，建筑物的长度也不宜过长，否则会由于温差和混凝土的收缩，容易引起房屋变形，甚至产生裂缝。

结构各部分的质量和刚度宜均匀连续，结构的刚度中心和质量中心尽可能重合以减少扭转。立面布置尽量避免沿高度方向刚度的突变，如高低错层连接和屋顶局部突出等。楼梯间及电梯井筒有较大的刚度，它对结构刚度的对称性有显著影响，布置时需慎重选择合适位置。

有抗震需求时，结构的承载力和刚度宜自下而上逐步减小，变化宜均匀连续，避免突变。实际工程中，往往沿结构竖向分段改变构件形式和混凝土强度等级，这种改变使刚度发生变化亦应自下而上递减。

合理经济的结构平立面布置是结构方案与其他方案，特别是建筑方案密切配合，相互协调的结果，应兼顾使用功能的合理性和结构平立面的规则性和安全性。

1.2.3　结构的传力途径

结构的传力途径应简捷、明确、合理、连续不间断。竖向构件宜连续，贯通对齐，有利于结构的传力。

超静定结构当有约束被破坏时，由于有多余连系，结构仍为几何不变体系，尚具有一定的承载能力而不致破坏，从而可提高结构抵抗突然破坏的防护能力，因此关键传力部位和重要构件，宜采用超静定结构，增加冗余约束，有目的地建立起一系列分布的塑性屈服区或布置有多条传力途径。

合理的传力途径和构件布置，能保证结构的整体稳定性，结构方案设计时，应将加强结构整体稳固性作为设计原则之一。

1.2.4 结构构件的连接

构件之间连接构造的设计原则是：连接部分的承载力应保证被连接构件之间的传力性能，符合设计要求。

当混凝土构件与其他材料（如钢和砌体等）构件连接时，应有良好的结合，选择可靠的连接方式，以保证传力可靠。

此外，尚应考虑构件变形对连接节点及相邻结构或构件造成的影响，采取可靠措施加以避免或减少其不利影响。

1.2.5 结构缝的设置

混凝土结构根据工程实际情况，当有必要时应设置结构缝，如伸缩缝、沉降缝和防震缝等。

1.2.5.1 伸缩缝

由于温度变化（早期水化热或使用期季节温差）和混凝土收缩，将在结构中引起胀缩变形，乃至产生裂缝。随着现代水泥强度和混凝土强度等级的提高，水化热加大，凝固时间缩短，混凝土的组分变化，为满足混凝土泵送，免振等工艺，拌合物流动性加大，加之结构的体量也越来越大，从而引起混凝土收缩量增大，现浇混凝土的裂缝问题比较普遍。为此有必要设置伸缩缝，从房屋基础顶面开始用伸缩缝将上部结构完全分开，将结构分割为较小单元，避免引起较大的收缩应力和开裂。伸缩缝的宽度一般为 3～5cm。

《规范》规定了各类结构物伸缩缝的最大间距。

设计人员亦可根据具体情况，自行确定合理的收缩缝间距，但需通过有关的分析计算，慎重考虑多种因素对结构内力和裂缝的影响。

1.2.5.2 沉降缝

当建筑物设置在压缩性较大且不均匀的地基土层时，或当建筑物体型复杂，不同部分的高度和荷载有较大差异，或当建筑物不同部分的结构或基础类型有较大差异时，均会产生地基不均匀沉降，使墙体产生较大内力，以致在墙体薄弱部位产生裂缝，此时，应设置沉降缝，与伸缩缝不同的是，从房屋基础就开始直至上部结构完全分开，使其成为独立单元。

沉降缝宽度一般亦为 3～5cm，但亦可视建筑物高度和地基土性质采用较大的沉降缝宽度。

1.2.5.3　防震缝

在地震作用下，建筑物会产生地震裂缝，较集中地反映在墙体上，严重时会使墙体倒塌，或当强震发生时，建筑物的各结构单元因体型不同，甚至会发生相互碰撞而导致房屋破坏。故应设置地震缝，将建筑物分为若干个体型简单，结构刚度均匀的独立抗震单元，减少地震作用对结构产生的不利影响。防震缝宽度应按建筑物高度和地震烈度的不同而异，一般可取 5～7cm。

当设置防震缝有困难时，也有采取另一种截然不同的措施，如加强结构各部分的连接，在基础、上部结构的相同部位采取相应的措施，使整个结构的整体性很强。

1.2.5.4　防止建筑物连续倒塌的分割缝，防止因结构或构件局部破坏引发结构的连续倒塌

所有上述结构缝的设置均应符合下述要求：

(1)应根据结构的受力特点、建筑尺度、形状和使用功能的要求，合理确定结构缝的位置及构造形式；

(2)要控制结构缝的数量，能少设就少设，最好做到一缝多用的原则，并采取有效的构造措施，以减少设缝对使用功能(如装修，立面观感、止水防渗和保温隔声等)和结构传力以及施工可行性的不利影响。

除上述永久性的结构缝外，还可根据需要设置施工阶段临时性的结构缝，如设置临时性的施工接头，后浇带和控制缝等，以消除某些暂时性的不利影响。

1.3　结构分析

1.3.1　结构分析的基本原则

(1) 混凝土结构在所有情况下都应作整体作用效应分析，宜考虑结构单元弯曲、轴向、剪切和扭转等变形对结构内力的影响，必要时，还需对结构中的重要部位、受力状况特殊部位、形状突变部位以及内力和变形有异常变化的部位(如较大孔洞周围、节点及其附近、支座和集中荷载附近等)，作更为详细的分析；

(2) 结构在不同的工作阶段，如施工、检修和使用等不同期间，以及预制构件在制作、运输和安装等过程中，由于受力状况不同，均需分别进行结构分析，并确定其最不利的内力组合；

(3) 为方便计算，结构分析时，可采取各种简化方法和近似假定，可根据结构的实际

工作情况，选用计算模型并给出相应的构造措施；

（4）结构分析时，应根据结构类型、材料性能、受力特点和计算模型，选用合理的分析方法；

（5）当结构有可能遭受火灾、飓风、爆炸和撞击等偶然作用时，需采取有效措施，防止房屋大面积连续倒塌，结构分析时可按现行有关规范、标准进行；

（6）当地基与结构的相互作用对结构的内力和变形有显等影响时，结构分析时宜考虑地基与结构相互作用的影响。

1.3.2 结构分析的基本条件

（1）力学平衡条件：无论结构整体或其中一部分，在力学分析时，都必须满足力学平衡条件；

（2）变形协调条件（几何条件）：应在不同程度上予以满足，包括节点和边界的约束条件；

（3）材料应力一应变条件（物理条件）：结构的材料在荷载作用下所产生的应力和应变之间存在着一定的对应关系，描述这种关系的数学模型称为材料的本构关系，结构分析时应采用合理的材料本构关系或构件单元的受力一变形关系。

1.3.3 计算模型

1.3.3.1 建立计算模型的要求

建立结构的计算模型（计算简图）应根据结构的实际工作状况，能正确反映结构的真实受力状态。

建立计算模型的过程，是对结构的实际布置构造和受力状态进行分析，简化，采取某些假定的过程，实际结构都是比较复杂的，因此建立模型也是一个分析矛盾，突出主要环节，忽略次要细节，分清主次的过程。

建立计算模型要求：

（1）结构的形状、几何尺寸和计算参数应符合结构的实际状况；

（2）构件的受力和变形状况，构件间的连接和支承条件以及边界条件应符合结构的实际工作状况；

（3）结构上可能的作用、数值、位置及其组合，初始应力和变形状况应符合结构的实际工作状况；

（4）材料的性能指标应符合结构的实际状况；

（5）采用的构造措施应符合结构的实际情况；

（6）采用的各种简化方法和近似假定应有理论、试验依据或经工程实验验证，计算结果的精度应符合工程设计的要求；

（7）对重要结构应采取比一般结构更为精确的计算模型、结构静力计算时应采取较为精确的计算模型、对结构作动力计算及稳定计算时，由于问题的复杂性，允许采用较为简单的计算模型、手算的计算模型不能太复杂，电算时，应采用较为精确的计算模型。

1.3.3.2　支座、节点和构件的简化

实际结构都比较复杂，结构各部分之间存在着多种多样的连系，对各种连系进行简化取决于影响连系的主要因素，即结构各部分的刚度比值，也就是结构各部分的相对刚度，可说结构连系的简化源于刚度的简化，相对刚度大的部分可简化为无穷大刚度，相对刚度小的部分，可简化为零刚度，利用相对刚度的概念，可定量地分析各种简化的条件，并在不同条件下确定相应的计算简图。

(1)支座的简化

选用支座的计算简图时，应考虑支座的实际构造、变形特点以及与结构的相对刚度等因素。

支座通常可简化为滚轴支座、铰支座和固定支座三种，有时也简化为弹性支座，当弹性支座的转动刚度比构件的转动刚度大得很多时，弹性支座可简化为固定支座，反之，可简化为铰支座。

如单层厂房排架结构中的杯形基础是预制排架柱的支座，当地基土比较坚实，其变形可忽略时，支座的计算简图就取决于基础的构造，当预制柱与基础杯口四周是用混凝土浇注密实的，则可简化为固定支座，如果填入的材料使柱端可能产生微小的转动则应简化为铰支座。

(2)节点的简化

选用节点的计算简图，应根据节点的实际构造以及与其相连接构件的相对刚度等因素来决定。

节点可简化为铰接节点和刚性节点。如框架的梁柱节点，当混凝土为整体浇灌，又配置了适量的钢筋，截面能传递弯矩，同时梁柱在连接处不能发生相对位移和相对转动，则可作为刚性节点，否则应视为铰接节点。当构件连接部分的刚度远大于构件中间截面的刚度时，则应作为刚节点，计算简图中可作为刚域处理。选用节点计算简图时，除要考虑节点的构造情况外，尚需考虑结构的几何组成情况，如整浇混凝土桁架，虽然从节点的性质应视为刚节点，但由于各构件的布置使其保持几何不变，且各构件主要是承受轴力，弯矩是次要的，因此，为了计算方便，亦可将桁架各节点简化为铰接节点。

节点是整个结构中一个很重要的关键部分，节点的工作情况将严重影响结构的整体工作状态，节点应按设计预期的性能可靠地工作，连接构件的中心需重合，不宜有偏心，节点处的承载力应能保证被连接构件之间有可靠的传力性能，如固定端和刚节点要有承受弯矩的能力和对变形的限制，需保证节点处塑性铰有预期的转动能力，又如抗震结构的延性节点，应配置必要的钢筋，以期通过节点的强度和韧性来提高结构的延性，吸收地震能量。

工程中很多节点连接的破坏，有时还都是由于构造上的某些微小疏忽或不当，如混凝土的某些缺陷，制作安装过程中的大意，焊接变形或过度焊接等原因，引起结构破坏，

造成严重后果，因此，必须给予足够重视。

(3)构件的简化

构件的截面尺寸通常比其长度小很多，构件截面上的应力可根据截面的内力(弯矩、轴力、剪力)来确定。构件的轴向、剪切和扭转等变形对结构内力分析影响不大时，为简化计算，可不予考虑。结构或构件的变形对其内力的二阶效应影响不大时，亦可不计。

结构构件的计算简图应根据实际情况及对计算精度的要求确定，若一个方向的正应力明显大于其余两个正交方向的应力，则构件可简化为一维单元，如梁、柱、杆等，其轴线可视为截面几何中心的连线，荷载作用于轴线上，若两个方向的正应力均显著大于另一个方向的应力，则应简化为二维单元，如墙和板等构件，其中轴面可视为截面中心线组成的平面或曲面；若构件三个方向的正应力无显著差异，则构件应按三维单元考虑，如大体积混凝土结构或受力复杂的混凝土结构等。

梁柱等构件的计算跨度或计算高度可按其两端支承长度的中心距或净距确定，并应根据支承节点的连接刚度或支承压力的位置加以修正。

1.3.3.3 结构体系的简化

(1)空间结构的简化

一般结构都是由各构件相互连接而构成的空间结构，对于体形规则，平面形状也比较规则的空间结构，可根据受力特点，简化为平面结构计算，即沿柱列或墙轴线分介为不同方向的平面结构，分别进行结构分析，也可考虑平面结构的空间协调工作。但需注意，不是所有的空间结构都可简化为平面结构。

以形体规则的现浇混凝土多层多跨框架结构为例，简化设计时，可沿框架的横向(或纵向)取出一个由梁柱组成的横向(或纵向)平面框架作为计算单元，按平面结构进行计算，其受荷载范围按相邻柱距的中线划分。计算横向排架时，要考虑竖向荷载和横向水平荷载，而纵向排架则只承受纵向风荷载和纵向地震力，一般对纵向排架只验算地震力，由于迎风面积小，风载比较小，而抵抗的柱子多，风载所产生的内力可忽略不计。

但需指出，这种简化方法不适用于高层建筑。

(2)梁板交叉结构体系的简化

房屋的楼盖或屋盖就是由梁板组成的交叉结构体系。

对由楼板、次梁和主梁组成的肋形楼盖结构，当混凝土为整体浇灌时，则浇灌后就形成一个复杂的结构体系，简化时亦可利用相对刚度的概念，如次梁的抗弯刚度比楼板的抗弯刚度大得多，分析时可略去次梁的竖向变形，将次梁作为楼板的不动支点，同时考虑次梁的抗扭刚度较小，可以忽略不计，则这种支承可简化为铰支座，则楼板的计算简图可取为以次梁为铰支座的连续板。同理，次梁的计算简图可取为以主梁为铰支座的连续梁。计算次梁时，可将楼板作为次梁的有效翼缘，使原为矩形截面的次梁可按T形截面梁计算，从而提高了次梁的刚度和承载力。当主梁与柱亦为混凝土整浇时，两者成为一整体，这时，可按主梁和柱子的相对刚度，假定为按刚架计算，或将主梁的计算简图取为简支在柱上的连续梁。

1.3.4　结构的分析方法

结构的分析方法很多，分析时应根据结构类型、构件布置、材料性能、受力特点和采用的计算模型，选用合适的分析方法。

1.3.4.1　弹性分析方法

弹性分析方法视结构材料为理想弹性体，当结构上的外力投卸除后，变形能够完全恢复而无残余变形，应力一应变呈线线关系，弹性模量和截面刚度均为常数。

弹性分析方法是一种最基本、最成熟的结构分析方法，也是其他分析方法的基础和特例，它适用于一般结构，大部分混凝土结构的设计均基于此法。

一般常用的混凝土结构大多是由梁、柱等杆状构件组成的杆件系统，如桁架、刚架、排架和框架等结构。一般可采用基于弹性理论的结构力学方法，对形体规则的结构，尚可采用各种有效的近似解法，如竖向荷载作用下的框架内力分析可采用迭代法，分层方法等，水平荷载作用下框架的内力分析可采用反弯点法和 D 值法等。

结构或构件的二阶效应可能使作用效应显著增大时，在结构分析中应考虑二阶效的不利影响。所谓二阶效应指作用在结构上的重力或物件（如混凝土偏心受压柱）中的轴压力在变形后的结构或构件中引起的附加内力和附加变形。即重力二阶效应（p-Δ 效应）和受压构件的挠曲效应（p-δ）。严格地讲，考虑 p-Δ 和 p-δ 效应，应进行结构分析，应考虑材料的非线性和裂缝，构件的曲率和层间侧移，荷载的持续时间，混凝土的收缩和徐变等因素，但要实现这样的分析，在目前条件下尚有困难，所以一般都采用简化的计算方法。

重力二阶效应（p-Δ 效应）计算属于结构整体层面问题，一般在结构整体分析时考虑，可采用有限元法计算，也可采用《规范》附录 B 的简化计算方法，当采用有限元法时，宜考虑混凝土构件开裂对构件刚度的影响。受压构件的挠曲效应（p-δ 效应）计算属于构件层面问题，一般在结构设计时考虑，如对偏心受压柱，计算的方法已在《钢筋混凝土结构》第七章作过阐述。

1.3.4.2　塑性内力重分布分析方法

由于钢筋混凝土的弹塑性性质，混凝土超静定结构具有塑性内力重分布的特性。以连续梁为例，在荷载作用下，由于混凝土的开裂及受拉钢筋屈服形成的塑性铰，使梁中各截面的内力不断发生改变，即产生内力重分布现象，各截面内力分布与弹性分析的结果不同。利用这一特性，可以有目的地将弯矩较大截面的弯矩适当地调低，并将其调整到弯矩较小的截面，这种人为调整各截面弯矩的方法称为弯矩调幅法。

采用内力重分布方法时，需进行正常使用极限状态的验算，防止裂缝开展过宽。

采用内力重分布方法可以使结构构件各截面内力比较均匀，充分发挥结构潜力，节约材料，方便施工。

钢筋混凝土连续梁板适宜采用塑性内力重分布分析方法。

重力荷载作用下的框架、框架一剪力墙结构中的现浇梁以及双向板等经弹性分析，求得内力后，可对支座或节点弯矩进行适度调幅，并确定相应的跨中弯矩。对直接承受动力荷载或重复荷载的构件、要求不出现裂缝或处于特殊情况并有侵蚀性环境中构件以及重要结构不应采用塑性内力重分布方法。

1.3.4.3 塑性极限分析方法

塑性极限分析方法就是直接求解结构处于承载力极限状态时所能承受的最大极限承载力，无需考虑结构受力过程中的弹性，弹塑性和塑性等中间过程，大大简化了计算过程。

用塑性极限分析方法求解时需要满足三个条件：(1)机构条件(或称破坏机构条件或机动条件)；(2)极限条件；(3)平衡条件。但要同时满足三个条件，特别是对较复杂的结构是不容易的，因此，实用上一般采用近似的上限解(极限平衡法或称塑性铰线法和机动法或称能量法或虚功法)和下限解(静力法和条带法)

对不承受多次重复荷载作用的混凝土结构，当有足够的塑性变形能力时，可采用塑性极限分析方法进行结构承载力的计算。但需满足正常使用极限状态的需求。

承受均布荷载且有周边支承的双向矩形板适宜采用塑性极限分析方法，亦可用于连续梁和框架等结构。

1.3.4.4 弹塑性分析方法

弹塑性分析应以混凝土的实际力学性能为依据，引入相应的本构关系后，可比较准确地分析结构受力全过程，详尽地反映结构从开始受力直至破坏各阶段(弹性、弹塑性和塑性阶段)的内力、变形和裂缝的发展。

弹塑性分析方法比较复杂，计算工作量大，各种非线性本构关系也不够完善和统一，且要有成熟、稳定的计算软件提供使用，因此限制了他的应用范围，目前较多的只限于对特别重要结构、形体和受力复杂结构或罕遇地震作用下的结构分析，才采用弹塑性分析方法对结构整体或局部进行验算。

(1)结构的弹塑性分析宜遵循以下原则：

● 应预先设定结构的形状、尺寸、边界条件、材料性能指标和截面配筋等。

● 钢筋和混凝土的材料特征值及非线性本构关系，宜经试验分析确定；也可按《规范》附录 C 的规定确定。

● 确定结构的作用效应时，需先进行作用组合，并考虑结构重要性系数。

● 分析结果用于承载力设计时，宜考虑抗力模型不定性系数，对结构的抗力进行适当调整。

● 宜考虑结构几何非线性对作用(荷载)的不利影响。

(2)结构的弹塑性分析可根据结构的类型和复杂性等实际情况，要求的计算精度等选用静力或动力分析方法。结构基本构件的计算模型以及离散尺度应根据实际情况以及计算精度的要求确定。

● 梁、柱、杆等杆系构件可简化为一维单元，宜采用纤维束模型或塑性绞模型。

● 墙板等构件可简化为二维单元，宜采用膜单元、板单元或壳单元。

● 复杂的混凝土结构、大体积混凝土结构、结构的节点或局部区域需作精细分析时宜采用三维块体单元。

● 构件、截面或多种计算单元的内力—变形本构关系宜符合实际受力情况；某些变形较大的构件或节点(如框架结构梁柱的节点区域等)进行局部精细分析时，宜考虑钢筋与混凝土之间的粘结—滑移本构关系。

1.3.4.5　试验分析方法

结构或其部分体形不规则或受力复杂又无恰当的简化分析方法时，可采用试验分析的方法，如剪力墙及其孔洞周围、框架和排架的主要节点、构件的疲劳，受力状态复杂的水坝等。

试验研究大致可分为三类：

(1)模型试验：将真实结构或它的一部分简化为模型，然后按照设计要求或研究要求进行加载试验。

(2)真实结构部件试验：它有两个目的，一是验证模型试验中所有简化模型的可靠性，二是验证理论设计计算的准确性。

(3)真实的结构试验：混凝土结构的试验应经专门的设计，对试件形状、尺寸和数量、材料的品种和性能指标，支承或边界条件、加载方式、数值和过程、量测项目和测点布置等均需作出周密考虑，以确保试验结果的有效和准确。

在结构试验过程中，对量测并记录的各种数据和现象应及时整理和判断。试验结束后，应对各种数据和现象进行分析和计算，以确定试件的各项性能指标值和所需的设计参考值，并对试验的准确度作出估计，引出合理的结论。

结构试验，通常要耗费较多的人力、物力和财力，因此，只能有限度地进行，特别是在结构设计的初期阶段，一般多依靠对结构构件进行理论分析和计算。

由于钢筋混凝土结构材料性能的复杂性，混凝土结构至今尚无完整系统的理论体系，混凝土结构学科较大程度上需要依靠试验研究。从《钢筋混凝土结构》教材中，已可见混凝土结构各类受力基本构件的计算理论和计算方法均基于试验研究，通过试验研究的现象，经过分析，概括出构件受力和变形的基本性能和基本规律以及破坏形态和机理，从而提出计算原理，计算模型和计算方法，因此大部分计算公式都是半理论半经验的方式，有的计算方式至今仍沿用直接依靠试验的经验公式，完全由理论分析推导而得的公式是不多的，因此，学习时要更多关注和重视试验研究工作。

1.3.4.6　间接作用分析

大体积混凝土结构和超长混凝土结构等约束积累较大的超静定结构，在混凝土的收缩、徐变以及温度变化等间接作用下的裂缝问题比较突出。有时间接作用在结构中产生的作用效应甚至可能危及结构的安全和正常使用。因此,需进行间接作用效应的分析,并采用相应的构造措施和施工措施。

对允许出现裂缝的混凝土结构构件,应考虑裂缝的开展使结构件刚度降低的影响,以减少作用效应计算的失真。

间接作用效应分析,可采用上述弹塑性分析方法,也可采用简化的弹性分析方法,但计算时需考虑混凝土的徐变及混凝土的开裂引起的应力松弛和重分布。

上面已介绍了结构分析的各种方法,目前由于电子计算机的迅速发展,采用电算进行结构分析已很普遍,不论一般结构还是比较复杂的结构都编制有各种软件提供使用。本书第五章给出了框架电算的实例。

电算程序一般应按准确方法编制,结构分析所有的电算程序都必须进行严格的考核和验证,其技术条件应符合《规范》和有关标准的规定,以保证其运算的可靠性和计算结构的准确性。

对电算所得结果都应作认真的分析,判断和校核,在确认其合理有效后,方可用于工程结果的设计。

1.4 构造要求

结构分析所选用的结构方案和计算模型等都是对实际工程进行了简化,并采取了某些近似假定,因此,结构分析的结果必须采取相应的构造措施加以补充和保证。

构造措施是长期工程实践经验的积累,是试验研究和理论分析的成果。

很多构造措施《规范》中已作了具体规定,学习时应充分理解其作用和实践,逐步熟悉掌握,在实际工程中加以运用。结构设计时,设计人员还可根据其自身长期工程设计经验的积累,采取某些经过工程实践检验,行之有效的构造措施。

结构分析时,一般只考虑结构的直接作用(荷载)效应,还有许多间接作用,如混凝土收缩,徐变和温度变化等对结构产生的影响,虽然上面已介绍过分析计算的方法,但均较繁复,因此,实际工程中也常常会采用经过工程实践考虑的构造措施和施工措施予以解决。

结构设计时,配筋构造措施实际上也是承载力极限状态的重要一环。配筋计算和部分构造,应具有同等重要的作用,缺一不可,要克服重计算轻构造的倾向,实际工程中,由于构造措施的缺失或不当,造成的工程事故,乃至危及建筑物安全的事例是屡见不鲜的,应从中吸取教训,引以为戒。

1.5　课程内容和性质

1.5.1　课程内容

《钢筋混凝土结构设计》是《钢筋混凝土结构》的后续课程。《钢筋混凝土结构》主要阐述结构各类基本构件的受力性能、计算方法和配筋构造等问题，是学习《钢筋混凝土结构设计》必需的专业基础课，而《钢筋混凝土结构设计》则主要讨论钢筋混凝土整个房屋的结构设计问题，是实践性很强的专业课，主要培养学生进行建筑结构设计的能力。

课程首先介绍了建筑结构的内容和要求，重点阐述了结构方案的选用和结构分析的各种方法。

课程选择了单层和多层工业和民用房屋及房屋常用的楼盖，作为三个典型实例。

1.5.1.1　梁板结构

楼盖和屋盖是梁板结构的典型实例，是一般房屋不可或缺的水平向承重结构，主要承受竖向荷载。

本章介绍了楼基的各种类型，重点阐述整体式肋梁楼盖、双向板肋梁楼基、无梁楼盖(板柱结构体系)的选型、适用范围、构件布置、设计计算方法，截面配筋及有关构造措施。同时也介绍了楼梯的各种类型，整浇板式和梁式楼梯的设计计算方法及配筋构造措施。

1.5.1.2　单层厂房结构

以排架结构的单层厂房为例，介绍了结构组成，构件选型及布置、结构平面布置及各类支撑的作用和布置原则、计算简图和荷载计算以及排架柱、牛腿和柱下独立基础的受力性能、内力组合、设计计算方法、节点连接构造、预埋件设计及相应的构造措施等，对屋架和吊支梁等结构或构件，设计时一般采用标准图，本章中只作设计要点及应注意问题的介绍。

单层厂房排架结构，为了计算方便，设计时按纵横向平面结构计算，但厂房实际上是一个空间结构，因此，本章也介绍了对厂房考虑整体空间作用的计算方法。

本章末给出了一个设计实例。

1.5.1.3　框架结构

框架结构是多层和高层建筑中常用的结构体系，本章主要介绍其结构组成和构件布置、梁柱截面层估算、计算简图、荷载计算,结构及构件内力分析计算方法、内力组合和截面设计以及构造要求等,同时介绍了框架在水平荷载作用下侧移的计算。同时给出了框架手算和电算的实例。

1.5.1.4 高层建筑

高层建筑中的剪力墙、框架-剪刀墙和简体结构体系以及高层建筑的地基基础设计本书只作简要介绍。为了避免与《高层建筑》及《地基基础》等课程重复。

1.5.2 课程性质

1.5.2.1 是一门实践性很强的课程

本课程的根本任务就是培养具有建筑结构设计的实践能力,能运用结构设计的基本理论和基本方法进行工程结构设计,解决工程实际问题。为此,除了学习结构设计的理论知识,还要进行课程设计,锻炼结构设计的实践能力,今后,还要进行毕业实习和毕业设计。但在校的学习和锻炼限于时间只能是极其初步的,因此设计能力和工程经验将有赖于工作岗位上的长期实践。要善于不断学习,积极参与结构方案的论证、分析和评估,更多关注发生的工程事故,积极参与事故调查分析研究的全过程,学习加固和修复措施,不断总结经验教训,提高设计实践能力。

优秀的结构设计工程师,不仅要有扎实的理论基础,还需要丰富的工程实践经验,做到理论与实际的完美结合。

完整的结构设计主要包括结构方案的选用,结构建模、结构分析计算和构造措施等部分,要着力提高方案设计和建模能力,重视构造措施。要有强烈的事业心,责任感和良好的工程素质。

混凝土结构是一门还在不断发展中的学科,优秀的结构设计工程师要经常关注,不断产生的新概念、新理论和新技术,对合理且成熟的新理论新技术要及时应用于工程实际,同时也要根据工程中出现的新问题,不断创造新结构新技术新理论,促进建筑结构工程的不断发展。

1.5.2.2 是一门综合性很强的课程

建筑结构设计是一项综合性很强的工作。

从知识结构的层面上讲,结构设计需要综合运用多学科的知识,如建筑材料、建筑构造、数学、力学、钢筋混凝土结构、施工技术、建筑经济、工程地质和地基基础等。

从结构设计层面上讲,要求结构设计正确处理安全可靠和经济合理这一对矛盾,在两者之间,经综合分析,选择一种合理的平衡。力求以较低代价,使建筑物能满足安全性、适用性和耐久性的功能要求。在选用和形成结构方案、结构建模、结构计算和采用合适的构造措施等主要环节过程中,必须对诸多影响结构设计的因素,如结构功能要求、场地的工程地质和水文条件、材料性能和供应条件、施工条件和施工期限、工程造价和节能环保等进行综合分析比较和判断，优选出最佳方案。

从结构设计配合的层面上讲，结构设计要与建筑、设备、节能环保等多工种设计，特别建筑设计进行密切配合，相互协调，充分发挥合作精神和团队作用。

优秀的结构设计工程师应该在各个方面具有较强的综合分析判断能力和解决工程设计中实际问题的能力。还需要相互协作、相互配合，虚心学习的工程素质。

第 2 章

梁板结构设计

导读

通过本章学习要求：(1)掌握梁板结构布置的一般方法、构造要求、折算荷载、活载最不利布置和弯矩包络图的绘制；(2)理解取用单向板肋形楼盖计算简图的依据；(3)理解塑性铰和塑性内力重分布的概念、塑性铰与塑性内力重分布的关系、弯矩调幅法及有关规定；(4)熟练掌握单向板肋梁楼盖按弹性理论和塑性理论-弯矩调幅法的设计方法；(5)从试验研究的结果，了解双向板的受力特点和破坏特征，掌握双向板按弹性理论和塑性理论(如塑性铰线法)的设计方法；(6)了解无梁楼盖(板柱结构体系)受力特点、试验现象、应用弹性理论和塑性理论的近似计算方法。了解柱帽的作用、类型及配筋构造；(7)掌握板式和梁式楼梯的计算方法，配筋及构造要求。

钢筋混凝土梁板结构是由梁和板组成的结构体系。多层和高层建筑中的楼盖和屋盖就是典型的梁板结构，它们是房屋建筑中的水平向承重结构，支承在柱或墙上，承受竖向荷载。楼梯、雨篷、阳台、筏形基础、水池和桥面结构也都是梁板结构。

楼盖和屋盖的造价和材料用量在整个房屋中占有较大的比重，造价约占土建总造价的 20%～30%，高层建筑中，楼盖自重约占整个建筑总自重的 50%～60%。

楼盖对空间利用、建筑美观和建筑隔声隔热均有很大影响，故应慎重选用楼盖的类型。

混凝土楼盖按施工方法不同，可分为现浇整体式、装配式和装配整体式，楼盖可采用普通钢筋混凝土结构，亦可采用预应力混凝土结构。

现浇整体式楼盖整体刚度大，抗震性能好，适应性强，在多层和高层建筑中应用较多，但施工需要大量模板，工期也较长。装配式楼盖的梁和板在预制构件厂批量生产，质量较好，施工进度快，便于工业化生产和机械化施工，但整体刚度差，一般只用于混合结构房屋，不宜用于抗震设防的建筑中。装配整体式楼盖是在预制楼板安装就位后，再现浇一层混凝土，与预制梁板结合成一整体，它兼具现浇整体式楼盖和装配式楼盖的优缺点，在高层建筑中亦有应用，但不宜用于高度超过 50m 的高层建筑中。

常用的现浇整体式楼盖按板的支承条件的受力条件不同，有单向板肋梁楼盖(图 2.1)和双向板肋梁楼盖，此外还有井式楼盖(图 2.2)、无梁楼盖(图 2.3)、密肋楼盖(图 2.4)和扁梁楼盖(图 2.5)等。

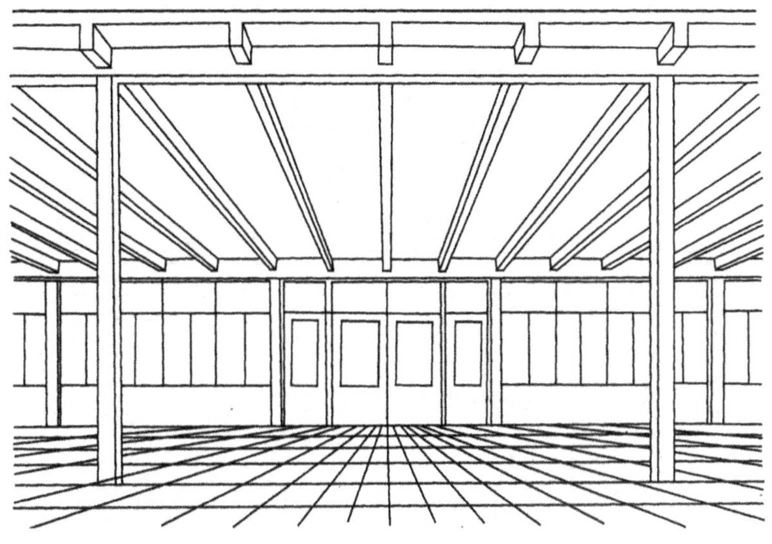

图 2.1　钢筋混凝土单向板肋梁楼盖

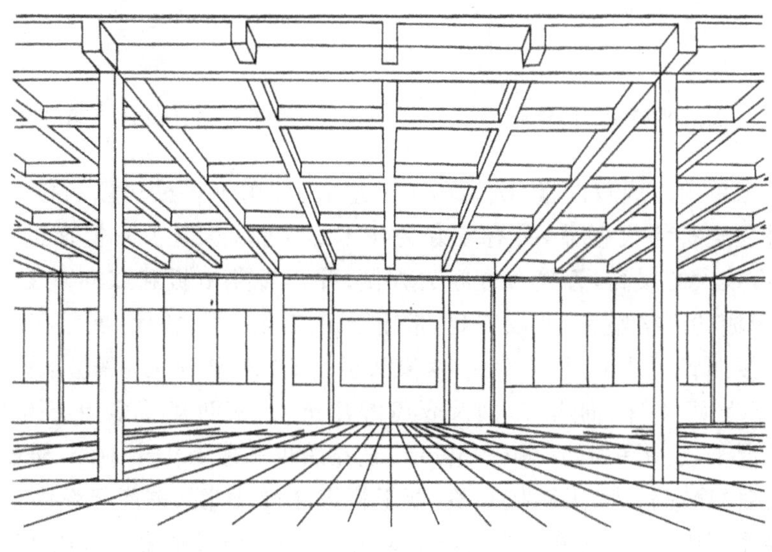

图 2.2　钢筋混凝土井式楼盖

图 2.3　钢筋混凝土无梁楼盖

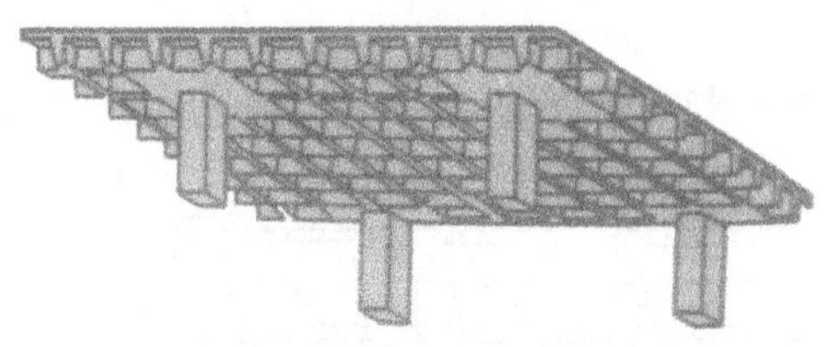

图 2.4　钢筋混凝土密肋楼盖

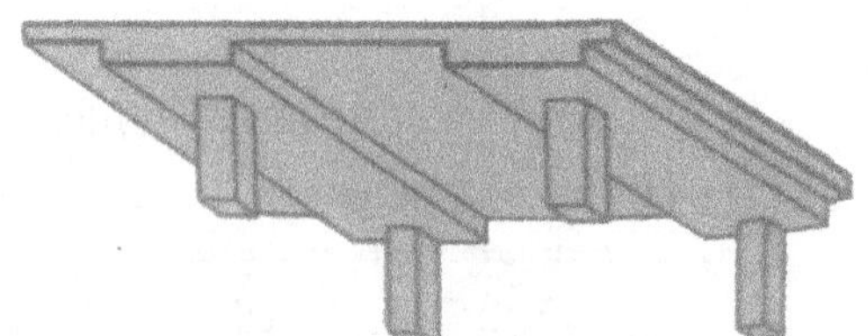

图 2.5　钢筋混凝土扁梁楼盖

肋梁楼盖由单向板或双向板、次梁和主梁组成，可用于多种房屋的楼盖，是应用较为普遍的一种现浇整体式楼盖，具有较好的技术经济指标，但占有楼面的空间面积较大，房屋需要有较大的层高，管线布置亦欠方便；井式楼盖由板和双向直交或斜交的梁组成，由于其天棚的区格整齐，比较美观，常用于建筑的门厅、餐厅，展厅和会议厅中；无梁楼盖将板直接搁置于柱上，传力直接，因其天棚平整，净空较大，并适合承受较大的楼面荷载，常用于冷库、书库、商店、车间及仓库等建筑中；密肋楼盖多用于跨度较大而梁高受限制的情况下，肋距一般为 90～150mm，适用跨度一般不大于 10m，楼盖重量轻，材料用量较少，室内净高较大，天棚较平整，便于管道穿过，医院、书库等较多采用；扁梁楼盖用于当层高受到限制，梁的截面高度不能满足要求时，扁梁宽度可采用 400～600mm，扁梁高度一般约为 450mm 左右。

2.1　单向板肋梁楼盖

肋梁楼盖一般由板、次梁和主梁等构件组成，板支承在次梁上，次梁支承在主梁上，主梁支承在柱或墙上。当板的长边 l_2 比短边 l_1 大得多时，板上的荷载主要沿短向传递到支承构件上，而沿长向传递的荷载很小，可以忽略不计，这种板称为单向板。当板的长短边相差不大时，板上的荷载将通过两个方向分别传递到相应的支承构件上，这种板称为双向板。

经分析计算，当 $l_2/l_1>2$ 时，沿长向传递的荷载不到 6%，当 $l_2/l_1>3$ 时，沿长向传递的荷载不到 1.5%，所以对于四边支承的板，当 $l_2/l_1<2$ 时，应按双向板计算；当 $2<l_2/l_1<3$ 时，宜按双向板计算，若按单向板计算，则沿长边方向应布置足够数量的构造钢筋。当 $l_2/l_1\geqslant 3$ 时，可按单向板计算。

如果板只支承在两个对边上，另两个边为自由边，这样的板无论平面两个方向的长度如何，均属于单向板，板上荷载全部单向传递至两对边的支座上。

单向板单向受力，单向弯曲，受力钢筋单向布置，双向板双向受力，双向弯曲，受力钢筋双向布置。

2.1.1　结构布置

合理布置柱网和梁格，对楼盖的设计和它的适用性以及经济效果，有十分重要的意义。

柱网和梁格尺寸应满足生产工艺和使用要求，并应使结构具有较好的经济指标。柱网、梁格尺寸过大会使梁、板截面尺寸过大，从而引起材料用量的大幅度增加；柱网、梁格尺寸过小又会受到梁、板截面尺寸及配筋等构造要求的限制，而使材料不能充分发挥作用，同时也限制了使用的灵活性。根据设计经验，

板的经济跨度：　1.7 ～ 2.7m；

次梁的经济跨度：　4.0 ～ 6.0m；

主梁的经济跨度：　5.0 ～ 8.0m。

梁格布置应尽可能规整、统一，减少梁、板跨度的变化，以简化设计、方便施工。主梁一般沿横向布置(见图 2.6(a))，这样有助于提高房屋的横向侧移刚度。另外，由于主梁与外墙窗户垂直，故窗户的高度可较大，有利于室内采光。若房屋有集中通风的要求，主梁也可沿纵向布置(见图 2.6(b))，但这时房屋的横向侧移刚度相对较差。在有中间走廊的房屋中，可利用中间纵墙承重，此时可仅布置次梁而不布置主梁(见图 2.6(c))。

此外，若楼面上有隔墙或较大设备，则在相应的位置应布置承重梁。若楼板上开有较大的洞口，也应在洞口四周布置边梁。

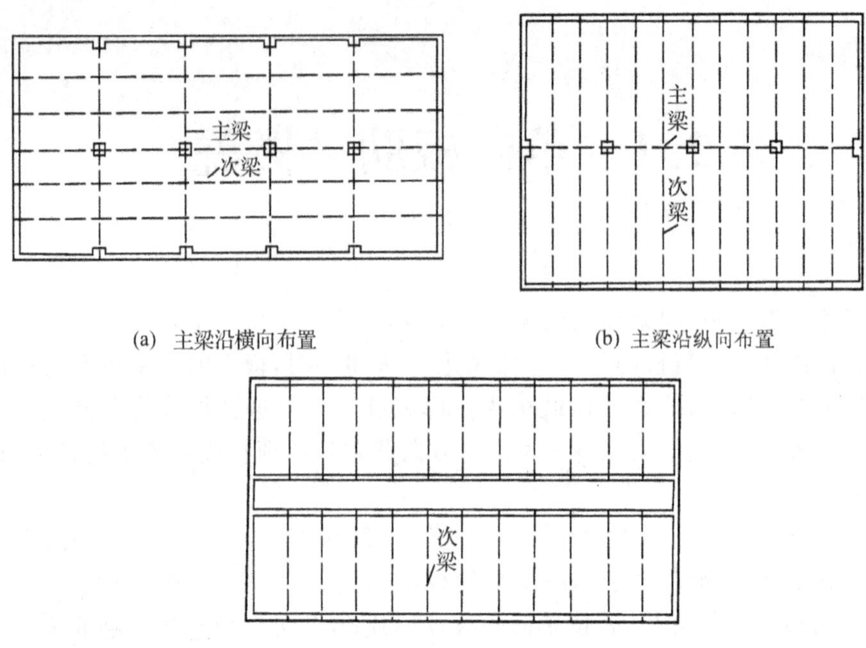

(a) 主梁沿横向布置

(b) 主梁沿纵向布置

(c) 有中间走廊的布置

图 2.6 楼面梁的布置

2.1.2 弹性理论计算方法

按弹性理论的计算方法，是将钢筋混凝土梁、板视为理想弹性体，并按结构力学中的一般方法进行内力计算。

2.1.2.1 计算简图

(1) 计算单元及计算简图

由梁、板组成的楼盖实际上是交叉梁系结构，为了便于计算，对计算图形可按第一章所述利用相对刚度概念加以简化。

对于单向板肋梁楼盖，可从整个板面上沿板短跨方向取 1m 宽板带作为板的计算单元(即板的截面宽度 $b=1000\text{mm}$)，梁的计算单元取与该梁两边相邻梁间距的一半之和的范围(见图 2.7(a))。

由于次梁的抗弯刚度比板的抗弯刚度大得多，如果略去次梁的竖向变形，可将板带简化为支承在次梁上的多跨连续梁，假定次梁对板的支承为铰支(见图 2.7(b))。不考虑次梁对板转动的约束作用，由此引起的误差将在荷载取值中进行调整，而采用计算荷载(见本节之(三))。当主梁线刚度与次梁之线刚度之比大于或等于 8 时，次梁可简化为以主梁为铰支座的多跨连续梁(见图 2.7(c))。主梁一般亦可简化为以柱或墙为铰支座的多跨连续梁(见图 2.7(d))，但当梁与柱的线刚度之比小于 5 时，考虑到柱对主梁转动的

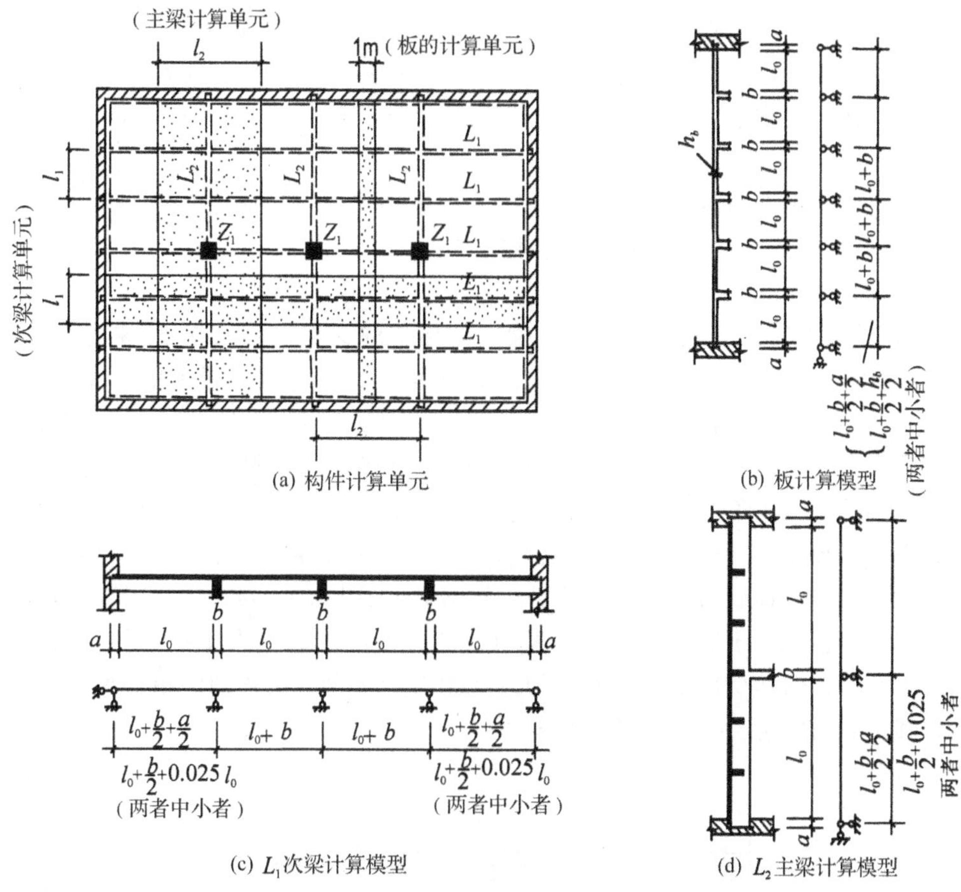

图 2.7　单向板肋梁楼盖按弹性理论计算的梁、板计算模型

约束作用，则应按框架计算主梁的内力。

当连续梁、板各跨的计算跨度相差不超过10%时，为简化计算，可视为等跨，其支座负弯矩应按相邻两跨跨度的平均值确定，跨中正弯矩则仍按本跨跨长计算。

对于各跨荷载相同，跨数超过五跨的等跨、等截面连续梁（板），第三跨以内的所有中间跨的内力十分接近。为简化计算，可按五跨连续梁（板）来计算其内力。

计算跨度应按支座处的实际转动情况确定。一般，中间跨可取支座中心线间的距离。而边跨，当边支座为砖墙时，其计算跨度 l 为：

板是　$l = l_0 + b/2 + h_b/2$　与　$l = l_0 + b/2 + a/2$ 的较小值；

梁是　$l = l_0 + b/2 + a/2$　与　$l = l_0 + b/2 + 0.025l_0$ 的较小值。

以上式中：l_0—— 净跨度；

b—— 内边支座宽度；

a—— 在砖墙上的支承长度；

h_b—— 板厚。

(2) 荷载

楼面荷载包括永久荷载 g 和可变荷载 p 两部分。永久荷载为梁、板结构的自重及隔墙、固定设备重量等;可变荷载为人群、家具、堆料及临时设备的重量等。永久荷载可根据梁、板等几何尺寸求得,可变荷载可直接从《建筑结构荷载规范》(GB 50009—2001) 中查用。

在计算主、次梁的荷载时,为简化计算,一般忽略次梁或板的连续性,并将主梁自重换算成集中荷载加到次梁传来的集中荷载内。

(3) 折算荷载

在计算模型的简化过程中,把与板、梁整体连结的支承视作铰支承,未考虑次梁对板、主梁对次梁在支承处转动变形的弹性约束作用。以板为例,当板在隔跨布置可变荷载时,板在支座处将产生转角 θ,但实际上板与次梁整体连接,当板受荷载发生弯曲转动时,将带动作为其支座的次梁产生扭转,而次梁的扭转抵抗将限制板的自由转动,此时板在支座处的实际转角应为 θ',其值将小于板自由转动产生的转角 θ(见图 2.8(a),(b)),即降低了板中的弯矩。为了考虑这一影响,可采用增大永久荷载和减小相应可变荷载的办法来处理,即以折算荷载来代替计算荷载(见图 2.8(c))。类似的情况也发生在次梁与主梁之间,但由于次梁的抗扭刚度与板的抗弯刚度之比大于主梁的抗扭刚度与次梁的抗弯刚度之比,所以次梁对板的约束作用大于主梁对次梁的约束作用,故对于板和次梁,其折算荷载 g' 和 p' 分别取值为:

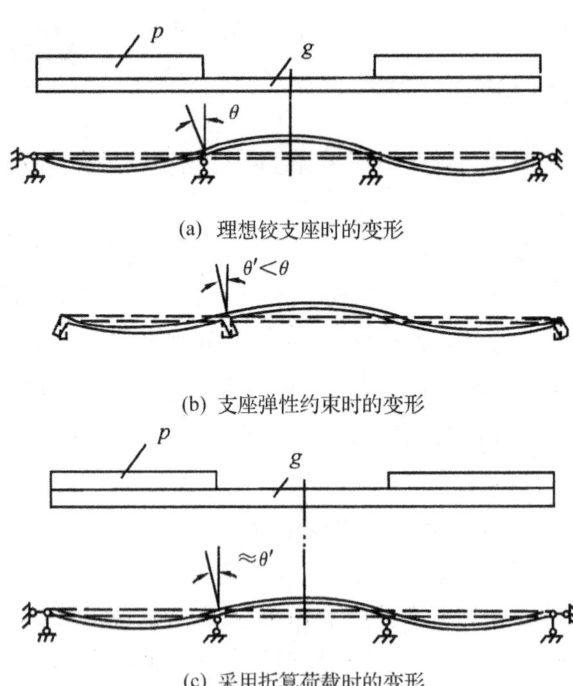

图 2.8 连续梁的变形

$$\text{板}\qquad g' = g + \frac{1}{2}p \qquad p' = \frac{1}{2}p \tag{2.1a}$$

$$\text{次梁}\qquad g' = g + \frac{1}{4}p \qquad p' = \frac{3}{4}p \tag{2.1b}$$

式中：g'，p' —— 折算永久荷载和折算可变荷载；

g，p —— 实际永久荷载和实际可变荷载。

当板或梁支承在砖墙或钢梁上时，上述约束作用将不存在，则荷载也不作上述调整。

对主梁不进行上述荷载折算。因柱对主梁的约束作用很小，忽略其影响不会引起太大的误差。为简化计算，工程中一般不考虑柱对主梁的约束作用，但当柱刚度较大，梁与柱的线刚度之比小于 5 时，则应按框架计算结构的内力。

2.1.2.2　荷载的最不利组合

永久荷载是固定作用于结构上的荷载，而楼面可变荷载的位置是可变的，有可能出现，也有可能不出现，所以对于多跨连续结构，应考虑可变荷载如何布置才会使结构各截面上产生最大的内力。现以五跨连续梁为例来讨论这一问题。

图 2.9 给出了在永久荷载作用下及每跨单独作用可变荷载时五跨连续梁的弯矩和剪力图。由图可以很方便地得出可变荷载最不利组合的规律为：

(1) 求某跨跨中最大正弯矩时，应在该跨布置可变荷载，然后每隔一跨布置；

(2) 求某跨跨中最大负弯矩(即最小正弯矩）时，该跨不布置可变荷载，而在相邻两跨布置，然后每隔一跨布置可变荷载；

(3) 求某支座最大负弯矩时，应在该支座左右两跨布置可变荷载，然后每隔一跨布置；

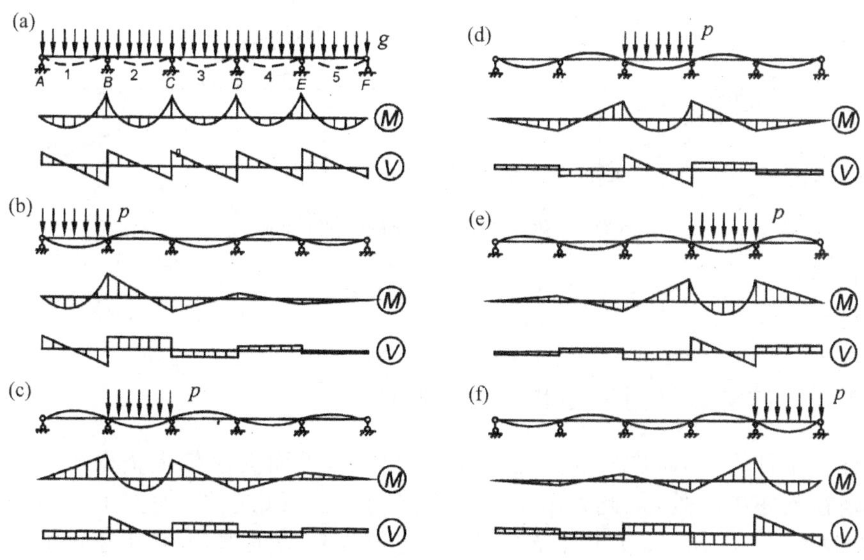

图 2.9　五跨连续梁在六种荷载情况下的内力图

(4) 求某支座截面最大剪力时，其可变荷载的布置与求该支座最大负弯矩时相同，永久荷载则应按实际情况布置。

2.1.2.3 内力计算及包络图

等跨连续梁、板的内力可按结构力学中的方法计算，设计时则可通过内力系数表来确定。各等跨连续梁在常用荷载作用下的内力系数列于附表1中。不等跨连续梁、板的内力可采用二次弯矩分配法或其他方法求解。

把永久荷载作用下各截面产生的内力与各相应截面在最不利可变荷载作用下产生的内力相叠加(包括正、负弯矩和剪力)，便可得到各截面可能出现的最不利内力。图2.10(a) 为一承受均布荷载五跨连续梁的弯矩叠合图，其外包线即为各截面可能出现弯矩的最大和最小值，由这些外包线围成的图形称为弯矩包络图。利用类似的方法可绘出剪力包络图(见图 2.10(b))。

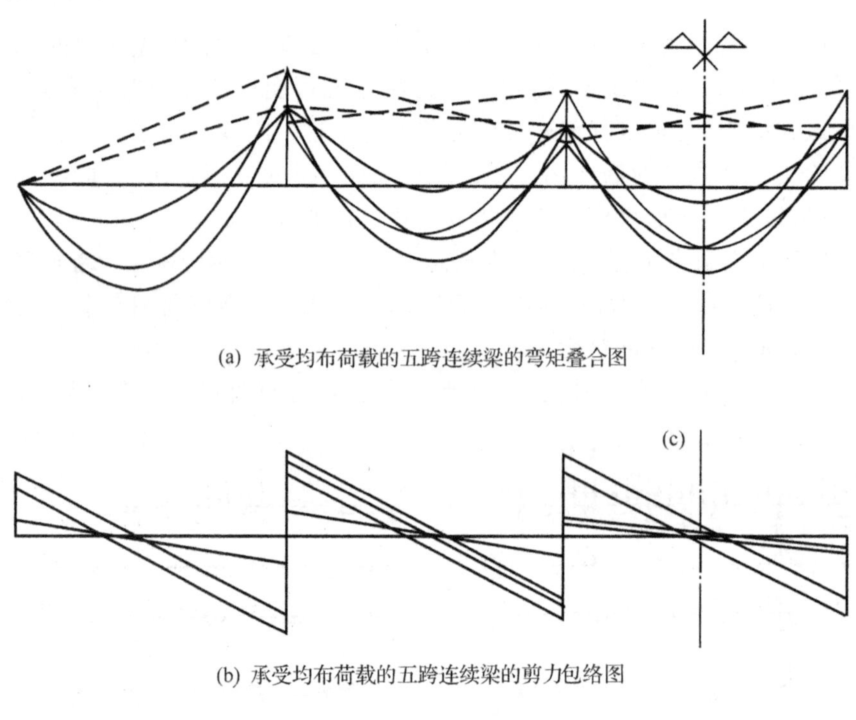

(a) 承受均布荷载的五跨连续梁的弯矩叠合图

(b) 承受均布荷载的五跨连续梁的剪力包络图

图 2.10 内力包络图

2.1.2.4 结构设计时弯矩和剪力的取值

按弹性理论计算时，跨度取支承中心线间的距离，因而支座最大负弯矩和支座最大剪力均出现在支座中心处，但此处由于整体连接的支承梁(或柱)加大了截面的高度和宽度，所以截面破坏一般只发生在支座边，故应取支座边的弯矩和剪力值作为计算值(见图 2.11)。弯矩 M_c 和剪力 V_c 可按下式计算：

$$M_c = M - V_0 \times \frac{b}{2} \tag{2.2}$$

$$V_c = V - (g+p)\frac{b}{2} \tag{2.3}$$

式中：M, V—— 支座中心截面上的弯矩和剪力值；

M_c, V_c—— 支座边截面上的弯矩和剪力值；

V_0—— 按简支梁计算的支座中心处剪力值；

b—— 支座宽度；

g, p—— 梁上均布的永久荷载和可变荷载的设计值。

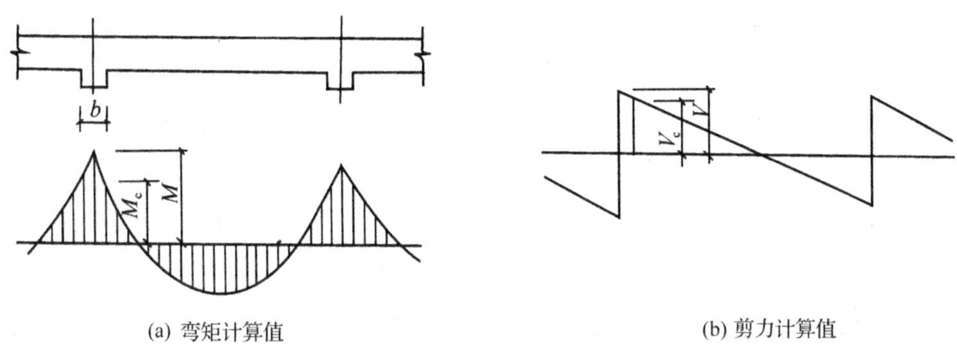

(a) 弯矩计算值　　(b) 剪力计算值

图 2.11　支座边的内力计算值

2.1.3　塑性理论计算方法——塑性内力重分布分析方法

按弹性理论计算的连续梁弯矩包络图来设计构件的截面及配筋，无疑可以保证结构的安全可靠，但弯矩包络图反映的是各截面可能出现的最不利弯矩，而这些最不利弯矩并非同时出现，所以某截面的弯矩达到最大值时，另一些截面的弯矩并未达到最大值，也即这些截面的材料未能得到充分利用。弹性理论计算方法是把结构刚度视为常数，同时认为任意一个截面上的弯矩达到其极限值时，整个结构即达到破坏状态，这对于静定结构或脆性材料结构来说是适合的，但不适合弹塑性材料的超静定结构。事实上，由于钢筋混凝土结构在荷载作用下会开裂及材料本身的非弹性性能，特别是钢筋屈服后产生明显的塑性变形，使结构各截面的刚度随弯矩的变化而不断改变，也就是说，结构在受力过程中并不是刚度不变的。对超静定结构而言，刚度的不断改变使结构的弯矩不断发生变化，即产生内力重分布现象。这样实际的弯矩分布与按弹性理论计算的弯矩有较大的差异，而且当某一截面的弯矩达到极限值时，由于钢筋屈服后具有较大的塑性变形能力，结构并未破坏，尚可继续承载。

钢筋混凝土结构的截面配筋是按极限状态设计的，这已充分考虑了钢筋混凝土的塑性性能，而按弹性理论计算的内力却未考虑这一性能，所以两者是互不协调的。若在钢筋混凝土超静定结构内力计算时考虑塑性内力重分布，则可使计算的内力与实际情况比较符合；减少内力计算与截面计算之间的不协调；另外，还可使各截面的材料都得到充分利用，获得一定的技术经济效益。下面对这一问题进行分析和论述。

2.1.3.1 钢筋混凝土受弯构件的塑性铰

(一) 塑性铰的形成

由于钢筋和混凝土材料的塑性性能，在外力作用下，受弯构件截面将产生塑性转动。

以跨中作用有集中力的简支梁为例加以说明(图 2.12(a))，该梁采用塑性性能较好的软钢，且为适筋梁。在荷载作用下，随着受压区混凝土应力不断增大，混凝土塑性变形逐渐发展。当加荷至受拉钢筋屈服，如图 2.12(c) 中的 A 点弯矩为 M_y，曲率为 φ_y，其应变剧增，混凝土压应力亦有增长，塑性变形相应不断增大，若受拉钢筋流幅足够大，钢筋应力将维持在屈服点，直至混凝土被压碎而截面破坏，其中混凝土的塑性变形相应较小，而受拉钢筋从开始屈服至截面破坏这一阶段的塑性在弯矩增加不多情况下，截面转动的曲率剧增，如图 2.12(c) 中从 φ_y 至 φ_u，引起截面的塑性转动，形成一个好似能转动的“铰”，称之为“塑性铰”。这是塑性变形集中发展的结果，可认为这是受弯构件受弯屈服现象。对这种塑形变形集中的区域，在杆系结构中称为塑性铰，在板内则称为塑性铰线。

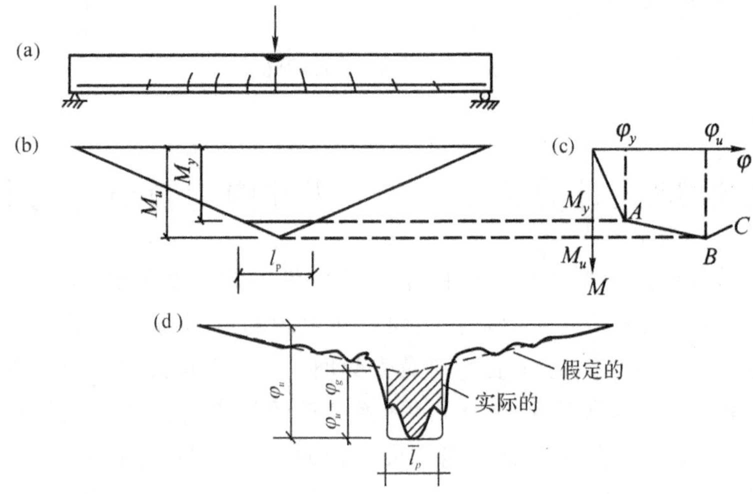

(a) 构件；(b) 弯矩图；(c) 弯矩 — 曲率($M-\varphi$) 图；(d) 曲率分布

图 2.12 混凝土受弯构件的塑性铰

从上所述，可见塑性铰并不是一个点(与理想铰不同)，也不是一个截面，而是塑性变形集中发生的区域，具有一定长度 l_p(图 2.12(b))。

从受拉钢筋屈服至截面受压破坏的过程中，截面塑性铰转动的全部曲率如图 2.12(c) 中 B 点和 A 点曲率之差 $\varphi_u-\varphi_y$，它表示塑性铰的转动能力，亦表示截面的延性，塑性的极限转角为 $\theta_p=(\varphi_u-\varphi_y)\bar{l}_p$，式中 $\bar{l}_p$ 为计算采用的等效塑性铰长度(图 2.12(d))。

上述简支梁当出现塑性铰至截面破坏，梁即成为几何可变体系，但对超静定结构而言，如以连续梁为例，当出现一个塑性铰，相当于减少了一个多余连系，减少了一次超静定次数，直至出现足够数量的塑性铰，当连续梁成为一个几何可变体系才告破坏，可见塑性铰必须要有足够的数量并有充分的转动能力，才能使超静定结构达到完全或充分的塑性内力重分布。

（2）影响塑性铰转动能力的因素

① 受拉钢筋的性能：按塑性内力重分布分析方法，受拉钢筋宜采用塑性性能，即延性较好的软钢，如 HPB300、HRB355、HRB400 和 RRB400 等，同时，钢筋在最大力作用下的总伸长率尚应符合《规范》第 4.2.4 条的规定；

② 截面配筋率：截面配筋率较低时，塑性转动能力较大，当截面配筋不超过最大配筋率时，混凝土受弯构件塑性铰主要是由于受拉钢筋屈服后产生较大塑性变形使截面产生塑性转动所形成，如果是超筋梁，截面破坏时，受拉钢筋尚未屈服，而受压区混凝土已先压坏，不会形成钢筋铰，此时，塑性铰主要是混凝土塑性变形引起截面微小转动而形成，称为混凝土铰，设计时应予避免，可见截面配筋率对塑性铰转动能力的重要作用；

③ 混凝土极限应变：混凝土的极限应变除与混凝土强度等级（一般不宜超过 C45）有关外，还与箍筋用量及受压区的受压钢筋有关，它们都能增加混凝土的极限压缩变形；

（3）塑性铰的性质

根据以上分析，塑性铰的性质可归纳为以下几点：

① 塑性铰不是一个点或一个截面，而是具有一定长度的塑性变形区域，为简化分析，可认为塑性铰是一个截面；

② 塑性铰能承受一定弯矩，即能承受该截面的极限弯矩 M_u；

③ 塑性铰只能沿弯矩作用方向作一定限度的转动，不同于理想的铰，可作 360° 的转动；

④ 塑性铰的转动能力取决于所配受拉钢筋的性能，特别是截面配筋率的数量。

2.1.3.2　钢筋混凝土超静定结构之塑性内力重分布

钢筋混凝土超静定结构受力的各工作阶段，其内力和变形与按刚度不变的弹性体系分析的结果是不相同的，说明在结构中产生了内力重分布现象。

钢筋混凝土超静定结构，由于混凝土开裂引起的刚度变化，特别是塑性铰的形成，将在结构各截面产生内力重分布。

（1）塑性内力重分布过程

图 2.13(a) 所示为一两跨连续梁，每跨距离中支座 1/3 跨度处作用有集中力 P，从图中可见，中支座截面及荷载 P 作用截面的弯距随荷载变化的过程。

① 弹性阶段：从加荷开始至混凝土开裂之前，整根梁接近于弹性体，其弯矩的实测值与按弹性理论的计算值非常接近，一般观察不到内力重分布现象，其弯矩分布如图 2.13(b) 所示。

② 弹塑性阶段：当加荷至中支座截面受拉混凝土开裂，但跨中截面尚未出现裂缝时，梁中开始出现内力重分布现象。由于混凝土开裂，中支座截面刚度减小，弯矩增长率下降，此时跨中截面弯矩增长率上升。如果继续加荷至跨中截面受拉区混凝土开裂，但

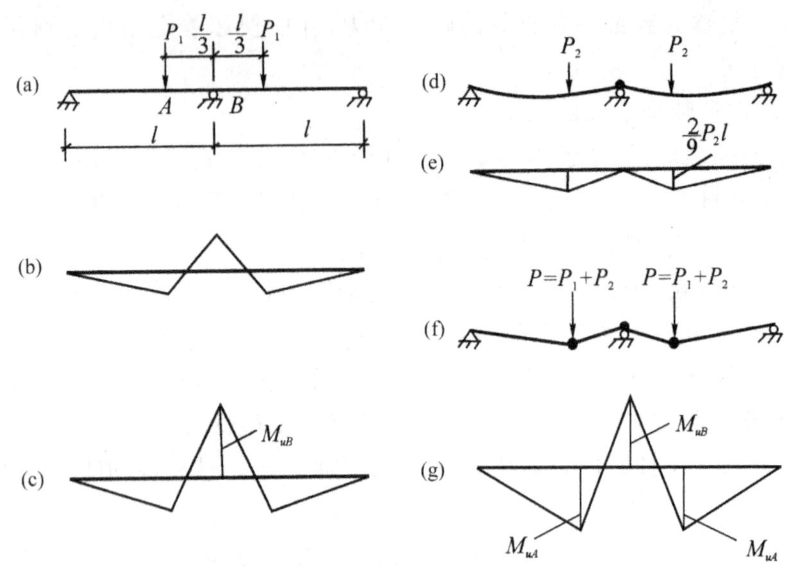

图 2.13　双跨连续梁弯矩随荷载的变化过程

中支座截面的受力钢筋尚未屈服，则跨中截面弯矩增长率减慢，而中支座截面弯矩增长率加快，表现为两截面之间的内力重分布。

③ 塑性阶段：当加荷至中支座截面受拉钢筋屈服，受压区混凝土塑性变形也急剧发展时，中支座截面塑性铰已形成，该截面的弯矩增长极慢，弯矩值已接近极限弯矩 M_{uB}，设此时相应的荷载为 P_1，见图 2.13(a)(c)。若按弹性理论计算，认为该连续梁已接近破坏，如按塑性内力重分布方法分析，认为混凝土连续梁只是减少了一个多余联系，减少了一次超静定次数，连续梁尚可继续加荷，此时跨中截面弯矩增长很快，两跨连续梁的工作状态已相当于两条简支梁，见图 2.13(d)(e)，直至跨中截面也出现塑性铰，其弯矩达到极限弯矩 M_{uA}，此时连续梁才成为一个几何可变的机动体系而破坏，如图 2.13(f)(g)，设后加的荷载为 P_2，则该两跨连续梁能承受的总荷载为 $P = P_1 + P_2$，而按弹性理论计算，该结构能承受的荷载仅为 P_1，可见按塑性内力重分布计算，此梁的极限荷载要比按弹性理论计算大 P_2，意味着提高了超静定梁的承载能力。

从上述连续梁跨中截面及中支座截面弯矩随荷载增加而不断变化的情况如图 2.14 所示。从图中可见，内力重分布主要发生在两个阶段：第一阶段是从中支座截面裂缝出现到塑性铰形成前，这时主要是由于裂缝的形成和发展，使连续梁各截面刚度发生变化而引起的内力重分布；第二阶段是中支座塑性铰形成后，由于塑性铰的转动而引起的内力重分布，这阶段的内力重分布更为明显，在整个内力重分布中占较大比重。

对于具有弹塑性性能的混凝土超静定结构，某一截面的受拉钢筋达到屈服，只要混凝土未被压碎，结构并未破坏，尚有强度储备可以利用。采用塑性内力重分布方法计算连续梁的内力比按弹性理论计算结果，更加符合结构实际受力情况，可以充分利用结构的潜力，提高结构的极限承载能力，达到节约钢材的效果。

在混凝土超静定结构中，若各塑性铰均具有足够的转动能力，截面受压区混凝土不

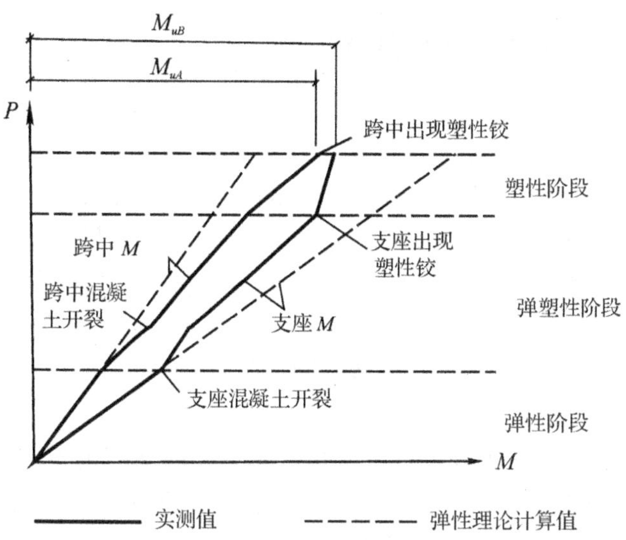

图 2.14　两跨连续梁 P-M 图

会在塑性铰转动过程中被压坏，而结构能出现足够数量的塑性铰，最后形成几何可变的机动体系才发生破坏，这种情况称为完全的内力重分布或称充分的内力重分布。若塑性铰的转动能力不足，在结构中未能形成足够数量的塑性铰或塑性铰转动过大，在结构成为几何可变机动体系之前，就因某些截面的破坏而丧失了承载能力，这种情况称为不完全的内力重分布或不充分的内力重分布，设计中应予避免。

由于塑性铰的转动，有可能使结构或构件的变形或裂缝过大，故采用塑性内力重分布方法时应对结构进行正常使用极限状态的验算。

(2) 不宜采用塑性内重分布分析方法的结构

塑性内力重分布计算是以形成塑性铰为前提的，故对下列结构不宜采用。

① 使用阶段不允许出现裂缝或对裂缝开展有较严格限制的结构，以及处于$三_a$ 和$三_b$ 类具有侵蚀性环境中的结构；

② 直接承受动力荷载和重复荷载的结构；

③ 对强度储备有较高要求的结构。

通过以上对塑性内力重分布方法的分析，可以归纳出以下要点：

① 超静定结构具有塑性内力重分布的特性，各截面内力分布规律在混凝土开裂后，就和弹性方法分析的不同，各截面的刚度也不是不变，而是不断变化的。

② 引起塑性内力重分布的原因或内力重分布的过程有两个：一是由于混凝土开裂，刚度发生变化引起的；二是由于塑性铰形成及转动引起的，后者是主要的。

③ 超静定结构破坏标准不是某一截面的破坏，而是形成几何可变机动体系而破坏。

④ 按塑性内力重分布方法分析超静定结构内力更符合结构实际受力状况，可充分发挥结构潜力，节约钢材、简化配筋、方便施工。

2.1.3.3 塑性内力重分布计算方法

(1) 弯矩调幅法

目前世界各国大多采用弯矩调幅法来进行塑性内力重分布的计算，所谓弯矩调幅法，就是先按弹性理论计算出结构各截面的弯矩值，然后根据需要，对结构中某些弯矩绝对值最大的截面(多数为支座截面) 进行调整，即人为地降低其弯矩值 M，这称为调幅。若调幅值为 20%，则此截面可按 $0.8M$ 进行配筋计算。中支座弯矩调幅后，相应增加了跨中弯矩，但只要不超过弹性弯矩包络图即可。这样，一方面可节约钢筋，另一方面也避免了支座截面常出现的配筋拥挤的现象，方便了施工。

(2) 弯矩调幅法计算时应符合的要求

① 钢筋混凝土连续梁支座或节点边缘截面负弯矩的调幅值不宜超过 25%；不等跨连续梁不宜超过 20%；钢筋混凝土板的负弯矩调幅值亦不宜大于 20%。以免塑性铰转动过大，塑性内力重分布过程过长，裂缝开展过宽、挠度过大而影响正常使用。

② 计算截面承载力时，经弯矩调整后混凝土相对受压区计算高度应满足 $0.1 \leqslant x/h_0 \leqslant 0.35$ 的要求，因相对受压区计算高度越大，塑性铰的转动能力越小，如能满足上述要求，在大多数情况下可使结构的裂缝能满足正常使用极限状态的要求；当截面配有受压钢筋时，在计算相对受压区计算高度时，可考虑受压钢筋的作用，因配置受压钢筋可以提高截面的塑性转动能力。

③ 调整后的结构内力必须满足静力平衡条件，如连续梁、板每跨两端支座负弯矩(绝对值) 的平均值与跨中弯矩之和不得小于简支梁的跨中弯矩值，对均布荷载而言，即应满足：

$$\frac{|M_A|+|M_B|}{2}+M_{中}=\frac{(g+p)l^2}{8} \tag{2.4}$$

式中：$|M_A|$，$|M_B|$ —— 分别为各跨两端支座负弯矩的绝对值；

$M_{中}$ —— 跨中弯矩值；

g，p—— 分别为均布永久荷载和可变荷载。

④ 均布荷载作用下的连续梁板构件，弯矩调整后的所有支座和跨中弯矩 M 的绝对值，不宜小于简支梁弯矩值的 1/3，即

$$M \geqslant \frac{(g+p)l^2}{24} \tag{2.5}$$

⑤ 为了防止内力重分布之前，发生剪切破坏，应在可能形成塑性铰的区段适当增加箍筋用量，增加的区段当为均布荷载时取距支座边为 $1.05h_0$ 的区段，当为集中荷载，取支座边至最近一个集中荷载之间的区段，此处 h_0 为截面的有效高度。箍筋增加的数量应按《规范》斜截面受剪承载力计算所需要的箍筋数量增加 20%。

⑥ 为了减少构件发生斜拉破坏可能性，箍筋配箍率的下限值应满足下式要求：

$$\rho_{sv} \geqslant 0.3 f_t / f_{yv} \tag{2.6}$$

⑦ 宜选用塑性性能较好的软钢，混凝土强度等级宜在 C20 ～ C45 之间选用。

⑧ 裂缝宽度及挠度应满足正常使用极限状态的要求，在结构构件使用阶段不应出

现塑性铰。

(3) 均布荷载作用下等跨连续板、梁的计算

根据上述弯矩调幅法的原则，并考虑到设计方便，在对均布荷载作用下等跨连续板、连续次梁的弯矩和剪力值做适当的调整和简化后，给出各截面弯矩和剪力设计值的计算公式如下：

$$M = \alpha_m (g + p) l^2 \tag{2.7}$$

$$V = \alpha_v (g + p) l_0 \tag{2.8}$$

式中：α_m—— 弯矩系数，按表 2.1 取值（对于边支座搁支在墙上的五跨连续梁可按图 2.15a 取值）；

α_v—— 剪力系数，按表 2.2 取值（对于边支座搁支在墙上的五跨连续梁可按图 2.15b 取值）；

g，p—— 分别为均布永久荷载和可变荷载设计值；

l—— 计算跨度，按图 2.16 取值；

l_0—— 净跨度。

表 2.1　连续梁、板考虑塑性内力重分布的弯矩系数 α_m

<table>
<tr><th rowspan="2">端支座支承情况</th><th colspan="5">截　　面</th></tr>
<tr><th>边支座</th><th>边跨跨中</th><th>第一内支座</th><th>中间跨</th><th>中间支座</th></tr>
<tr><td>搁置在墙上</td><td>0</td><td>$\frac{1}{11}$</td><td rowspan="2">$-\frac{1}{10}$
（用于两跨连续梁、板）
$-\frac{1}{11}$
（用于多跨连续梁、板）</td><td rowspan="2">$\frac{1}{16}$</td><td rowspan="2">$-\frac{1}{14}$</td></tr>
<tr><td>与梁整体连接</td><td>$-\frac{1}{16}$（板）
$-\frac{1}{24}$（梁）</td><td>$\frac{1}{14}$</td></tr>
</table>

注：表中弯矩系数适用于荷载比 $p/g \geqslant 0.3$ 的等跨连续梁、板。

表 2.2　连续梁考虑塑性内力重分布的剪力系数 α_v

<table>
<tr><th rowspan="2">荷载情况</th><th rowspan="2">边支座情况</th><th colspan="5">截　　面</th></tr>
<tr><th>边支座右侧</th><th>第一内支座左侧</th><th>第一内支座右侧</th><th>中间支座左侧</th><th>中间支座右侧</th></tr>
<tr><td rowspan="2">均布荷载</td><td>搁置在墙上</td><td>0.45</td><td>0.60</td><td rowspan="2">0.55</td><td rowspan="2">0.55</td><td rowspan="2">0.55</td></tr>
<tr><td>梁与梁或梁与柱整体连接</td><td>0.50</td><td>0.55</td></tr>
<tr><td rowspan="2">集中荷载</td><td>搁置在墙上</td><td>0.42</td><td>0.65</td><td rowspan="2">0.60</td><td rowspan="2">0.55</td><td rowspan="2">0.55</td></tr>
<tr><td>与梁整体连接</td><td>0.50</td><td>0.60</td></tr>
</table>

注：同表 2.1。

计算跨度相差不超过10%的不等跨板和次梁，也可近似按上述等跨连续板、梁的内力计算公式计算。但在计算支座负弯矩时，计算跨度 l 应取左右两跨中的较大值，而在计算跨中弯矩和各支座剪力时，仍应按本跨的计算跨度计算。

主梁为楼盖中最重要的支承构件，一般配筋率较高，加上主梁的挠度实际上就是次梁各支座的沉陷量，故工程中一般按弹性理论计算，以避免主梁挠度过大而引起整个楼盖的变形过大。

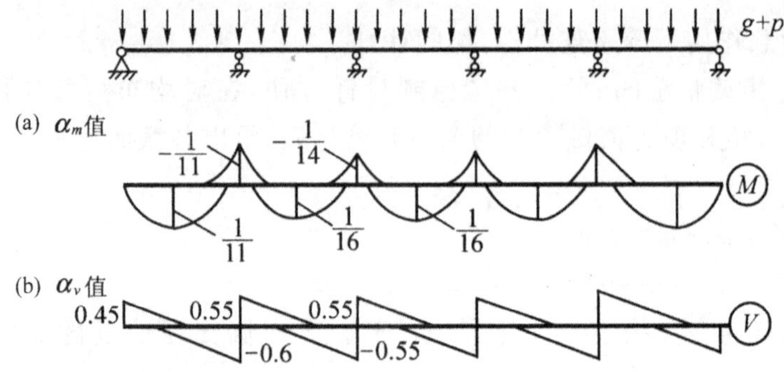

图 2.15　边支座搁置于墙上时多跨连续梁、板按塑性理论计算时的内力系数

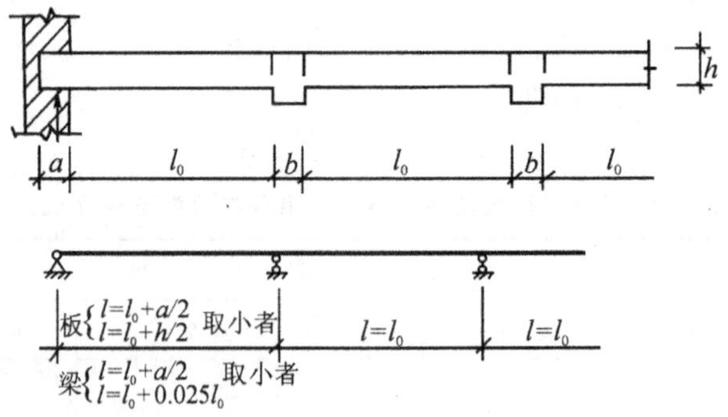

图 2.16　多跨连续梁、板按塑性理论计算时的计算跨度取法

下面就以均布荷载作用下的五跨连续板、梁为例，用弯矩调幅法来计算上述内力系数。

设可变荷载设计值与永久荷载设计值之比为 $p/g=3$，则

$$g+p=\frac{p}{3}+p=\frac{4}{3}p \qquad 或 \qquad g+p=g+3g=4g$$

由此可得

$$p=\frac{3}{4}(g+p)$$

$$g=\frac{1}{4}(g+p)$$

次梁的折算荷载

$$g'=g+\frac{1}{4}p=0.4375(g+p)$$

$$p'=\frac{3}{4}p=0.5625(g+p)$$

按弹性理论计算连续梁，支座 B 处产生最大负弯矩时，其可变荷载应布置在 1,2,4 跨，由附表 2.4 可得：

$$M_{B\max}=-0.105g'l^2-0.119p'l^2$$

$$= -0.105 \times 0.4375(g+p)l^2 - 0.119 \times 0.5625(g+p)l^2$$
$$= -0.1129(g+p)l^2$$

考虑调幅 20%，则

$$M_B = 0.8M_{B\max}$$
$$= 0.8 \times [-0.1129(g+p)l^2] = -0.0903(g+p)l^2$$

为便于记忆，取

$$M_B = -\frac{1}{11}(g+p)l^2 = -0.0909(g+p)l^2$$

此时实际调幅值为 19.5%，板此时的实际调幅值为 17.6%。

当次梁取 $M_B = -\frac{1}{11}(g+p)l^2$ 时，边跨跨中弯矩最大值在距 A 支座 $x = 0.409l$ 处，其值为

$$M_1 = \frac{1}{2} \times 0.409(g+p)l \times 0.409l = 0.0836(g+p)l^2$$

按弹性理论计算，边跨跨中产生最大正弯矩时，其可变荷载应布置在 1，3，5 跨，由附表 2.4 可得：

$$M_{1\max} = 0.0781g'l^2 + 0.1p'l^2$$
$$= 0.0781 \times 0.4375(g+p)l^2 + 0.1 \times 0.5625(g+p)l^2$$
$$= 0.0904(g+p)l^2 > 0.0836(g+p)l^2$$

所以，边跨跨中弯矩应按 $0.0904(g+p)l^2$ 计算。为方便记忆，取

$$M_1 = \frac{1}{11}(g+p)l^2 = 0.0909(g+p)l^2 > 0.0904(g+p)l^2$$

其余系数可按类似方法求得。

(4) 等间距、等大小集中荷载作用下等跨连续梁的计算

等跨连续梁(误差不大于 10%)当承受间距相同、大小相等的集中荷载时，各截面的弯矩和剪力设计值可按下列公式计算：

$$M = \eta\alpha_m(G+P)l \tag{2.9a}$$

$$V = \alpha_v n(G+P) \tag{2.9b}$$

式中：η——集中荷载修正系数，依据一跨内集中荷载的不同情况按表 2.3 确定；

表 2.3　集中荷载修正系数 η

荷　载　情　况	截面				
	边支座	边跨跨中	第一内支座	中间跨跨中	中间支座
在跨中二分点处作用有一个集中荷载	1.5	2.2	1.5	2.7	1.6
在跨中三分点处作用有两个集中荷载	2.7	3.0	2.7	3.0	2.9

α_m—— 考虑塑性内力重分布的弯矩系数，按表 2.1 采用；

α_v—— 剪力系数，按表 2.2 采用；

n—— 跨内集中荷载的个数；

G—— 单个集中永久荷载设计值；

P—— 单个集中可变荷载设计值；

l—— 计算跨度，按图 2.16 取值。

(5) 不等跨连续板、梁的计算

对不等跨连续板、梁的计算，主要是对各支座截面的最大弯矩进行调幅。先按弹性理论求出梁的弯矩包络图，然后选择弯矩绝对值较大的支座截面进行调幅，即在弹性弯矩图基础上叠加考虑调幅引起的附加弯矩图，调幅值不超过 20%。

对于不等跨连续梁、板，各跨中截面的弯矩不宜调幅。

现举例说明弯矩调幅法在不等跨连续次梁上的应用。

例 2.1 某不等跨三跨连续楼面梁，梁截面尺寸各跨相同，计算跨度如图 2.17 所示。梁承受永久荷载设计值 $g = 20\text{kN/m}$，可变荷载设计值 $p = 32\text{kN/m}$，试按内力重分布方法计算其内力。

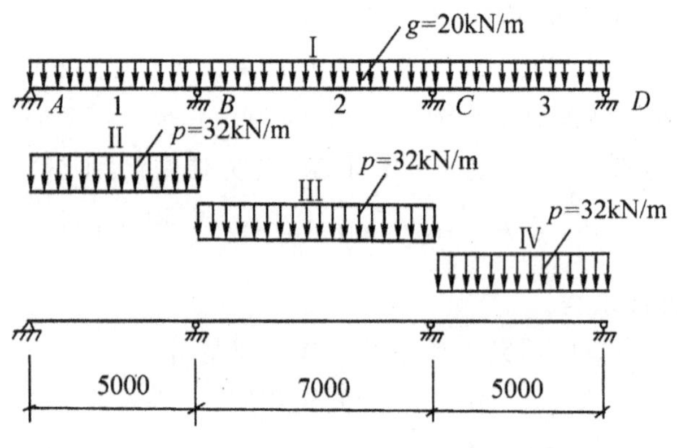

图 2.17 三跨连续梁计算简图

解 先按弹性方法计算各荷载作用下的弯矩值及其不利组合(组合结果见表 2.4，其中带 * 号的跨中弯矩是按跨度中心确定的)，然后进行弯矩调幅。

表 2.4 各截面弯矩计算 (kN·m)

荷载组合		截面 1	截面 B	截面 2	截面 C	截面 3
ⓐ	Ⅰ+Ⅱ+Ⅳ	113.5	−107.7	14.9	−107.7	113.5
ⓑ	Ⅰ+Ⅲ	−19.7*	−164.2	154.4	−164.2	−19.7*
ⓒ	Ⅰ+Ⅱ+Ⅲ	57.2*	−210.0	138.0	−150.7	−12.8*
ⓓ	Ⅰ+Ⅲ+Ⅳ	−12.8*	−150.7	138.0	−210.0	57.2*

连续梁在各不利组合下的弯矩叠合情况见图 2.18。

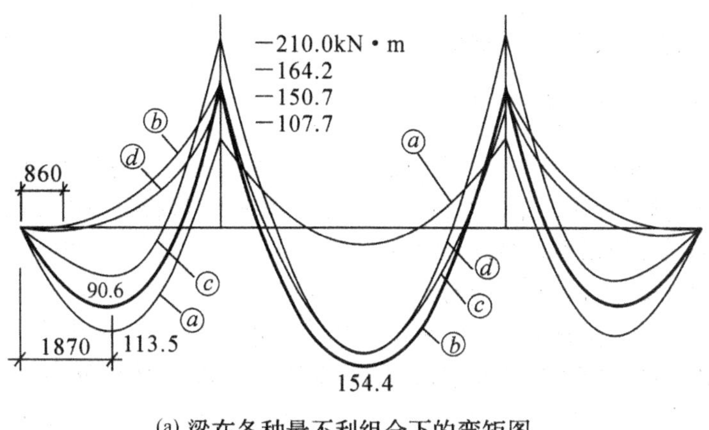

(a) 梁在各种最不利组合下的弯矩图

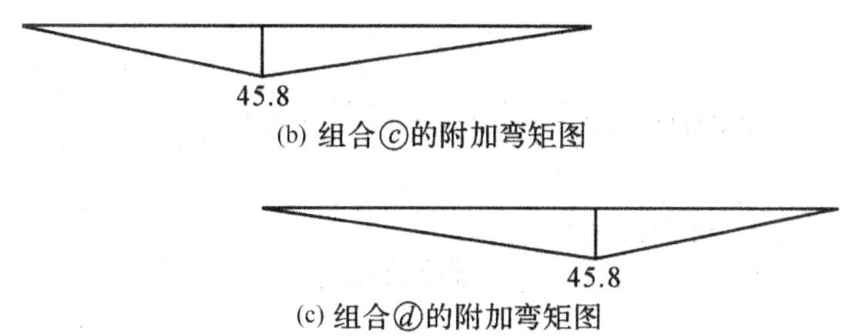

(b) 组合ⓒ的附加弯矩图

(c) 组合ⓓ的附加弯矩图

图 2.18　调幅计算图

在通常情况下，可先将荷载组合 ⓒ中的 B 支座最大弯矩 −210.0kN·m 调至该支座的次高弯矩，即荷载组合 ⓑ中的 B 支座弯矩 −164.2kN·m（若调幅超过此值，则中间跨跨中的弯矩值将超过包络图，即超过荷载组合 ⓑ中的中间跨跨中弯矩值 154.4kN·m，使跨中截面配筋增加）。荷载组合 ⓓ中的 C 支座最大弯矩亦可按此方法调整。两个支座最大弯矩调整后的弯矩图如图 2.18(a) 中粗线所示，此时两个边跨的跨中最大弯矩为 90.6kN·m，未超过包络图，中间跨的跨中最大弯矩值与包络图相同。所以配筋时除了两个支座弯矩减少外，其余均按原包络图设计。

不过此例中的支座弯矩调幅值为 21.8%，超过 20%，故两个支座的弯矩取

$$M_B = M_C = 0.8 \times M_{B\max} = 0.8 \times (-210.0) = -168.0(\text{kN}\cdot\text{m})$$

此时，各跨跨中弯矩均未超过包络图，故仍按原包络图设计。

随着支座弯矩的调整，支座剪力也应进行相应的调整，并与原来按弹性计算所得剪力值进行比较，取较大值进行设计。

经调整后，支座截面的最大弯矩有所降低，而跨中截面的弯矩并未增加，且弯矩分布较均匀，从而不仅节约了钢材，还使配筋方便，易于施工。

2.1.4 截面设计与构造要求

2.1.4.1 板的截面计算与构造要求

(1) 截面计算特点

连续板一般可按塑性理论方法计算，取 1m 宽板带按单筋矩形截面梁计算配筋。由于板的宽度一般较大且荷载相对较小，仅混凝土就足以承担剪力，故在一般情况下，可不进行斜截面抗剪承载力的计算。

在极限状态时，板的支座处因负弯矩作用而引起上部开裂，跨中则因正弯矩的作用而引起下部开裂，这使跨中和支座之间受压的混凝土形成拱形分布。当板的周边具有限制水平位移的边梁，即板的支座不能自由移动时，作用于板上的一部分竖向荷载将通过拱作用直接传给边梁，而不使板受弯，拱作用产生的横向推力由与板周边整体连接的梁承受(见图 2.19)。为了考虑这一有利作用，《规范》规定，对于周边与梁整体连接的多跨连续板的中间跨跨中和中间支座，计算弯矩可降低 20%，但对于边跨跨中和第一内支座，由于边梁侧向刚度不大，难以提供足够的横向推力，故计算弯矩时不予降低。

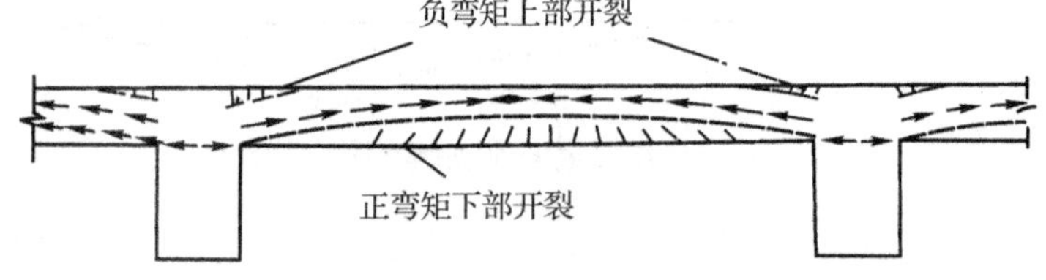

图 2.19 连续板的拱作用

(2) 构造要求

为了使板具有一定的刚度，其厚度不应小于板跨度的 1/40(连续板) 或 1/35(简支板) 以及 1/12(悬臂板)。满足上述条件可不进行板的变形验算，但板的最小厚度应满足下列要求：

屋面板 $h \geqslant 60\text{mm}$；
民用建筑楼板 $h \geqslant 60\text{mm}$；
工业建筑楼板 $h \geqslant 70\text{mm}$；
行车道下的楼板 $h \geqslant 80\text{mm}$。

板的支承长度应满足其受力钢筋在支座内的锚固要求，且一般不小于板厚及 120mm。

板中受力钢筋一般采用 HPB300 级钢筋，常用直径为 $\phi6$，$\phi8$ 和 $\phi10$。其间距一般不小于 70mm。当板厚 $h \leqslant 150\text{mm}$ 时，间距不应大于 200mm；当 $h > 150\text{mm}$ 时，不应大于 $1.5h$，且不宜大于 250mm。伸入支座的受力钢筋的间距不应大于 400mm，锚固长度不应小于5d，且截面面积不得少于跨中受力钢筋面积的1/3。当板采用分离式配筋时，跨中正弯矩受力钢筋宜全部伸入支座。实心板的经济配筋率约为 0.4% ~ 0.8%。

连续板中受力钢筋的配置方式，有弯起式和分离式两种。

弯起式配筋时(见图 2.20(a))，跨中钢筋可在支座处弯起 1/2 ～ 2/3，以承受负弯矩，若支座处钢筋截面面积不够，可另加直钢筋。弯起角度一般为 30°，当板厚 $h>120$mm 时，弯起角度为 45°。板的钢筋一般采用半圆弯钩，但对于上部负钢筋，为保证施工时不致改变有效高度和位置，宜做成直钩以便支撑在模板上。弯起式配筋锚固较好，可节约用钢量，但施工较复杂。

分离式配筋的锚固较差，耗钢量稍大，但施工方便(见图 2.20(b))，此时跨中正弯矩钢筋宜全部伸入支座。

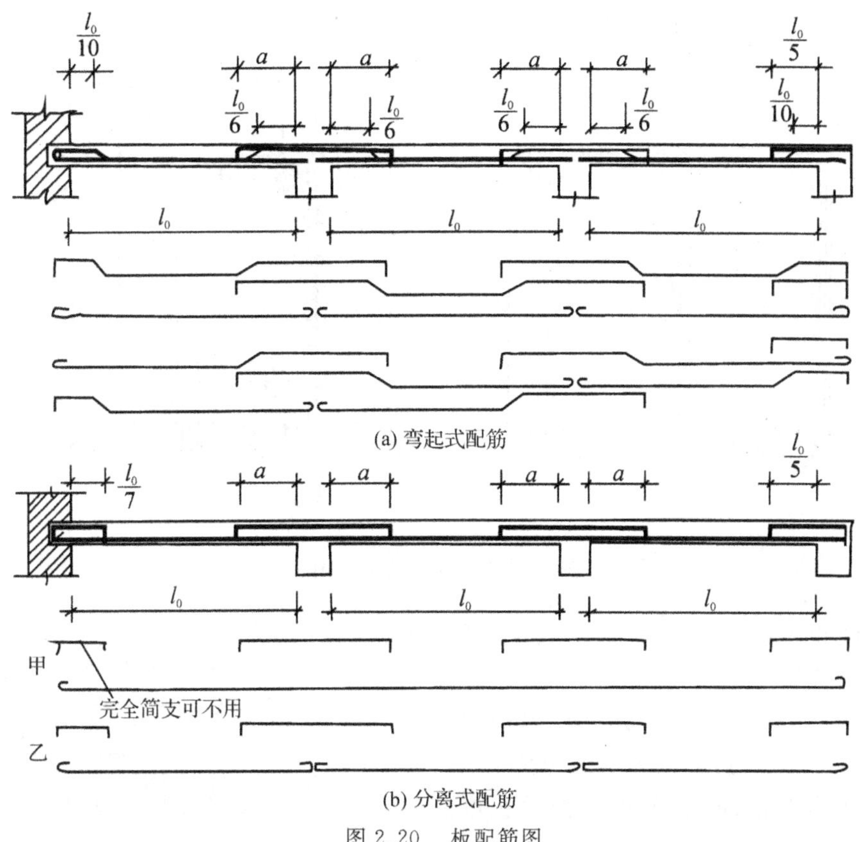

图 2.20　板配筋图

连续板中受力钢筋的弯起和截断一般可按图 2.20 所示要求确定。但若板的相邻跨度相差超过 20%，或各跨荷载相差太大时，应按弯矩包络图确定。图 2.20 中，当 $p/g\leqslant 3$ 时，$a=l_0/4$；当 $p/g>3$ 时，$a=l_0/3$，此处 g 和 p 分别为永久荷载和可变荷载，见图2.20。

确定连续板的钢筋配置时，应注意相邻两跨跨中及其中间支座钢筋直径和间距的相互配合，其间距变化应有规律，钢筋直径的种类不宜过多。

分布钢筋按构造要求布置在单向板的长方向上，其作用是固定受力钢筋的位置；抵抗混凝土收缩和温度变化产生的内力；承担并分散板上局部荷载产生的内力；同时承担计算中未及但实际存在的长跨方向的弯矩。

分布钢筋布置于受力钢筋的内侧，其截面面积应不小于受力钢筋截面面积的15%，且不宜小于该方向板截面面积的0.15%；间距不宜大于250mm，直径不宜小于6mm。在受力钢筋的弯折处应布置分布钢筋。

嵌固在承重砖墙内的板，在受力方向上，由于受到砖墙的约束而产生负弯矩（计算简图假定为铰支），因此可能在墙边的板上部沿支承方向引起开裂。在垂直于板跨方向的嵌固边，部分荷载将直接就近传至砖墙上，因此也可能在靠近墙边的板顶处出现平行于墙面的裂缝。在板角部分，除因传递荷载使板在两个方向上受力而引起负弯矩外，由于温度和混凝土收缩等影响而产生的角拉应力也可能在板角处引起斜向裂缝，当角拉应力很大时，这种裂缝有时将贯通板厚（见图2.21(a)）。

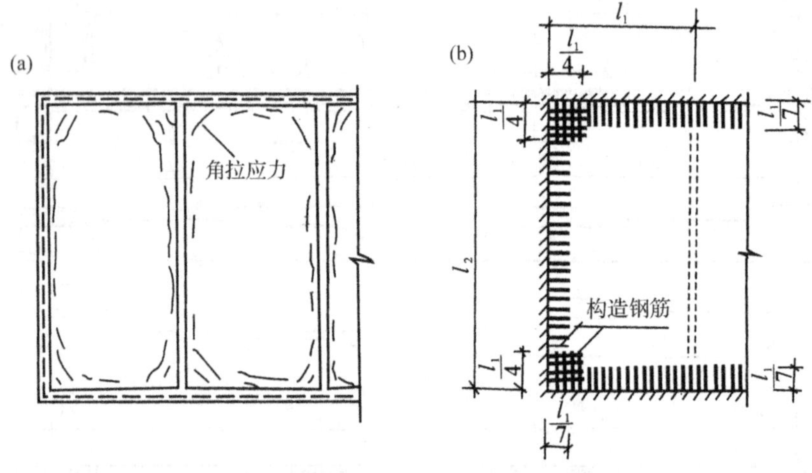

图2.21　板边构造配筋图

为了防止上述裂缝，《规范》规定，对于嵌入承重砖墙内的板，沿墙长应配置ϕ8@200的构造钢筋（包括弯起钢筋在内），其伸出墙面的长度应不小于$l_1/7$。对两边嵌入墙内的板角部分应双向配置上述构造钢筋，其伸出墙面的长度应不小于$l_1/4$（l_1为单向板的跨度），见图2.21(b)。其面积在板的受力方向不宜小于跨中受力钢筋截面面积的1/3，在非受力方向可根据经验适当减少。

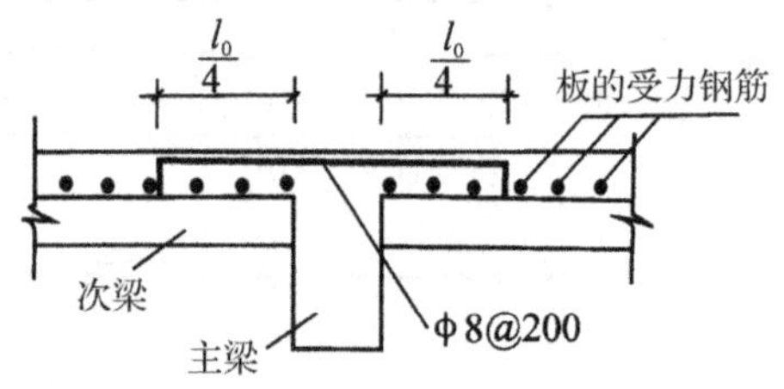

图2.22　垂直于主梁的构造钢筋

在单向板中，虽然板上荷载主要沿短向传给次梁，但在靠近主梁附近，部分荷载将由板直接传给主梁，从而产生负弯矩。因此，需在主梁上部配置跨过主梁的板面附加钢筋。其数量不少于ϕ8@200，面积不少于板中受力钢筋面积的1/3，其伸出梁边长度不小于$l_0/4$（l_0为板计算跨度），见图2.22。

2.1.4.2　次梁的截面计算与构造要求

(1) 截面计算特点

次梁为承受均布荷载的连续梁，可采用塑性理论方法计算。由于次梁与板整浇在一起，所以在进行配筋计算时，对跨中正弯矩应按 T 形截面计算(翼缘宽度按《规范》表 5.2.4 的要求确定)；对跨中及支座负弯矩，因翼缘处于受拉区，则应按矩形截面计算。

(2) 构造要求

次梁的高跨比 h/l 一般可取 $1/18 \sim 1/12$，截面宽度 b 可取 $h/3 \sim h/2$。

梁中受力钢筋的弯起和截断，原则上应按弯矩包络图确定，但对跨度相差不超过 20%、承受均布荷载的次梁，当可变荷载与永久荷载之比 $p/g \leqslant 3$ 时，可按图 2.23 的要求布置钢筋。

当梁端实际受到部分约束但按简支计算时，应在支座区上部设置纵向构造负钢筋，其截面面积不应小于梁跨中下部纵向受力钢筋截面面积的 1/4，且不应少于 2 根。该构

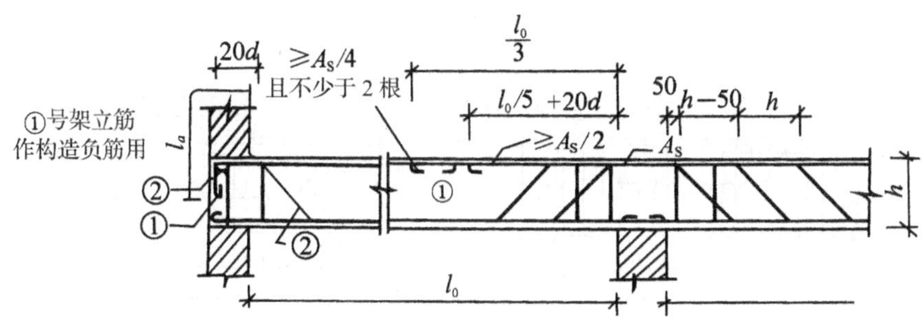

图 2.23　次梁配筋构造图

造负钢筋自支座边缘向跨内伸出的长度不应小于 $0.2l_0$(l_0 为该跨的计算跨度)。

2.1.4.3　主梁的截面计算与构造要求

(1) 截面计算特点

主梁除自重外，主要承受由次梁传来的集中荷载，计算时可不考虑次梁连续性的影响。此外，为简化计算，主梁的自重可折算成集中荷载，叠加在次梁传来的荷载中。

主梁截面配筋的计算特点与次梁相同。

在主梁的支座处，次梁与主梁的支座负筋相互交叉，主梁的负筋在次梁负筋的下面，见图 2.24。因此，计算主梁支座钢筋时，其截面有效高度应较一般取值为低：对单排钢筋，$h_0 = h - (50 \sim 60)\text{mm}$；对双排钢筋，$h_0 = h - (70 \sim 80)\text{mm}$。当混凝土强度级别 $\leqslant$ C20 时，h_0 相应减少 5mm。

(2) 构造要求

主梁的高跨比 h/l 一般可取 $l/14 \sim l/8$，截面宽度 b 取 $h/3 \sim h/2$。

主梁受力钢筋的弯起和截断，应通过在弯矩包络图上作抵抗弯矩图(材料图) 确定。

在次梁和主梁相交处，次梁顶部在负弯矩作用下将产生裂缝，因而次梁传来的集中荷

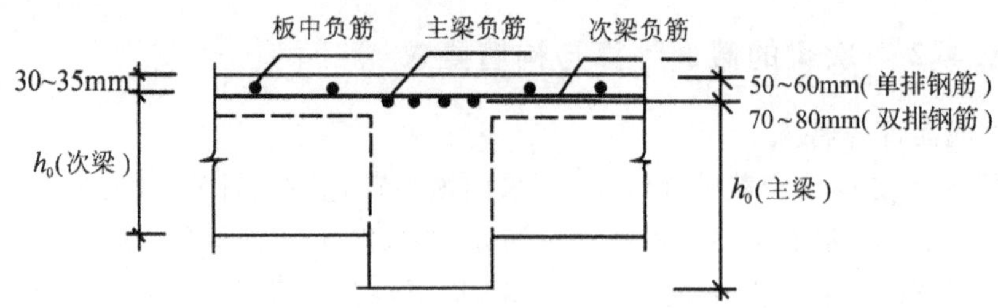

图 2.24 主梁支座处有效高度值

载将通过其受压区的剪切传至主梁的中下部。在此荷载作用下,主梁的下部将出现斜向裂缝,见图 2.25(a)。

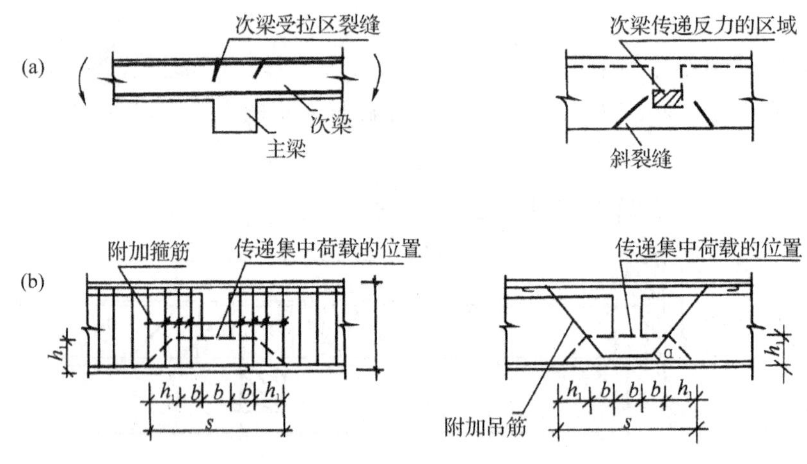

图 2.25 主梁附加钢筋布置

为了防止斜向裂缝的发生而引起的局部破坏,应设置附加横向钢筋(箍筋或吊筋),将上述集中荷载有效地传至主梁的受压区。《规范》规定,主梁的附加横向钢筋应布置在长度为 $s = 2h_1 + 3b$ 的范围内,见图 2.25(b)。

所需附加横向钢筋的截面面积应按下式计算:

$$F \leqslant mnA_{sv1} f_y + 2A_{sb} f_y \sin\alpha \tag{2.10}$$

式中:F—— 两侧次梁传给主梁的集中荷载设计值;

m—— 在宽度 S 范围内的附加箍筋总数;

n—— 同一截面内附加箍筋的肢数;

A_{sv1}—— 附加箍筋的单肢截面面积;

A_{sb}—— 附加吊筋的截面面积;

f_y—— 附加横向钢筋的抗拉强度设计值。

2.1.4.4 单向板肋梁楼盖设计实例

某仓库平面结构布置如图 2.26 所示。楼面使用荷载标准值为 7kN/m^2,混凝土采用 C25,板中受力筋采用 HPB300 级钢筋,梁中受力筋采用 HRB335 级钢筋。楼面面层为

20mm 厚水泥砂浆，天棚抹灰为 15mm 厚混合砂浆。搁支长度：板为 120mm，次梁为 240mm，主梁为 370mm。试设计此单向板肋梁楼盖。

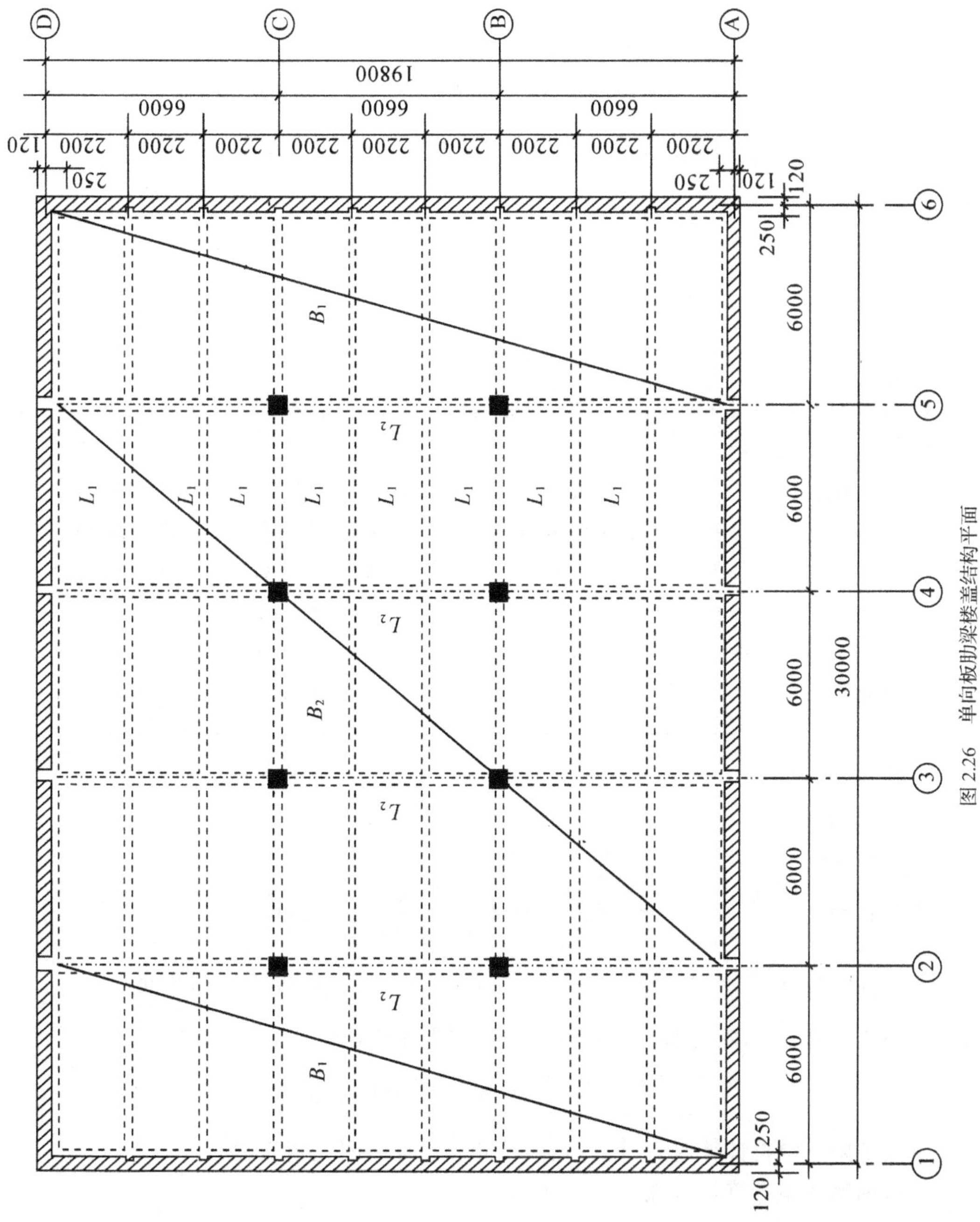

图 2.26　单向板肋梁楼盖结构平面

(1)B_1,B_2(板)的截面尺寸和配筋

按塑性方法计算。(按图 2.26 梁格布置,B_1,B_2 可按单向板考虑。)

板厚按不验算刚度的条件取为

$$h \geqslant \frac{l}{40} = \frac{2200}{40} = 55(\text{mm})$$

工业厂房楼面最小厚度为 70mm > 55mm,此例中楼面荷载较大,故取 $h = 80\text{mm}$。

L_1(次梁)高度为

$$h = \left(\frac{1}{18} \sim \frac{1}{12}\right)l = \left(\frac{1}{18} \sim \frac{1}{12}\right) \times 6000 = 333 \sim 500(\text{mm})$$

取 L_1 高度为

$$h = 450\text{mm}$$

取 L_1 宽度为

$$b = 200\text{mm}$$

① 荷载计算:

包括永久荷载与可变荷载的计算,因自重比可变荷载小得多,故不考虑由永久荷载效应控制的组合设计值。

永久荷载 g	80mm 板自重	$1.2 \times 0.08 \times 25 = 2.4(\text{kN/m}^2)$
	20mm 地面抹面	$1.2 \times 0.02 \times 20 = 0.48(\text{kN/m}^2)$
	15mm 天棚抹灰	$1.2 \times 0.015 \times 17 = 0.31(\text{kN/m}^2)$
		$g = 3.19(\text{kN/m}^2)$
可变荷载 p		$1.3 \times 7 = 9.1(\text{kN/m}^2)$
合计		$g + p = 12.29(\text{kN/m}^2)$

② 内力计算:取 1m 板宽作为计算单元,则各跨的计算跨度如下。

中间跨:$l = l_0 = 2.20 - 0.20 = 2.00(\text{m})$

边跨:$l = l_0 + \dfrac{h}{2} = 2.20 - \dfrac{0.20}{2} - 0.25 + \dfrac{0.08}{2} = 1.89(\text{m})$

$$l = l_0 + \frac{a}{2} = 2.20 - \frac{0.20}{2} - 0.25 + \frac{0.12}{2} = 1.91(\text{m}) > 1.89\text{m}$$

取较小值 $l = 1.89\text{m}$,则边跨与中间跨的计算跨度相差

$$\frac{2.00 - 1.89}{2.00} \times 100\% = 5.5\% < 10\%$$

因此可按等跨连续板计算内力。板的几何尺寸和计算简图见图 2.27。

各截面的弯矩计算见表 2.5。

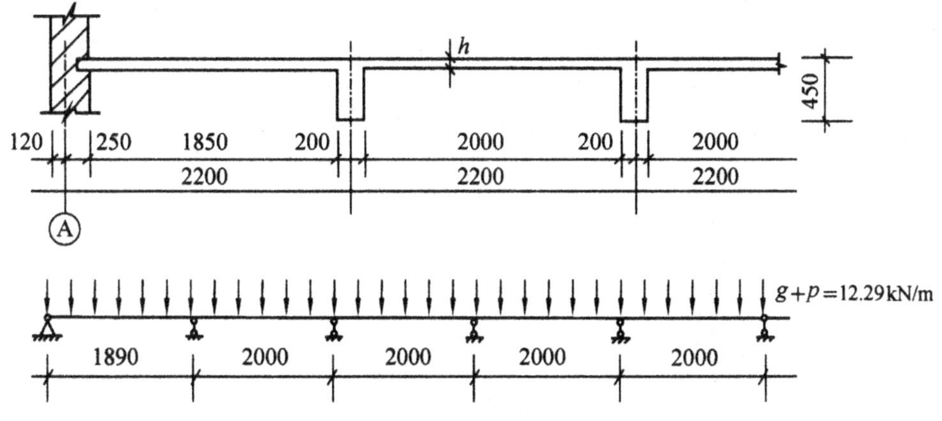

图 2.27　B_1,B_2 计算简图

表 2.5　B_1 和 B_2(板)的内力计算

截　　面	边跨跨中	第一内支座	中间跨中	中间支座
计算跨度 /m	1.89	2.00	2.00	2.00
弯矩系数	+1/11	−1/11	+1/16	−1/14
弯矩 /kN·m	3.991	−4.469	3.073	−3.511

③ 截面配筋计算:取板的有效高度为 $h_0 = 80 - 20 = 60$(mm),各截面配筋计算见表 2.6。其中,B_2 板的中间跨中及中间支座弯矩因拱作用折减 20%。分布筋的截面面积应不小于板截面面积的 0.15%,即 $0.15\% \times 1000 \times 80 = 120\text{mm}^2$,此面积大于受力钢筋截面面积的 15%,故选分布筋为 $\phi 6$@200($A_s = 141\text{mm}^2$),直径与间距均满足构造要求。

表 2.6　B_1 和 B_2(板)的配筋计算

位　置	B_1				B_2			
截　面	边跨跨中	第一支座	中间跨中	中间支座	边跨跨中	第一支座	中间跨中	中间支座
M/kN·m	3.991	−4.469	3.073	−3.511	3.991	−4.469	2.458	−2.809
α_s	0.093	0.104	0.072	0.082	0.093	0.104	0.057	0.065
γ_s	0.951	0.945	0.963	0.957	0.951	0.945	0.971	0.966
A_s/mm^2	259	292	197	226	259	292	156	180
配　筋	$\phi 8$@160	$\phi 8$@160	$\phi 8$@160	$\phi 8$@160	$\phi 8/10$@200	$\phi 8/10$@200	$\phi 6/8$@200	$\phi 6/8$@200
实配面积(mm²)	314	314	314	314	322	322	196	196

注:各 ξ 均 $\leqslant 0.35$

板配筋见图 2.28。

(2)L_1(次梁)的截面尺寸和配筋

按塑性方法计算。

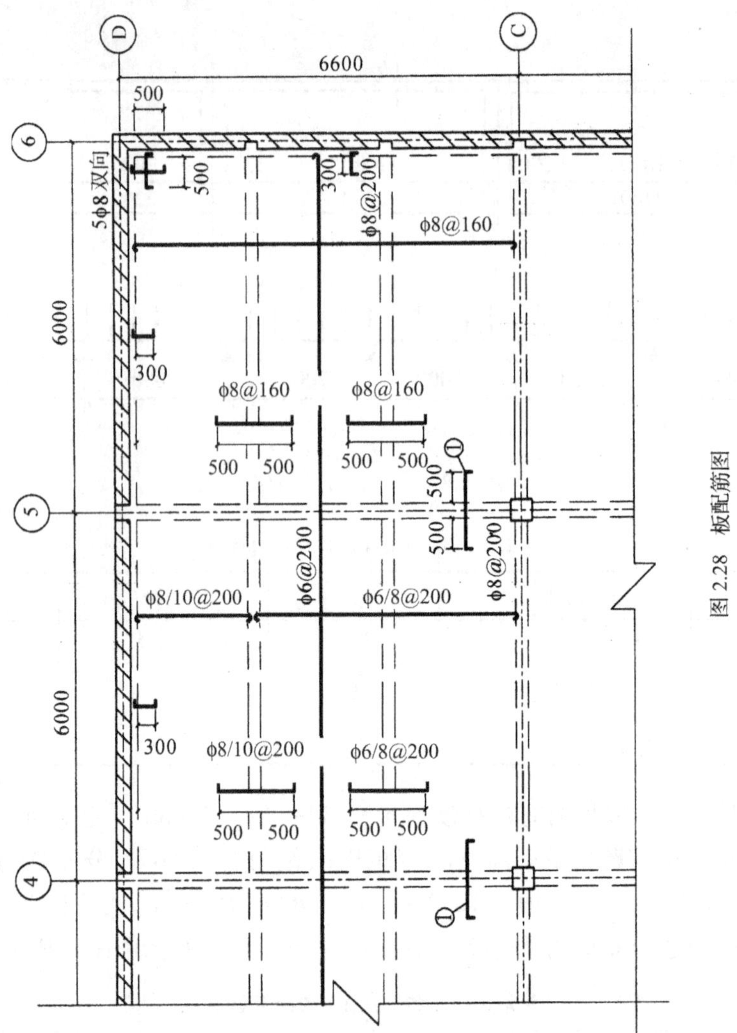

图 2.28 板配筋图

L_2(主梁) 高度为

$$h=(\frac{1}{14}\sim\frac{1}{8})l=(\frac{1}{14}\sim\frac{1}{8})\times 6600=471\sim 825(\text{mm})$$

取 L_2 梁高度为

$$h=650\text{mm}$$

取 L_2 梁宽度为

$$b=250\text{mm}$$

① 荷载计算:包括永久荷载和可变荷载的计算。

永久荷载 g:

由板传来 $3.19\times 2.2=7.02(\text{kN/m})$

L_1 梁自重 $1.2\times 25\times 0.2\times(0.45-0.08)=2.22(\text{kN/m})$

L_1 梁侧抹灰 $1.2\times 17\times 0.015\times 2\times(0.45-0.08)=0.23(\text{kN/m})$

$$g=9.47(\text{kN/m})$$

可变荷载 p：

由板传来　　$9.1 \times 2.2 = 20.02(\text{kN/m})$

合计：　　$g + p = 29.49(\text{kN/m})$

② 内力计算：包括跨度和内力的计算。L_1 梁的计算跨度为：

中间跨　$l = l_0 = 6.00 - 0.25 = 5.75(\text{m})$

边跨　$l = l_0 + \dfrac{a}{2} = 6.00 - 0.25 - \dfrac{0.25}{2} + \dfrac{0.24}{2} = 5.75(\text{m})$

$$l = 1.025 l_0 = 1.025 \times \left(6.00 - 0.25 - \frac{0.25}{2}\right) = 5.77(\text{m}) > 5.75\text{m}$$

取较小值 $l = 5.75\text{m}$。

边跨与中间跨的计算跨度相同。

L_1 梁的截面几何尺寸及计算简图如图 2.29 所示。

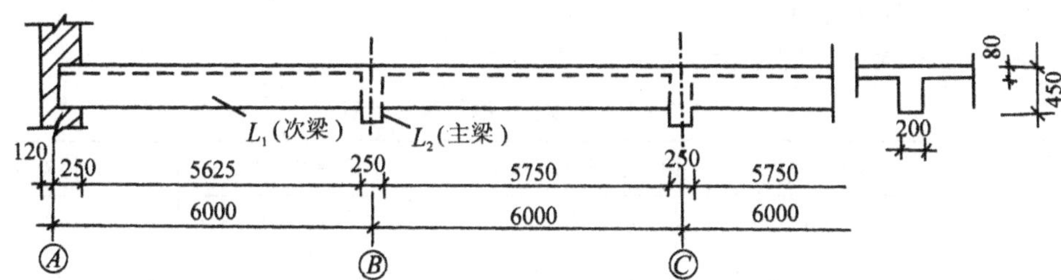

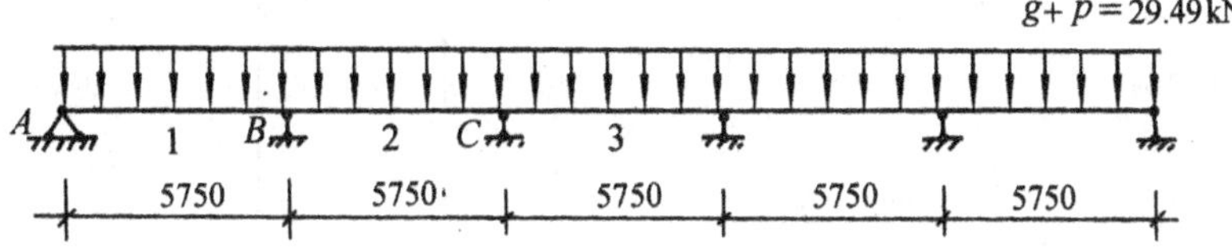

图 2.29　L_1 计算简图

弯矩计算：

$$M_1 = -M_B = \frac{1}{11}(g+p)l^2 = \frac{1}{11} \times 29.49 \times 5.75^2 = 88.638(\text{kN} \cdot \text{m})$$

$$M_2 = \frac{1}{16}(g+p)l^2 = \frac{1}{16} \times 29.49 \times 5.75^2 = 60.938(\text{kN} \cdot \text{m})$$

$$M_C = -\frac{1}{14}(g+p)l^2 = -\frac{1}{14} \times 29.49 \times 5.75^2 = -69.644(\text{kN} \cdot \text{m})$$

$$M_{2\min} = \frac{M_B + M_C}{2} + \frac{1}{8}(g + p/4)l^2$$

$$= -\frac{88.638 + 69.644}{2} + \frac{1}{8}\left(9.47 + \frac{20.02}{4}\right) \times 5.75^2$$

$$= -19.319(\text{kN} \cdot \text{m})$$

剪力计算：

$$V_A = 0.45(g+p)l_{01} = 0.45 \times 29.49 \times 5.625 = 74.65(\text{kN})$$

$$V_{Bl} = -0.6(g+p)l_{01} = -0.6 \times 29.49 \times 5.625 = -99.53(\text{kN})$$

$$V_{Br} = -V_{cl} = 0.55(g+p)l_{02} = 0.55 \times 29.49 \times 5.75 = 93.26(\text{kN})$$

③ 配筋计算：跨中按 T 形截面计算，其翼缘计算宽度为

$$b_f' = \frac{l_0}{3} = \frac{5.75}{3} = 1.92(\text{m}) < b + s_n[= 0.2 + 2.0 = 2.2(\text{m})]$$

取

$$b'_f = 1920\text{mm}$$

$$h_0 = 450 - 35 = 415(\text{mm})$$

$$\alpha_1 f_c b_f' h_f' \left(h_0 - \frac{h_f'}{2}\right) = 11.9 \times 1920 \times 80 \times \left(415 - \frac{80}{2}\right)$$

$$= 685.44 \times 10^6 \text{N} \cdot \text{mm} > M_1 (= 88.638 \times 10^6 \text{N} \cdot \text{mm})$$

故各跨跨中截面均为第一类 T 形截面。

支座按矩形截面计算。

L_1 梁正截面强度计算见表 2.7。

表 2.7　L_1（次梁）正截面强度计算

截　　面	边跨跨中	第一内支座	中间跨中		中间支座
M/kN·m	88.638	−88.638	60.938	−19.319	−69.644
h_0/mm	415	390	415	415	415
α_s	0.0225	0.245	0.0155	0.0471	0.170
γ_s	0.989	0.857	0.992	0.976	0.906
A_s/mm²	720	884(832)	493	159	618
配　　筋	3Φ16 +1Φ14	3Φ14 +2Φ16(弯)	2Φ14+1Φ16	2Φ12	2Φ12+2Φ16(弯)
实配面积 /mm²	757	863	509	226	628

注：在计算过程中已验算：$\xi \leqslant 0.35$ 且 $\rho \geqslant \rho_{min}$

表中第一内支座的配筋亦可按双筋截面计算，利用伸入支座的 2Φ14 作为受压钢筋（满足搭接长度），即 $A'_s = 308\text{mm}^2$，则具体计算如下：

$$M_1 = f'_y A'_s (h_0 - a'_s) = 300 \times 308 \times (390 - 35) = 32.802 \times 10^6 (\text{N} \cdot \text{mm})$$

$$\alpha_s = \frac{M - M_1}{\alpha_1 f_c b h_0^2} = \frac{(88.638 - 32.802) \times 10^6}{11.9 \times 200 \times 390^2} = 0.154$$

查表得 $\xi = 0.168 < 0.35$　　　　满足要求

$x = 65.5\text{mm} < 2a'_s = 70\text{mm}$　　　　压筋未屈服

令 $x = 2a'_s$

即

$$A_s = \frac{M}{f_y(h_0 - a'_s)} = \frac{88.638 \times 10^6}{300 \times (390 - 35)} = 832(\text{mm}^2)$$

表 2.7 中括号内的数值即为按双筋截面计算值，由此可见，按双筋截面计算较经济。

斜截面强度计算先验算截面尺寸：

$$0.25\beta_c f_c bh_0 = 0.25 \times 1 \times 11.9 \times 200 \times 390 = 232050(\text{N}) > 99530\text{N}$$

截面尺寸满足要求。

B 支座剪力较大，加一鸭筋(1ф12) 参加受剪。受剪强度计算见表 2.8。

表 2.8　L_1(次梁) 斜截面强度计算

截　　面	边　支　座	第一内支座(左)	第一内支座(右)	中间支座
V/kN	74.65	99.53	93.26	93.26
h_0/mm	415	390	390	415
$0.7f_t bh_0$/kN	73.79	69.34	69.34	73.79
nA_{sv_1}/mm²	56.6(2ϕ6)	56.6(2ϕ6)	56.6(2ϕ6)	56.6(2ϕ6)
A_{sb}/mm²	——	113(1ф12)	113(1ф12)	——
箍筋间距	7374	541	1254	326
实配箍筋	ϕ6@150	ϕ6@150	ϕ6@150	ϕ6@150

调幅后受剪承载力应加强，梁中间支座范围内的箍筋量增加 20%，故调整箍筋间距为 $S = 326/1.2 = 272\text{mm}$，最后取箍筋间距为 $S = 150\text{mm}$，为方便施工，沿梁全长不变。

弯矩调幅时要求的配箍率下限为 $0.3\dfrac{f_t}{f_{yv}} = 0.3 \times \dfrac{1.27}{270} \doteq 0.0014$，实际配箍率为 $\rho_{sv} = \dfrac{nA_{sv1}}{bs} = \dfrac{2 \times 28.3}{200 \times 150} = 0.0019 > 0.0014$，满足要求。

第一内支座 B 左边弯起钢筋起弯点强度验算如下：

第二道弯筋(1ф16) 的起弯点离支座边的距离(见图 2.30)

$$x = 450 + 450 - 25 - \frac{16}{2} - 25 - 14 - 25 - \frac{16}{2} = 795(\text{mm})$$

此处剪力为

$$V_2 = V_{Bl} - (g + p)x = 99.53 - 29.49 \times 0.795 = 76.085(\text{kN})$$

$$V_{cs} = 0.7f_t bh_0 + f_y \frac{nA_{sv1}}{s} h_0$$

$$= 0.7 \times 1.27 \times 200 \times 390 + 270 \times \frac{2 \times 28.3}{150} \times 390$$

$$= 109075(\text{N}) > V_2(= 76085\text{N})$$　　满足要求。

第一内支座右边的剪力比左边小，故右边弯起钢筋起弯点的强度也能满足要求。

L_1(次梁) 配筋图见图 2.30。

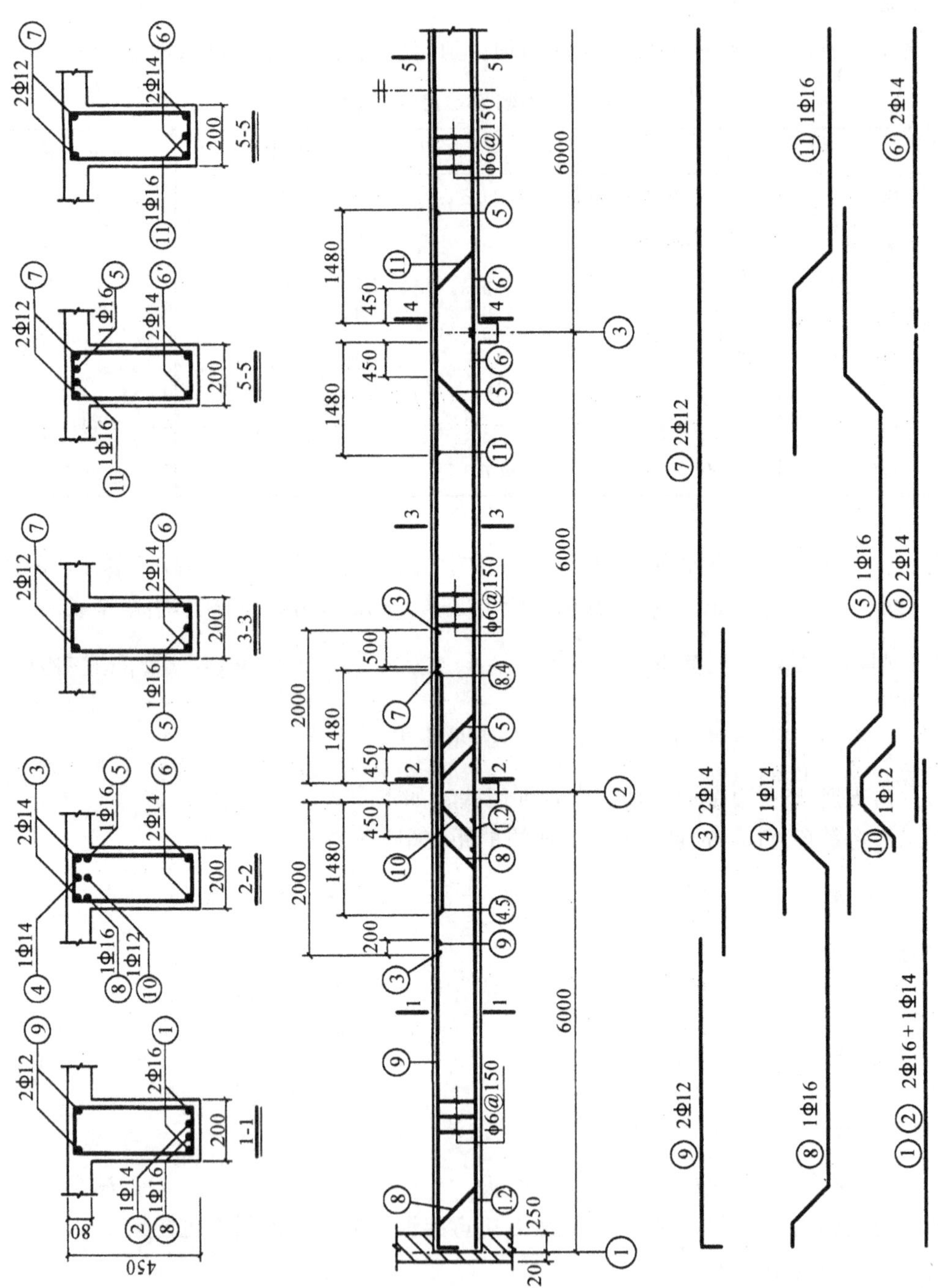

图 2.30　L_1（次梁）配筋图

(3)L_2(主梁)的截面尺寸和配筋

L_2 按弹性方法计算。设柱截面尺寸为 300mm×300mm，则荷载、内力及截面配筋的计算分别如下。

① 荷载计算：包括永久荷载与可变荷载的计算。

永久荷载 G：

由 L_1 传来	$9.47\times 6=56.82(\text{kN})$
L_2 次梁自重*	$1.2\times 25\times 0.25\times(0.65-0.08)\times 2.2=9.41(\text{kN})$
L_2 次梁侧抹灰*	$1.2\times 17\times 0.015\times 2\times(0.65-0.08)\times 2.2=0.77(\text{kN})$
	$G=67.00(\text{kN})$

可变荷载 P：

由 L_1 次梁传来　　$20.02\times 6=120.12(\text{kN})$

② 内力计算：包括计算跨度及内力的计算。

L_2 次梁的计算跨度：

中间跨　$l=6.60\text{m}$

边跨　$l=l_0+\dfrac{b}{2}+\dfrac{a}{2}=6.60-\dfrac{0.3}{2}-0.25+\dfrac{0.3}{2}+\dfrac{0.37}{2}=6.54(\text{m})$

$$l=1.025l_0+\frac{b}{2}$$

$$=1.025\times\left(6.60-\frac{0.3}{2}-0.25\right)+\frac{0.3}{2}=6.51(\text{m})<6.54\text{m}$$

取较小值 $l=6.51\text{m}$。由于边跨与中间跨的计算跨度相差

$$\frac{6.60-6.51}{6.60}\times 100\%=1.4\%<10\%$$

故可按等跨连续梁计算内力。

L_2 次梁截面尺寸及计算简图见图 2.31。

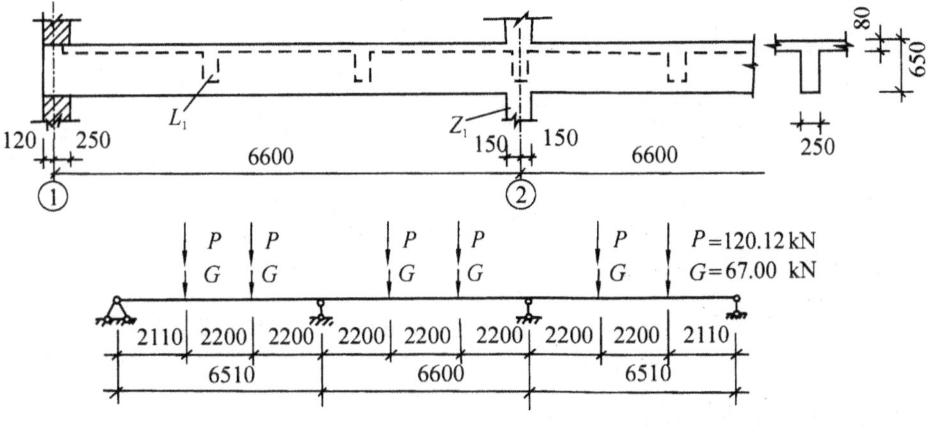

图 2.31　L_2 计算简图

* 简化为集中荷载。

各种荷载单独作用下的结构内力计算及组合见表 2.9。

表 2.9　L_2（主梁）弯矩和剪力计算

项次	荷载情况	弯矩系数及弯矩 /kN·m			剪力系数及剪力 /kN		
		M_1	M_B	M_2	V_A	V_{Bl}	V_{Br}
1	G G G G G G A 1 B 2 B 1 A	0.244 106.43	−0.267 −117.26	0.067 29.63	0.733 49.11	−1.267 −84.89	1.000 67.00
2	P P P P A 1 B 2 B 3 A	0.229 179.08	−0.311 −244.88	0.170 134.78	0.689 82.76	−1.311 −157.48	1.222 146.79
3	P P P P A B B A	0.289 225.99	−0.133 −104.72		0.866 104.02	−1.134 −136.22	0 0
4	P P A B B A		−0.133 −104.72	0.200 158.56	−0.133 −15.98	−0.133 −15.98	1.000 120.12
组合		1+3 332.42	1+2 −362.14	1+4 188.19	1+3 153.13	1+2 −242.37	1+2 213.79

弯矩和剪力包络图绘于图 2.32 中。

③ 截面配筋计算：跨中按 T 形截面计算，其翼缘计算宽度

$$b'_f = \frac{l}{3} = \frac{6.51}{3} = 2.17(\text{m})$$

取

$$h_0 = 650 - 35 = 615(\text{mm})$$

$$\alpha_1 f_c b'_f h'_f\left(h_0 - \frac{h'_f}{2}\right) = 11.9 \times 2170 \times 80 \times \left(615 - \frac{80}{2}\right)$$

$$= 1187.86 \times 10^6(\text{N}\cdot\text{mm}) > M_1 (= 332.42 \times 10^6\,\text{N}\cdot\text{mm})$$

故各跨跨中截面均为第一类 T 形截面。

支座按矩形截面计算，取

$$h_0 = 650 - 70 = 580(\text{mm})$$

正截面强度计算见表 2.10。

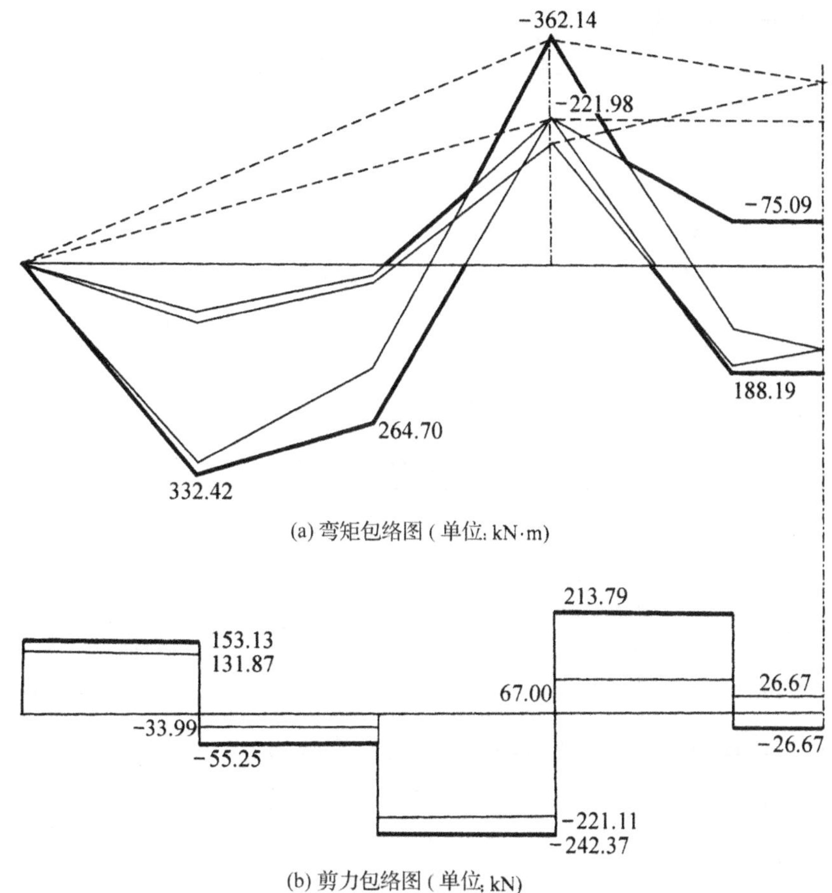

(a) 弯矩包络图（单位：kN·m）

(b) 剪力包络图（单位：kN）

图 2.32　L_2（主梁）按弹性方法计算的内力包络图

表 2.10　L_2（主梁）正截面强度计算

截　　面	边跨跨中	中间支座	中间跨中
M/kN·m	332.42	362.14	188.19
$(V_0 \times b/2)$/kN·m	—	$187.12 \times 0.15 = 28.07$	—
$(M - V_0 \times b/2)$/kN·m	—	334.07	—
h_0/mm	615	580	615
A'_s/mm^2	—	760(2ф22)	—
α_s	0.034	0.210	0.019
γ_s	0.0983	0.881	0.990
A_s/mm^2	1833	2128	1030
配　　筋	3ф25＋1ф22	4ф18＋2ф22(弯) ＋1ф25(弯)	3ф22
实配面积/mm^2	1853	2268	1140

注：经验查 $2\alpha'_s/h_0 < \xi < \xi_b$，$\rho > \rho_{min}$。

中间跨中最小弯矩为

$$M_{2\min}=29.63-104.72=-75.09(\text{kN}\cdot\text{m})$$

所需钢筋可近似计算为

$$A_s=\frac{M_{2\min}}{f_y(h_0-a'_s)}=\frac{75.09\times10^6}{300\times(615-35)}=432(\text{mm}^2)$$

选 2Φ18($A_s=509\text{mm}^2>432\text{mm}^2$)。

斜截面强度计算各截面均采用均布荷载公式,故有

$$0.25\beta_c f_c bh_0=0.25\times1\times11.9\times250\times580=431375(\text{N})>V_{Bl}(=242370\text{N})$$

截面尺寸满足要求。抗剪强度计算见表 2.11。

表 2.11 L_2(主梁)斜截面强度计算

截　　　面	边支座	中间支座(左)	中间支座(右)
V/kN	153.13	242.37	213.79
h_0/mm	615	580	580
$0.7f_tbh_0$/kN	136.69	128.91	128.91
nA_{sv1}/mm^2	101(2ϕ8)	101(2ϕ8)	101(2ϕ8)
A_{sb}/mm^2	—	254.5(1Φ18)	—
箍筋间距 S/mm	1020	225	186
实配箍筋	ϕ8@150	ϕ8@150	ϕ8@150

注:边跨的箍筋亦可选 ϕ8@200。

支承 L_1 梁处吊筋计算:由 L_1 梁传给 L_2 的集中荷载为

$$F=56.82+120.12=176.94(\text{kN})$$

所需吊筋为

$$A_s=\frac{F}{2f_y\sin\alpha}=\frac{176940}{2\times300\times\sin45^\circ}=417(\text{mm}^2)$$

选用 2Φ18($A_s=509\text{mm}^2>417\text{mm}^2$)。

L_2 梁配筋见图 2.33。

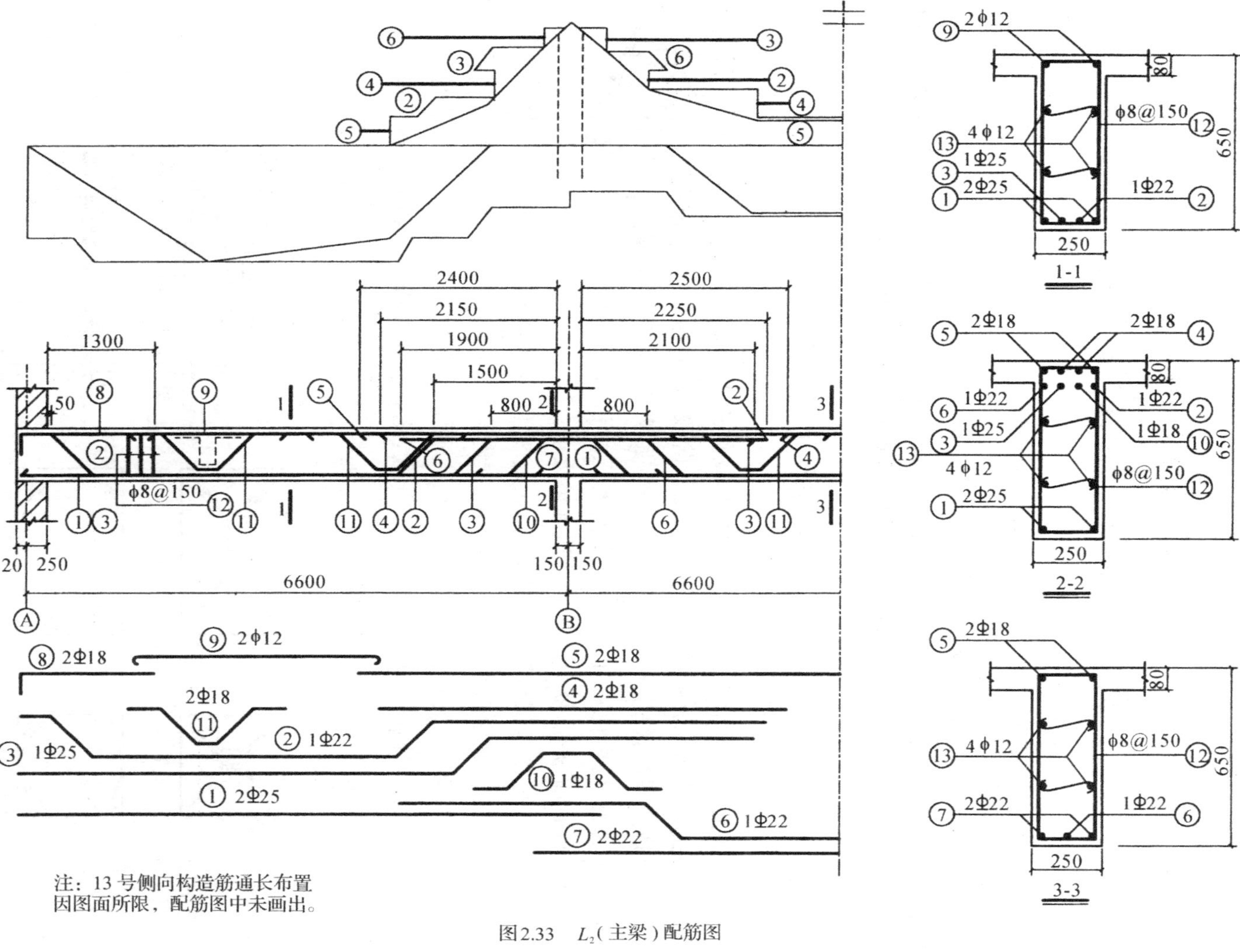

注：13 号侧向构造筋通长布置因图面所限，配筋图中未画出。

图 2.33　L_2（主梁）配筋图

2.2 双向板肋梁楼盖

对于整体式楼盖，当板两个方向的跨度比 $0.5 \leqslant l_x/l_y \leqslant 2.0$ 时，板上荷载沿长跨方向传递的数值已不能忽略，即荷载分别由短跨和长跨两个方向传到周边支承梁，板内的钢筋应沿两个方向布置。这种楼盖称为双向板肋梁楼盖。

2.2.1 双向板的试验研究

四边简支的正方形与矩形板在均布荷载作用下的试验表明，在裂缝出现前，板基本上处于弹性工作阶段，板的四角有翘起的趋势。若周边没有可靠固定，将产生如图 2.34 所示犹如碗形之变形。由此可知，板传给支座的压力沿边长并不是均匀分布的，而是在每边的中心处达到最大值。

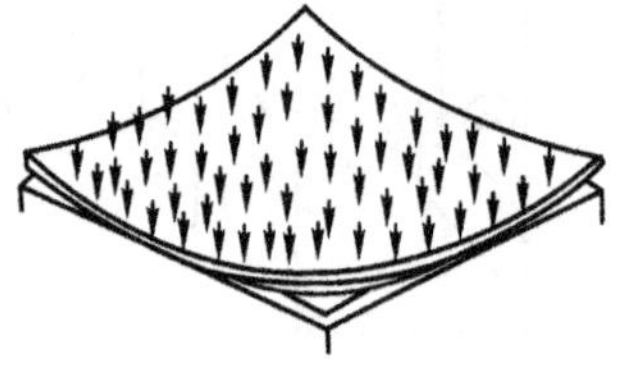

图 2.34 双向板变形图

试验中还可见，当荷载逐渐增大时，板底对角线方向上出现第一批裂缝，并沿对角线方向朝四角扩展。当钢筋达到屈服强度后，裂缝宽度显著增大；当即将破坏时，板的顶面靠近四角处，出现垂直于对角线方向的裂缝，大体上呈环状。这种裂缝的出现促使板底裂缝进一步开展，此后板即被破坏。破坏时，板的裂缝开展情况见图 2.35。

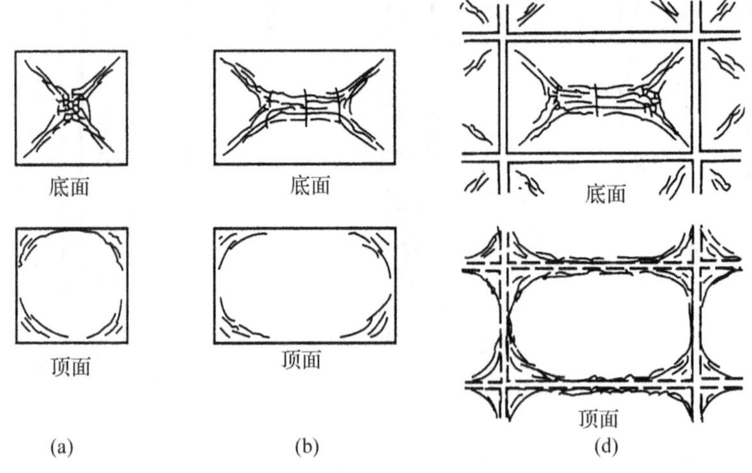

图 2.35 双向板破坏时的裂缝分布

2.2.2　弹性理论计算方法

2.2.2.1　单块双向板的计算

在各种荷载作用下，对不同边界条件双向板的内力和变形的计算，因涉及到弹性薄板弯曲的问题，故计算比较复杂。为了简化计算，已编制了相应的计算表格，以供计算时查用(见附表 2)。

附表 2 中，选列出六种边界条件：

(1) 四边简支；

(2) 一边固定，三边简支；

(3) 两对边固定，两对边简支；

(4) 四边固定；

(5) 两临边固定，两邻边简支；

(6) 三边固定，一边简支。

根据上述计算简图，可在附表 2 中查得横向变形系数(泊松比)$\mu = 0$时的弯矩系数，然后可求得各相关弯矩为：

$$m = 表中系数 \times ql^2$$

式中：m—— 跨中或支座单位板宽内的弯矩；

q—— 均布荷载；

l—— 板的较小跨度。

对跨中弯矩，当 $\mu \neq 0$ 时，可按下式计算：

$$m_x^{(\mu)} = m_x + \mu m_y$$

$$m_y^{(\mu)} = m_y + \mu m_x$$

对钢筋混凝土板，可取 $\mu = 1/6$。

2.2.2.2　连续双向板的计算

连续双向板内力与变形的精确计算较复杂，为了简化起见，对双向板上可变荷载的最不利布置以及支承情况等，提出了既接近实际情况，又便于计算的方法，使之能运用单块板的计算系数表进行计算。这种方法对双向板的支承梁作如下假定：

(1) 抗弯刚度很大，即垂直变形可忽略不计；

(2) 抗扭刚度很小，即可以自由转动。

当求支座最大弯矩时，为了简化计算，假定全板各区格均满布可变荷载。这样，内区格可按四边固定支座的单块板计算其支座弯矩；边区格的外边界支座则按实际情况确定，内支座按固定支座考虑，然后从附表 2 中查出相应支承条件单块板的支座弯矩系数，再计算出支座弯矩。

当求某区格跨中最大弯矩时，可变荷载的最不利布置如图 2.36 所示，即在本区格布置可变荷载,然后在其前后、左右每隔一区格布置可变荷载。在这种荷载作用下,可将可变荷载 p 与永久荷载 g 分为 $g+p/2$ 与 $\pm p/2$ 两部分,分别作用于相应区格(见图2.36(a),(b))。

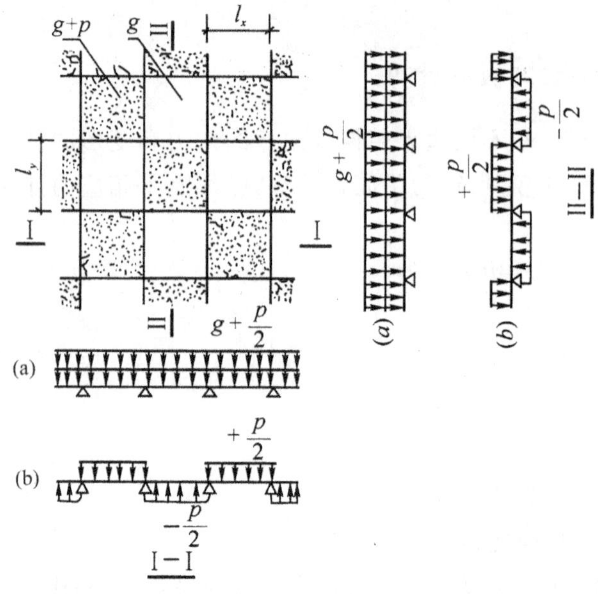

图 2.36　可变荷载最不利布置

当全板各区格均满布 $g+p/2$ 时,各区格的支承条件如前所述,可视为固定支座。当所求区格作用有 $p/2$,相邻区格作用有 $-p/2$,其余区格均间隔布置时,可近似视为承受反对称荷载 $\pm p/2$ 的连续板,中间支座的弯矩为零,即其内区格可按四边简支的单块板计算跨中弯矩;边区格的外边界支座按实际情况确定,内支座则按简支考虑。最后,将所求区格在两部分荷载作用下的跨中弯矩叠加,即得该区格跨中最大弯矩。

2.2.2.3　连续双向板支承梁的计算

双向板上承受的荷载,其传力方向可认为是朝最近的支承梁传递,因此双向板支承梁的内力计算简图可简化为:沿板长跨方向支承梁的荷载为梯形分布,沿板短跨方向的荷载为三角形分布(见图 2.37)。

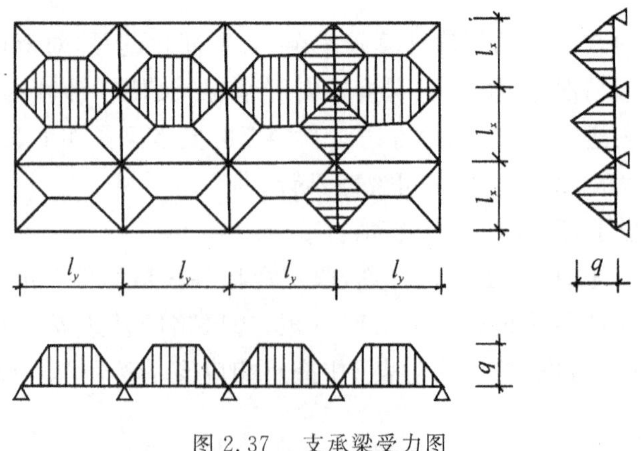

图 2.37　支承梁受力图

对于承受梯形或三角形荷载连续梁的内力，可用结构力学的方法或利用有关手册中的内力系数表进行计算。

2.2.3　塑性理论计算方法 —— 塑性极限分析方法

2.2.3.1　计算原理

塑性极限分析方法只考虑结构处于承载力极限状态时，求解其极限承载力。避开了结构受力过程中的弹性阶段、弹塑性阶段和塑性阶段等中间过程，也就简化了复杂的计算。

采用塑性极限方法分析板类结构时，首先需要了解塑性铰线的概念，所谓塑性铰线如图 2-35 所示，当板面或板底的最大裂缝线上，受拉钢筋达到屈服强度后所形成的塑性铰的连线，即称为塑性铰线，亦称屈服线。塑性铰线的基本性能和塑性铰一样，能承受一定的弯矩并具有一定的单向转动能力。当板内出现足够的塑性铰线后，板就成为几何可变的机动体系，达到其承载能力极限状态而破坏，这是板所能承受的荷载即为板的极限荷载。

在塑性极限分析中需要满足三个条件：

(1) 平衡条件：即外力(包括支座压力)和内力处于平衡状态；

(2) 机动条件，亦称破坏机构条件：即在极限荷载作用下，结构丧失了承载能力，整个结构成为几何可变机动体系，亦即形成了破坏机构；

(3) 极限条件，或称屈服条件：即当结构达到极限状态时，结构任一截面的内力都不能超过该截面的承载能力。

满足上述三个条件，则计算所得的解即为塑性极限分析的精确解，而所得到的极限荷载也就是真实的极限荷载。但对于复杂的结构要同时满足三个条件是困难的，因而也不易得到精确解。所以在工程中常采用近似方法，即利用上限定理和下限定理，求得上限解和下限解。

上限定理提出了结构破坏的充分条件，即结构一旦受到这样的荷载作用必然遭到破坏。

上限解仅满足机动条件(破坏机构条件)和平衡条件两个条件。

用上限定理求上限解时应根据具体的试验结果或弹性理论的内力分析，预先建立可能的破坏机构，这是计算的关键，然后可用塑性铰线法(极限平衡法)或虚功法(能量法或称机动法)求得结构极限荷载上限解中的最小值。

下限定理提出了结构破坏的必要条件，即结构在这样的荷载作用下是安全的。

下限解仅满足平衡条件和极限条件两个条件。

用下限定理求下限解时，可参考弹性理论的内力分布，假定一个满足极限条件的内力场，这种内力场满足平衡条件及力的边界条件，同时又满足极限条件。

对钢筋混凝土板实用的下限解法有两种，一种是静力法，直接选取弯矩分布方程，内力与外力相平衡，由此，可计算板的极限荷载；另一种是条带法，亦称板带法，即对板面荷载选取某种方式的分配，然后分别取板带在相应荷载下列出平衡方程，以计算板的极限荷载。

对不承受多次重复荷载作用的混凝土结构，当有足够的塑性变形能力时，可采用塑性极限分析法进行结构承载力的计算，但应满足正常使用极限状态时裂缝宽度和变形的要求。由于钢筋混凝土板的有效高度小，板中所配钢筋的强度较低，配筋率小，延性好，所以塑性极限分析方法很适用于承受水平均布荷载，周边有梁或墙支承的双向矩形板承载力极限状态的分析与设计，同时亦需满足正常使用极限状态的要求。设计的施工实践表明，在规定的条件下，按此法进行计算和构造，设计简便可行，并能保证结构的安全性。下面以塑性铰线法为例，作进一步的说明。

2.2.3.2 塑性铰线法(极限平衡法)计算双向板极限承载力的方法

计算时需作如下基本假定：

(1) 双向板在即将破坏时，在最大弯矩处形成塑性铰线；

(2) 在均布荷载作用下，塑性铰线为直线，整块板由塑性铰线划分为若干个板块，当形成足够的塑性铰线后，结构即形成一个机动体系而破坏，称为破坏机构；

(3) 板块的变形远小于塑性铰线处的变形，故可把板块视为刚性平面，破坏时，各板块绕塑性铰线转动；

(4) 整块板在即将破坏时，理论上存在多组塑性铰线，但其中只有一组是最危险的，即在该组塑性铰线上只能承受最小的极限荷载；

(5) 在最危险的塑性铰线上，只承受常量的极限弯矩，扭矩和剪力均很小，可略去不计。

在均布荷载作用下，当不计四边支承矩形双向板的角部和边界效应时，其破坏模式主要有倒锥形、向下幂形和向上幂形三种。倒锥形是最基本的破坏模式，为简化计算，可将此破坏模式近似看作对称的，跨中斜向塑性铰线与邻边夹角均取为45°。简化后的倒锥形破坏模式如图2.38(a)所示。

取脱离体 $ABFE$(见图2.38(b))，根据静力平衡条件，对 AB 边取矩得：

$$M'_x + M_x = q\times(l_y - l_x)\times\frac{l_x}{2}\times\frac{1}{2}\times\frac{l_x}{2} + 2q\times\frac{1}{2}\times\frac{l_x}{2}\times\frac{l_x}{2}\times\frac{1}{3}\times\frac{l_x}{2}$$

整理后得

$$M'_x + M_x = \frac{ql_x^2}{24}(3l_y - 2l_x) \tag{2.11}$$

取脱离体 AED(见图2.38(c))，根据静力平衡条件，对 AD 边取矩得

$$M'_y + M_y = q\times\frac{1}{2}\times l_x\times\frac{l_x}{2}\times\frac{1}{3}\times\frac{l_x}{2}$$

整理后得

$$M'_y + M_y = \frac{ql_x^3}{24} \tag{2.12}$$

同理，分别取脱离体 $EFCD$ 和 BCF 得

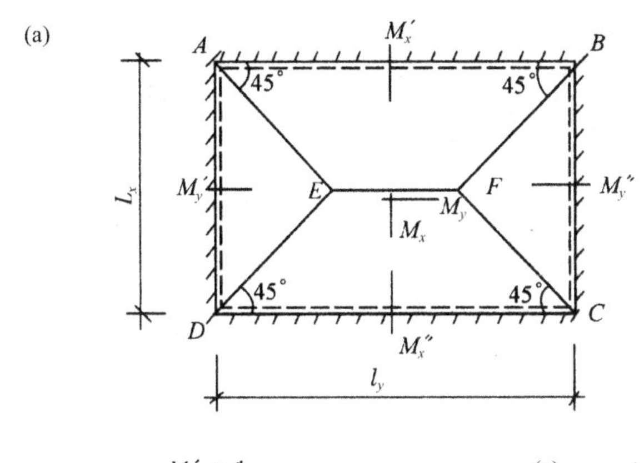

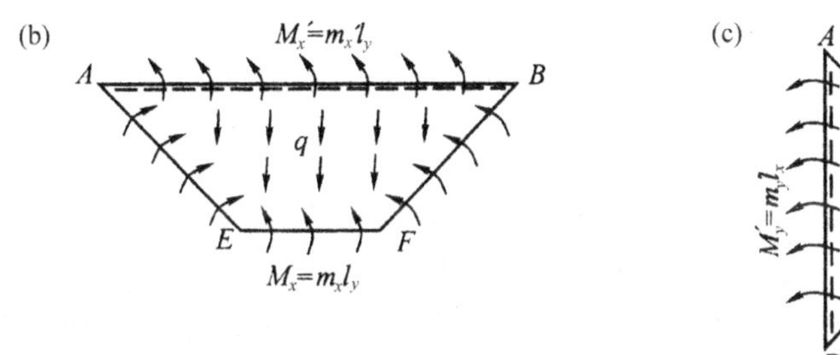

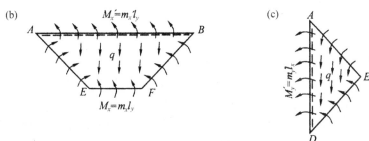

图 2.38　简化倒锥形破坏图

$$M''_x + M_x = \frac{ql_x^2}{24}(3l_y - 2l_x) \tag{2.13}$$

$$M''_y + M_y = \frac{ql_x^3}{24} \tag{2.14}$$

合并以上四式得

$$M'_x + M''_x + M'_y + M''_y + 2M_x + 2M_y = \frac{ql_x^2}{12}(3l_y - l_x) \tag{2.15}$$

式中：M'_x, M''_x, M'_y, M''_y—— 对应于 l_x 和 l_y 方向整块板内的两对支座塑性铰线上总的极限负弯矩：$M'_x = m'_x l_y, M''_x = m''_x l_y, M'_y = m'_y l_x, M''_y = m''_y l_x$，式中 m'_x, m''_x, m'_y, m''_y 分别为 l_x 和 l_y 方向支座上，单位板宽内的极限弯矩，取绝对值；

M_x, M_y—— 对应于 l_x 和 l_y 方向整块板内的跨中塑性铰线上总的极限弯矩：$M_x = m_x l_y, M_y = m_y l_x$，式中 m_x, m_y 分别为 l_x 和 l_y 方向跨中单位板宽内的极限弯矩；

q—— 板上作用的均布荷载设计值；

l_x—— 双向板短跨长度；

l_y—— 双向板长跨长度。

具体计算时，式(2.15) 中有六个未知数 $M'_x, M''_x, M'_y, M''_y, M_x$ 和 M_y 不可能求解，此时可事先选定各弯矩之间的比值：

$$\alpha = \frac{m_y}{m_x} = \frac{l_x^2}{l_y^2} \tag{2.16}$$

$$\beta_x = \frac{m'_x}{m_x} = \frac{m''_x}{m_x} \tag{2.17}$$

$$\beta_y = \frac{m'_y}{m_y} = \frac{m''_y}{m_y} \tag{2.18}$$

式中，β_x 和 β_y 宜在 1.5～2.5 之间选用，通常选用 2.0。

式(2.15)中左边各项皆可通过 α 和 β 换算成 m_x 或 m_y，当已知 l_x、l_y 和 q 后，即可计算出 m_x 或 m_y，进而求出 m'_x、m''_x、m'_y、m''_y，然后作截面配筋计算。

对于具有固定边界条件的双向板，一般离支座 $l_x/4$ 处，跨中钢筋 A_s 可弯起 1/2 伸入支座，以承受支座负弯矩，此时板内总的极限弯矩为

$$M_x = \left(l_y - \frac{l_x}{4}\right)m_x$$

$$M_y = m_y\left(l_x - \frac{l_x}{4}\right) = \frac{3}{4}\alpha l_x m_x$$

$$M'_x = M''_x = m'_x l_y = \beta_x l_y m_x$$

$$M'_y = M''_y = m'_y l_x = \alpha\beta_y l_x m_x$$

将以上各式代入式(2.15)后，同样可求出 l_x 方向跨中单位板宽内的弯矩 m_x，进一步可求出 m'_x、m''_x、m_y、m'_y 和 m''_y 等单位板宽内的弯矩。

对于连续双向板，可反复使用式(2.15)进行计算，先从中间区格开始，将从中间区格板计算中得出的各支座弯矩值，作为计算相邻区格板已知的支座弯矩值。然后依次向外，直至计算出全部外区格板的弯矩值。

在连续板中，为满足支座负弯矩的需要，一部分钢筋往往需要弯起并伸入支座。但当跨中一部分钢筋过早地弯起时，将使剩余的钢筋有可能承担不了该处的正弯矩，而比跨度中心先出现塑性铰线，从而形成如图 2.39 所示的向下幂形破坏模式，对这种情况应按式(2.19)进行验算：

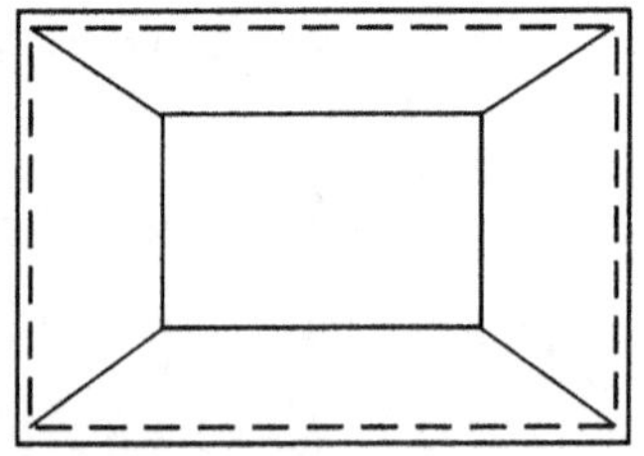

图 2.39　向下幂形破坏图

$$q\left(l_x l_y - l_x\bar{l}_y - l_y\bar{l}_x + \frac{4}{3}\bar{l}_x\bar{l}_y\right) = \frac{2\bar{M}_x + M'_x + M''_x}{\bar{l}_x} + \frac{2\bar{M}_y + M'_y + M''_y}{\bar{l}_y} \tag{2.19}$$

式中：$\bar{l}_x$，$\bar{l}_y$——跨中板底两个方向钢筋起弯点离相应支座的距离；

$\bar{M}_x$，$\bar{M}_y$——跨中板底两个方向伸入相应支座的全部钢筋所能承受的极限弯矩。

通常，当跨中两个方向的钢筋在距板边不大于 $l_x/4$ 的范围内弯起 $A_s/2$ 时，可不验算。

连续双向板当有棋盘式间隔布置的可变荷载时，可能产生如图 2.40 所示的破坏模式。在有可变荷载的区格为倒锥形破坏，板底出现正塑性铰线，无可变荷载的区格则为向上鼓起的幂形破坏，板面出现负塑性铰线。这是由于从支座上板顶伸出的钢筋过早弯下，使剩下的板顶受拉钢筋承担不了该处的负弯

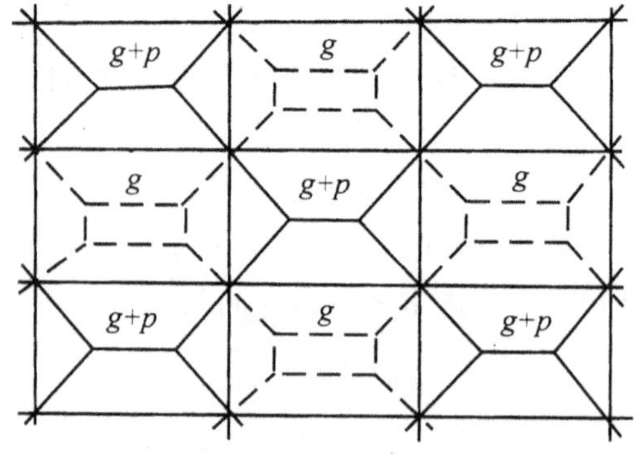

图 2.40　可变荷载不利布置时的破坏图式

矩。对这种可能产生的向上幂形破坏模式，需验算支座板顶钢筋的下弯点，即支座板顶钢筋应伸过支座 ζl_x 或 ζl_y 之后才能下弯。ζ 可按下列近似公式计算：

$$\zeta = \frac{1}{2 + 1/\eta} \tag{2.20}$$

式中：$\eta = \dfrac{m'_x + m''_x}{g l_x^2} + \dfrac{m'_y + m''_y}{g l_y^2}$；

m'_x, m''_x, m'_y, m''_y—— 相应支座边界处单位长度上的弯矩绝对值。

2.2.4　截面设计与构造要求

2.2.4.1　截面设计特点

周边与梁整体连接的双向板，随着裂缝的出现与开展，周边支承梁将在板的平面内产生水平推力，即存在所谓穹顶或薄膜作用，从而使板中弯矩减小。截面设计时，为考虑这种有利影响，《规范》规定：四边与梁整体连接板的弯矩可乘以下列折减系数：

(1) 对于连续板中间区格的跨中及中间支座截面，折减系数为 0.8。

(2) 对于边区格的跨中及自楼板边缘算起的第二支座截面，当 $l_b/l < 1.5$ 时，折减系数为 0.8；当 $1.5 \leqslant l_b/l < 2.0$ 时，折减系数为 0.9。此处 l_b 为区格沿楼板边缘方向的跨度，l 为区格垂直于楼板边缘方向的跨度。

(3) 对于角区格的各截面，不予折减。

2.2.4.2　构造要求

双向板的厚度，一般不宜小于 80mm，同时为了保证板的刚度，板的厚度 h 还应符合：

简支板　　$h \geqslant l_x/45$

连续板　　$h \geqslant l_x/50$

此处 l_x 是较小跨度。

受力钢筋沿纵横两个方向设置，此时应将弯矩较大方向的钢筋设置在外层，另一方向的钢筋设置在内层。

配筋形式类似于单向板，有弯起式与分离式两种。

沿墙边及墙角的板内构造钢筋与单向板楼盖相同。

按弹性理论计算时，其跨中弯矩不仅沿板长变化，而且沿板宽向两边逐渐减小；而板底钢筋是按跨中最大弯矩求得的，故应在两边予以减少。将板按纵横两个方向各划分为两个宽为 $l_x/4$(l_x 为较小跨度) 的边缘板带和一个中间板带(见图 2.41)。边缘板带的配筋为中间板带配筋的 50%。连续支座上的钢筋，应沿全支座均匀布置。受力钢筋的直径、间距、弯起点及截断点的位置等均可参照单向板配筋的有关规定。

按塑性理论计算时，根据计算假定，应均匀布置钢筋，跨中钢筋的全部或一半应伸入支座。

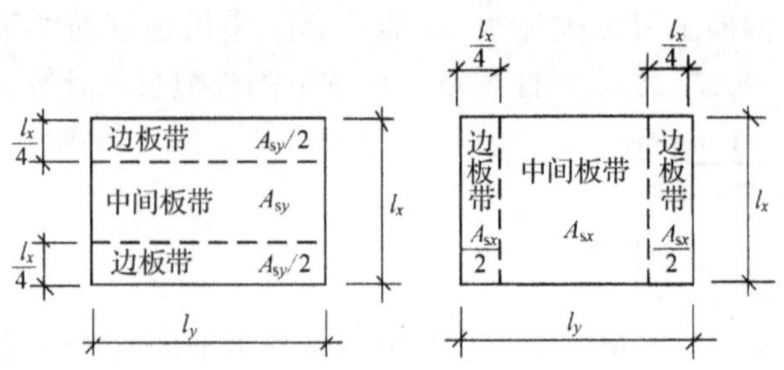

图 2.41 双向板配筋的分区和配筋量规定

2.2.4.3 双向板肋梁楼盖板设计实例

某厂房楼盖平面如图 2.42 所示，楼面可变荷载标准值为 6.0kN/m²，混凝土强度级别为 C25，钢筋采用 HPB300 级钢筋。板厚为 10mm，支承梁宽度为 200mm。试分别按弹性理论和塑性理论方法对楼板进行配筋设计（板搁支长度为 240mm）。

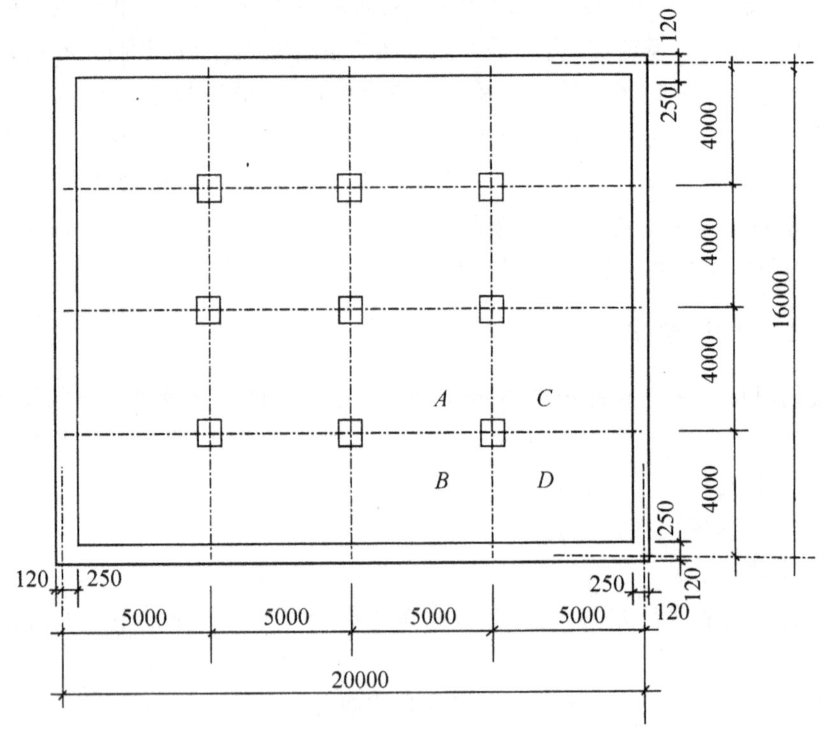

图 2.42 楼盖平面图

(1) 荷载计算

永久荷载 g

100mm 厚板自重	$1.2 \times 0.1 \times 25 = 3.0(\text{kN/m}^2)$
20mm 厚水泥砂浆抹面	$1.2 \times 0.02 \times 20 = 0.48(\text{kN/m}^2)$
15mm 厚天棚抹灰	$1.2 \times 0.015 \times 17 = 0.31(\text{kN/m}^2)$
	$g = 3.79(\text{kN/m}^2)$

可变荷载 p：

$$1.3 \times 6.0 = 7.8(\mathrm{kN/m^2})$$

合　　计　　$g + p = 11.59(\mathrm{kN/m^2})$

(2) 按弹性理论方法计算

计算每一区格跨中的正弯矩时，取

$$g' = g + \frac{p}{2} = 3.79 + \frac{7.8}{2} = 7.69(\mathrm{kN/m^2}) \quad （除边支座外，各边固支）$$

$$p' = \frac{p}{2} = \frac{7.8}{2} = 3.9(\mathrm{kN/m^2}) \quad （四边简支）$$

计算每一区格支座的最大负弯矩时，取

$$g + p = 11.59\mathrm{kN/m^2} \quad （除边支座外，各边固支）$$

为简单起见，跨中正弯矩只计算各区格板中心点的弯矩值，中间跨的计算跨度取轴线间的距离。

边跨的计算跨度为($h_b < a$)：

$$短跨：l_x = l_0 + \frac{b}{2} + \frac{h_b}{2} = 4.0 - 0.25 - \frac{0.2}{2} + \frac{0.2}{2} + \frac{0.1}{2} = 3.8(\mathrm{m})$$

$$长跨：l_y = l_0 + \frac{b}{2} + \frac{h_b}{2} = 5.0 - 0.25 - \frac{0.2}{2} + \frac{0.2}{2} + \frac{0.1}{2} = 4.8(\mathrm{m})$$

各区格弯矩计算见表 2.12。

表 2.12　各区格单位板宽内弯矩计算(kN·m/m)

项　目	A 区格	B 区格	C 区格	D 区格
l_x/l_y	$4.0/5.0 = 0.800$	$3.8/5.0 = 0.760$	$4.0/4.8 = 0.833$	$3.8/4.8 = 0.792$
m_x $(\mu = 0)$	$(0.0271 \times 7.69 + 0.0561 \times 3.9) \times 4.0^2 = 6.835$	$(0.0321 \times 7.69 + 0.0608 \times 3.9) \times 3.8^2 = 6.989$	$(0.0296 \times 7.69 + 0.0524 \times 3.9) \times 4.0^2 = 6.912$	$(0.0361 \times 7.69 + 0.0570 \times 3.9) \times 3.8^2 = 7.219$
m_y $(\mu = 0)$	$(0.0144 \times 7.69 + 0.0334 \times 3.9) \times 4.0^2 = 3.856$	$(0.0210 \times 7.69 + 0.0320 \times 3.9) \times 3.8^2 = 4.134$	$(0.0133 \times 7.69 + 0.0343 \times 3.9) \times 4.0^2 = 3.777$	$(0.0202 \times 7.69 + 0.0331 \times 3.9) \times 3.8^2 = 4.107$
m_x $(\mu = \frac{1}{6})$	$6.835 + 3.856/6 = 7.478$	$6.989 + 4.134/6 = 7.678$	$6.912 + 3.777/6 = 7.542$	$7.219 + 4.107/6 = 7.904$
m_y $(\mu = \frac{1}{6})$	$3.856 + 6.835/6 = 4.995$	$4.134 + 6.989/6 = 5.299$	$3.777 + 6.912/6 = 4.929$	$4.107 + 7.219/6 = 5.310$
m'_x	$-0.0664 \times 11.59 \times 4.0^2 = -12.313$	$-0.0824 \times 11.59 \times 3.8^2 = -13.790$	$-0.0703 \times 11.59 \times 4.0^2 = -13.036$	$-0.0892 \times 11.59 \times 3.8^2 = -14.928$
m'_y	$-0.0559 \times 11.59 \times 4.0^2 = -10.366$	$-0.0725 \times 11.59 \times 3.8^2 = -12.134$	$-0.0568 \times 11.59 \times 4.0^2 = -10.533$	$-0.0750 \times 11.59 \times 3.8^2 = -12.552$

注：m_x，m'_x 为板短跨方向的跨中、支座单位板宽内的弯矩；

m_y，m'_y 为板长跨方向的跨中、支座单位板宽内的弯矩。

由表 2.12 中的计算结果可知，板间支座弯矩不平衡，配筋时可近似地取相邻两区格支座弯矩的平均值，即

$A-B$ 支座 $\quad m'_x=\dfrac{(-12.313-13.790)}{2}=-13.052(\text{kN}\cdot\text{m/m})$

$A-C$ 支座 $\quad m'_y=\dfrac{(-10.366-10.533)}{2}=-10.450(\text{kN}\cdot\text{m/m})$

$B-D$ 支座 $\quad m'_y=\dfrac{(-12.314-12.552)}{2}=-12.343(\text{kN}\cdot\text{m/m})$

$C-D$ 支座 $\quad m'_x=\dfrac{(-13.036-14.928)}{2}=-13.982(\text{kN}\cdot\text{m/m})$

考虑到薄膜 - 穹顶作用，对 A 区格所求的弯矩折减 20%。由于未设圈梁，边区格弯矩不予折减。

配筋计算时，也可采用以下近似公式计算（即取 $r_s=0.9$）：

$$A_s=\frac{m}{0.9f_yh_0}$$

式中有效高度的取值为：

跨中 $\quad h_{0x}=80\text{mm}$， $\quad h_{0y}=70\text{mm}$

支座 $\quad h_0=80\text{mm}$

（具体配筋计算略。）

(3) 按塑性理论方法计算

中间跨的计算跨度取净跨，即

短跨 $\quad l_x=4.0-0.2=3.8(\text{m})$

长跨 $\quad l_y=5.0-0.2=4.8(\text{m})$

边跨的计算跨度为（$h_b<a$）：

短跨 $\quad l_x=l_0+\dfrac{h_b}{2}=4.0-0.25-\dfrac{0.2}{2}+\dfrac{0.1}{2}=3.7(\text{m})$

长跨 $\quad l_y=l_0+\dfrac{h_b}{2}=5.0-0.25-\dfrac{0.2}{2}+\dfrac{0.1}{2}=4.7(\text{m})$

①A 区格：取

$$\alpha=\frac{m_y}{m_x}=\frac{l_x^2}{l_y^2}=\frac{3.8^2}{4.8^2}=0.63$$

$$\beta=\frac{m'_x}{m_x}=\frac{m''_x}{m_x}=\frac{m'_y}{m_y}=\frac{m''_y}{m_y}=2.0$$

由于离板边 $l_x/4$ 范围内将跨中钢筋弯起一半，在此范围内 50% 的钢筋与跨中塑性铰线不相交，所以

$$M_x=(l_y-\frac{l_x}{4})m_x=(4.8-\frac{3.8}{4})m_x=3.85m_x$$

$$M_y=(l_x-\frac{l_x}{4})m_y=\frac{3}{4}l_x\alpha\,m_x=\frac{3}{4}\times3.8\times0.63m_x=1.796m_x$$

$$M'_x=M''_x=l_ym'_x=l_y\beta m_x=4.8\times2.0m_x=9.6m_x$$

$$M'_y=M''_y=l_xm'_y=l_x\alpha\beta m_x=3.8\times0.63\times2.0m_x=4.788m_x$$

A 区格为四周与梁整体连接的板，弯矩可折减 20%，所以

$$0.8\times\frac{ql_x^2}{12}(3l_y-l_x)=2M_x+2M_y+M'_x+M''_x+M'_y+M''_y$$

$$0.8\times\frac{11.59\times3.8^2}{12}(3\times4.8-3.8)=2m_x(3.85+1.796+9.6+4.788)$$

求出每米板宽内的弯矩为

$$m_x=2.952(\text{kN}\cdot\text{m})$$

$$m_y=\alpha m_x=0.63\times2.952=1.860(\text{kN}\cdot\text{m})$$

$$m'_x=m''_x=\beta m_x=2.0\times2.952=5.904(\text{kN}\cdot\text{m})$$

$$m'_y=m''_y=\beta m_y=2.0\times1.860=3.720(\text{kN}\cdot\text{m})$$

各截面的配筋

跨中：

$$A_{sx}=\frac{m_x}{0.9f_yh_0}=\frac{2.952\times10^6}{0.9\times270\times80}=152(\text{mm}^2)$$

选 $\phi6/8$@200，$A_s=196\text{mm}^2$。

$$A_{sy}=\frac{m_y}{0.9f_yh_0}=\frac{1.860\times10^6}{0.9\times270\times70}=109(\text{mm}^2)$$

选 $\phi6$@200，$A_s=141\text{mm}^2$。

支座：

$$A'_{sx}=A''_{sx}=\frac{m'_x}{0.9f_yh_0}=\frac{5.904\times10^6}{0.9\times270\times80}=304(\text{mm}^2)$$

选 $\phi6/8$@100，$A_s=393\text{mm}^2$ 及 $\phi6/10$@200＋$\phi6$@200，$A_s=408\text{mm}^2$。

$$A'_{sy}=A''_{sy}=\frac{m'_y}{0.9f_yh_0}=\frac{3.720\times10^6}{0.9\times270\times80}=191(\text{mm}^2)$$

选 $\phi6/8$@200＋$\phi6$@200，$A_s=337\text{mm}^2$。

②B 区格：由 A 区格可知 $m'_x=5.904\text{kN}\cdot\text{m}$，$m''_x=0$，取

$$\alpha=\frac{m_y}{m_x}=\frac{l_x^2}{l_y^2}=\frac{3.7^2}{4.8^2}=0.59$$

$$\beta=\frac{m'_y}{m_y}=\frac{m''_y}{m_y}=2.0$$

$$M_x=\left(l_y-\frac{l_x}{4}\right)m_x=\left(4.8-\frac{3.7}{4}\right)m_x=3.875m_x$$

$$M_y=\left(l_x-\frac{l_x}{4}\right)m_y=\frac{3}{4}l_x\alpha\,m_x=\frac{3}{4}\times3.7\times0.59m_x=1.637m_x$$

$$M'_x=l_ym'_x=4.8\times5.904=28.339\text{kN}\cdot\text{m}$$

$$M'_x=M''_y=l_xm'_y=l_x\alpha\beta m_x=3.7\times0.59\times2.0m_x=4.366m_x$$

由于未设圈梁，边区格弯矩不折减，所以

$$\frac{ql_x^2}{12}(3l_y-l_x)=2M_x+2M_y+M'_x+M'_y+M''_y$$

$$\frac{11.59\times 3.7^2}{12}\times(3\times 4.8-3.7)=2m_x(3.875+1.637+4.366)+28.339$$

求出每米板宽内的弯矩为

$$m_x=5.72(\text{kN}\cdot\text{m})$$
$$m_y=\alpha m_x=0.59\times 5.727=3.379(\text{kN}\cdot\text{m})$$
$$m'_y=m''_y=\beta m_y=2.0\times 3.379=6.758(\text{kN}\cdot\text{m})$$

各截面的配筋

跨中：

$$A_{sx}=\frac{m_x}{0.9f_yh_0}=\frac{5.727\times 10^6}{0.9\times 270\times 80}=295(\text{mm}^2)$$

选 $\phi 10$ @200，$A_s=393\text{mm}^2$。

$$A_{sy}=\frac{m_y}{0.9f_yh_0}=\frac{3.379\times 10^6}{0.9\times 270\times 70}=199(\text{mm}^2)$$

选 $\phi 8$ @200，$A_s=251\text{mm}^2$。

支座：

$$A'_{sy}=A''_{sy}=\frac{m'_y}{0.9f_yh_0}=\frac{6.758\times 10^6}{0.9\times 270\times 80}=348(\text{mm}^2)$$

选 $\phi 8$ @200 + $\phi 6/8$ @200，$A_s=447\text{mm}^2$。

③C 区格：由 A 区格可知 $m'_y=3.720\text{kN}\cdot\text{m}$，$m''_y=0$，取

$$\alpha=\frac{m_y}{m_x}=\frac{l_x^2}{l_y^2}=\frac{3.8^2}{4.7^2}=0.65$$

$$\beta=\frac{m'_x}{m_x}=\frac{m''_x}{m_x}=2.0$$

$$M_x=(l_y-\frac{l_x}{4})m_x=(4.7-\frac{3.8}{4})m_x=3.750m_x$$

$$M_y=(l_x-\frac{l_x}{4})m_y=\frac{3}{4}l_x\alpha m_x=\frac{3}{4}\times 3.8\times 0.65m_x=1.853m_x$$

$$M'_x=M''_x=l_ym'_x=l_y\beta m_x=4.7\times 2.0m_x=9.400m_x$$
$$M'_y=l_xm'_y=3.8\times 3.720=14.136(\text{kN}\cdot\text{m})$$

由于未设圈梁，边区格弯矩不折减，所以

$$\frac{ql_x^2}{12}(3l_y-l_x)=2M_x+2M_y+M'_x+M''_x+M'_y$$

$$\frac{11.59\times 3.8^2}{12}\times(3\times 4.7-3.8)=2m_x(3.750+1.853+9.400)+14.136$$

求出每米板宽内的弯矩为

$$m_x=4.316(\text{kN}\cdot\text{m})$$
$$m_y=\alpha m_x=0.65\times 4.316=2.806(\text{kN}\cdot\text{m})$$
$$m'_x=m''_x=\beta m_x=2.0\times 4.316=8.632(\text{kN}\cdot\text{m})$$

各截面的配筋

跨中：

$$A_{sx}=\frac{m_x}{0.9f_yh_0}=\frac{4.316\times10^6}{0.9\times270\times80}=222(\text{mm}^2)$$

选 $\phi8$ @180，$A_s=279\text{mm}^2$。

$$A_{sy}=\frac{m_y}{0.9f_yh_0}=\frac{2.806\times10^6}{0.9\times270\times70}=165(\text{mm}^2)$$

选 $\phi8$ @200，$A_s=251\text{mm}^2$。

支座：

$$A'_{sx}=A''_{sx}=\frac{m'_x}{0.9f_yh_0}=\frac{8.632\times10^6}{0.9\times270\times80}=444(\text{mm}^2)$$

选 $\phi8$ @90，$A_s=559\text{mm}^2$ 及 $\phi8/10$ @180 + $\phi6/8$ @180，$A_s=576\text{mm}^2$。

(4) D 区格：由 B 区和 C 区格可知 $m'_x=8.632\text{kN}\cdot\text{m}$，$m''_x=0$，$m'_y=6.758\text{kN}\cdot\text{m}$，$m''_y=0$。取

$$\alpha=\frac{m_y}{m_x}=\frac{l_x^2}{l_y^2}=\frac{3.7^2}{4.7^2}=0.62$$

$$M_x=\left(l_y-\frac{l_x}{4}\right)m_x=\left(4.7-\frac{3.7}{4}\right)m_x=3.775m_x$$

$$M_y=(l_x-\frac{l_x}{4})m_y=\frac{3}{4}l_x\alpha m_x=\frac{3}{4}\times3.7\times0.62m_x=1.721m_x$$

$$M'_x=l_ym'_x=4.7\times8.632=40.570(\text{kN}\cdot\text{m})$$

$$M'_y=l_xm'_y=3.7\times6.758=25.005(\text{kN}\cdot\text{m})$$

角区格弯矩不折减，所以

$$\frac{ql_x^2}{12}(3l_y-l_x)=2M_x+2M_y+M'_x+M'_y$$

$$\frac{11.59\times3.7^2}{12}\times(3\times4.7-3.7)=2m_x(3.775+1.721)+40.570+25.005$$

求出每米板宽内的弯矩为

$$m_x=6.544(\text{kN}\cdot\text{m})$$

$$m_y=\alpha m_x=0.62\times6.544=4.057(\text{kN}\cdot\text{m})$$

各截面的配筋

跨中：

$$A_{sx}=\frac{m_x}{0.9f_yh_0}=\frac{6.544\times10^6}{0.9\times270\times80}=337(\text{mm}^2)$$

选 $\phi10$ @180，$A_s=436\text{mm}^2$。

$$A_{sy}=\frac{m_y}{0.9f_yh_0}=\frac{4.057\times10^6}{0.9\times270\times70}=239(\text{mm}^2)$$

选 $\phi8$ @200，$A_s=322\text{mm}^2$

楼板配筋见图 2.43。

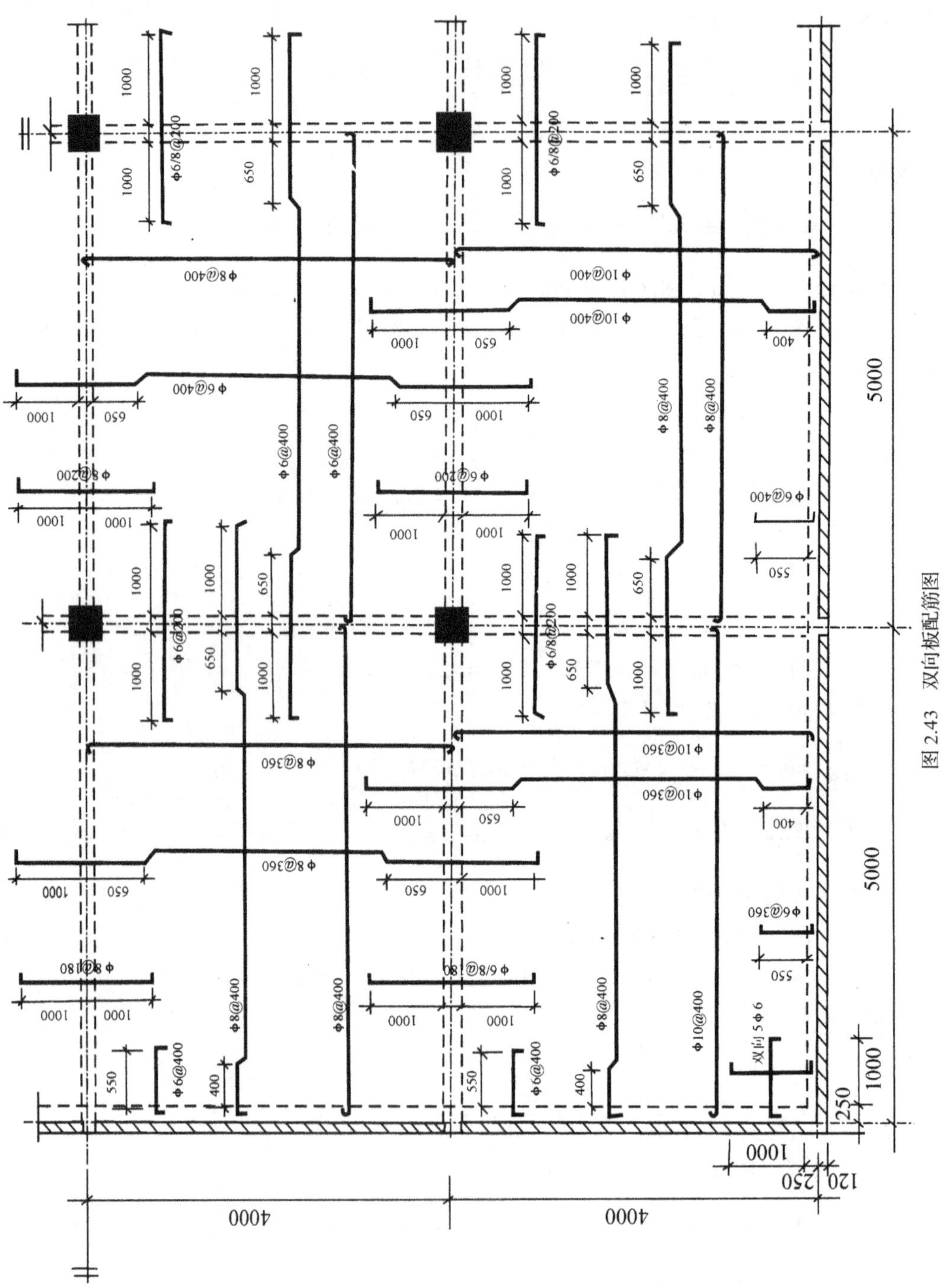

Φ6/8@200
Φ8@400
Φ10@400
Φ6@400
Φ6@200
Φ8@200
Φ6@400
Φ8@400
Φ8@360
Φ10@360
Φ6@360
Φ8@180
Φ6/8@180
Φ10@400
双向 5Φ6
1000
650
550
400
250
120
4000
5000

图 2.43 双向板配筋图

2.3　无梁楼盖

无梁楼盖属板柱结构体系，钢筋混凝土平板直接支承在柱上，故板厚比肋梁楼盖为厚。为使板与柱整体连接，增强楼面刚度，并减小板的计算跨度和冲切力，通常在柱的上端加大尺寸，形成柱帽。

无梁楼盖的优点是结构体系简单，传力路径短捷，楼层的净空较大。此外，无梁楼盖的天棚平整美观，对房间的采光、通风及卫生条件也有较大改善。无梁楼盖可采用升板法施工(先在地面上分层预制楼板，然后利用立柱与提升机具将各层预制楼板提升到设计标高并固定)，这样可节约大量的模板，同时也提高了工程质量，加快了施工速度。无梁楼盖适用于各种多层工业与民用建筑，如商场、仓库、冷库和书库等。

无梁楼盖平面布置时，每一方向的跨数一般不少于三跨，柱网为正方形或近似正方形，一般以正方形较经济。跨度一般不超过 6m。无梁楼盖的优点是可在边缘设置悬臂板，以减少边跨跨中弯矩和柱的不平衡弯矩，节省钢筋用量，同时也减少了柱帽类型，方便了施工；缺点是房屋四周显得较为狭窄，使用上感觉不太方便，所以一般只在冷库建筑中采用较多。

2.3.1　无梁楼盖的试验研究

无梁楼盖在均布荷载作用下，第一批裂缝首先出现于柱帽顶面上。随着荷载增加，柱帽顶面边缘的板面上出现沿柱列轴线的裂缝，并且不断发展(见图 2.44(a))。同时，板底跨中出现成批互相垂直且平行于柱列轴线的裂缝，并不断发展(见图 2.44(b))。当即将破坏时，在柱帽顶上和沿柱列轴线的板面裂缝以及跨中的板底裂缝出现一些特别宽的主裂缝，在这些裂缝处，受拉钢筋达到屈服强度。当受压混凝土达到弯曲抗压强度时，楼板即告破坏。

由试验可知，无梁楼盖系双向受力，且受力性能较复杂。为了便于分析计算，一般可将整个楼板沿纵横两个方向假想为两条板带，即柱上板带和跨中板带(见图 2.45)。前者好像是一条搁置在柱支座上的连续板，后者好似一条搁置在弹性柔软支座(柱上板带)上的连续板。

2.3.2　弹性理论计算方法

无梁楼盖的弹性理论计算一般采用等代框架法和经验系数法，这两种方法一般应在具有较规则柱网布置的情况下使用。

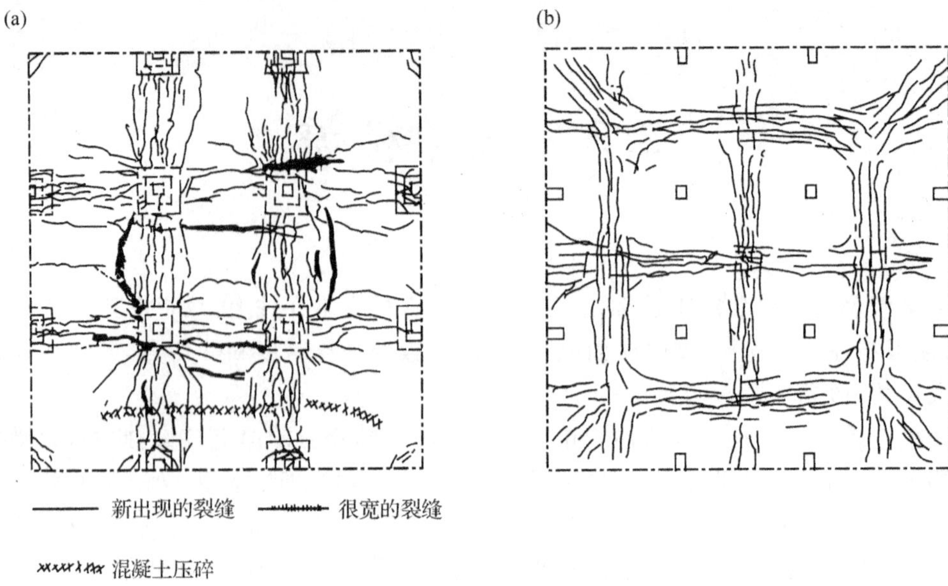

图 2.44 无梁楼盖裂缝图

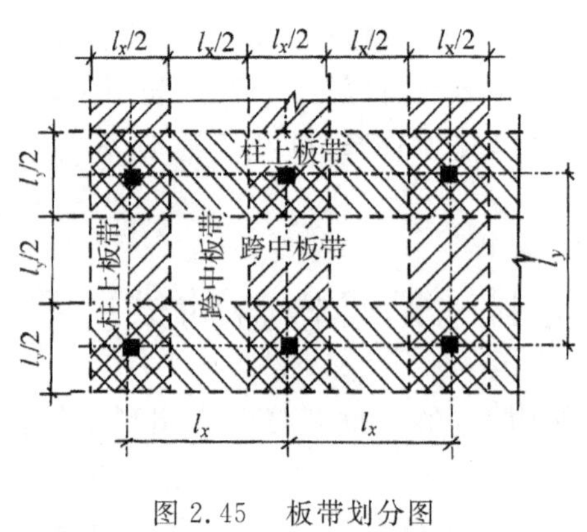

图 2.45 板带划分图

2.3.2.1 等代框架法

将整个结构分别沿纵、横柱列方向划分为具有“框架柱”和“框架梁”的纵向与横向等代框架。在竖向荷载作用时，取板跨中心线间的距离作为等代框架梁的宽度；当水平荷载作用时，取板跨中心线间距离的一半作为等代框架梁的宽度。板的厚度作为等代框架梁的高度，跨度分别取 $l_x-\frac{2}{3}c$ 和 $l_y-\frac{2}{3}c$，此处 c 为柱帽顶部宽度。等代框架柱的计算高度为：对于楼层，取层高减去柱帽高度；对于底层，取基础顶面至该层楼层底面的高度减去柱帽高度。

按等代框架计算时，应考虑可变荷载的不利组合，并将最后算得的等代框架梁弯矩值，按表 2.13 中所列的根据试验研究得出的系数分配给柱上板带和跨中板带。

等代框架法适用于任意一区格的长跨与短跨之比不大于 2 的无梁楼盖。

表 2.13　等代框架梁弯矩分配系数

截　面		柱上板带	跨中板带
内　跨	支座截面负弯矩 跨中正弯矩	0.75 0.55	0.25 0.45
边　跨	第一内支座截面负弯矩 跨中正弯矩 边支座截面负弯矩	0.75 0.55 0.90	0.25 0.45 0.10

2.3.2.2　经验系数法

经验系数法是在试验研究与实践经验的基础上给出两个方向截面总弯矩的分配系数，当计算出截面总弯矩后，再将其分配给柱上板带和跨中板带。因其计算过程简捷方便，故被广泛采用，但为了适用于各种可变荷载的不利布置，要求满足下列条件：

(1) 每个方向至少有三个连续跨；

(2) 同一方向上的最大跨度与最小跨度之比不大于 1.2，且两端跨不大于相邻的内跨；

(3) 任意一区格内长跨与短跨之比不大于 1.5；

(4) 可变荷载与永久荷载的比值不大于 3.0；

(5) 为了保证无梁楼盖不承受水平荷载，在该楼盖的结构体系中应具有抗侧力支撑或剪力墙。

计算时只考虑全楼盖满布均布荷载，不考虑可变荷载的不利组合。每一区格 x 和 y 方向跨中弯矩和支座弯矩的总和相当于简支梁的最大弯矩，即

$$M_{0x} = \frac{1}{8}ql_y\left(l_x - \frac{2}{3}c\right)^2 \tag{2.21}$$

$$M_{0y} = \frac{1}{8}ql_x\left(l_y - \frac{2}{3}c\right)^2 \tag{2.22}$$

计算时，取跨中正弯矩与支座负弯矩的比值为 1∶2，即取跨中正弯矩为$\frac{1}{3}M_0$，支座负弯矩为$\frac{2}{3}M_0$，然后按表 2.13 中所列的系数分配给柱上板带和跨中板带。具体数值列于表 2.14 中。边区格板的支承条件与中区格有所不同，故分配系数亦作相应调整。

表 2.14　经验系数法总弯矩分配表

截　面		柱上板带	跨中板带
内　跨	支座截面负弯矩 跨中正弯矩	$0.5M_0$ $0.18M_0$	$0.17M_0$ $0.15M_0$
边　跨	第一内支座截面负弯矩 跨中正弯矩 边支座截面负弯矩	$0.5M_0$ $0.22M_0$ $0.48M_0$	$0.17M_0$ $0.18M_0$ $0.05M_0$

注：① 在总弯矩值不变的条件下，必要时允许将柱上板带负弯矩的 10% 分给跨中板带负弯矩。

② 此表为无悬臂板的经验系数，有较小悬臂板时仍可采用，当悬臂板较大且其负弯矩大于边支座截面负弯矩时，需考虑悬臂弯矩对边支座与内跨的影响。

截面设计时，对竖向荷载作用下有柱帽的板，考虑到板的穹顶作用，除边跨及边支座外，所有截面的计算弯矩均可折减20%。

2.3.3 塑性理论计算方法

无梁楼盖在可变荷载的不利布置下，有两种破坏情况：一种是内跨在带形可变荷载作用下，出现平行于带形荷载方向的跨中及支座塑性铰线(见图2.46(a))；另一种是在连续满布可变荷载作用下，每个区格内的跨中板带出现正弯矩的塑性铰线，柱顶及柱上板带出现负弯矩的塑性铰线(见图2.46(b))。

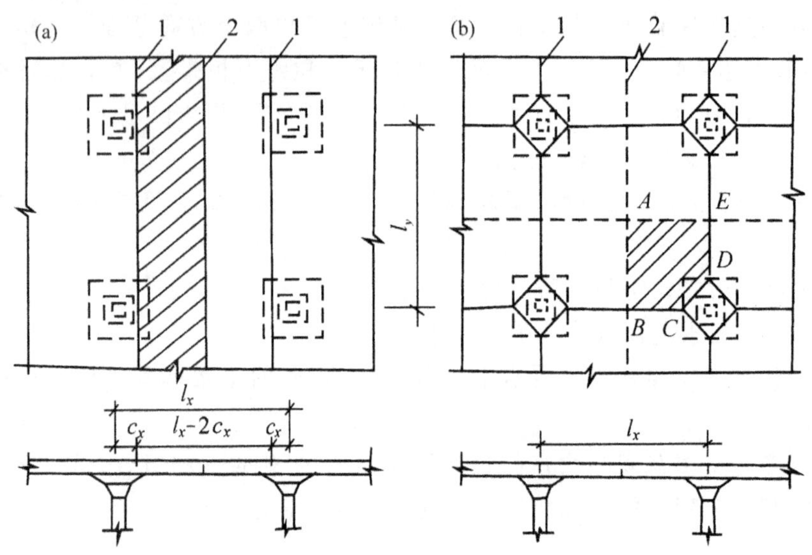

图2.46 无楼梁盖破坏形态图

当楼盖平面的长边与短边之比不大于1.5以及每个区格的长跨与短跨之比不大于1.35时，可按下列板块极限平衡法进行计算。

2.3.3.1 带形可变荷载作用下的计算

板跨为 l_x 的纵向连续区格上作用着带形荷载，在板即将破坏时的极限平衡状态下，形成三条平行的塑性铰线，如图2.46(a)所示。跨中正弯矩塑性铰线位于带形荷线的中心线上，而支座负弯矩塑性铰线则位于该跨两端离柱轴线 c_x 处(c_x 的大小与柱帽类型有关)。跨中与支座的塑性铰线将该跨分成两条刚性的板块，这样，可取一个中间区格内的一条板块进行计算。荷载作用在半个跨度为$\frac{(l_x-2c_x)}{2}$、宽度为 l_y 的刚性板块上。在极限平衡状态下，取这一板块上所有外荷载对支座塑性铰线的力矩与该板块的两条塑性铰线上的力矩相平衡，即得

$$\frac{ql_y(l_x-2c_x)^2/2^2}{2}=m_xl_y+m'_xl_y$$

化简为

$$\frac{q(l_y-2c_x)^2}{8}=m_x+m'_x \tag{2.23}$$

式中，m_x，m'_x 为沿 l_y 方向的跨中及支座塑性铰线单位长度上的极限弯矩，取绝对值。

建议取 $m'_x/m_x=1\sim 2$，代入式(2.23)即可求得 m_x 及 m'_x。

2.3.3.2 连续满布可变荷载作用下的计算

当连续满布可变荷载作用时，在极限平衡状态下，中间区格的跨中形成平行于纵、横两柱列轴线且互相垂直的正塑性铰线，把整个区格分成四块刚性板块。在每个柱帽上，形成四条支座负塑性铰线，位于与柱列轴线成 45° 角的柱帽边缘上。柱列轴线上也形成支座负塑性铰线，位置如图 2.46(b)所示。由图可取 1/4 中间区格的板块 $ABCDE$，对支座塑性铰线 CD 取矩，列出极限平衡方程式为：

$$\frac{ql_xl_y}{4}\left(\frac{l_x}{4}+\frac{l_y}{4}-\frac{c_x}{2}-\frac{c_y}{2}\right)\frac{1}{\sqrt{2}}+\frac{qc_xc_y}{2}\times\frac{c_x+c_y}{6\sqrt{2}}=(m_xl_y+m_yl_x+m'_xl_y+m'_yl_x)\frac{1}{2\sqrt{2}}$$

整理得

$$\frac{ql_xl_y}{4}\left[\frac{l_x+l_y}{2}-(c_x+c_y)+\frac{2}{3}(c_x+c_y)\frac{c_xc_y}{l_xl_y}\right]=(m_x+m'_x)l_y+(m_y+m'_y)l_x \tag{2.24}$$

式中：m_x，m'_x——沿 l_y 方向的跨中与支座塑性铰线单位长度上的极限弯矩，取绝对值；

m_y，m'_y——沿 l_x 方向的跨中与支座塑性铰线单位长度上的极限弯矩，取绝对值。

当区格为正方形时，沿纵、横两个方向的钢筋可等量均匀布置。若忽略板截面有效高度上的差异，则 $l_x=l_y=l$，$c_x=c_y=c$，$m_x=m_y=m$，$m'_x=m'_y=m'$，式(2.24)可进一步简化为

$$\frac{ql^2}{8}\left[1-2\frac{c}{l}+\frac{4}{3}\left(\frac{c}{l}\right)^3\right]=m+m' \tag{2.25}$$

建议取 $m'/m=1\sim 2$，代入式(2.25)即可求得 m 和 m'。

无梁楼盖在竖向荷载作用下达到极限状态时，存在着一定程度的穹顶作用，所以计算弯矩也可考虑折减。当计算区格离楼盖边缘之间有两列及两列以上的柱时，该区格楼盖的钢筋计算截面积可减少 10%；当计算区格离楼盖边缘之间只有一列柱时，该区格楼盖的钢筋计算截面积可减少 5%。

2.3.4 柱帽设计

在无梁楼盖中，当荷载较大时，为了增加楼面刚度，降低板中的弯矩及支承处的冲切力，常采用柱帽。柱帽的常用类型示于图 2.47 中。图中 l 为柱的间距。

当荷载不大时，可采用 Ⅰ 型。当荷载较大时，为使荷载较平缓地从板传至柱端，可采用 Ⅱ 型，但施工较复杂，其中 h_1/h_2 一般可取 2/3。Ⅲ 型的传力条件略次于 Ⅱ 型，但施工较方便。

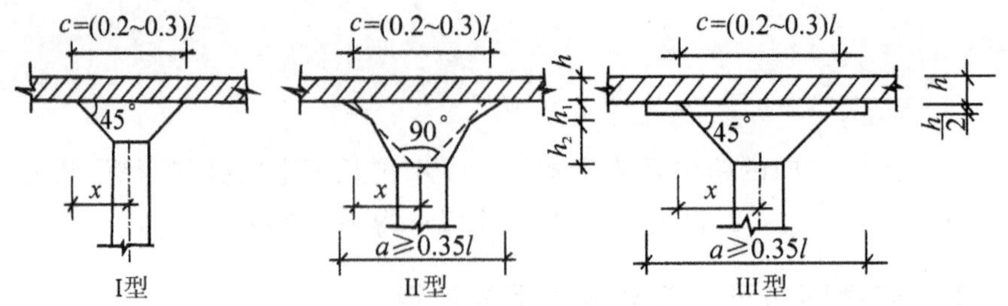

图 2.47　常用柱帽类型图

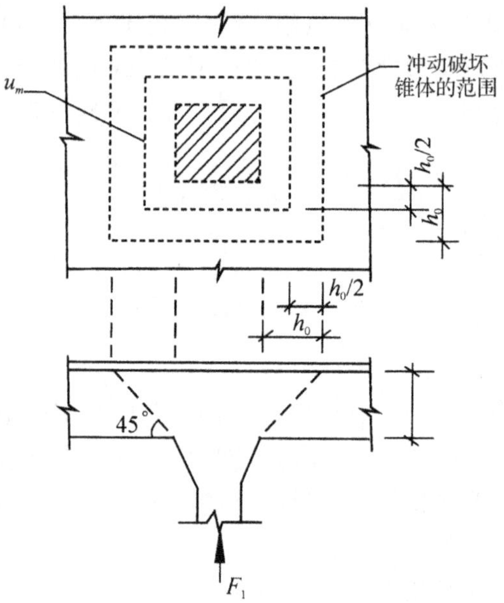

柱帽设计主要是柱帽处楼板的冲切计算。中间区格的每一个中柱，将承受一个区格的全部荷载；柱或柱帽的周界为楼板的冲切面，应满足受冲切承载力的要求，可按下式计算：

$$F_l \leqslant 0.7 f_t \beta_h \eta u_m h_0 \quad (2.26)$$

式中：F_l—— 冲切荷载设计值，取柱所承受的轴向力设计值减去柱顶冲切破坏锥体范围内的均布荷载设计值（见图 2.48），即

$$F_l = q[l_x l_y - 4(x + h_0)(y + h_0)] \quad (2.27)$$

q—— 楼面承受的总均布荷载设计值；

x,y—— 假定是 45° 倾角的冲切破坏锥体锥顶与楼板的交点至柱中心线间的距离（见图 2.47），x 和 y 不得小于 $0.1l_x$ 或 $0.1l_y$；

图 2.48　柱帽设计冲切荷载计算图

l_x,l_y—— 相应于纵横向的柱距；

f_t—— 混凝土抗拉强度设计值；

β_h—— 截面高度影响系数：当 $h \leqslant 800$mm 时，取 $\beta_h = 1.0$；当 $h > 2000$mm 时，取 $\beta_h = 0.9$；其间按线性内插法取用；

u_m—— 冲切破坏锥体斜面的平均周长；

h_0—— 冲切破坏锥体的有效高度，取两个方向的平均值。

η 应按下列两个公式计算，并取其中较小值：

$$\eta_1 = 0.4 + \frac{1.2}{\beta_s} \quad (2.28)$$

$$\eta_2 = 0.5 + \frac{\alpha_s h_0}{4u_m} \quad (2.29)$$

式中　η_1—— 局部荷载或集中反力作用面积形状的影响系数；

η_2—— 计算截面周长与板截面有效高度之比的影响系数；

β_s—— 局部荷载或集中反力作用面积为矩形时的长边与短边尺寸的比值，β_s 不宜大于 4；当 $\beta_s < 2$ 时，取 $\beta_s = 2$；对圆形冲切面，取 $\beta_s = 2$；

α_s—— 板柱结构中柱位置的影响系数：对中柱，取 $\alpha_s = 40$；对边柱，取 $\alpha_s = 30$；对角柱，取 $\alpha_s = 20$。

当冲切承载力不能满足式(2.26)的要求且板厚受到限制时，可配置箍筋或弯起钢筋。此时，受冲切截面应符合下列条件：

$$F_l \leqslant 1.2 f_t \eta u_m h_0 \tag{2.30}$$

当配置箍筋时，受冲切承载力按下式计算：

$$F_l \leqslant 0.5 f_t \eta u_m h_0 + 0.8 f_{yv} A_{svu} \tag{2.31}$$

当配置弯起钢筋时，受冲切承载力按下式计算：

$$F_l \leqslant 0.5 f_t \eta u_m h_0 + 0.8 f_y A_{sbu} \sin\alpha \tag{2.32}$$

式中：A_{svu}—— 与呈 45° 冲切破坏锥体斜截面相交的全部箍筋截面面积；

A_{sbu}—— 与呈 45° 冲切破坏锥体斜截面相交的全部弯起钢筋截面面积；

α—— 弯起钢筋与板底面的夹角；

f_{yv}、f_y—— 分别为箍筋和弯起钢筋的抗拉强度设计值。

对于配置抗冲切钢筋的冲切破坏锥体以外的截面，仍应按式(2.26)进行受冲切承载力验算，此时 u_m 应取冲切破坏锥体以外 $0.5h_0$ 处的最不利周长。

板中抗冲切钢筋的布置形式如图 2.49 所示。

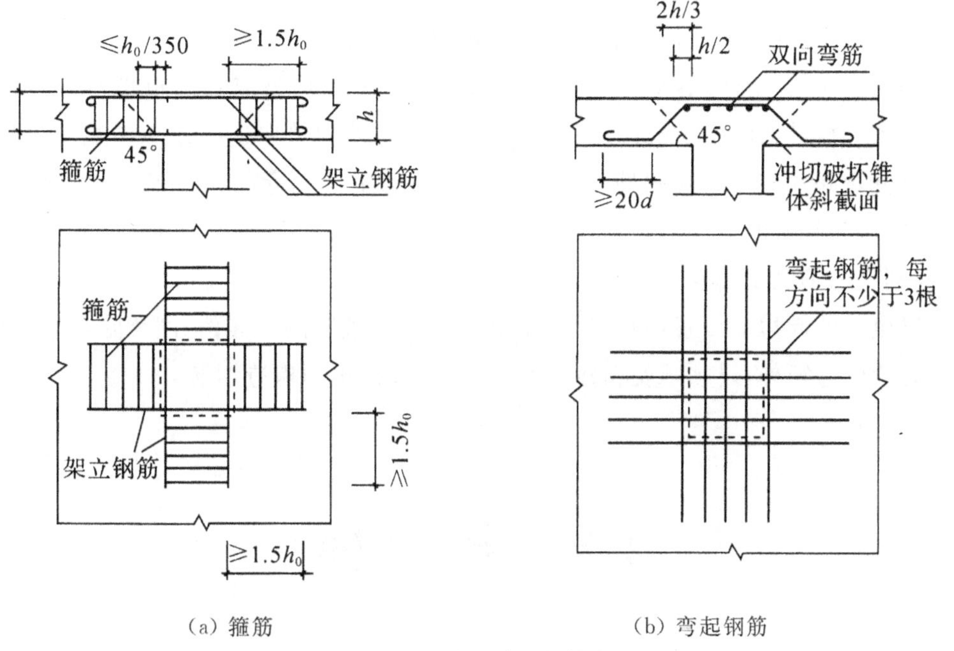

(a) 箍筋　　　　(b) 弯起钢筋

图 2.49　板中抗冲切钢筋布置

由于柱帽中的拉、压应力均很小，所以钢筋可按构造配置(见图 2.50)。靠墙边柱的半柱帽内的钢筋配置与中间柱帽相仿。

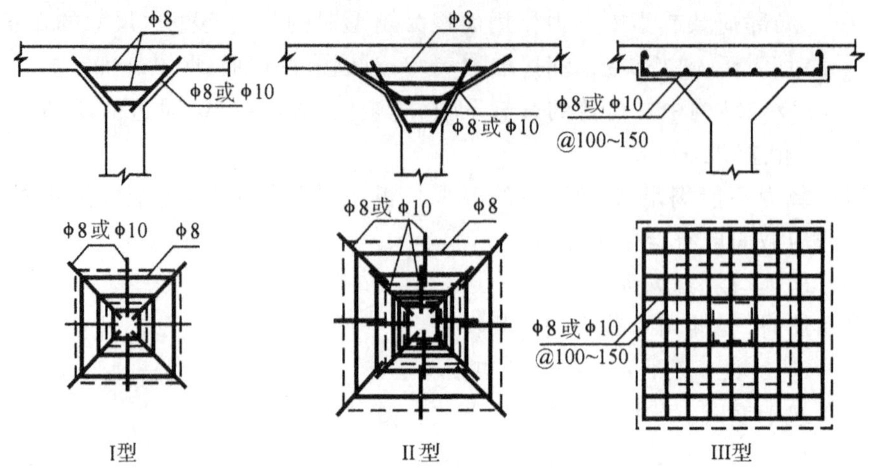

图 2.50 柱帽配筋图

2.3.5 构造要求

一般情况下，无梁楼盖的挠度是不计算的，因而板厚必须使楼盖具有足够的刚度，板厚与板的最大跨度之比为：有帽顶板时取 1/35，无帽顶板时取 1/32。当采用无柱帽时，柱上板带可适当加厚，加厚部分的宽度可取相应板跨的 0.3。

配筋时应与设计计算相对应，将板沿纵、横两个方向均分成柱上板带与跨中板带，然后根据各个板带的跨中及支座上计算所需的钢筋，如同单向连续板一样配置钢筋。配筋形式也分弯起式与分离式两种，图 2.51 所示为采用一端弯起、一端直钩的弯起式配筋。钢筋的弯起与截断应满足图 2.51 所示的要求。配置在板顶的负钢筋在施工时容易被压弯，故其直径不宜小于 $\phi12$。

无梁楼盖的周边应设置圈梁，其截面高度不小于板厚的 2.5 倍。圈梁除与半个柱上板带一起承受弯矩外，还须承受扭矩，所以应另设置抗扭的构造钢筋。

2.4 楼　梯

楼梯一般由梯段和平台两部分组成，是多层及高层房屋的重要组成部分之一，房屋间的竖向交通通过它实现。目前，绝大多数多层及高层房屋的楼梯均采用钢筋混凝土建造，它是一种斜向搁置的钢筋混凝土梁板结构。

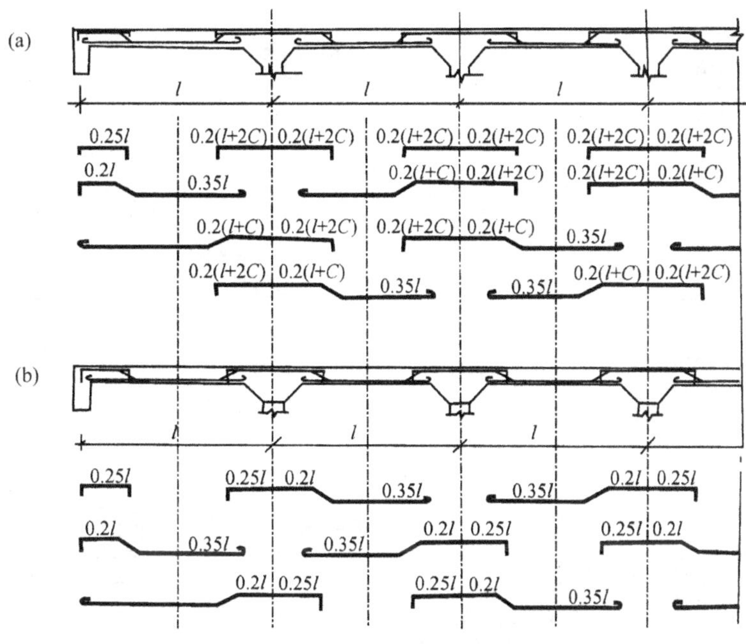

图 2.51　无梁楼盖配筋图

2.4.1　楼梯的类型

楼梯按其结构形式和受力特点主要分为板式和梁式两种。

板式楼梯的梯段是一块斜放的板，板端支承在平台梁上，最下层的梯段可支承在地垄墙上（见图 2.52(a)）。板式楼梯的优点是下表面平整、支模施工方便、外观较轻巧，当梯段跨度不超过 3m 时采用较为适宜。板式楼梯的斜板厚度约为跨度的$\frac{1}{30}\sim\frac{1}{25}$，因而在跨度较大时就显得不够经济。

当梯段跨度超过 3m 时，为节约材料，可在斜板侧面设置斜梁，这样就形成了梁式楼梯（见图 2.52(b)）。梁式楼梯的踏步板支承在斜梁上，斜梁再支承于平台梁或地垄墙上。梁式楼梯在梯段跨度较大时比较经济，但它的支模及施工都较麻烦，且外观有时显得比较笨重。

梁式楼梯的斜梁一般设置于踏步板两侧，既可设在踏步板下面，也可设在踏步板上面，还可以利用现浇钢筋混凝土栏板来代替斜梁而形成栏板梁。当楼梯宽度较小时，可将斜梁设置在宽度的中间而形成单梁式楼梯。

此外，还有剪刀式楼梯（见图 2.52(c)）和螺旋式楼梯（见图 2.52(d)），剪刀式楼梯具有悬臂的梯段和平台，支座仅设置在上下楼层处，当建筑中不宜设置平台梁和平台板的支承时，可以采用。螺旋式楼梯一般在不便设置平台的场合或在建筑造型上有特殊要求时采用。剪刀式和螺旋式楼梯造型新颖、轻巧，因此常在公共建筑中采用。但这两种楼梯均属空间受力体系，其受力复杂，计算繁琐，用钢量大，造价较高，故一般情况下较少采用。

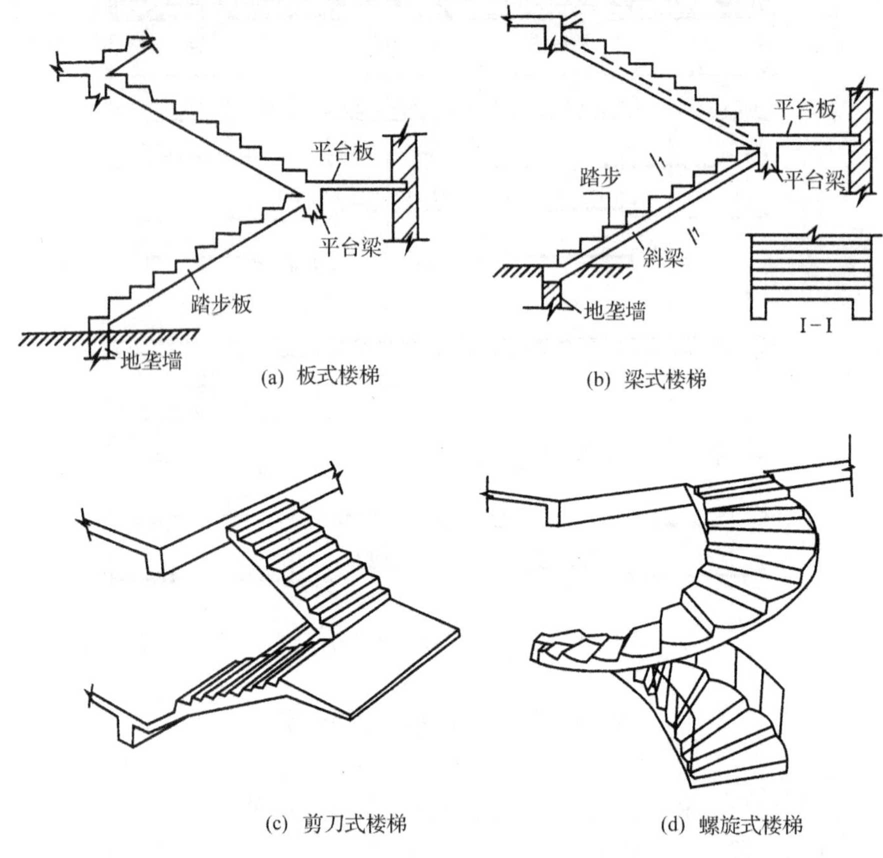

图 2.52　各种形式楼梯的示意图

楼梯的形式，按其平面布置还可分为单跑楼梯、双跑楼梯和三跑楼梯。若按施工方法则可分为现浇整体式楼梯和预制装配式楼梯等。三跑楼梯一般在层高较大、楼梯间进深较小的房屋中采用。预制装配式楼梯则可用于普通的住宅、学校、办公楼及中小型工业厂房中。

2.4.2　楼梯的内力计算与构造要求

现在介绍一般建筑中最常用的楼梯形式的内力计算与构造要求。

2.4.2.1　整体式板式楼梯

(1) 内力计算

从平台板与梯段板中取 1m 宽板带作为计算单元，并近似认为平台板和梯段板板带都简支于平台梁上，且两板带在支座处不连续。

梯段板的计算简图如图 2.53 所示。

设图中荷载 $g'+p'$ 为沿斜向板长每米的永久荷载(包括踏步、梯段板及上、下抹灰的重量）和可变荷载的设计值。为计算梯段板的内力，将 $g'+p'$ 分解为垂直于板面和平行于板面的两个分量（见图 2.53(b)），以其中垂直于板面的荷载分量 $g''+p''=(g'+p')\cdot\cos\alpha$ 为荷载，可求得梯段板跨中的最大弯矩为

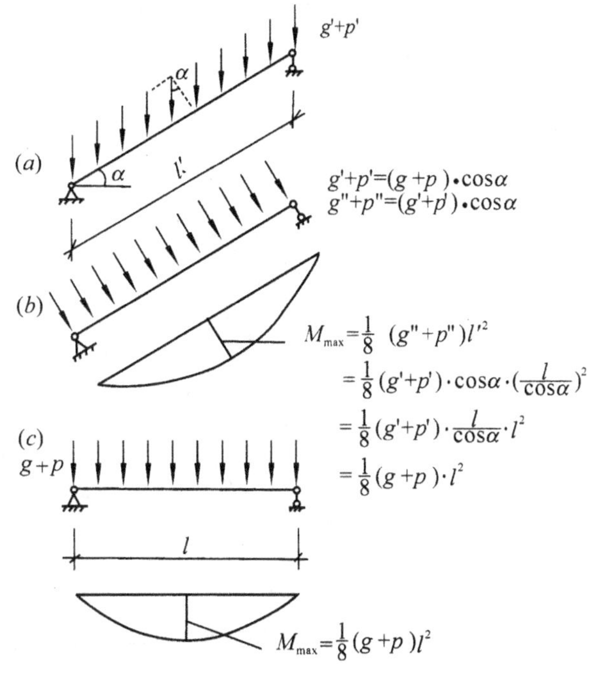

图 2.53　梯段板的计算简图

$$
\begin{aligned}
M_{max} &= \frac{1}{8}(g''+p'')l'^2 \\
&= \frac{1}{8}(g'+p')\cos\alpha\cdot\left(\frac{l}{\cos\alpha}\right)^2 \\
&= \frac{1}{8}\times\frac{g'+p'}{\cos\alpha}\times l^2 \\
&= \frac{1}{8}(g+p)l^2 \qquad (2.33)
\end{aligned}
$$

式中：l'—— 梯段板斜向的实际计算跨度；

l—— 梯段板计算跨度的水平投影长度，$l=l'\cos\alpha$，设计时可取 l 为两平台梁中心线之间的水平距离；

$g+p$—— 作用于梯段板上的总荷载设计值沿水平方向的荷载集度，$g+p=(g'+p')/\cos\alpha$，设计中，荷载规范给出的可变荷载本来就是按水平方向计算的，故实际上只需把沿斜向分布的永久荷载 g' 换算成沿水平方向分布的 g 即可；

α—— 梯段板的倾角。

考虑到梯段板和平台板与平台梁之间并非理想铰接，在连接处平台板和平台梁对梯段板有一定的约束作用，因而可减小梯段板的跨中弯矩，故在工程中常取梯段板的跨中最大弯矩为

$$M_{max}=\frac{1}{10}(g+p)l^2 \qquad (2.34)$$

但当梯段板有一端支承在砖墙上时，其跨中最大弯矩仍按式(2.33) 计算。

平台板的计算同一般简支板，跨中最大弯矩也可按式(2.33) 或式(2.34) 计算。

平台梁承受梯段板和平台板传来的荷载及平台梁自重，计算同普通均布荷载水平简支梁。

(2) 构造要求

1) 梯段板厚度应不小于 $l/30\sim l/25$，一般可取板厚 $h=100\sim120$mm。

2) 梯段板配筋应满足图 2.54 的各项构造要求，配筋可采用弯起式或分离式两种。

3) 平台板和平台梁配筋可参照普通现浇整体式梁板结构的构造要求。

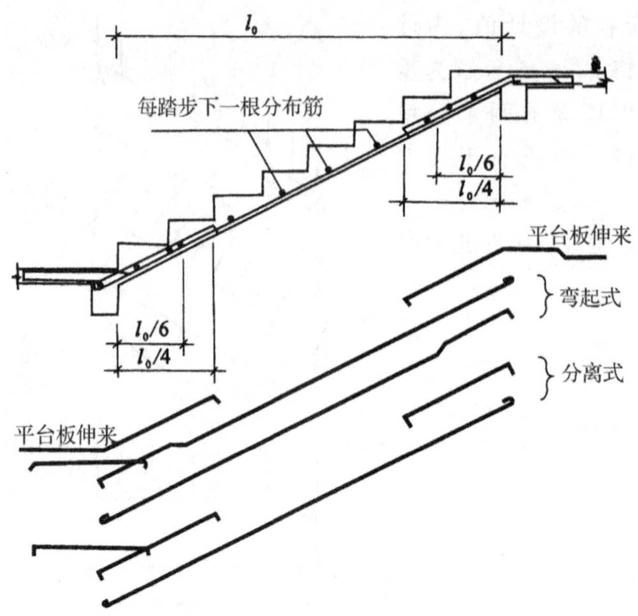

图 2.54　整体式板式楼梯的配筋构造

2.4.2.2　整体式梁式楼梯

(1) 内力计算

梁式楼梯各构件的计算简图如图 2.55 所示。

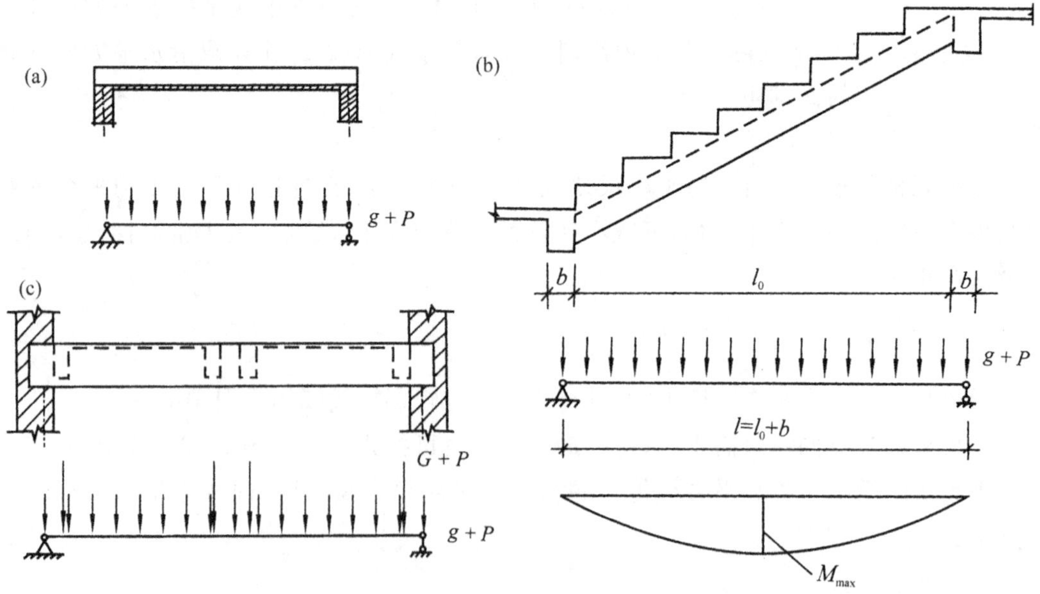

图 2.55　整体式梁式楼梯各构件的计算简图

踏步板为支承于两侧斜梁上的承受均布荷载(包括踏步板自重、上下抹灰重及可变荷载)的简支梁(见图 2.55(a))。

梯段梁承受由踏步板传来的荷载及本身的自重,可简化为均布荷载作用下支承于上下平台梁上斜向搁置的简支梁(见图 2.55(b)),其跨中最大弯矩可按式(2.33)计算。梯段梁斜向的剪力 $V_{斜}$ 则可按下式计算:

$$V_{斜} = \frac{1}{2}(g+p)l \cdot \cos\alpha \tag{2.35}$$

式中符号意义同式(2.33)。

平台板的内力计算与板式楼梯的平台板相同。

平台梁承受平台板和梯段梁传来的荷载及平台梁自重,其中平台板传来的荷载和平台梁自重为均布荷载,梯段梁传给平台梁的则是集中荷载。平台梁的内力可按支承于两侧墙体上的简支梁计算(见图 2.55(c))。

(2) 截面计算要点及构造要求

(1) 踏步板。在踏步板的强度计算中,其截面高度 h 近似按梯形截面的平均高度取用(见图 2.56),即

$$h = \frac{c}{2} + \frac{\delta}{\cos\alpha} \tag{2.36}$$

踏步板厚度 δ 一般取 30 ～ 40mm。式(2.36)中 c 为踏步高度。

踏步板的配筋除按强度计算外,每一级踏步内至少配置 2 根钢筋,并沿垂直于受力方向布置间距不大于 300mm 的分布筋。

(2) 梯段梁。在强度计算中,梯段梁可按 T 形截面计算配筋。

由于梯段梁是斜向搁置的受弯构件,故构件中除了弯矩 M 和剪力 V 外,还存在着轴力 N,但因轴力 N 较小,设计中可不考虑。

梯段梁的高度 h 应不小于 $l/20$(l 为梯段梁的水平计算跨度)。

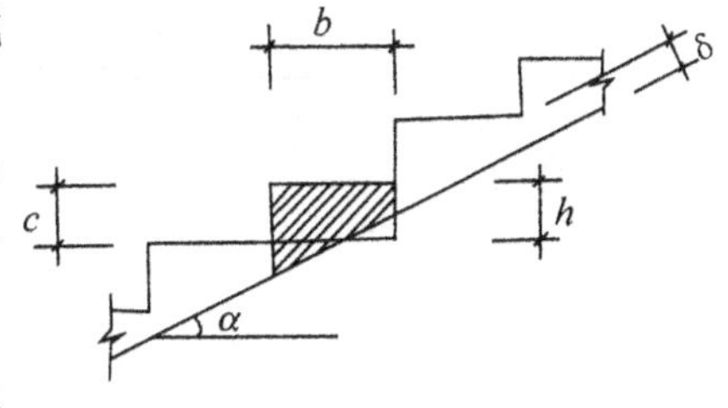

图 2.56　踏步板的截面高度取法

(3) 平台梁与平台板。平台梁在计算强度时可不计入翼缘的作用(考虑到其截面的不对称性),近似按肋宽为 b 的矩形截面计算配筋。

平台梁的高度 h 应不小于 $l/12$。

平台梁在梯段梁支承处应设置吊筋,计算方法与肋梁楼盖中主梁的吊筋计算相同。

平台板的配筋可参照普通现浇整体式梁板结构的构造要求计算。

2.4.2.3　折线形板式楼梯

当楼梯间平台梁下净空不足时,常考虑取消平台梁,使板式楼梯的梯段与平台连成一体,形成折线形板式楼梯(见图 2.57(a))。

(1) 内力计算

折线形板式楼梯的内力计算与普通板式楼梯相似,一般可将斜梯段上沿斜向分布

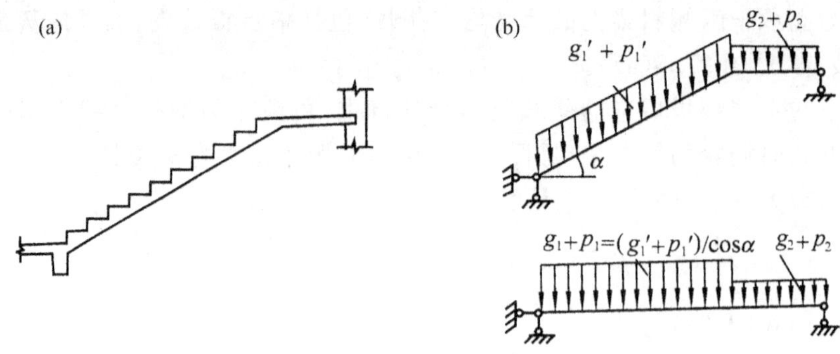

图 2.57　折线形板式楼梯的计算简图

总荷载$(g'_1+p'_1)$换算为沿水平方向分布的总荷载$(g_1+p_1)=(g'_1+p'_1)/\cos\alpha$，然后再按简支梁计算其内力(见图 2.57(b))。

(2) 构造要求

折线形板式楼梯在梯段与平台板连接处形成内折角，若钢筋沿内折角连续布置，则此处受拉钢筋将产生向外的合力(见图 2.58(a))，这可能会使内折角处混凝土的保护层剥落，钢筋将被拉出而失去作用。因此在内折角处，钢筋应断开并分别自行锚固(见图 2.58(b))。

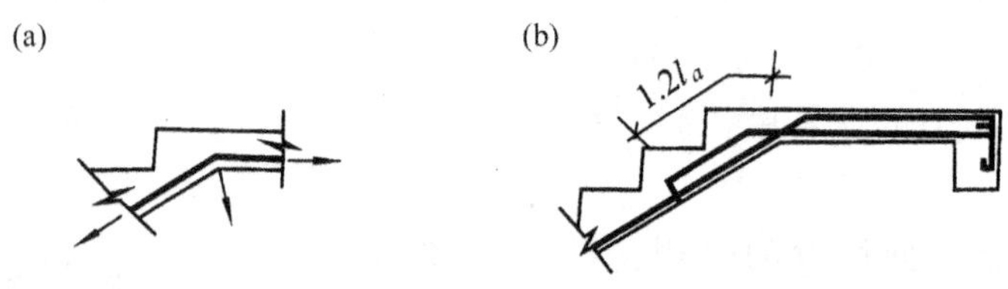

图 2.58　折线形板式楼梯在内折角处的配筋

其余构造措施可参照普通板式楼梯计算。

2.4.2.4　装配式钢筋混凝土楼梯

在住宅及办公楼、学校等公共建筑中，也可以采用装配式钢筋混凝土楼梯。其优点是现场施工方便，且能节省木模。装配式楼梯的常用形式有如下四种。

(1) 墙承式楼梯

墙承式楼梯是由预制的钢筋混凝土平板和立砖组成(见图 2.59(a))，或由预制的 L 形、倒 L 形板组成(见图 2.59(b))。施工时，直接将预制板搁置于两侧墙体上随墙体一起砌筑，其跨度一般在 1.5m 左右。

(2) 悬臂式楼梯

悬臂式楼梯是将 L 形或倒 L 形预制板的一端砌固在砖墙内，另一端悬挑(见图 2.60)。悬臂式楼梯的悬挑长度最大可达 1.8m。

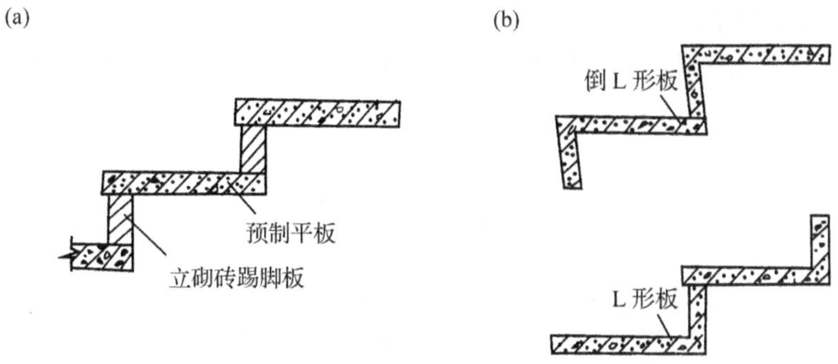

图 2.59　踏步板类型

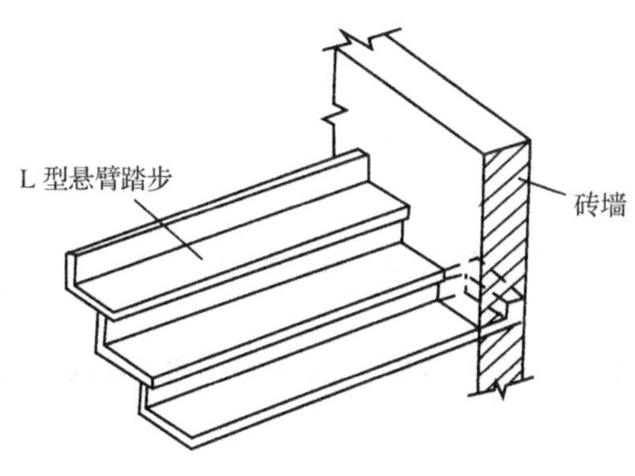

图 2.60　悬臂楼梯

(3) 小型块件装配式楼梯

小型块件装配式楼梯是将踏步板、梯段斜梁、平台梁和平台板分别预制,然后现场拼装(见图 2.61)。

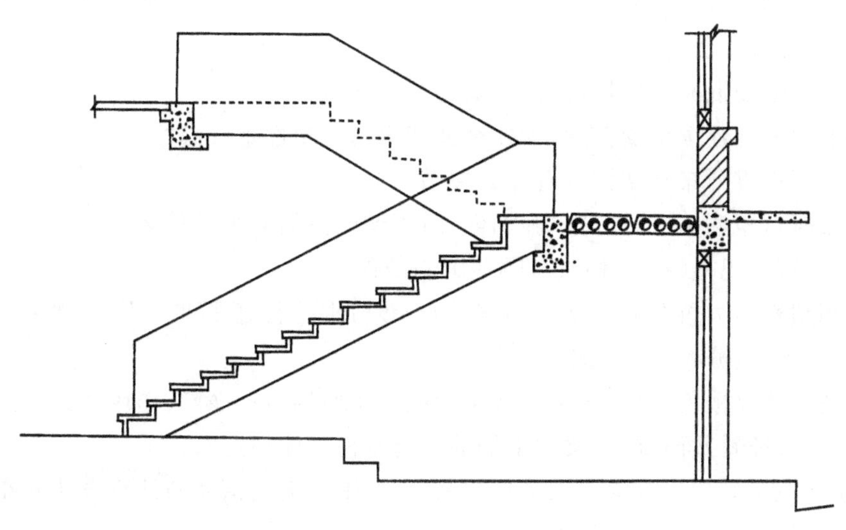

图 2.61　小型块件装配式楼梯

(4) 整体预制楼梯

整体预制楼梯是将整个楼梯段及平台分别预制成大型构件,然后现场拼装(见图2.62)。

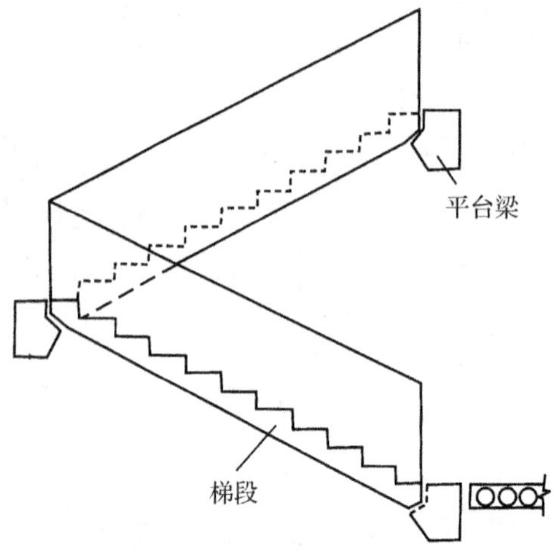

图 2.62 整体预制楼梯

装配式钢筋混凝土楼梯的各种构件均属受弯构件,其设计计算与一般受弯构件相同,此处不再赘述。

复习思考题

1. 按弹性理论计算单向板肋梁楼盖时,对板和次梁为什么要采用折算荷载?如何计算?

2. 按弹性理论计算单向板肋梁楼盖时,在什么情况下,楼盖梁系可按主次梁系计算,否则应按什么方法进行计算?

3. 什么叫钢筋混凝土塑性铰,其主要特征是什么?

4. 钢筋混凝土连续梁受荷后,为什么会产生内力塑性重分布?

5. 内力塑性重分布与塑性铰有什么关系?

6. 什么叫弯矩调幅法,计算步骤如何?应用调幅法的原则是什么?

7. 我国设计"规程"对调幅法有哪些限制条件?

8. 应用塑性内力重分布方法有何优缺点?设计时应注意哪些问题?在哪些情况下不宜采用塑性内力重分布分析方法?

9. 单向板肋梁楼盖中,连续单向板中应配置哪些构造钢筋?其作用如何?

10. 为了保证斜截面抗弯,梁中钢筋的弯起有何具体规定?

11. 说明在主梁高度范围内承受集中荷载时,附加横向钢筋的计算方法和布置。

12. 双向板的受力和变形与单向板有何不同?

13. 按弹性理论计算方法,连续双向板是怎样利用单块板的计算系数表的?画出双向板支承梁的计算简图。

14. 什么叫塑性铰线，塑性铰线理论的基本要点是什么？

15. 什么是塑性极限分析方法？如何用塑性铰线法计算双向板的极限承载力？

16. 柱帽的作用是什么？常用柱帽的类型有哪些？

17. 应用经验系数法计算无梁楼盖时，应满足哪些条件？扼要叙述计算步骤。

18. 应用等代框架法计算无梁楼盖时，为了简化计算，可作哪些假定？

19. 若不能满足柱帽处楼板支承面冲切强度的计算要求，应采取哪些措施？

20. 楼梯的内力计算有何特点？

习　　题

1. 某钢筋混凝土 T 形截面二等跨连续梁的计算跨度 $l = 5\text{m}$，承受均布设计荷载 $q = 65\text{kN/m}$，梁中间支座 B 与跨中的截面尺寸及纵向受力配筋如图 1 所示，混凝土强度等级为 C25，纵向钢筋为 HRB335 级。

(1) 验算此连续梁正截面强度是否满足要求（梁内力按弹性分析）。

(2) 若允许考虑塑性内力重分布计算，试求：

① 此梁能再承受的作用于梁跨度中点处的集中荷载 P 的最大值（如图中虚线力所示）；

② 此梁中间支座弯矩的可能最大调幅值，以百分比表示。

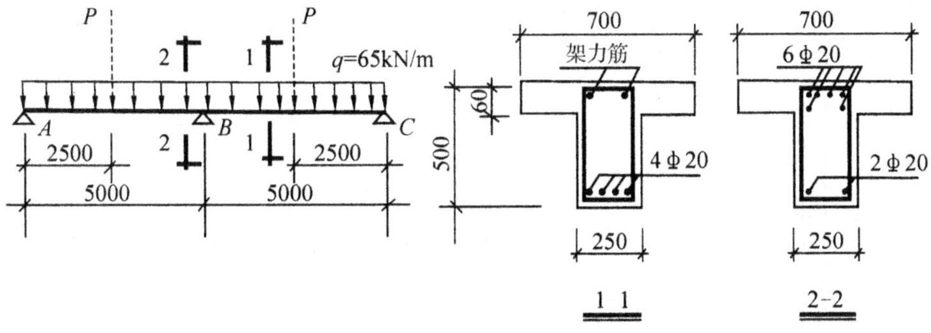

图 1

2. 四边简支的矩形板 $l_y = 2l_x$（如图 2 所示），可承受均布设计荷载 $q\text{kN/m}^2$。试用极限平衡法计算最小极限荷载，假设两个方向的极限弯矩均为 m_p（单位板宽内的极限弯矩）。

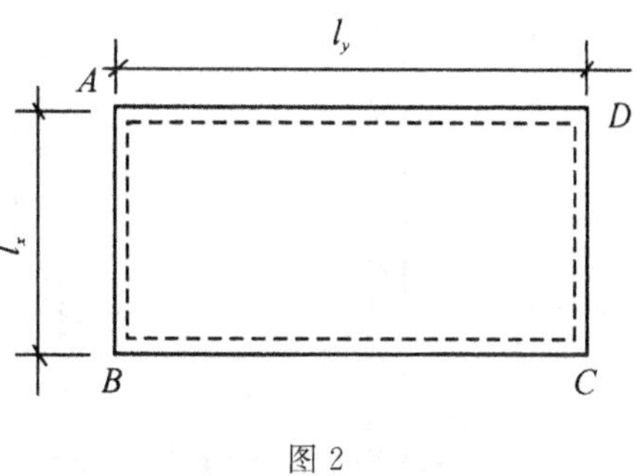

图 2

3. 某厂房双向板肋梁楼盖的结构布置如图 3 所示。已知楼面可变荷载 $p = 6\text{kN/m}^2$，荷载分项系数为 1.3；楼板厚 100mm，加上面层粉刷等重量，其永久荷载为 $g = 3.5\text{kN/m}^2$，荷载分项系数为 1.2；混凝土等级为 C25，钢筋用 HPB300 级钢。试计算 B_1，B_2，B_3，B_4 板的内力，并作截面配筋计算（分别按弹性理论及塑性理论计算）。

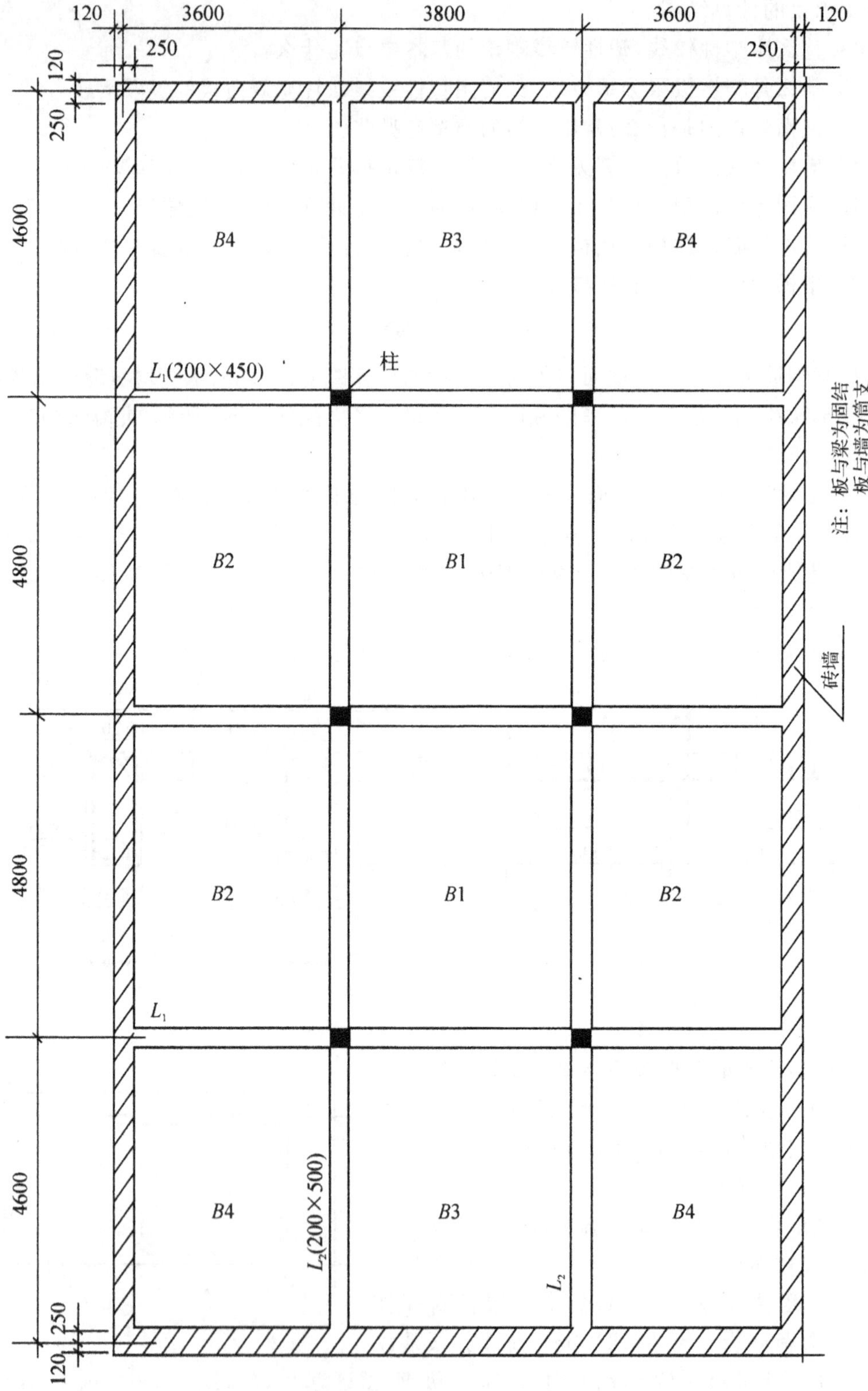
120
3600
3800
3600
120
250
250
120
250
4600
4800
4800
4600
250
120
B4
B3
B4
B2
B1
B2
B2
B1
B2
B4
B3
B4
L1(200×450)
柱
L1
L2(200×500)
L2
砖墙
注：板与梁为固结
板与墙为简支

图 3

钢筋混凝土肋梁楼盖课程设计任务书

某多层厂房平面楼盖的楼面平面定位轴线尺寸为：长 30m，宽 15m。使用上，要求在纵墙方向开一扇大门，宽 3m；开四扇窗，每扇宽 3m。试按单向板整体式肋梁楼盖设计二层楼面。

一、设计资料

(一) 构造

层高：底层高 4.8m，其余各层高 2.4m。

外墙厚：一、二层一砖半(370mm)，以上各层一砖(240mm)；

钢筋混凝土柱的截面尺寸：350mm × 350mm。

板在墙上的搁支长度：a = 120mm(半砖)。

次梁在墙上的搁支长度：a = 240mm(1 砖)。

主梁在墙上的搁支长度：a = 370mm(1 砖半)。

楼面面层水泥沙浆找平，厚 40mm。

楼面底面石灰砂浆粉刷，厚 15mm。

(二) 荷载

(1) 楼面可变荷载标准值：p = 6kN/m^2。

(2) 永久荷载标准值：钢筋混凝土容重：25kN/m^3；水泥砂浆容重：20kN/m^3；石灰砂浆容重：17kN/m^3。

(三) 材料

(1) 混凝土：C25 级。

(2) 钢筋：梁的纵向受力钢筋用 HRB335 级钢，其余均用 HPB300 级钢。

二、设计要求

(一) 设计计算内容

(1) 作出二层楼面结构布置方案(对各梁、板、柱进行编号)。

(2) 连续板及其配筋布置(按塑性内力重分布方法计算)。

(3) 连续次梁及其配筋布置(按塑性内力重分布方法计算)。

(4) 连续主梁及其配筋布置(按弹性内力分析方法计算，并作出弯矩和剪力包络图)。

(二) 绘图

(1) 楼面结构布置及楼板配筋布置图(2 号图 1 张)。

(2) 次梁施工图(草图,画在计算书上)。

(3) 主梁材料图、施工图(要求分离钢筋,2 号图 1 张)。

第3章

单层厂房结构设计

导读

通过本章的学习,要求:(1) 了解单层厂房的结构组成及结构布置;(2) 掌握单层厂房排架的计算简图、荷载计算,单层厂房的荷载类型较多,应重点学习;(3) 深入理解与掌握排架内力计算方法——底部剪力法,能用该方法对单层厂房进行各种荷载的内力计算与分析;(4) 内力组合是本章的难点,应重点掌握;(5) 学习厂房的整体空间作用概念与计算方法;(5) 通过课程设计掌握单层厂房柱和柱下独立基础的设计内容和设计过程并绘制较规范的结构施工图。

在工业建筑中,对于一些机器设备较重、占用空间较大的厂房,如冶金和机械工业的炼钢、铸造、装配等车间,常常采用单层厂房结构。

单层厂房结构有混合结构、钢筋混凝土结构和钢结构等等。

一般说来,对无吊车或吊车吨位不超过5t、跨度在15m以内、柱顶高度在8m以内、无特殊工艺要求的小型厂房,可采用混合结构(砖柱、钢筋混凝土屋架或木屋架或轻钢屋架)。对吊车吨位在250t(中级工作制)以上、跨度大于36m的大型厂房或有特殊工艺要求的厂房(如设有10t以上锻锤的车间以及高温车间的特殊部位等),一般采用钢屋架、钢筋混凝土柱或全钢结构;其他大部分厂房均可采用钢筋混凝土结构。在适宜采用钢筋混凝土结构的工程中,应尽可能采用装配式和预应力混凝土结构。

单层厂房常用的结构型式,有排架和刚架两种。

钢筋混凝土排架结构由屋面梁或屋架、柱和基础组成,柱与屋架铰接,但与基础刚接。根据厂房生产工艺和使用要求的不同,排架结构可做成等高(图3.1(a))、不等高(图3.1(b))或锯齿形(图3.2)等各种形式,后者通常用于一个方向采光的工厂,如纺织厂。钢筋混凝土排架结构是目前单层厂房结构的基本形式,跨度可超过30m,高度可达20~30m或更大,吊车吨位可达150t甚至更大。

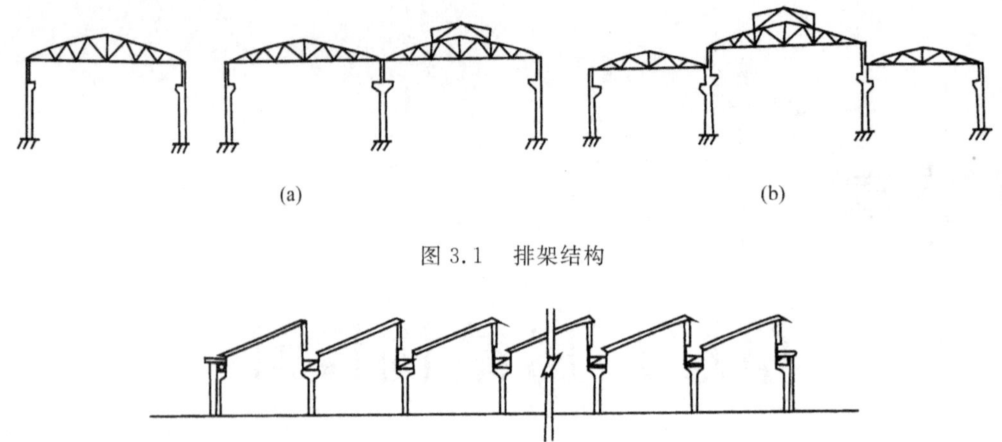

(a) (b)

图 3.1 排架结构

图 3.2 锯齿形排架

目前常用的刚架结构是装配式钢筋混凝土门式刚架(以下简称门架)。门架的特点是柱和横梁刚接为同一构件,柱与基础通常为铰接。门架顶节点做成铰接的,称为三铰门架(图 3.3(a)),刚接的称为两铰门架(图 3.3(b))。前者为静定结构,后者为超静定结构。为便于施工吊装,两铰门架通常做成三段,在横梁中弯矩为零(或很小)的截面处设置接头,用焊接或用螺栓连接成整体。门架横梁的形式有人字型(图 3.3(a),(b))和弧形(图 3.3(c),(d))两种,通常采用前者。门架立柱和横梁的截面高度都是随内力(主要是弯矩)的增减而沿轴线方向变高的,以节约材料。构件截面一般为矩形,但当跨度和高度较大时,为减轻自重,也有做成工字形或空腹形(图 3.3(d))的。门架的优点是梁柱合一,构件种类少,制作较简单,且结构轻巧。当跨度和高度均较小时,其经济指标稍优于排架结构。其缺点是刚度较差,承载后会产生跨变,梁柱转角处易产生早期裂缝,所以在有较大吨位吊车的厂房中,其应用受到一定的限制(目前一般用于吊车吨位 10t 及以下的厂房,少数也有用至 20t 的)。此外,由于门架构件呈"T"形或"Y"形,这使构件的翻身、起吊和对中就位等均比较麻烦,跨度大时尤甚。所以,目前门架一般仅适用于屋盖较轻的无吊车或吊车吨位不大(如 10t 及以下)、跨度不超过 18m 的厂房或仓库。

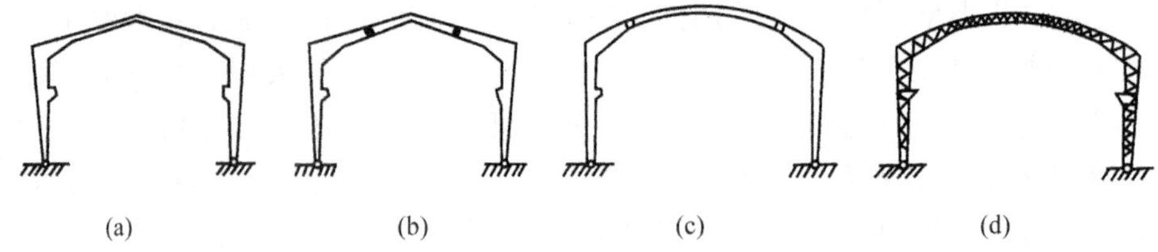

(a) (b) (c) (d)

图 3.3 门式刚架

本章主要叙述单层厂房装配式钢筋混凝土排架结构设计中的主要内容。

3.1　单层厂房的结构组成和布置

为了使单层厂房便于定型设计，使构配件标准化、系列化、通用化。我国从 20 世纪 50 年代起，在这方面已做了大量的工作，设计和出版了大量的工业厂房结构构配件标准图集。所以设计时，一般除柱和基础外，其他构件均可以根据工程的具体情况从标准图中选用。这样既缩短了设计和施工时间，又提高了构配件的质量。下面具体介绍单层厂房的结构及其有关布置。

3.1.1　结构组成

单层厂房结构通常由下列结构构件组成，并相互连接成一个整体（见图 3.4(a)）。

(1) 屋盖结构：分无檩和有檩两种，前者由大型屋面板、屋面梁或屋架（包括屋盖支撑）组成，后者由小型屋面板、檩条、屋架（包括屋盖支撑）组成。屋盖结构有时还有天窗架、托架等，屋盖结构的作用主要是围护和承重（承受屋盖结构的自重、屋面活载、雪载和其他荷载，并将这些荷载传给排架柱），以及采光和通风。

目前各种工业厂房、体育场馆等大跨空间结构使用的屋面板类型主要有以下两种。一种是随着钢结构建筑的迅速发展，以彩色涂层钢板经过辊压成型的彩涂压型钢板构件结合保温、防水等功能材料制作而成的屋面板（见图 3.5），这种屋面板一般在有檩体系中使用。另外一种是预应力混凝土屋面板，这种屋面板刚度比较大，支持较大跨度，一般在无檩体系中使用，屋面找平层、保温层、防水层直接在混凝土板上施工。

(2) 横向平面排架：由横梁（屋面梁或屋架）和横向柱列（包括基础）组成。它是厂房的基本承重结构。厂房结构承受的竖向荷载（结构自重、屋面活载、雪载和吊车竖向荷载等）及横向水平荷载（风载和吊车横向制动力、地震作用），主要通过它传至基础和地基。

(3) 纵向平面排架：由纵向柱列（包括基础）、联系梁、吊车梁和柱间支撑等组成，其作用是保证厂房结构的纵向稳定性和刚度，并承受作用在山墙和天窗端壁并通过屋盖结构传来的纵向风载、吊车纵向水平荷载（图 3.4(b)）、纵向地震作用以及温度应力等。

(4) 吊车梁：简支在柱牛腿上，主要承受吊车竖向荷载、横向或纵向水平荷载，并将它们分别传至横向或纵向排架。

(5) 支撑：包括屋盖和柱间支撑，其作用是加强厂房结构的空间刚度，并保证结构构件在安装和使用阶段的稳定和安全，同时起传递风载、吊车水平荷载或地震的作用。

(6) 基础：承受柱和基础梁传来的荷载并将它们传至地基。

(7) 围护结构：包括纵墙和横墙（山墙）及由墙梁、抗风柱（有时还有抗风梁或抗风桁架）、基础梁等组成的墙架。这些构件所承受的荷载，主要是墙体和构件的自重以及作

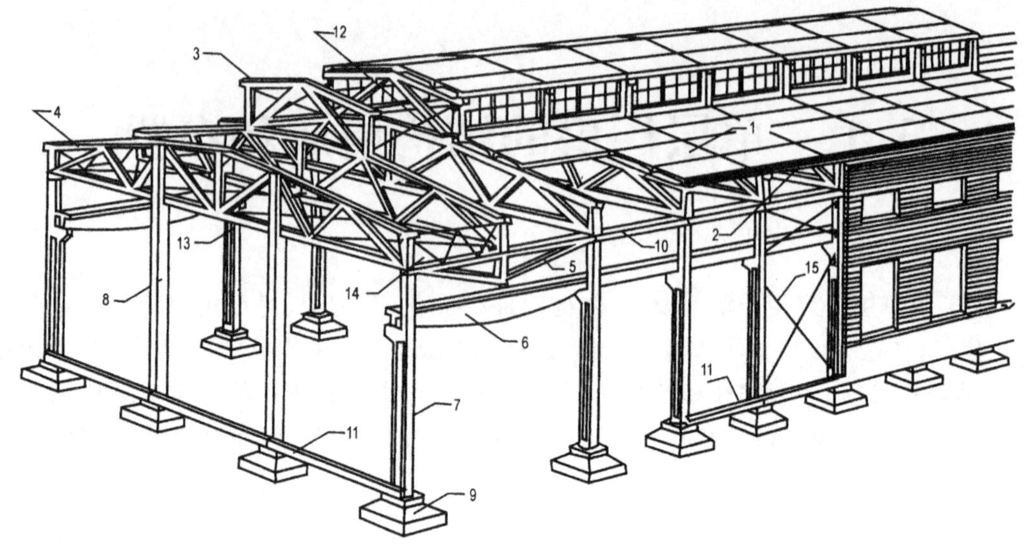

1-屋面板；2-天沟板；3-天窗架；4-屋架；5-托架；6-吊车梁；7-排架柱；8-抗风柱；9-基础；10-连系梁；11-基础梁；12-天窗架垂直支撑；13-屋架下弦横向水平支撑；14-屋架端部垂直支撑；15-柱间支撑

(a) 单层厂房结构组成图

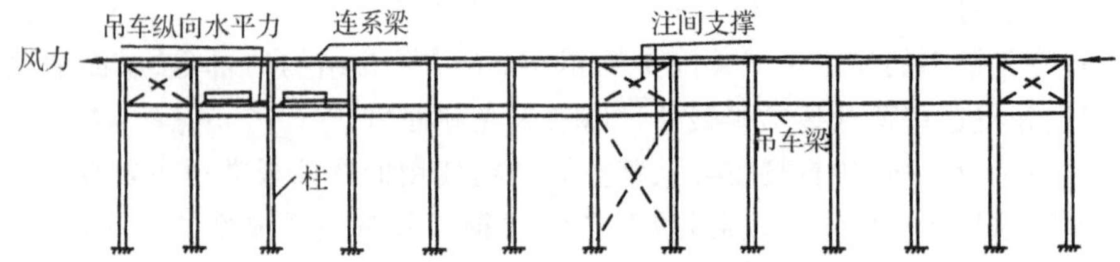

(b) 纵向平面排架

图 3.4　单层厂房结构示意图

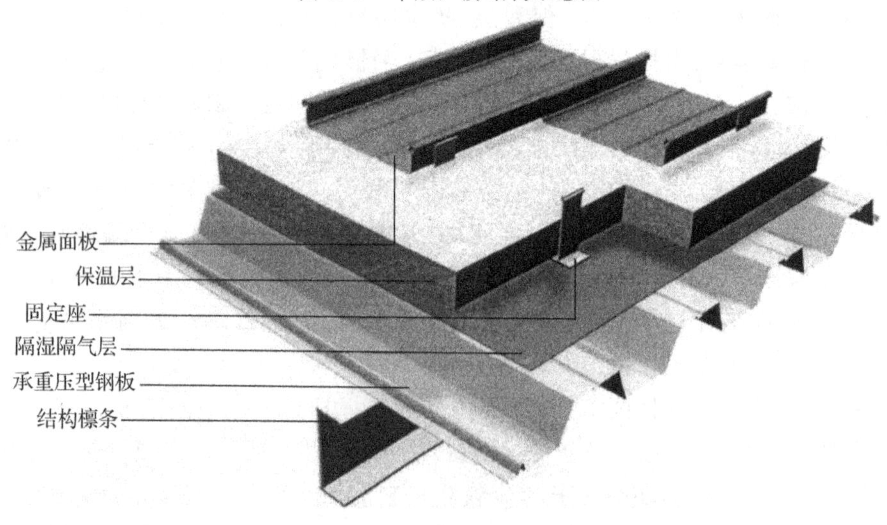

图 3.5　压型钢板屋面板组成图

用在墙面上的风荷载。

3.1.2　结构平面布置

单层厂房的结构平面布置主要是柱网布置和变形缝的设置。

3.1.2.1　柱网布置

厂房承重柱(或承重墙)的纵向和横向定位轴线,在平面上排列成网格,称为柱网。柱网布置就是确定纵向定位轴线之间(跨度)和横向定位轴线之间(柱距)的尺寸。确定柱网尺寸,既是确定柱的位置,同时也是确定屋面板、屋架和吊车梁等构件的跨度并涉及到厂房结构构件的布置。柱网布置恰当与否,将直接影响厂房结构的经济合理性和先进性,对生产使用也有密切关系。

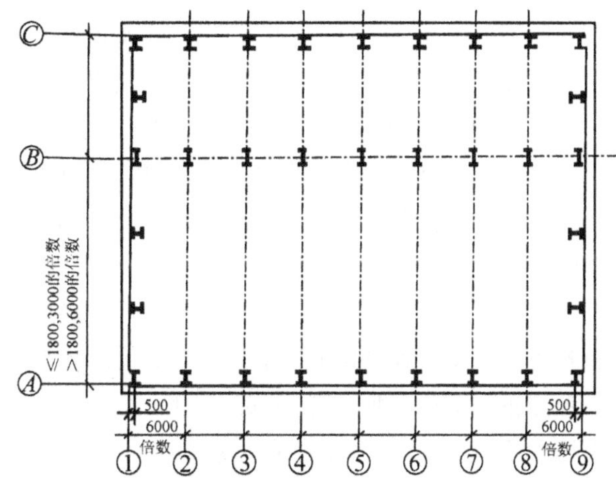

图 3.6[*]　柱网布置图

柱网布置的一般原则为:符合生产和使用要求;建筑平面和结构方案经济合理;厂房结构形式和施工方法具有先进性和合理性;符合《厂房建筑统一化基本规则》的有关规定;适应生产发展和技术革新的要求。

厂房跨度在 18m 及以下时,柱网应采用 3m 的倍数;在 18m 以上时,应采用 6m 的倍数。厂房柱距应采用 6m 或 6m 的倍数(图 3.6)。当工艺布置和技术经济指标有明显的优越性时,亦可采用 21m,27m 和 33m 的厂房跨度和 9m,12m 等其他柱距。

目前,从经济指标、材料消耗和施工条件等方面来衡量,对一般高度较低的厂房,采用 6m 柱距比 12m 柱距优越。但从现代化工业发展的趋势来看,扩大柱距,对增加车间有效面积、提高设备布置和工艺布置的灵活性、在机械化施工中减少结构构件的数量和加快施工进度等,都是有利的。当然,由于构件尺寸增大,也给制作、运输和吊装带来不便。12m 柱距是 6m 柱距的扩大模数,在大小车间相结合时,两者可配合使用。此外,柱距为 12m 的柱可以利用现有设备做成 6m 屋面板系统(有托架时),当条件具备时又可直接采用 12m 屋面板(无托架时)。所以,在选择 12m 柱距和 9m 柱距时,应优先采用前者。

3.1.2.2　变形缝

变形缝包括伸缩缝、沉降缝和防震缝三种。

---

* 本书图中所标长度均略去单位(毫米),而仅以数字标出。

(1) 伸缩缝。如果厂房长度和宽度过大，当气温变化时，将使结构内部产生很大的温度应力，严重的可使墙面、屋面等拉裂，影响使用。为减小厂房结构中的温度应力，可设置伸缩缝将厂房结构分成几个温度区段。伸缩缝应从基础顶面开始，将两个温度区段的上部结构构件完全分开，并留出一定宽度的缝隙，使上部结构在气温有变化时，水平方向可以自由地发生变形。温度区段的形状应力求简单，并应使伸缩缝的数量为最少。温度区段的长度(伸缩缝之间的距离)取决于结构类型和温度变化的情况。《规范》对钢筋混凝土结构伸缩缝的最大间距作了规定。当厂房超过伸缩缝间距的规定值而又不具备伸缩缝时，应验算温度应力。伸缩缝的具体做法可参考有关建筑学的教材。

(2) 沉降缝。在一般单层厂房中可不做沉降缝，只有在特殊情况下才考虑设置。如厂房相邻两部分高度相差很大(如 10m 以上)，两跨间吊车起重量相差悬殊，地基强度或下卧层土质有很大差别，或厂房各部分的施工时间先后相差很大，土壤压缩程度不同等情况。沉降缝应将建筑物从屋顶到基础全部分开，使当缝的两侧发生不同沉降时不致损坏整个建筑物。沉降缝可兼作伸缩缝。

(3) 防震缝。在地震区，防震缝是为了减轻厂房震害而采取的措施之一。当厂房平、立面布置复杂，或结构高度、刚度相差很大时，应设置防震缝将相邻部分分开，使之成为几个独立的、简单规则体型。地震区的厂房，其伸缩缝和沉降缝均应符合防震缝的要求。防震缝的宽度及其做法可见有关规范。

3.1.3　支撑作用和布置原则

支撑是单层厂房结构中的重要组成部分。如支撑布置不当，将会引起严重的工程事故，所以必须十分重视支撑的布置。

本节主要讲述各类支撑的作用(见图 3.7)和布置原则，至于支撑的具体布置和连接构造可参阅有关标准图集或文献。

3.1.3.1　支撑的作用

支撑的作用从整体而言主要是：

(1) 保证厂房结构的纵向和横向水平刚度，并将厂房结构连接成整体的空间结构，增强厂房的整体稳定和空间刚度。

(2) 在施工和使用阶段，保证结构构件的稳定。

(3) 将水平作用(如风载、吊车制动力、地震等)传递到主要承重结构上。

3.1.3.2　支撑的布置

单层厂房的支撑有屋盖支撑和柱间支撑两部分。

(1) 屋盖支撑

屋盖支撑包括设置在屋面梁(屋架)间的垂直支撑、水平系杆，以及设置在上、下弦平面内的横向水平支撑和通常设置在下弦平面内的纵向水平支撑。

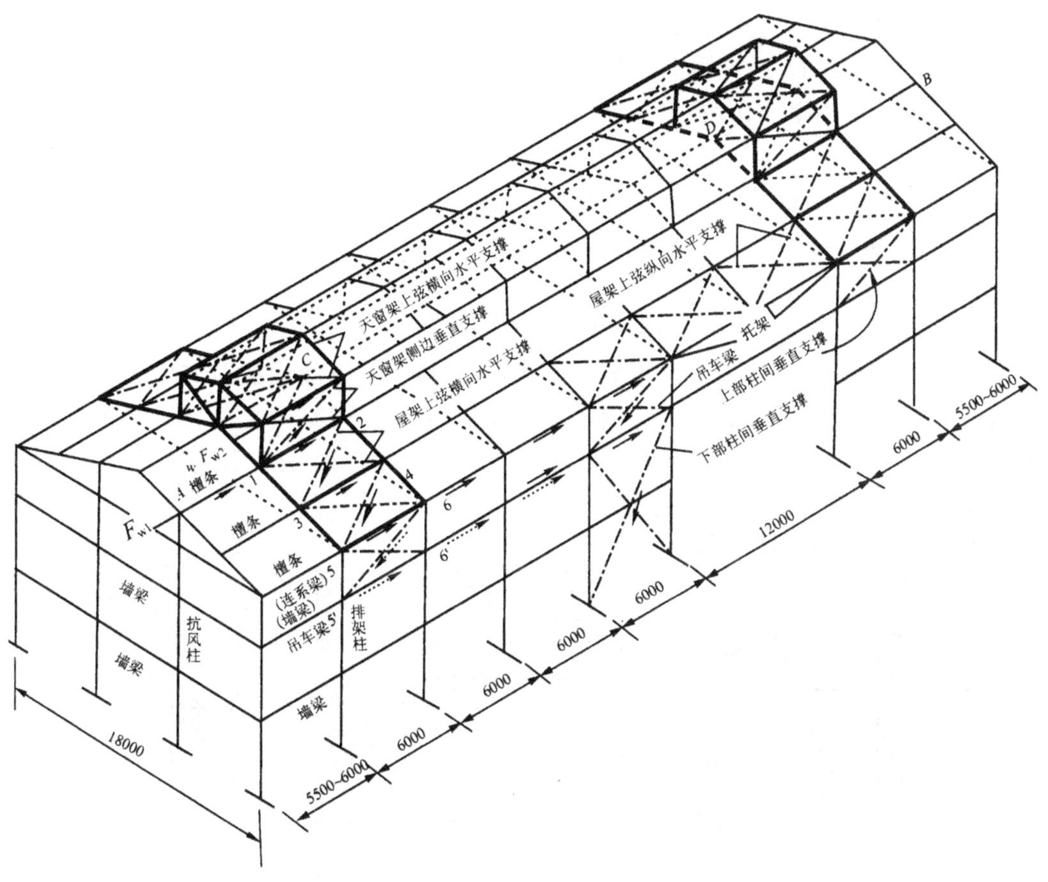

图 3.7　支撑作用示意图

① 屋面梁(屋架) 间的垂直支撑及水平系杆。垂直支撑和下弦水平系杆是用以保证屋架的整体稳定(抗倾覆) 以及防止在吊车工作时(或有其他振动时) 屋架下弦的侧向颤动。上弦水平系杆用以保证屋架上弦或屋面梁受压翼缘的侧向稳定(防止局部失稳)。当屋面梁(或屋架) 的跨度 $L \leqslant 18\text{m}$,且无天窗时,一般可不设垂直支撑和水平系杆,但这时对梁支座应进行抗倾覆验算;当 $L > 18\text{m}$ 时,应在第一或第二柱间设置垂直支撑并在下弦设置通长水平系杆。当为梯形屋架时,除按上述要求处理外,必须在伸缩缝区段两端第一或第二柱间内及在屋架支座处设置端部垂直支撑。

② 屋面梁(屋架) 间的横向支撑。它包括上弦的横向水平支撑和下弦的横向水平支撑。

上弦横向水平支撑的作用是:增强屋盖的整体刚度,保证屋架上弦和屋面梁上翼缘的侧向稳定,同时将抗风柱传来的风力传递到(纵向) 排架柱顶。

对于大型屋面板,若屋盖支撑与屋面梁或屋架有三点焊接,且屋面板纵肋间的空隙用 C20 细石混凝土灌实,能保证屋盖平面的稳定并能传递山墙风力的情况,认为此种结构可起到上弦横向水平支撑的作用,不必再另外设置上弦横向水平支撑。凡屋面为有檩体系或山墙风力传至屋架上弦,而大型屋面板的连接不符合上述要求时,均应在屋架上弦平面的伸缩缝区段内两端各设一道上弦横向水平支撑。当天窗通过伸缩缝时,应在伸缩缝处天窗缺口下设置上弦横向水平支撑。

下弦横向水平支撑的作用是:保证将屋架下弦受到的水平力传至(纵向)排架柱顶。故当屋架下弦设有悬挂吊车或受有其他水平力,或抗风柱与屋架下弦连接以至抗风柱风力可传至下弦的情况,均应设置下弦横向水平支撑。

③ 屋面梁(屋架)间的下弦纵向水平支撑。下弦纵向水平支撑是为了提高厂房刚度,保证横向水平力的纵向分布,增强排架的空间工作而设置的。设计时,应根据厂房跨度、跨数和高度,屋盖承重结构,吊车吨位及工作制等因素,考虑在下弦平面、端节间的中间设置。如果厂房还设有下弦横向水平支撑,则纵向支撑应尽可能同横向支撑形成封闭的支撑体系(且图 3.8(a))。当设有托架时必须设置纵向水平支撑(图 3.8(b))。如果只在部分柱间设有托架,则必须在设有托架的柱间和两端相邻的一个柱间设置纵向水平支撑(图 3.8(c)),以承受屋架传来的横向风力。

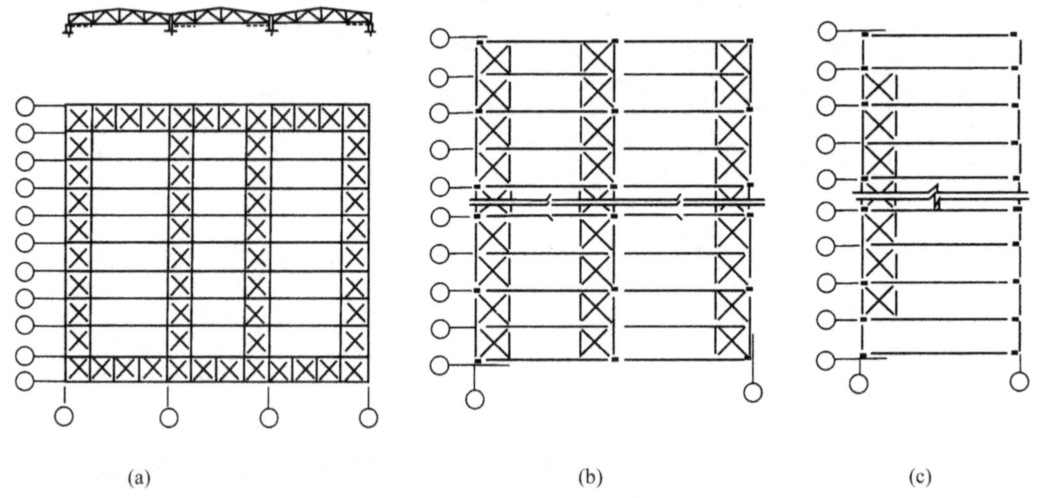

图 3.8　纵向下弦水平支撑布置

④ 天窗架间的支撑。为了传递天窗端壁所受风力和保证天窗上弦的侧向稳定,当屋盖为有檩体系或虽为无檩体系但大型屋面板的连接不能起整体作用时,应设置天窗架上弦横向水平支撑。此外,在天窗架两端的第一柱间应设置垂直支撑。天窗架支撑与屋架上弦支撑应尽可能布置在同一柱间。

(2) 柱间支撑

柱间支撑的作用主要是提高厂房的纵向刚度和稳定性。对于有吊车的厂房,柱间支撑分上部和下部两种,前者位于吊车梁上部,用以承受作用在山墙上的风力,并保证厂房上部的纵向刚度;后者位于吊车梁下部,承受上部支撑传来的力和吊车梁传来的吊车纵向制动力,并把它们传至基础(见图 3.4(b))。

一般,单层厂房凡属下列情况之一者,应设置柱间支撑:

① 设有悬臂式吊车或 3t 及以上的悬挂式吊车;

② 设有重级工作制吊车或中、轻级工作制吊车，起重量在 10t 以上；

③ 厂房跨度在 18m 及以上，或柱高在 8m 以上；

④ 纵向柱的总数在 7 根以下；

⑤ 露天吊车栈桥的柱列。

当柱间设有强度和稳定性足够的墙体，且其与柱连接紧密，能起整体作用，同时吊车起重量较小（≤ 5t）时，可不设柱间支撑。

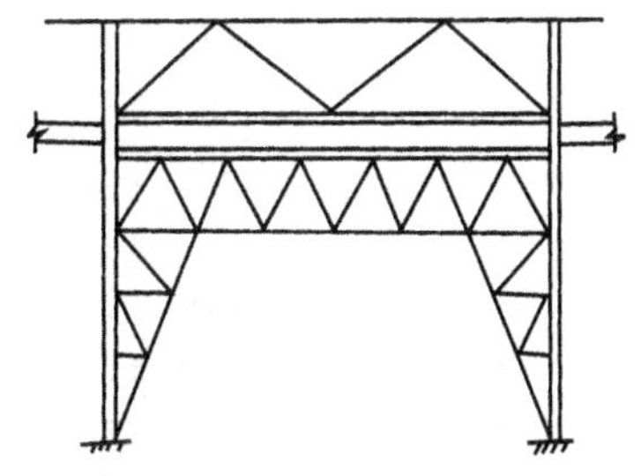

图 3.9　门架式柱间支撑

柱间支撑设在伸缩缝区段的中央或临近中央的柱间。这样有利于在温度变化或混凝土收缩时，因厂房能自由变形而不致发生较大的温度或收缩应力。每一伸缩缝区段一般设置一道柱间支撑。

当柱顶纵向水平力没有简捷途径（如连系梁）传递时，则柱顶必须设置一道通长的纵向受压水平系杆。柱间支撑杆件应与吊车梁分离，以免受吊车梁竖向变形的影响。

柱间支撑宜用交叉形式，交叉倾角通常在 35° ～ 55° 之间。当柱间因交通、设备布置或柱距较大而不宜或不能采用交叉式支撑时，可采用图 3.9 所示的门架式支撑。

3.1.4　抗风柱、圈梁、连系梁、过梁和基础梁的作用与布置原则

3.1.4.1　抗风柱

单层厂房的端墙（山墙）受风面积较大，一般需设置抗风柱将山墙分成几个区格，以使墙面受到的风载，一部分（靠近纵向柱列的区格）直接传至纵向柱列，另一部分则经抗风柱下端直接传至基础和经上端通过屋盖系统传至纵向柱列。

当厂房高度和跨度均不大（如柱顶在 8m 以下，跨度为 9 ～ 12m）时，可在山墙设置砖壁柱作为抗风柱；当高度和跨度较大时，一般都设置钢筋混凝土抗风柱，柱外侧再贴砌山墙。在很高的厂房中，为不使抗风柱的截面尺寸过大，可加设水平抗风梁或钢抗风桁架（图 3.10(a)），作为抗风柱的中间铰支点。

抗风柱一般与基础刚接，与屋架上弦铰接，根据具体情况，也可与下弦铰接或同时与上、下弦铰接。抗风柱与屋架连接必须满足两个要求：一是在水平方向必须与屋架有可靠的连接以保证有效地传递风载；二是在竖向应允许两者之间有一定相对位移的可能性，以防厂房与抗风柱沉降不均匀时产生不利影响。所以抗风柱和屋架一般采用竖向可以移动、水平向又有较大刚度的弹簧板连接（图 3.10(b)）；如厂房沉降较大时，则宜采用螺栓连接（图 3.10(c)）。

3.1.4.2　圈梁、连系梁、过梁和基础梁

当用砖砌体作为厂房围护墙时，一般要设置圈梁、连系梁、过梁及基础梁。

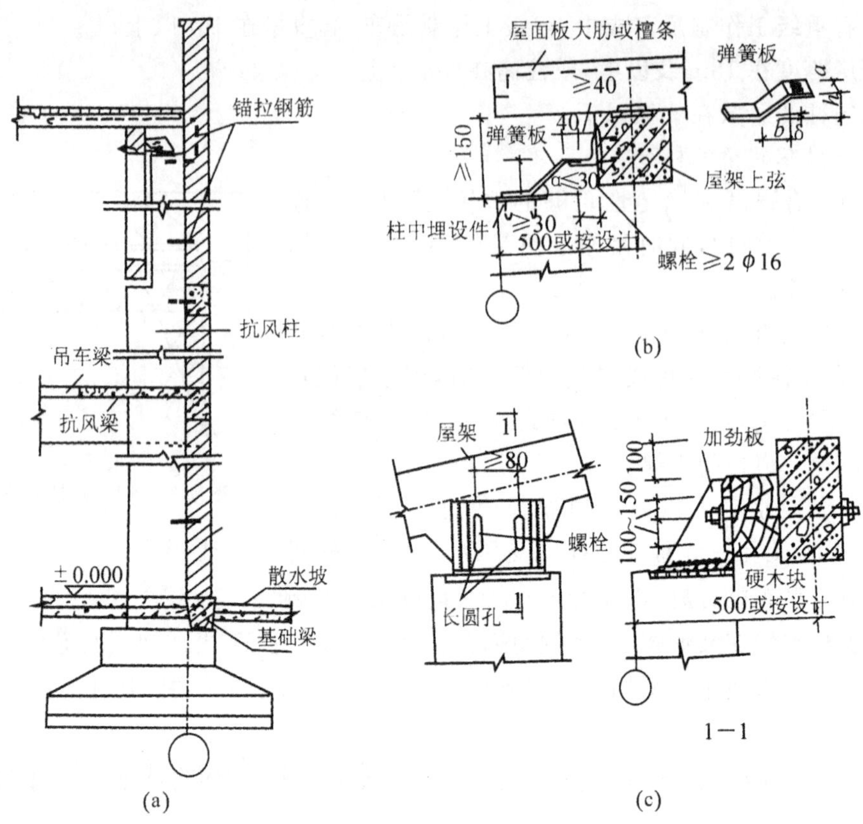

图 3.10 抗风柱与山墙、屋架的连接

圈梁的作用是将墙体同厂房柱箍在一起，以加强厂房的整体刚度，防止由于地基的不均匀沉降或较大振动荷载引起对厂房的不利影响。圈梁设置于墙体内，它与柱连接仅起拉结作用。圈梁不承受墙体重量，所以柱上不设置支承圈梁的牛腿。

圈梁的布置与墙体高度、对厂房刚度的要求、地基情况有关。对于一般单层厂房，可参照下列原则布置：对无桥式吊车的厂房，当墙厚 $\leqslant$ 240mm、檐高为 5 ～ 8m 时，应在檐口附近布置一道；当檐高大于 8m 时，宜增设一道；对有桥式吊车或有较大振动设备的厂房，除在檐口或窗顶布置圈梁外，尚宜在吊车梁标高处或墙中适当位置增设一道，外墙高度大于 15m 时还应适当增设。

圈梁应连续设置在墙体的同一平面上，并尽可能沿整个建筑物形成封闭状。当圈梁被门窗洞口切断时，应在洞口上部墙体中设置一道附加圈梁（过梁），其截面尺寸不应小于被切断的圈梁。两者搭接长度的要求可参阅有关《砌体结构》教材。

连系梁的作用是连系纵向柱列，以增强厂房的纵向刚度并传递风载到纵向柱列；此外，连系梁还承受其上部墙体的重量。连系梁通常是预制的，两端搁置在柱牛腿上，其连接可采用螺栓连接或焊接连接。

过梁的作用是承托门窗洞口上部的墙体重量。

在进行厂房结构布置时，应尽可能将圈梁、连系梁和过梁结合起来，使一个构件起到两种或三种构件的作用，以节约材料，简化施工。

在一般厂房中，通常用基础梁来承托围护墙体的重量，而不另做墙基础。基础梁底部距土壤表面应预留 100mm 的空隙，使梁可随柱基础一起沉降。当基础梁下有冻胀性土时，应在梁下铺设一层干砂、碎砖或矿渣等松散材料，并留 50 ～ 150mm 的空隙。这可防止土壤冻结膨胀时将梁顶裂。基础梁与柱一般不要求连接，因此可将基础梁直接放置在柱基础杯口上或当基础埋置较深时，放置在基础上面的混凝土垫块上（图 3.11）。施工时，基础梁支承处应座浆。

当厂房不高、地基比较好、柱基础又埋得较浅时，也可不设基础梁而做砖石或混凝土墙基础。

连系梁、过梁和基础梁均有通用图集可供参考。

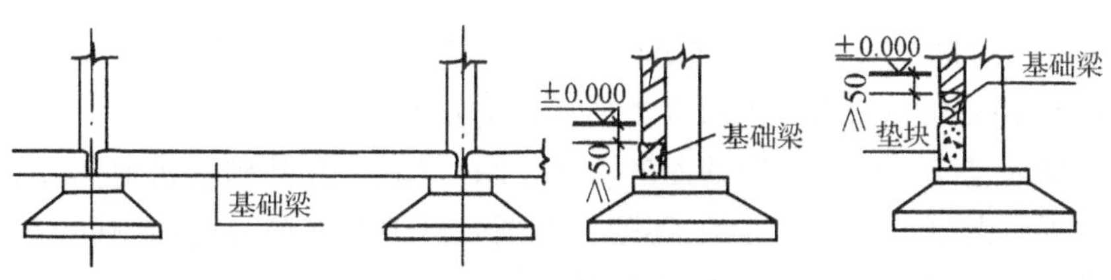

图 3.11　基础梁搁置图

3.2　排架计算

单层厂房排架结构虽然是一个空间结构，但是为了方便，一般按纵、横向平面结构计算。

纵向平面排架的柱较多，其水平刚度通常较大，每根柱承受的水平力不大，因而往往不必计算，仅当刚度较差、柱较少、需要考虑地震作用或温度内力时才进行计算。因此，通常所说的排架计算是指横向平面排架计算。

排架计算是为设计柱和基础提供内力数据的，主要内容为：确定计算简图、荷载计算、内力分析和内力组合。必要时，还应验算排架的水平位移值。

3.2.1　计算简图

由相邻柱距的中线截出的一个典型区段，称为计算单元（图 3.12(a) 中的阴影部分）。除吊车等移动的荷载外，阴影部分就是一个排架的负荷范围。

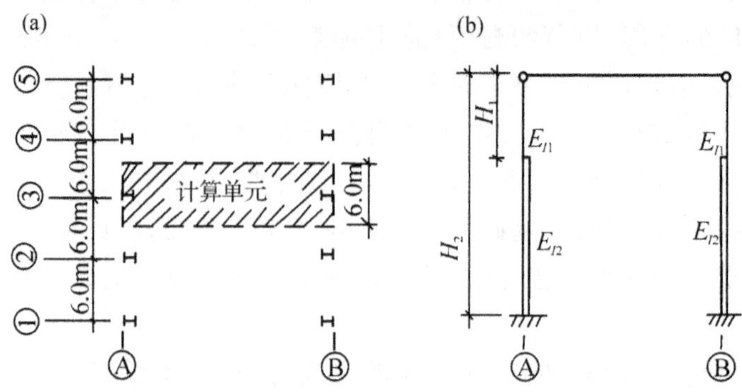

图 3.12　排架计算单元示意图

为了简化计算，根据构造和实践经验，假定：

(1) 柱下端固接于基础顶面，横梁(屋面梁或屋架) 铰接在柱上；

(2) 横梁(屋面梁或屋架) 为没有轴向变形的刚性杆。

由于柱插入基础杯口有一定的深度，并用细石混凝土和基础紧密地浇捣成一体(对二次浇捣的细石混凝土应注意养护，不使其开裂)，且地基变形是受控制的，基础的转动一般较小，因此上述假定(1) 通常是符合实际的。但有些情况，例如地基土质较差、变形较大或有比较大的地面荷载(如大面积堆料) 等时，则应考虑基础位移和转动对排架内力的影响。由假定(2) 可知，横梁两端的水平位移相等。对于屋面梁或大多数下弦杆刚度较大的屋架，假定(2) 是适用的；对于组合式屋架或两铰、三铰拱屋架，应考虑其轴向变形对排架内力的影响。

计算简图中，柱的计算轴线应取上、下部柱截面的形心线(图 3.12(b))：

柱总高(H_2) ＝ 柱顶标高 ＋ 基础底面标高的绝对值 － 初步拟定的基础高度

上部柱高(H_1) ＝ 柱顶标高 － 轨顶标高 ＋ 轨道构造高度 ＋ 吊车梁支承处的梁高

各部分柱截面的抗弯刚度 EI，由预先假定的截面形状、尺寸来确定。当柱最后的实际 EI 值与计算假定值相差在 30% 之内时，通常不再重算。

3.2.2　排架荷载计算

作用在排架上的荷载分永久荷载(简称恒载) 和可变荷载(简称活载) 两类(图 3.13)。恒载一般包括屋盖自重 P_1、上柱自重 P_2、下柱自重 P_3、吊车梁和轨道等零件重 P_4 以及有时支承在柱牛腿上的围护结构等的重量 P_5 等。活载一般包括屋面活载 P_6；吊车荷载 T_{max}，D_{max}，D_{min}；均布风荷载 q_1，q_2 和作用在屋盖支承处的集中风荷载 W 以及地震作用等。

集中荷载的作用点必须根据实际情况来确定。当采用屋架时，屋盖荷载可以认为是通过屋架上弦与下弦中心线的交点作用于柱上的；当采用屋面梁时，可认为是通过梁端支承垫板的中心线支承柱顶的。

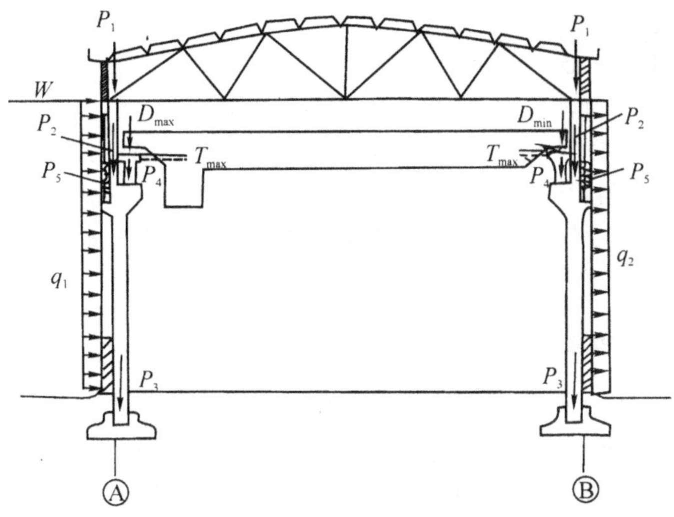

图 3.13　排架荷载示意图

为了能利用外力矩作用在柱顶及牛腿顶面时的排架内力计算图表(附表3中的附表图3.2,3.3),必须将那些对于柱计算轴线偏心的竖向外力换算成轴力和外力矩。图 3.14 示出了对屋盖自重 P_1 的换算方法。上柱自重、围护结构等重量以及吊车荷载 D_{max} 和 D_{min} 等,均可同理换算。

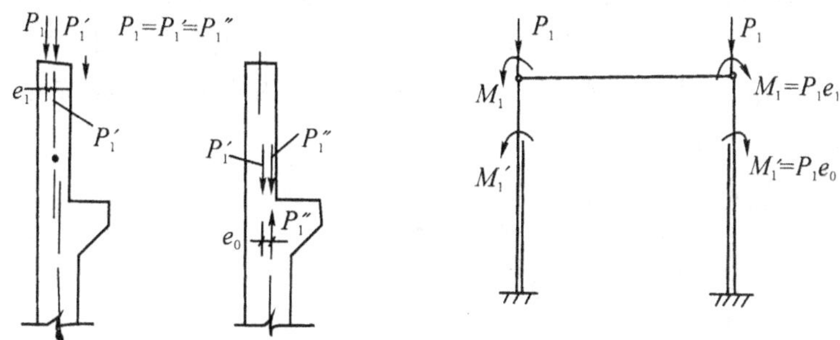

图 3.14　屋盖自重计算简图

3.2.2.1　恒载

各种恒载标准值可通过计算求得,标准构件则可从标准图上直接查得。考虑到构件安装顺序,如吊车梁和柱等构件是在屋架(或屋面梁)没有吊装之前就位的,这时排架还没有形成,因此对于吊车梁和柱自重可不按排架计算,而按悬臂柱分析内力;但为了计算方便,也可近似地按排架分析。

3.2.2.2　屋面活载

包括屋面均布活载、雪载和积灰荷载三种,均按屋面的水平投影面积计算。屋面均布活载标准值按《建筑结构荷载规范》(以下简称《荷载规范》)采用,当施工荷载较大时,则按实际情况采用。

雪载为：$S_k = \mu_r S_o$ (3.1)

式中：S_k—— 雪荷载标准值（kN/m^2）；

S_o—— 基本雪压值（kN/m^2）（可查《荷载规范》）；

μ_r—— 屋面积雪分布系数，根据不同屋面形式而定，可查《荷载规范》。

对于生产中有大量排灰的厂房及其邻近建筑物，应考虑积灰荷载，可查《荷载规范》。

排架计算时，屋面均布活载不与雪载同时考虑，仅取两者中的较大值。积灰荷载应与雪载或者与屋面均布活载两者中的较大值同时考虑。

3.2.2.3 吊车荷载

常用的桥式吊车按工作繁重程度及其他因素分为从 A1、A2、… 至 A8 等 8 个工作级别。一般，满载机会少、运行速度低以及不需要紧张而繁重工作的场所，如水电站、机械检修站等的吊车属于 A1 ～ A3 工作级别；机械加工车间和装配车间的吊车属于 A4、A5 工作级别；普通冶炼车间和直接参加连续生产的吊车属于 A6、A7 或 A8 工作级别。桥式吊车对排架的作用有竖向和水平荷载两种。

(1) 作用在排架上的吊车竖向荷载标准值 D_{max} 和 D_{min}：桥式吊车由大车（桥架）和小车组成，大车在吊车梁的轨道上沿厂房纵向行驶，小车在大车的轨道上沿厂房横向运行，带有吊钩的起重卷扬机安装在小车上。

当小车吊有额定最大起重量开到大车某一侧极限位置时（图 3.15），在这一侧的每个大车轮压称为吊车的最大轮压 P_{max}；在另一侧的吊车与它压称为最小轮压 P_{min}。P_{max} 与 P_{min} 同时发生。P_{max} 通常可根据吊车型号、规格等查阅产品目录或有关手册得到；而对于四轮吊车的 P_{min}，有：

$$P_{min} = \frac{G + Q_1 + Q}{2} - P_{max} \tag{3.2}$$

式中：G，Q_1—— 分别为大车、小车的自重；

Q—— 吊车的起重量。

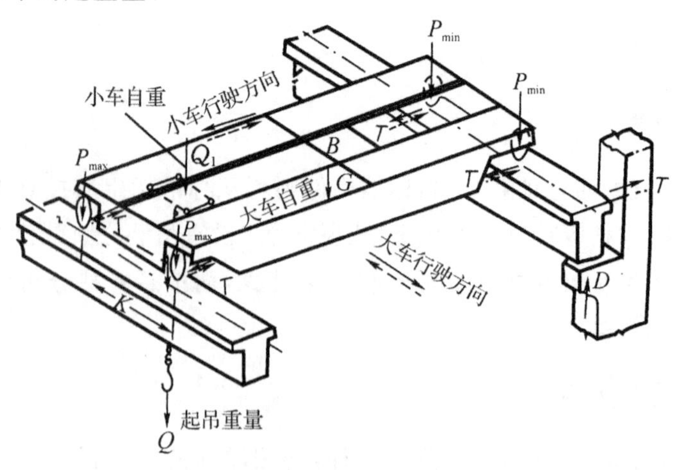

图 3.15 吊车荷载示意图

吊车是移动的，因而必须用吊车梁的支座竖向反力影响线来求出由 P_{max} 产生的支座最大竖向反力 D_{max}；而在另一侧排架柱上，由 P_{min} 产生的 D_{min}，D_{max} 和 D_{min} 就是作用在排架上的吊车竖向荷载。两者同时发生。利用支座反力影响线（图 3.18），D_{max} 和 D_{min} 可按下式计算：

$$D_{max} = P_{max}\sum y_i \tag{3.3}$$

$$D_{min} = P_{min}\sum y_i = D_{max}\frac{P_{min}}{P_{max}} \tag{3.4}$$

式中，$\sum y_i$ 为各轮子下影响线纵标的总和。

如前所述，D_{max} 和 D_{min} 应换算成作用于下部柱顶面的轴力和力矩，其中力矩（见图 3.16）

$$M_{max} = D_{max}e_4,\quad M_{min} = D_{min}e_4 \tag{3.4}$$

式中，e_4 为吊车梁支座钢垫板的中心线至下部柱轴线的距离。

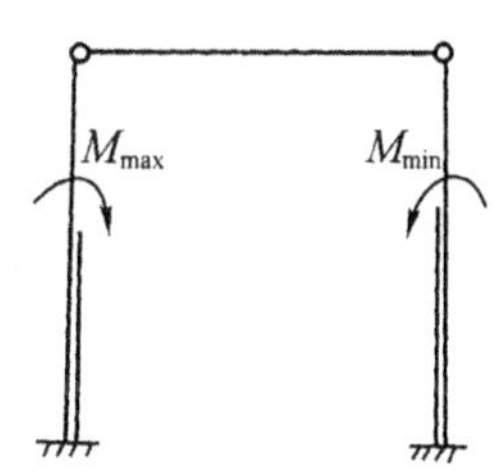

图 3.16　吊车竖向荷载产生的力矩示意图

当厂房内有多台吊车时，《荷载规范》规定：多台吊车的竖向荷载对一层吊车的单跨厂房的一个排架，一般按不多于两台考虑；对一层吊车的多跨厂房的一个排架，一般按不多于四台考虑，且每跨不多于2台。仅当某跨间近期及远期均肯定只设一台吊车时，该跨间才可按一台吊车考虑。

(2) 作用在排架上的吊车横向水平荷载标准值 T_{max}：吊车的水平荷载有横向与纵向两种。纵向水平荷载系由大车刹车引起，由纵向排架承受。横向水平荷载是当小车吊有额定最大起重量时刹车所引起的水平惯性力，它通过小车制动轮与桥架轨道之间的摩托力传给大车，再通过大车轮在吊车轮顶传给吊车梁，而后由吊车梁与柱的连接钢板传给排架柱。因此，对排架来说，它作用在吊车梁的顶面。

国产的各类桥式吊车中，通常大车有四个轮子，即每侧为两个。横向水平荷载平分于两边轨道，由各大车轮平均传至轨顶，方向与轨道垂直，并考虑正反两个方向的刹车情况。《荷载规范》中规定：吊车的横向水平荷载标准值，可按小车自重 Q_1 与额定最大起重量 Q 之和来计算，并均分于每个大车轮上：

$$T = \frac{\alpha(Q + Q_1)}{4}g,(g\ 为重力加速度) \tag{3.5}$$

式中，α 为横向水平力制动系数。

对软钩吊车：

当 $Q \leqslant 100\text{kN}$ 时，$\alpha = 0.12$；

当 $Q = 150 \sim 500\text{kN}$ 时，$\alpha = 0.10$；

当 $Q \geqslant 750\text{kN}$ 时，$\alpha = 0.08$。

对硬钩吊车，取 $\alpha = 0.20$。

软钩吊车是指吊重通过钢丝绳传给小车的常见吊车，硬钩吊车是指吊重通过刚性结构传给小车的特殊吊车。

对排架产生最大横向水平荷载标准值 T_{max} 时的吊车位置同 D_{max} 和 D_{min}，所以

$$T_{max} = D_{max} \frac{T}{P_{max}} \tag{3.6}$$

必须注意，小车是沿横向左右运行的，因此 T_{max} 可以向左也可以向右作用，同时作用在两侧柱上（图 3.17）。对单跨或多跨厂房的每个排架其吊车水平荷载，《荷载规范》规定，最多考虑两台吊车。因为四台吊车同时往一个方向刹车的情况是极少的。

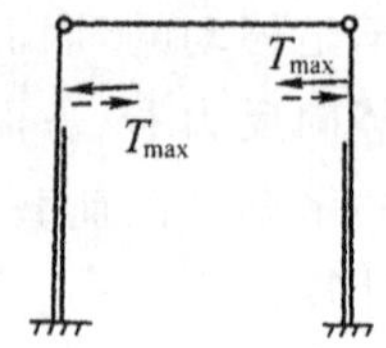

图 3.17　吊车横向制动力示意图

例题 3.1　有一单跨单层厂房，跨度 18m，柱距 6m，设计时考虑两台中级工作制 100kN 的桥式软钩吊车，吊车桥架跨度 $L_x = 16.5$m，求 D_{max}，D_{min} 和 T_{max}。

解　由吊车产品目录查得，桥架宽度 $B = 5.55$m，轮距 $k = 4.40$m，大车自重 $G = 142$kN，小车自重 $Q_1 = 38$kN，吊车最大轮压 $P_{max} = 115$kN。故

$$P_{min} = \frac{142 + 38 + 100}{2} - 115 = 25(\text{kN})$$

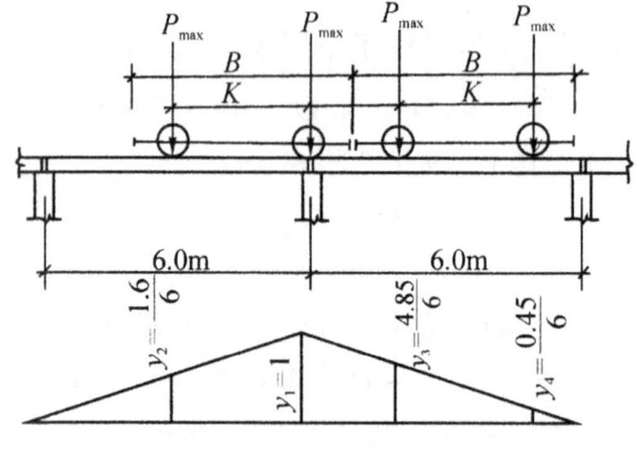

图 3.18　支座反力影响线图

由图 3.18 知，

$$D_{max} = P_{max} \sum y_i = 115 \times \left(1 + \frac{1.6 + 4.85 + 0.45}{6}\right) = 247.3(\text{kN})$$

$$D_{min} = D_{max} \cdot \frac{P_{min}}{P_{max}} = 247.3 \times \frac{25}{115} = 53.8(\text{kN})$$

$$T = \frac{\alpha(Q + Q_1)}{4} = \frac{0.12(100 + 38)}{4} = 41.4(\text{kN})$$

$$T_{max} = D_{max} \cdot \frac{T}{P_{max}} = 247.3 \times \frac{41.4}{115} = 8.90(\text{kN})$$

3.2.2.4　风荷载

作用在建筑物表面上的风荷载标准值 w_k(kN/m^2) 应按下式计算：

$$w_k = \mu_s \mu_z w_0 \tag{3.7}$$

式中：w_k—— 风荷载标准值(kN/m^2)

w_0—— 基本风压值(kN/m^2)，按《荷载规范》中“全国基本风压分布图”的规定及有关条文确定。

μ_s—— 风载体型系数，决定于建筑物的体型，见《荷载规范》。表中“+”号表示压力，“–”号表示吸力。

μ_z—— 风压高度变化系数。离地面越高，则风速、风压值越大。μ_z 即为各标高处的风压与基本风压(10m 高度处) 的比值，它还与地面粗糙度有关，可见《荷载规范》。

作用在排架上的风荷载，是由计算单元上的屋盖和墙面传来的。作用在柱顶以下的风荷

载按均布考虑，其风压高度变化系数可按柱顶离地面的高度取值；作用在柱顶以上的风荷载仍为均布的，其风压高度变化系数通常按屋盖部分的平均高度取值，可只考虑风荷载的水平分力，将其合力以集中水平力的形式作用在排架柱顶处。

风荷载是变向的，因此计算排架时应考虑左风和右风两种情况。

例题 3.2　某一单层单跨厂房，排架柱距为 6m，排架剖面如图 3.19(a) 所示，查得的风载体型系数注于图中，基本风压值 $w_0 = 0.55(\text{kN/m}^2)$。求作用于排架上的风荷载设计值。

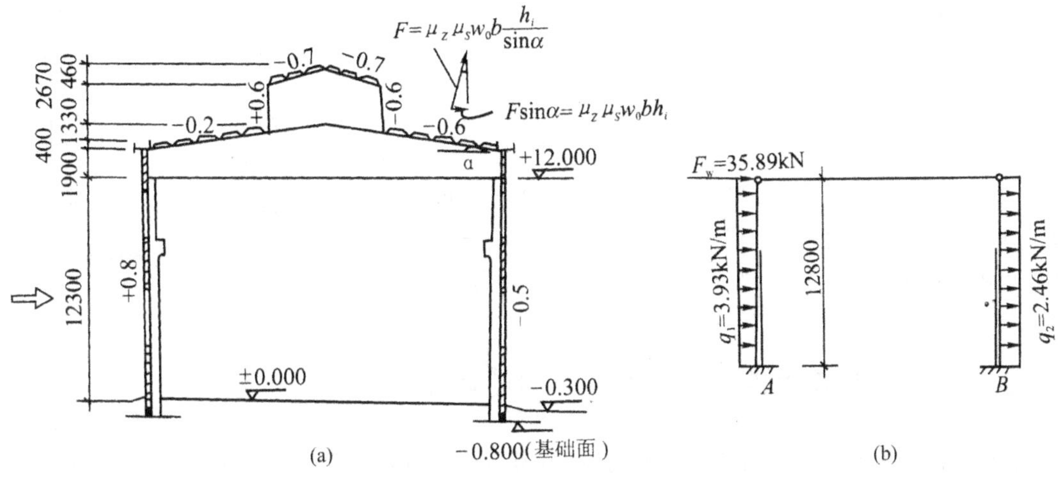

图 3.19　风载作用

解　(1) 柱顶以下的风荷载近似地按横向均布荷载计算，μ_z 按柱顶离地面高度计算，查得地面粗糙度 B 类在 15m 高度处 $\mu_z = 1.14$，故

$$\mu_z = 1.0 + \frac{1.14 - 1}{15 - 10}(12.3 - 10) = 1.064$$

$$q_1 = 1.4 \times 0.8 \times 1.064 \times 6 \times 0.55 = 3.93(\text{kN/m})$$

$$q_2 = 1.4 \times 0.5 \times 1.064 \times 6 \times 0.55 = 2.46(\text{kN/m})$$

(2) 作用于柱顶以上的风荷载，通过屋架以集中力 F_w 的形式作用于排架柱顶，μ_z 按屋盖平均高度 15.68m 计算：

$$\mu_z = 1.14 + (1.25 - 1.14) \times \frac{15.68 - 15}{20 - 15} = 1.155$$

则

$$\begin{aligned} F_w &= y_q \mu_z b w_0 (\sum \mu_{si} h_i) \\ &= 1.4 \times 1.155 \times 6 \times 0.55 \times [(+0.8 + 0.5) \times 2.3 + (-0.2 + 0.6) \\ &\quad \times 1.33 + (0.6 + 0.6) \times 2.67 + (-0.7 + 0.7) \times 0.46] = 35.89(\text{kN}) \end{aligned}$$

(3) 风荷载示意图如图 3.19(b) 所示。

3.2.3　等高排架内力分析——剪力分配法

单层厂房排架为超静定结构，其超静定次数与跨数相同。

如果各柱顶标高相同或虽不同，但柱顶由倾斜横梁贯通相连，则在这两种情况下，当排架发生水平位移时，各柱顶位移相同。在排架计算中，称这类排架为等高排架（图 3.1(a)）；否则，就是不等高排架（图 3.1(b)）。不等高排架一般可用力法计算。

这里介绍计算等高排架的一种简便方法 —— 剪力分配法。

由结构力学可知，当单位水平力作用于单阶悬臂柱顶时（图 3.20），柱顶水平位移

$$\delta = \frac{H_2^3}{3EI_2}\left[1+\lambda^3\left(\frac{1}{n}-1\right)\right] = \frac{H_2^3}{EI_2C_0} \tag{3.8}$$

式中：$\lambda = \dfrac{H_1}{H_2}$，$n = \dfrac{I_1}{I_2}$，$C_0 = \dfrac{3}{1+\lambda^3\left(\dfrac{1}{n}-1\right)}$

C_0 也可由附表 3 中的附表图 3.1 查得。

要使柱顶产生单位水平位移，需在柱顶施加 $1/\delta$ 的水平力（图 3.20）。显然，材料相同时，柱越粗壮，所需施加的力越大。可见 $1/\delta$ 反映了柱抵抗侧移的能力，一般称它为"抗剪刚度"。

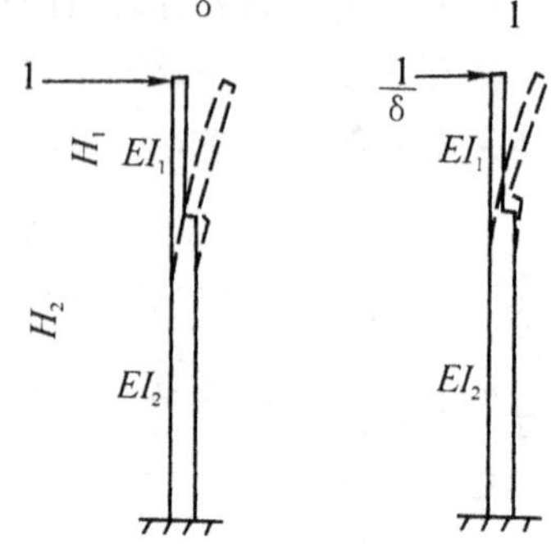

图 3.20　力与变形的关系

3.2.3.1　柱顶作用水平集中力 P 时的计算

设有 n 根柱，任一柱 i 的抗剪刚度为 $\dfrac{1}{\delta_i}$，则其分担的柱顶剪力 V_i 可由平衡的变形条件求得，如图 3.21 所示。按定义可得

$$V_i = \frac{1}{\delta_i}\cdot\Delta,\quad \sum_1^n V_i = \sum_1^n \frac{1}{\delta_i}\cdot\Delta$$

而

$$\sum_1^n V_i = P,\quad 则\ \Delta = \frac{1}{\sum_1^n \frac{1}{\delta_i}}\cdot P$$

$$\therefore V_i = \frac{\frac{1}{\delta_i}}{\sum_1^n \frac{1}{\delta_i}}\cdot P = \eta_i P \tag{3.9}$$

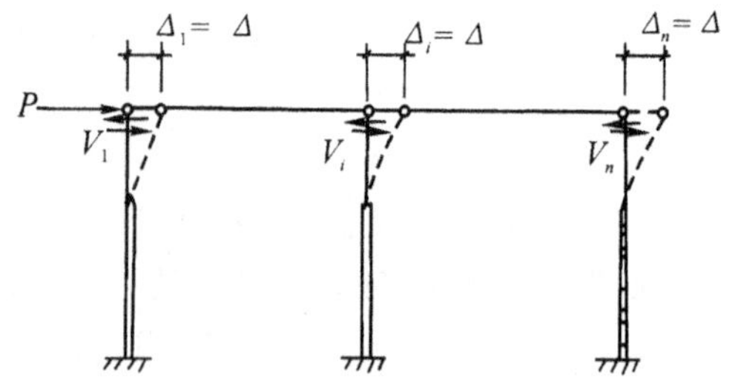

图 3.21　柱顶集中力作用下计算图

式中：$\eta_i = \dfrac{1}{\delta_i}\Big/\sum\dfrac{1}{\delta_i}$，称为 i 柱的剪力分配系数，它等于自身的抗剪刚度与所有柱（包括其本身）的抗剪刚度之和的比，并且可知所有柱的剪力分配系数之和为 1。

3.2.3.2　任意荷载作用时的计算

为了能利用上述的剪力分配系数，对任意荷载，必须把计算过程分为两个步骤：先在排架柱顶附加不动铰支座以阻止水平侧移，求出其支座反力 R（图 3.22(b)）；然后撤除附加不动铰支座且加反向作用的 R 于排架柱顶（图 3.22(c)），以恢复到实际情况。这样，叠加上述两个步骤中的内力，即为排架的实际内力。各种荷载作用下的不动铰支座反力 R 均可从附表 3 中的附表图 3.2 ～ 3.7 求得。图 3.22 中的 C_5 即为吊车横向水平荷载 T_{max} 作用下的不动铰

支座反力系数。

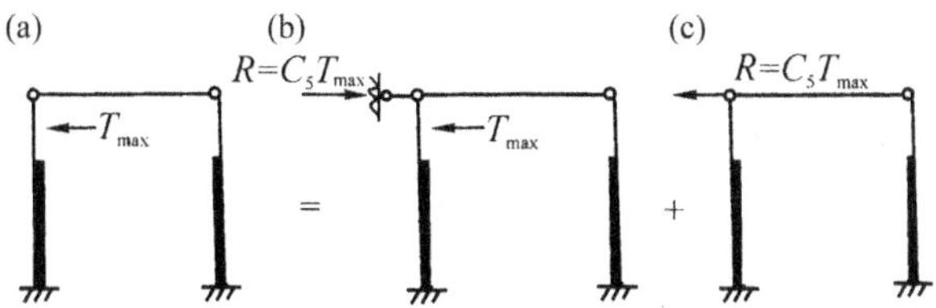

图 3.22　任意荷载作用时的计算图

例题 3.3　用剪力分配法计算图 3.23 的排架，已知 $W=2.0\text{kN}$，$q_1=1.87\text{kN/m}$，$q_2=1.17\text{kN/m}$；A 柱与 C 柱相同，$I_{1A}=I_{1C}=2.13\times10^5\text{cm}^4$，$I_{2A}=I_{2C}=9.23\times10^5\text{cm}^4$，$I_{1B}=4.17\times10^5\text{cm}^4$，$I_{2B}=9.23\times10^5\text{cm}^4$；上柱高均为 $H_1=3.10\text{m}$，柱总高均为 $H_2=12.22\text{m}$。

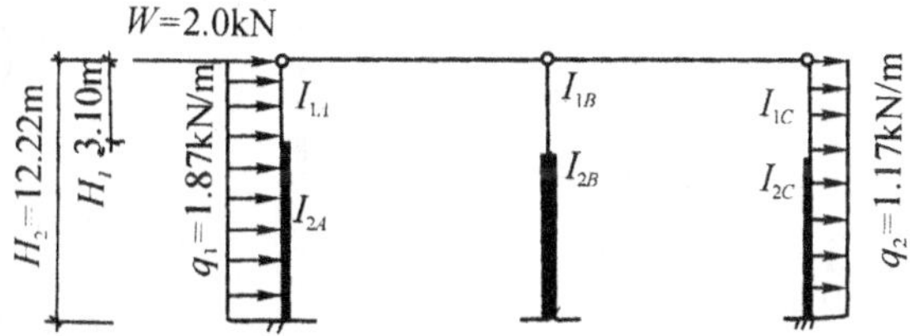

图 3.23　排架在风荷载作用时的计算简图

解　(1) 计算剪力分配系数：

$$\lambda=\frac{H_1}{H_2}=\frac{3.10}{12.22}=0.254$$

对 A，C 柱，$n=\dfrac{2.13}{9.23}=0.231$；$B$ 柱，$n=\dfrac{4.17}{9.23}=0.452$。由附表 3 附表图 3.1 查得

A，C 柱：　$C_0=2.85$，$\delta_A=\delta_C=\dfrac{10\times12.22^3}{E_c\times9.23\times2.85}=694\dfrac{1}{E_c}(\text{cm})$

B 柱：　$C_0=2.94$，$\delta_B=\dfrac{10\times12.22^3}{E_c\times9.23\times2.94}=672\dfrac{1}{E_c}(\text{cm})$

剪力分配系数

$$\eta_A=\eta_C=\frac{\frac{1}{694}}{2\times\frac{1}{694}+\frac{1}{672}}=0.33$$

$$\eta_B=\frac{\frac{1}{672}}{2\times\frac{1}{694}+\frac{1}{672}}=0.34$$

$$\eta_A+\eta_B+\eta_C=0.33+0.34+0.33=1.0$$

(2) 计算各柱顶剪力：把荷载分成 W，q_1 和 q_2 三种情况，分别求出在各柱顶所产生的剪力，然后叠加。由于 q_1 的作用，根据附表 3 中的附表图 3.7，得不动铰支座反力

$$R_A=C_{11}q_1H_2=0.361\times1.87\times12.22=8.25(\text{kN})$$

由于 q_2，不动铰支座反力

$$R_C = 8.25 \times \frac{1.17}{1.87} = 5.16(\text{kN})$$

故各柱总的柱顶剪力

$$\begin{aligned} V_A &= \eta_A(W + R_A + R_C) - R_A \\ &= 0.33 \times (2.0 + 8.25 + 5.16) - 8.25 = 0.33 \times 15.41 - 8.25 \\ &= -3.16(\text{kN})(\leftarrow) \end{aligned}$$

$$V_B = \eta_B(W + R_A + R_C) = 0.34 \times 15.41 = 5.24(\text{kN})(\rightarrow)$$

$$V_C = \eta_C(W + R_A + R_C) - R_C = 0.33 \times 15.41 - 5.16 = -0.07(\text{kN})(\leftarrow)$$

(3) 绘制弯矩图(如图 3.24 所示)。

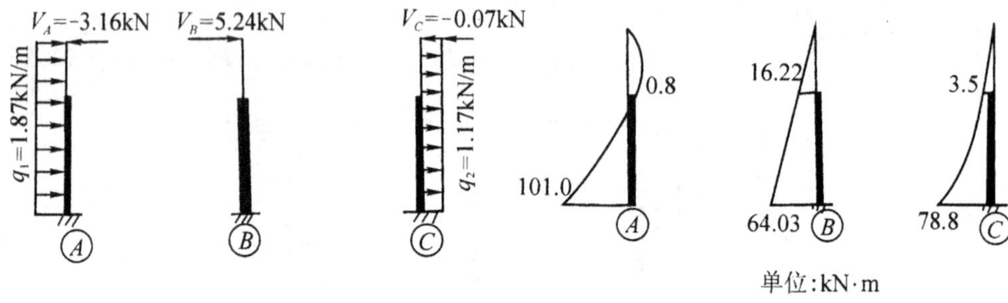

图 3.24 排架柱弯矩图

3.2.4 内力组合

3.2.4.1 控制截面与荷载组合

控制截面是指能对柱内配筋起控制作用的截面。

在一般单阶柱中,整个上柱截面的配筋相同,整个下柱截面的配筋也相同,而上柱底截面 Ⅰ－Ⅰ 的内力一般比上柱其他截面大,因此取它作为上柱的控制截面。对下柱来说,牛腿顶面 Ⅱ－Ⅱ 和柱底截面 Ⅲ－Ⅲ 的内力较大,因此取为下柱的控制截面(图 3.25)。同时,柱底截面的内力值也是设计柱下基础的依据。

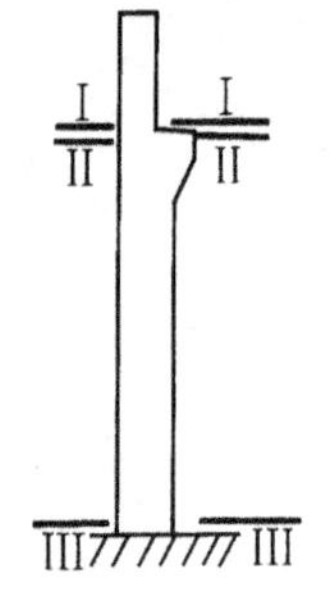

图 3.25 柱的控制截面

在排架内力分析中,对控制截面上的内力,必须考虑荷载同时出现的可能性,来进行荷载组合。《荷载规范》作了如下规定:

对于一般排架、框架结构,荷载效应的基本组合可采用简化规则计算,即应从下列组合值中取最不利值确定:

(1) 由可变荷载效应控制的组合:

$$S = \gamma_G S_{GK} + \gamma_{Q_1} S_{Q_1 K} \tag{3.10-1}$$

$$S = \gamma_G S_{GK} + 0.9 \sum_{i=1}^{n} \gamma_{Q_i} S_{Q_i K} \tag{3.10-2}$$

(2) 由永久荷载效应控制的组合:

$$S = \gamma_G S_{GK} + \sum_{i=1}^{n} \gamma_{Q_i} \psi_{c_i} S_{Q_i K} \tag{3.10-3}$$

式中：γ_G—— 永久荷载的分项系数；

γ_{Q_i}—— 第 i 个可变荷载的分项系数；

S_{GK}—— 按永久荷载标准值 G_K 计算的荷载效应值；

S_{Q_iK}—— 按可变荷载 Q_{iK} 计算的效应值，其中 S_{Q_1K} 为诸可变荷载效应中起控制作用者；

ψ_{c_i}—— 可变荷载 Q_i 的组合值系数；

n—— 参与组合的可变荷载数。

3.2.4.2　内力组合及注意点

吊车荷载、风载在同一截面上所产生的内力值不只一个，所以必须对同一种荷载组合中的内力进行挑选。

矩形、工字形排架柱是偏心受压构件，根据可能出现的最大截面配筋量，一般应考虑以下四种内力组合：

(1) $+M_{max}$ 及相应的 N，V；

(2) $-M_{max}$ 及相应的 N，V；

(3) N_{max} 及相应的 M(取绝对值较大者)，V；

(4) N_{min} 及相应的 M(取绝对值较大者)，V。

通常，按上述四种内力组合已能满足工程上的要求，但在某些情况下，它们可能都不是最不利的。例如，对大偏心受压构件，偏心距 $e_0=\dfrac{M}{N}$ 越大(即 M 越大，N 越小)时，截面配筋量往往越多。因此，有时 M 虽然不是最大值而比最大值略小，但它所对应的 N 若减小很多，那么这组内力所要求的截面配筋量反而会更大一些。

对于双肢柱，还需组合最大的剪力 $\pm V_{max}$ 及相应的 M 和 N，以供设计肢、腹杆之用。

内力组合的注意点是：

(1) 吊车竖向荷载。① 参与组合的吊车，每跨不应多于 2 台，且总数不宜多于 4 台。② 每跨内某一柱或受 D_{max} 作用或受 D_{min} 作用，只能取其中之一。③ 跨中有吊车竖向荷载时，可以没有吊车横向水平荷载的作用。

(2) 吊车横向水平荷载。① 参与组合的吊车不应多于 2 台。② 吊车横向水平荷载 T_{max} 同时作用于左、右两边柱上；其方向可向左，也可向右，但只能取其中一个方向。③ 当某跨内有吊车横向水平荷载参与组合时，则该跨的吊车竖向荷载必须参与组合。

(3) 多台吊车的荷载折减。多台吊车组合时应折减，其折减系数详见《荷载规范》。

(4) 风荷载。风荷载有左、右两个方向，组合时只取其中之一。

(5) 恒载分项系数 γ_G 的取值。《荷载规范》规定：计算内力设计值时，恒载的分项系数 γ_G 值为：当其效应对结构不利时取 1.2(或当由永久荷载效应控制时为 1.35)；当其效应对结构有利时一般应取 1.0。

(6) 内力组合的原则。对于大偏压截面，尽量使 M 大而 N 小；对于小偏压截面，则尽量使 M 大 N 也大。这种截面的配筋数量才是起控制作用的。

3.2.5 考虑厂房整体空间作用的计算

图 3.26 示出了单跨厂房在柱顶水平荷载作用下，由于结构或荷载情况不同所产生的四种柱顶水平位移示意图。图(a) 中，各排架水平位移相同，互不牵制，因此，实际上与没有纵向构件联系着的单个排架相同，都属于平面排架。图(b) 中，由于两端有山墙，且其平面刚度很大，该处水平位移很小，对其他排架有程度不同的约束作用，故柱顶水平位移呈曲线形状，且 $\Delta_b < \Delta_a$。图(c) 中，未直接承受荷载的排架因受直接承受荷载排架的牵动也将产生位移。在图(d) 中，由于有山墙，各排架的位移都比图(c) 为小，$\Delta_d < \Delta_c$。可见，在后三种情况中，各个排架或山墙都不能单独变形，而是互相制约成一个整体。这种排架与排架、排架与山墙之间相互关联的整体作用称为厂房的整体空间作用。由此可知，在有纵向联系构件的单层厂房内，当沿厂房纵向各榀排架(山墙可理解为广义的排架) 的情况不同时，即结构不同或承受的外荷载不同时，就会产生厂房的整体空间作用。

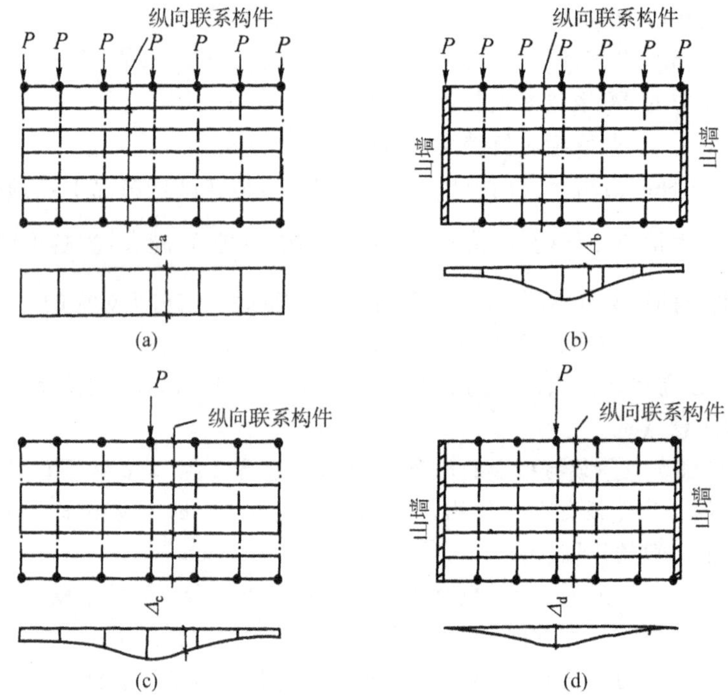

图 3.26 单跨厂房在柱顶水平荷载作用下的位移示意图

一般说来，无檩屋盖比有檩屋盖、局部荷载比均布荷载，其厂房的整体空间作用相对大一些。由于山墙平面刚度大，对与其邻近排架水平位移的约束也大，故在厂房整体空间作用中起着相当大的作用。

对于单层厂房整体空间作用的研究国内外已有不少成果，提出了许多理论，例如“弹性支承连续梁” 理论。该理论将厂房主要纵向构件看作为一个假想的“纵梁”，各平面排架看成是“纵梁” 的“弹性支座”。目前，我国规范采用的是下面将要阐述的“空间体系” 理论。由于在相同情况下，局部荷载产生的空间作用比较显著，均布荷载的空间作用较少且还有待于积累更多的经验，因此我国规范规定，只在吊车荷载作用下才考虑厂房的整体空间作用。

关于吊车荷载下厂房整体空间的作用，其大小取决于空间作用分配系数 μ。下面分三种情况考虑 μ 与空间作用的关系。

3.2.5.1　单个荷载作用下的空间作用分配系数 μ

先来研究整个厂房内有一个水平荷载 R 作用在某一排架柱顶的单个荷载情况（图 3.27）。把这榀承载排架截离出来与平面排架作比较（图 3.28）：在变形方面，$\Delta > \Delta'$；在受力方面，平面排架柱 Ⓐ－Ⓐ 必须提供全部的力来平衡外荷载 R。考虑空间作用的排架则不同，它是由厂房的所有排架和山墙一起提供反力来与外荷载 R 平衡的。这时承载排架柱 Ⓐ－Ⓐ 只提供其中的一部分反力 R'，其余部分 $R-R'$ 是通过纵向联系构件的传递作用由其他排架和山墙提供的。可见，当考虑空间作用时，承载排架柱 $A-A$ 受到的剪力由 R 减少到 R'。

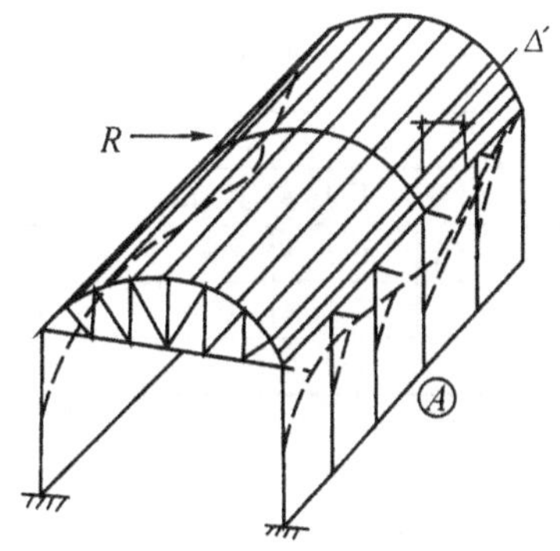

图 3.27　厂房整体空间作用

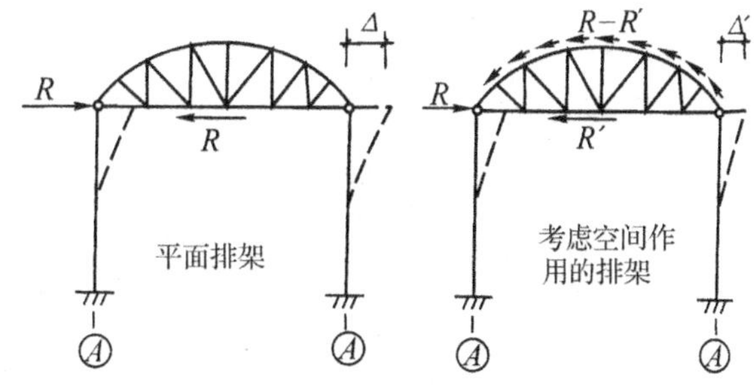

图 3.28　平面排架与考虑空间作用的排架比较

设

$$\mu = \frac{R'}{R}$$

由于考虑的是弹性结构，力与柱顶水平位移成正比，所以

$$\mu = \frac{R'}{R} = \frac{\Delta'}{\Delta} \tag{3.11}$$

称 μ 为单个荷载作用下的空间作用分配系数，$\mu<1$。μ 愈小，单个荷载作用下的空间作用愈大。

3.2.5.2　单跨排架在吊车荷载作用下的空间作用分配系数 μ

厂房在吊车荷载作用下，有多个轮子的力作用于各排架上，这些力不仅由所计算的排架直接承受，而且也由相邻的其他排架来承受。以吊车横向水平荷载为例，当为平面排架时，传至计算排架柱顶的水平力为 $R = C_5 T_{\max} = C_5 T \sum y_i$（见图 3.22 和图 3.18）；当为空间排架时，计算排架上的力要传到其他排架上，其他排架上所受到的力也要传到计算

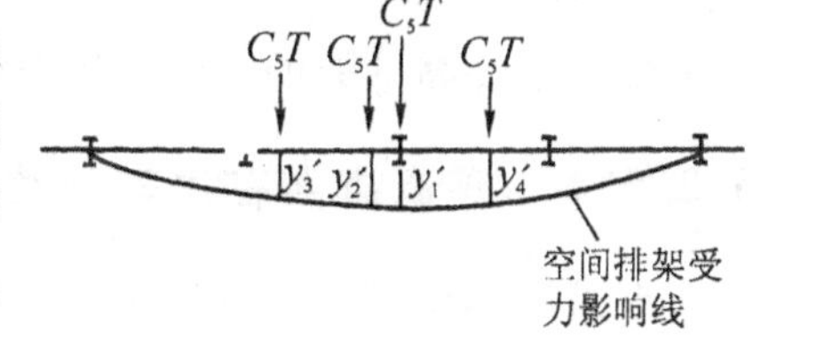

图 3.29　空间排架受力影响线

排架上。为了考虑后者这种相互作用,就必须把排架柱空间的受力影响线求出来。由位移互等定理可知,这个影响线实际上就是当在计算排架柱顶作用一个单位水平力时,各个排架柱的受力分配图。由图 3.29 可知,计算排架柱顶受到的力为:

$$R' = C_5 T \sum y'_i = C_5 T(y'_1 + y'_2 + y'_3 + y'_4)$$

按 μ 的定义,可知吊车荷载下厂房空间的作用分配系数

$$\mu = \frac{R'}{R} = \frac{C_5 T \sum y'_i}{C_5 T \sum y_i} = \frac{\sum y'_i}{\sum y_i} \tag{3.12}$$

规范按此理论分析,并根据实测数据,对 μ 值作了较大幅度的增加和调整,即留有较充裕的余地,见表 3.1。

表 3.1　单跨厂房空间作用分配系数 μ

<table>
<tr><td colspan="2" rowspan="2">厂　房　情　况</td><td>吊车起重量</td><td colspan="4">厂房长度 /m</td></tr>
<tr><td>kN</td><td colspan="2">≤ 60</td><td colspan="2">> 60</td></tr>
<tr><td rowspan="2">有檩屋盖</td><td>两端无山墙及一端有山墙</td><td>≤ 300</td><td colspan="2">0.9</td><td colspan="2">0.85</td></tr>
<tr><td>两端有山墙</td><td>≤ 300</td><td colspan="4">0.85</td></tr>
<tr><td rowspan="4">无檩屋盖</td><td rowspan="3">两端无山墙及一端有山墙</td><td rowspan="3">≤ 750</td><td colspan="4">厂房跨度 /m</td></tr>
<tr><td>12 ~ 27</td><td>> 27</td><td>12 ~ 27</td><td>> 27</td></tr>
<tr><td>0.9</td><td>0.85</td><td>0.85</td><td>0.8</td></tr>
<tr><td>两端有山墙</td><td>≤ 750</td><td colspan="4">0.8</td></tr>
</table>

在下列情况下,排架计算不考虑空间作用(即取 $\mu = 1$):

(1) 当厂房一端有山墙或两端均无山墙,且厂房长度小于 36m 时;

(2) 天窗跨度大于厂房跨度的 1/2,或者天窗布置使厂房屋盖沿纵向不连续时;

(3) 厂房柱距 > 12m 时(包括厂房中有个别柱距 > 12m 的情况);

(4) 屋架下弦为柔性拉杆时。

3.2.5.3　多跨排架在吊车荷载作用下的空间分配系数 μ'

(1) 多跨等高排架。设有一 n 跨等高排架,其空间分配系数可利用单跨排架的 μ 算得:

$$\frac{1}{\mu'} = \frac{1}{n}\left(\frac{1}{\mu_1} + \frac{1}{\mu_2} + \cdots + \frac{1}{\mu_n}\right) = \frac{1}{n}\sum_{1}^{n} \frac{1}{\mu_i} \tag{3.13}$$

式中:μ'—— 多跨等高排架的空间作用分配系数;

μ_i—— 将第 i 跨视作单跨时的空间作用分配系数,按表 3.1 取用;

n—— 排架跨数。

(2) 多跨不等高排架的空间作用分配系数,可见规范及有关文献。

3.2.5.4　等高排架在吊车荷载下考虑厂房整体空间作用的计算步骤

(1) 求出吊车荷载作用下的排架柱顶附加不动铰支座反力 R(如图 3.30(b));

(2) 将 μR 反向作用于排架柱顶(如图 3.30(c));

(3) 叠加上述两步骤中的内力,即为排架考虑空间作用的内力。

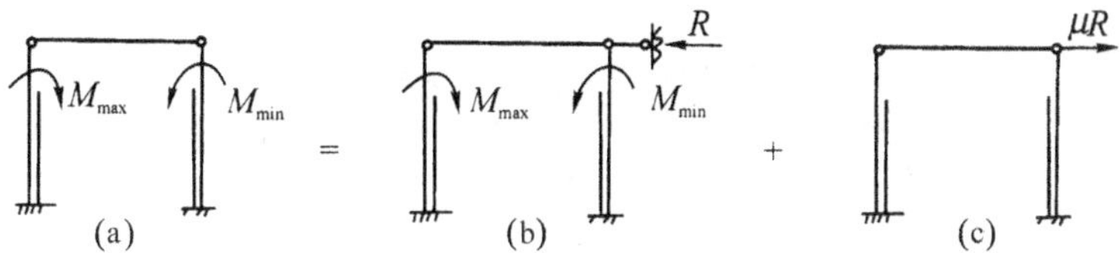

图 3.30　考虑空间作用的排架计算

3.2.6　排架分析中的几个问题

3.2.6.1　纵向柱距不等的排架内力分析

单层厂房中，有时由于工艺要求，或在局部区段少放若干根柱，或中列柱的柱距比边列柱为大，从而形成纵向柱距不等的情况（习称"抽柱"）。

当屋面刚度较大，或者设有可靠的下弦纵向水平支撑时，可以选取较宽的计算单元（图3.31(a) 阴影线部分）来进行内力分析，并且假定计算单元中同一柱列的柱顶位移相同。因此，计算单元内的几榀排架可以合并为一榀平面排架来计算它的内力。合并后的平面排架柱的惯性矩，应按合并考虑。例如，A 和 C 轴线的柱应为两根（即一根和两个半根）合并而成。当同一纵轴线上的柱截面尺寸相同时，计算简图如图 3.31(b) 所示。

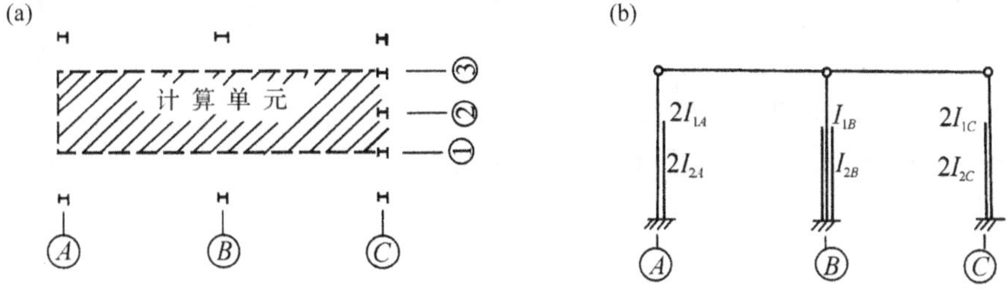

图 3.31　柱距不等时的计算单元和计算简图

按此原则计算时，应注意下列几点：

(1) 为使实际情况与上述假定基本相符，所取计算单元的纵向宽度不宜大于 24m。

(2)"合并排架"的恒载、风载等的计算方法与一般排架相同，但吊车荷载应按计算单元的中间排架产生 D_{2max}，D_{2min}，T_{2max} 时的吊车位置来计算（图 3.32），即"合并排架"的吊车竖向荷载和横向水平荷载为

$$\left.\begin{aligned} D_{max} &= D_{2max} + \frac{D_1 + D_3}{2} \\ D_{min} &= D_{2max} \cdot \frac{P_{min}}{P_{max}} \\ T_{max} &= D_{2max} \cdot \frac{T}{P_{max}} \end{aligned}\right\} \tag{3.14}$$

(3) 按计算简图和荷载求得内力后，必须进行还原，以求得柱的实际内力。例如，计

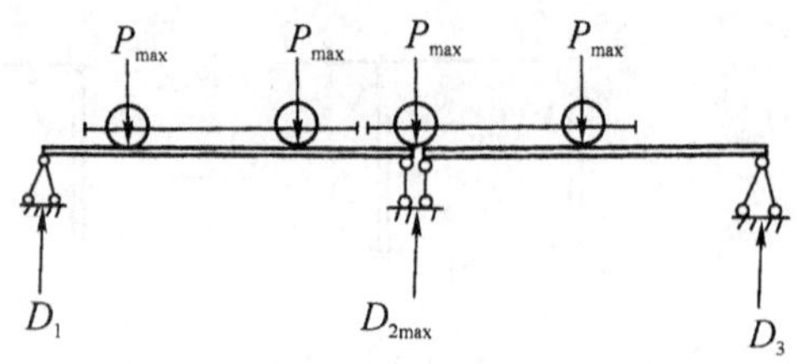

图 3.32 “合并排架”的支座反力计算图

算简图中,A 轴和 C 轴的柱是由两根并成的,因此应将它们的 M,V 除以 2 才等于原结构中 A 轴和 C 轴线各根柱的 M 和 V。但是,对于吊车竖向荷载 P_{max} 和 P_{min} 引起的轴力 N,则不能把“合并排架”求得的轴力除以 2,而应该按这根柱实际所承受的最大、最小吊车竖向荷载来计算。

3.2.6.2 排架的水平位移验算

在一般情况下,当矩形、工字形柱的截面尺寸满足附表 5 的要求时,就可认为排架的横向刚度已得到保证,不必验算它的水平位移值。但在某些情况下,例如吊车吨位较大时,为安全计,尚需对水平位移进行验算。显然,最有实际意义的是验算吊车梁顶与柱连接点 K 的水平位移值。这时,考虑正常的使用情况,即按一台最大吊车的横向水平荷载作用于 K 点时验算,K 点的水平位移值 Δ_K(图 3.33) 应满足下列规定:

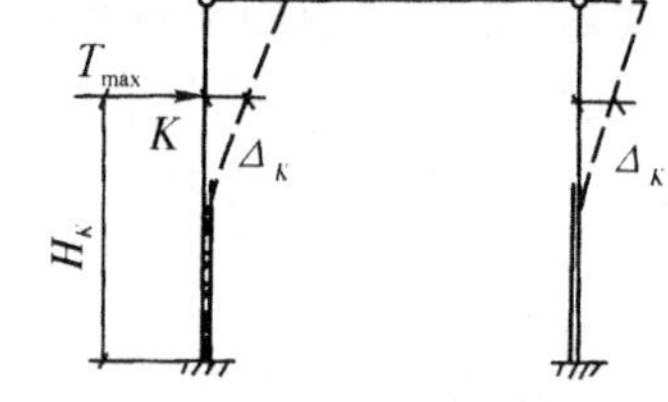

图 3.33 排架水平位移验算

(1) 当 $\Delta_K \leqslant 0.5\text{cm}$ 时,可不验算水平位移值;

(2) 当 $0.5\text{cm} < \Delta_K < 1\text{cm}$ 时,其水平位移限值如下:

轻、中级工作制吊车的厂房柱: $\Delta_K \leqslant \dfrac{H_K}{1800}$

重级工作制吊车的厂房柱: $\Delta_K \leqslant \dfrac{H_K}{2200}$

式中:H_K—— 自基础顶面至吊车梁顶面的距离。

对于露天栈桥柱的水平位移,则按悬臂计算。除考虑一台最大起重量的吊车的横向水平荷载作用以外,还应考虑由吊车梁安装偏差 20mm 产生的偏心力矩的作用,这时应满足下列规定:

$$\Delta_K \leqslant 1.0\text{cm} \text{ 及 } \Delta_K \leqslant \frac{H_K}{2500}$$

在计算水平位移值时,可取柱截面刚度

$$B_d = 0.85E_c I_0 \tag{3.15}$$

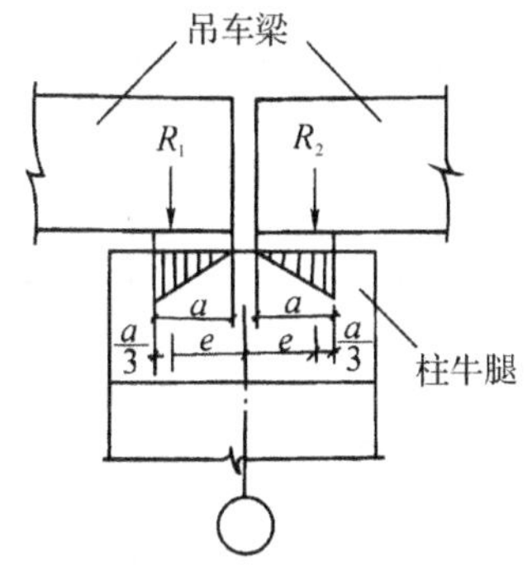

图 3.34　吊车梁传来的竖向力示意图

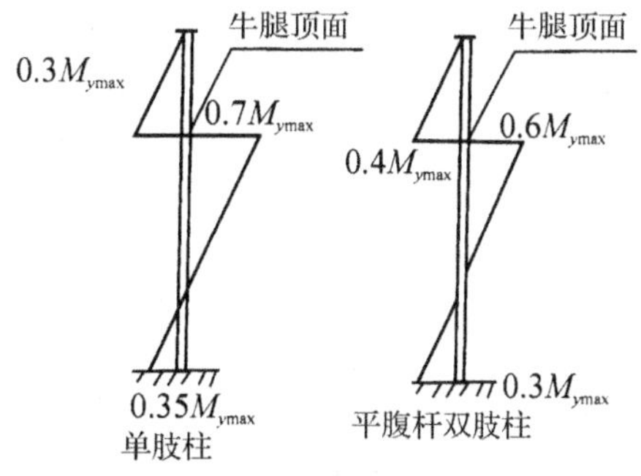

图 3.35　纵向力矩产生的弯矩图

3.2.6.3　吊车梁反力差引起的纵向力矩 M_y

当厂房排架柱由两侧吊车梁传来的竖向力 $R_1 \neq R_2$ 时，则在柱牛腿顶面处产生纵向力矩，其最大值为

$$M_{ymax} = \Delta R_{max} \cdot e \tag{3.16}$$

式中：ΔR_{max}—— 吊车梁的最大反力差：

$$\Delta R_{max} = R_1 - R_2$$

e—— 竖向反力 R_i 对柱轴的偏心距，当 e 值不易确定时，可近似地按图 3.34 所示的采用。

通常，工字形柱、双肢柱的柱距不大于 9m，$Q \geqslant 50$t 或柱距为 12m，$Q \geqslant 30$t 时，以及当采用管柱或其他平面刚度较差的柱形时，均需考虑上述 M_{ymax} 的作用。

M_{ymax} 由它所直接作用的柱承受。厂房柱由 M_{ymax} 产生的弯矩图形如图 3.35 所示，其中平腹杆双肢柱的下部柱，在肩梁和柱脚处的纵向弯矩都应按 75% 和 25% 的比例分配给吊车肢和非吊车肢。

各截面的纵向弯矩应与排架计算求得的内力一并考虑，即按双向偏心受压截面进行验算。

3.3　单层厂房柱的设计要点

单层厂房柱的形式很多，目前常用的实腹柱有矩形柱（图3.36(a)）、工字形柱（图3.36(b)），空腹柱有双肢柱（图 3.36(c)，(d)）和管柱（图 3.36(e)）等。各种形式的柱在受力、制作、吊装等方面各有优缺点，柱型的选择应力求受力合理、模板简单、节约材料。

参照大量的设计及工程实践，目前一般柱的截面高度 h 在 800mm 以下时，可考虑矩形；h 在 600 ～ 1500mm 时，可考虑采用工字形；h 在 1300mm 以上时，可考虑双肢柱。

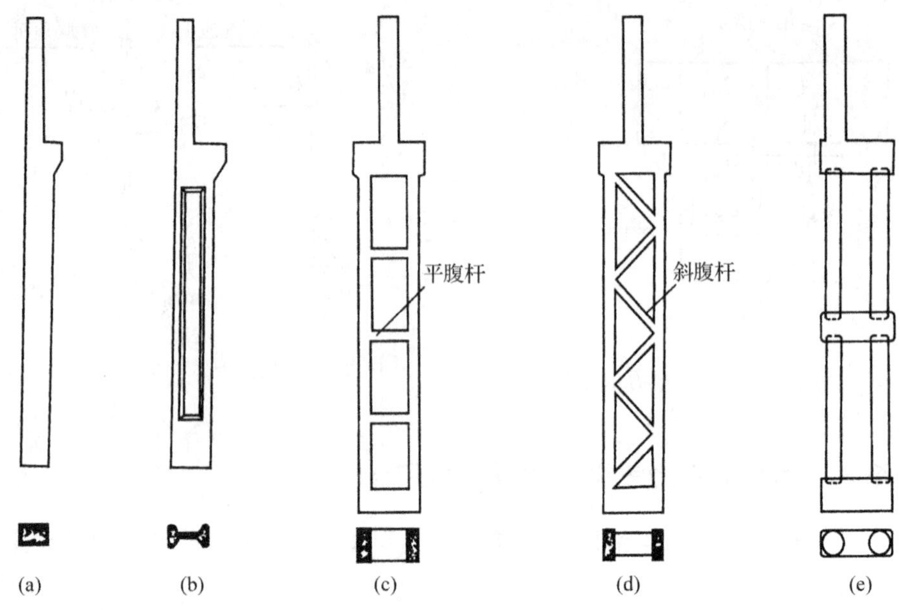

图 3.36 柱型图

3.3.1 矩形、工字形柱的设计

在一般中、小型单层厂房中，多采用矩形或工字形截面柱，以下仅介绍它们的设计要点。双肢柱、管柱的设计可参考有关资料。

3.3.1.1 设计要点

(1) 设计内容

柱的设计内容一般为：确定柱截面尺寸；根据各控制截面的最不利内力组合进行截面设计；施工阶段的承载力和裂缝宽度验算；当有吊车时，还需进行牛腿设计；屋架、吊车梁、柱间支撑等构件的连接构造；绘制施工图等。

(2) 截面尺寸

柱的截面尺寸应满足承载力和刚度的要求。柱具有足够的刚度是防止厂房变形过大，导致吊车轮和轨道的过早磨损或墙和屋盖产生裂缝，影响厂房的正常使用。根据刚度要求，对于 6m 柱距的厂房柱截面尺寸，可参考附表 5、附表 6、附表 7。

工字形柱的翼缘高度和腹板厚度不宜小于 100mm，其腹板可以开孔洞。一般，当孔洞的横向尺寸小于柱截面高度的一半、竖向尺寸小于相邻两孔洞中距的一半时，柱的刚度可按实腹工字形柱计算，而其承载力计算则应扣除孔洞的削弱部分。当孔洞尺寸超过上述范围时，柱的承载力和刚度均应按双肢柱计算。

(3) 截面设计

根据排架内力计算，求得控制截面的最不利组合的内力 M 和 N，按偏心受压构件进行截面配筋计算。

在偏心受压构件的计算中，需要确定柱的计算长度。对于单层厂房，其柱端的实际支承情况较为复杂。如上柱上端既非自由端，也不是理想的不动铰支承，而是一种弹性支承，因此其计算长度就不能按力学中所讲过的几种典型的理想支承情况来确定。《混凝土结构设计规范》根据厂房实际工作的特点，经过综合分析，给出了计算长度的规定值，见附表 4。

(4) 施工阶段验算

对预制柱，因其在脱模、运输、吊装时的受力情况与使用阶段不同，且为加快施工进度，一般在柱的混凝土强度达到设计值的 70% 后，便进行施工，所以必须验算施工阶段柱的承载力和裂缝宽度。

施工阶段验算的计算简图应根据实际情况确定。如柱采用一点起吊时的计算简图如图 3.37 所示。

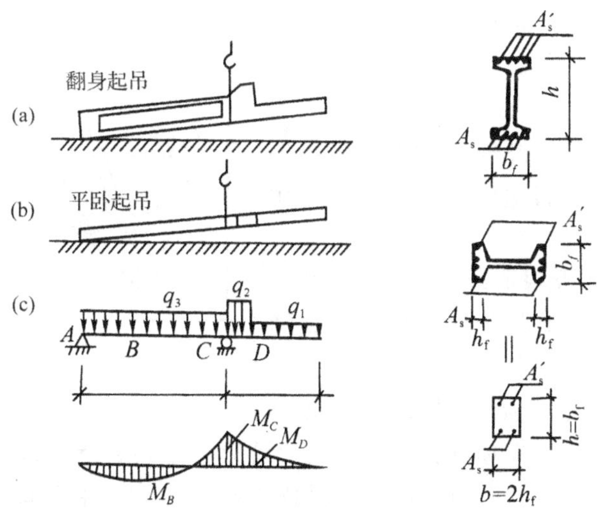

图 3.37　柱吊装阶段的验算

吊装验算时的荷载是柱的自重，考虑起吊时的动力作用，应将自重乘以动力系数 1.5。同时在施工阶段的承载力验算时，结构的重要性系数可比其使用阶段降低一级取用。

3.3.1.2　牛腿设计

牛腿是矩形和工字形柱设计中较关键的部分，因此这里专门作为一个小节进行介绍。

在单层厂房中，通常采用柱侧伸出的牛腿来支承吊车梁、屋架、连系梁等构件。牛腿按其所受竖向荷载作用点到下柱边缘的水平距离 a 的大小，分为两类：当 $a \leqslant h_0$ 时为短牛腿（图 3.38(a)）；$a > h_0$ 时为长牛腿（图3.38(b)），此处 h_0 为牛腿与下部柱交接处垂直截面的有效高度。

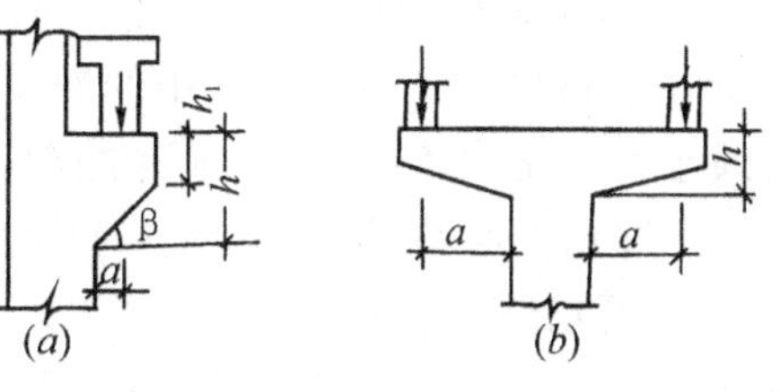

图 3.38　牛腿的类型

长牛腿的受力情况与悬臂梁相似，可按悬臂梁设计。短牛腿实质上是一变截面深梁，其受力情况与普通悬臂梁不同，在单层厂房中一般常用的为短牛腿。下面主要介绍短牛腿的应力状态、破坏过程和设计方法。

(1) 牛腿裂缝出现前的应力状态

图 3.39 为对 $a/h_0 = 0.5$ 的环氧树脂牛腿模型进行光弹性试验得到的主应力迹线。由图可见，牛腿上部的主拉应力迹线基本上与上边缘平行，沿牛腿长度方向分布得比较均匀。这样，可以把牛腿上部的受力近似地作为拉杆受力。牛腿下部的主压应力迹线大致与加载点到牛腿下部转角点的连线 ab 平行，并在不很宽的区域内密集地均匀分布，因此可把 ab 连线附近的区域视为压杆受力区域。柱与牛腿顶面相交处存在着应力集中。

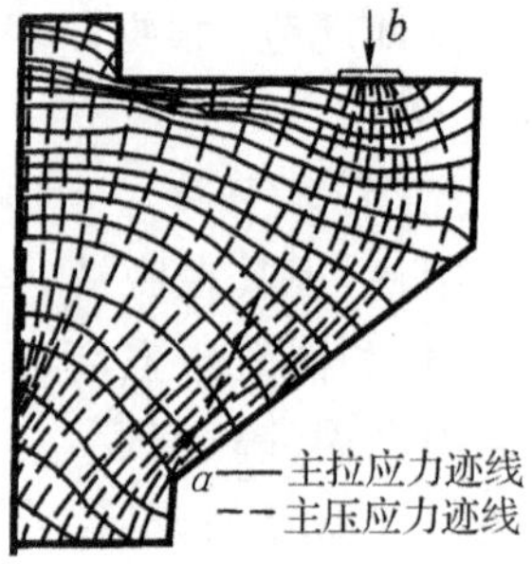

图 3.39　牛腿的主应力迹线

(2) 裂缝的出现和开展

对 $a/h_0 = 0.1 \sim 0.75$ 范围内的牛腿试验结果表明，牛腿裂缝的出现、开展及最终的破坏形态均与上述光弹性模型试验得到的应力状态相一致。

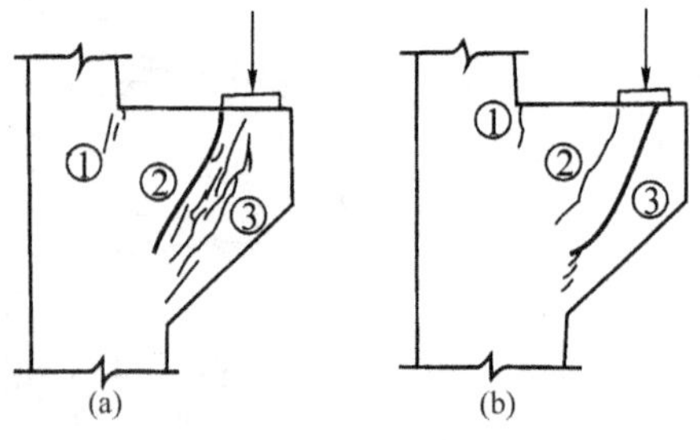

图 3.40　牛腿斜压破坏的裂缝图

试验表明，一般在极限荷载的 20% ～ 40% 时，牛腿顶面与柱相交处附近会出现初始裂缝(图 3.40 中的裂缝 ①)，但若配有足够的拉筋和可靠的锚固，则一般不会发展成破坏裂缝。在极限荷载的 40% ～ 60% 时，在加载板内侧附近出现第一条斜裂缝(图 3.40 中的裂缝 ②)；当达到极限荷载的 70% ～ 80% 时，在这条斜裂缝外侧整个“压杆”范围内出现大量的短小斜裂缝，并逐渐贯通，混凝土剥落崩出，即牛腿破坏。也有少数牛腿在第一条斜裂缝发展到相对稳定后，突然从加载板底部出现一条通长斜裂缝(图 3.40 中的裂缝 ③)，继而很快沿此缝破坏。

(3) 破坏形态

根据试验研究，随 a/h_0 值的不同，牛腿大致有三种主要破坏形态。

① 斜压破坏。斜压破坏大多发生在 $a/h_0 = 0.1 \sim 0.75$ 的范围内。其特征是：首先出现第一条斜裂缝(即图 3.40 中的裂缝 ②)，然后在此缝外侧出现大量短小斜缝，并逐渐贯通至混凝土崩落而破坏，或在加载板底突然出现另一条通长斜裂缝(即图 3.40 的裂缝 ③)，牛腿沿此缝被破坏，如图 3.41 的(b) 和(c)。

② 剪切破坏。当 $a/h_0 < 0.1$ 时，可能发生沿加载板内侧接近垂直截面的剪切破坏。其特征是：在牛腿与下柱交接面上出现一系列短斜裂缝，最后牛腿沿此裂缝从柱上切下而破坏，如图 3.41(a)。

③ 弯压破坏。当 $a/h_0 > 0.75$ 或受拉纵筋配筋率较低时，一般会发生弯压破坏。其特征是：当出现第一条斜裂缝后，随荷载的增加，裂缝将不断向受压区延伸，纵筋应力不断增加并渐达屈服，这时此斜裂缝的外侧部分绕牛腿下部与柱的交接点转动，致使受压区

混凝土压碎而破坏，如图 3.41 的(d)。

牛腿的 a/h_0 值一般在 $0.1 \sim 0.75$ 范围内，故大部分牛腿均属斜压破坏。

除上述三种主要破坏形态外，还有由于加载板过小而导致的加载板下混凝土的局部压碎破坏(图 3.41(e))和由于受拉纵筋锚固不良而被拔出等破坏形态。

为了防止上述各种破坏，牛腿应有足够大的截面尺寸，配置足够的钢筋，垫板尺寸不能过小，而且还要满足一系列的构造要求。

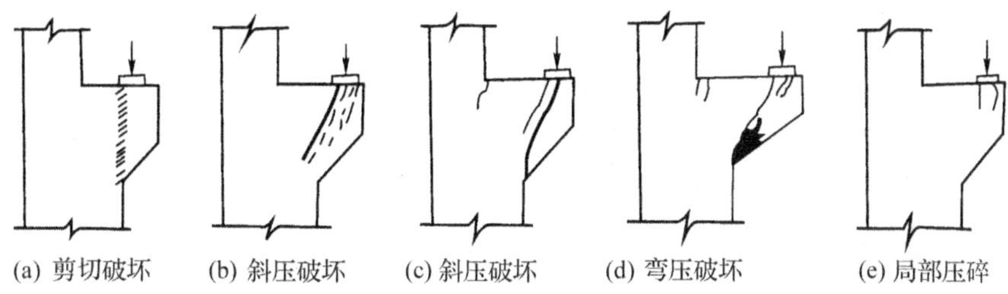

图 3.41　牛腿的破坏形态

(4) 牛腿的设计

牛腿设计包括三个方面：截面尺寸的确定、承载力计算及配筋构造。

① 截面尺寸的确定。由于牛腿截面宽度与柱等宽，因此只须确定截面高度。截面高度一般以斜截面的抗裂度为控制条件，即以控制其在正常使用阶段不出现或仅出现微细裂缝为宜。设计时可根据经验预先假定牛腿高度，然后按下列裂缝控制公式进行验算(图 3.42)：

$$F_{vk} \leqslant \beta\left(1 - 0.5\frac{F_{hk}}{F_{vk}}\right)\frac{f_{tk}bh_0}{0.5 + \frac{a}{h_0}} \tag{3.17}$$

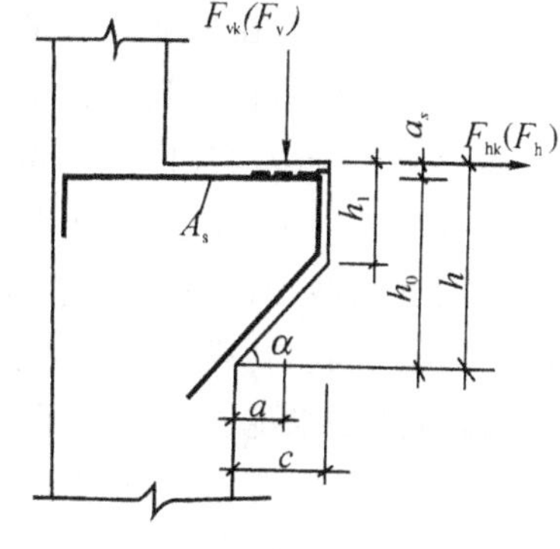

图 3.42　裂缝控制验算图

式中：F_{vk}—— 作用于牛腿顶部，按荷载效应标准组合计算的竖向力值；

F_{hk}—— 作用在牛腿顶部，按荷载效应标准组合计算的水平拉力值；

β—— 裂缝控制系数，对支承吊车梁的牛腿，$\beta = 0.65$；对其他牛腿，$\beta = 0.80$；

a—— 竖向力的作用点至下柱边缘的水平距离(应考虑安装偏差 20mm)，当 $a < 0$ 时，取 $a = 0$；

b—— 牛腿宽度；

h_0—— 牛腿与下柱交接处的垂直截面的有效高度，取 $h_0 = h_1 - a_s + c \cdot \tan\alpha$，当 $\alpha > 45°$ 时，取 $\alpha = 45°$。

在牛腿支承面上的垫板下，局部受压应力不应超过 $0.75f_c$，即

$$\frac{F_{vk}}{A} \leqslant 0.75f_c \tag{3.18}$$

式中，A 为局部受压面积，$A = ab$，其中 a 和 b 分别为垫板的长和宽。

当不满足式(3.18)要求时,应采取加大垫板尺寸或设置钢筋网等措施。

② 承载力计算。根据上述牛腿的试验结果可见,斜压破坏形态的牛腿较为常见。在即将破坏时的工作状况,可近似地看作以纵筋为水平拉杆、以混凝土压力带为斜压杆的三角形桁架(图 3.43)。

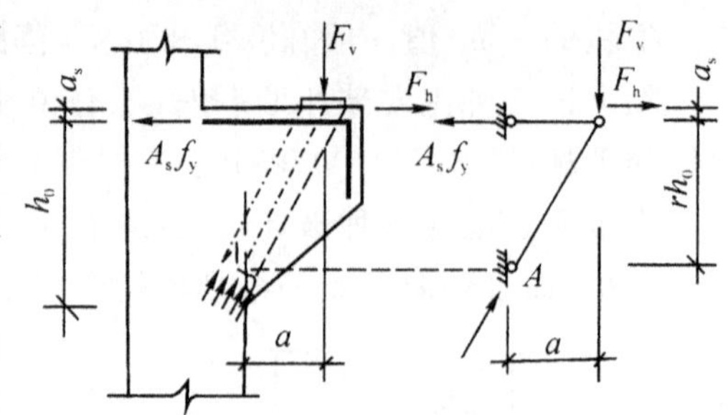

图 3.43　牛腿承载力计算简图

正截面承载力:通过三角形桁架拉杆的承载力计算,来确定纵向受力钢筋的用量。纵向受力钢筋由承受竖向力的受拉钢筋和承受水平拉力的水平钢筋组成,钢筋的总面积 A_s 可由图 3.43,取 $\sum M_A = 0$ 得:

$$F_v \cdot a + F_h(\gamma h_0 + a_s) = A_s f_y \gamma h_0$$

近似取 $(\gamma h_0 + a_s)/\gamma h_0 \approx 1.2$,$\gamma = 0.85$。

即

$$A_s \geqslant \frac{F_v a}{0.85 f_y h_0} + 1.2\frac{F_h}{f_y} \tag{3.19}$$

式中:F_v—— 作用在牛腿顶部的竖向力设计值;

F_h—— 作用在牛腿顶部的水平拉力设计值;

a—— 竖向力 F_v 作用点至下柱边缘的水平距离,当 $a < 0.3h_0$ 时,取 $a = 0.3h_0$。

斜截面承载力:牛腿的斜截面承载力主要取决于混凝土和弯起钢筋,而水平箍筋对斜截面受剪承载力没有直接作用,但水平箍筋可有效地限制斜裂缝的开展,从而可间接提高斜截面承载力。根据试验分析及设计经验,只要牛腿截面尺寸满足式(3.17)的要求,且按构造要求配置水平箍筋和弯起钢筋,斜截面承载力就可得到保证。

③ 牛腿的构造要求:a. 牛腿的几何尺寸应满足图 3.44 所示的要求,其中牛腿端部高度 $h_1 \geqslant h/3$,且不应小于 200mm,牛腿外边缘与吊车梁外边的距离 a_1 不宜小于 70mm,否则会影响牛腿的局部承压力,并可能造成牛腿外缘混凝土保护层剥落。b. 牛腿内的纵向受拉钢筋宜采用变形钢筋,除满足计算要求外,还应满足图 3.44 的各项要求。c. 牛腿内的水平箍筋直径应取用 6 ~ 12mm,间距为 100 ~ 150mm,且在上部 $2h_0/3$ 范围内的水平箍筋总截面面积不应小于承受竖向力的受拉钢筋截面面积的 1/2。

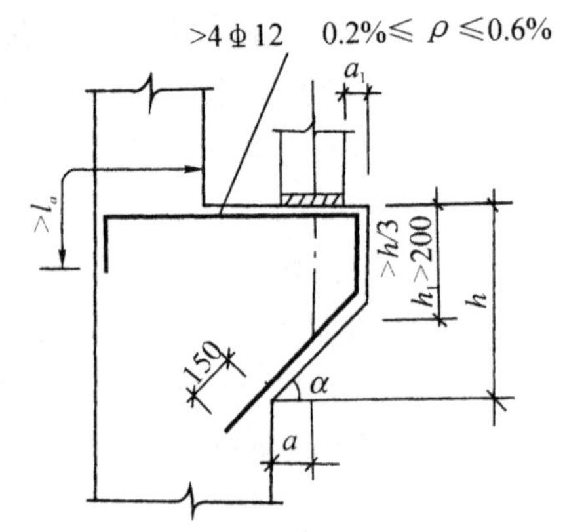

图 3.44　牛腿纵向受力钢筋

当牛腿的剪跨比 $a/h_0 \geqslant 0.3$ 时,应设置弯起钢筋,弯起钢筋也宜采用变形钢筋,其截面积 A_{sb} 不宜小于承受竖向力的受拉钢筋面积的 1/2,且不应小于 $0.0015bh_0$;其根数不宜少于 2 根;直径不宜小于 12mm,并应配置在牛腿上部 $l/6$ 至 $l/2$ 之间的范围内(图3.45)。

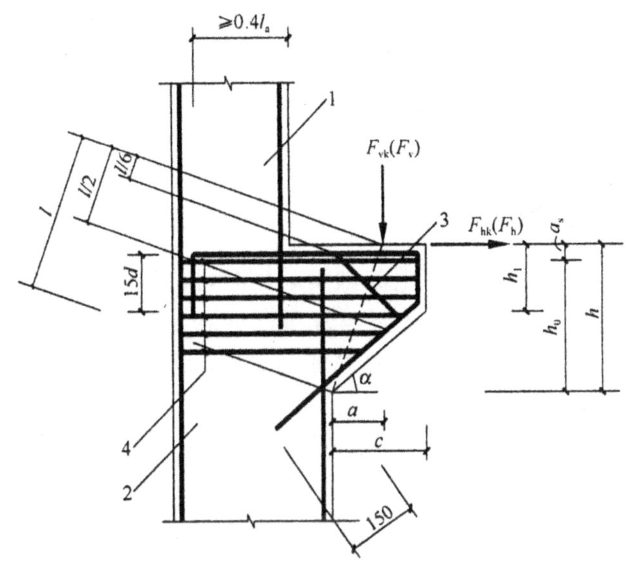

图 3.45　牛腿箍筋与弯起钢筋

3.3.2　抗风柱设计

抗风柱承受山墙传来的风荷载，柱的外边缘与厂房横向封闭轴线相重合，离屋架中心线为 500mm 或按设计要求。为了避免抗风柱与屋架相碰，应将抗风柱的上部截面高度适当减小，形成变截面单阶柱（图 3.46）。

3.3.2.1　抗风柱的截面尺寸

抗风柱的上柱和下柱高度应根据屋架高低、抗风柱与屋架的连接情况以及基础埋置深度确定。

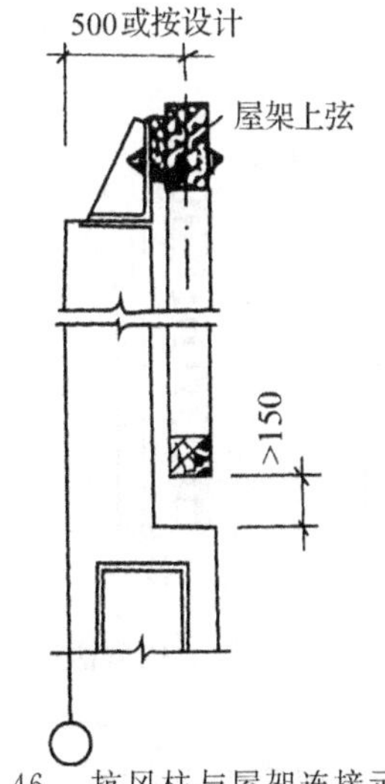

图 3.46　抗风柱与屋架连接示意图

抗风柱的上柱一般采用矩形截面，其截面高度不得小于 300 ～ 400mm；下柱截面高度可参考附表 5 确定。当抗风柱仅承受风荷载及柱自重时，上、下柱截面宽度不得小于 $H_b/40$；当同时承受由连系梁传来的墙重时，不得小于 $H_b/30$（H_b 为抗风柱从基础顶面至柱平面外支承点的高度）。当满足以上要求时，可认为已满足水平刚度的要求，不必再作水平侧移验算。

3.3.2.2　抗风柱的连接构造

抗风柱一般与基础刚接，与屋架上弦铰接。根据具体情况，也可与下弦铰接或同时与上、下弦铰接。抗风柱与屋架连接必须满足两个要求：一是在水平方向必须与屋架有可靠的连接，以保证有效地传递风载；二是在竖向应允许两者之间有一定相对位移的可能性，以防厂房与抗风柱沉降不均匀时产生不利影响。所以，抗风柱和屋架一般采用竖向可以移动、水平向又有较大刚度的弹簧板连接见图 3.10(b)；如厂房沉降较大时，宜采用螺栓连接见图 3.10(c)。

3.3.2.3 抗风柱的内力计算

(1) 计算简图。当山墙重量全部由基础梁承受时，抗风柱主要承受风荷载(柱自重忽略不计)，这时抗风柱可作为一个变截面受弯构件计算。当部分山墙重量由连系梁承受时，则抗风柱还承受连系梁传来的部分墙体重量，这时抗风柱应作为一个偏心受压的构件计算。

抗风柱的计算简图如图 3.47 所示。柱下端作为固定端，位于基础顶面。上端与屋架上弦(或下弦，或上、下弦) 铰接可视作不动铰支点，即可将它作为一根变截面的超静定梁求解内力。

(2) 风荷载。一般，按沿抗风柱竖向均匀分布计算：

$$q = \gamma_Q \mu_s \mu_z w_0 b \tag{3.20}$$

式中：γ_Q—— 荷载系数；

μ_s—— 风载体型系数，取 + 0.8；

μ_z 为风压高度变化系数，取抗风柱柱顶标高相应的值；

w_0—— 基本风压值，由《荷载规范》查得，b 为抗风柱承受风载的计算宽度。

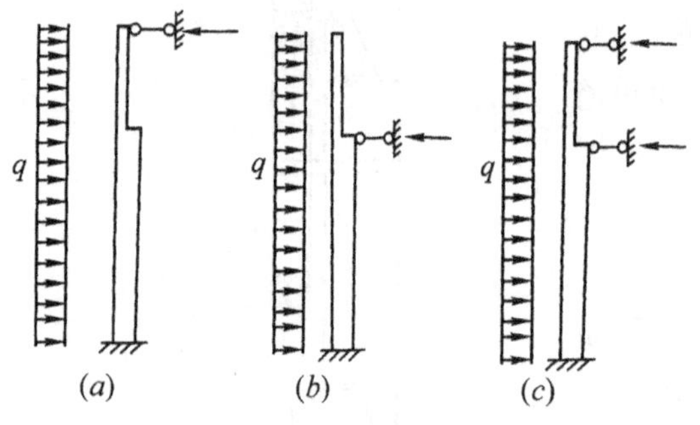

图 3.47 抗风柱计算简图

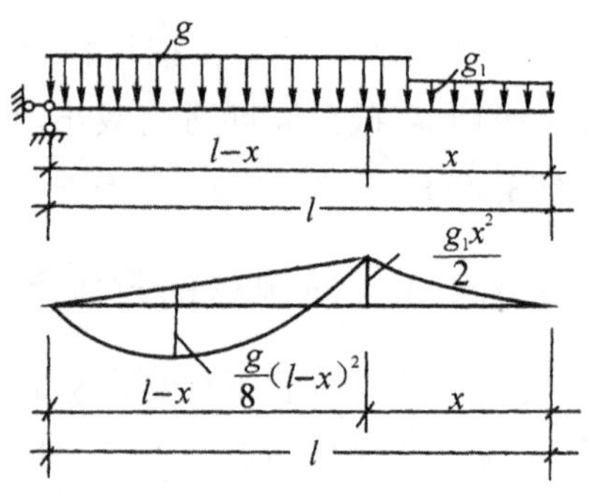

图 3.48 吊装验算简图

(3) 截面配筋及吊装验算。截面配筋按受弯构件或偏心受压构件计算正截面承载力。抗风柱吊装验算方法与厂房一般柱相同，按受弯构件验算截面承载力和裂缝宽度。吊点的选择应尽可能使起吊时柱的最大正、负弯矩接近。如图 3.48 所示，设吊点离上柱柱顶距离为 x，则

$$\frac{1}{8}g(l-x)^2 - \frac{1}{2}\frac{g_1x^2}{2} = \frac{g_1x^2}{2}$$

由此得一点起吊的吊点位置为

$$x=\frac{\sqrt{6k}-1}{6k-1}l$$

式中：$k=\frac{g_1}{g}$。

3.4　柱下单独基础设计

柱下单独基础的种类，按受力性能，可分为轴心受压基础和偏心受压基础；按施工方法，可分为预制柱基础和现浇柱基础。在以恒载为主要荷载的多层框架房屋中，其中间柱下单独基础通常为轴心受压的；在单层厂房中，柱下单独基础通常为偏心受压的。

目前，单层厂房柱下单独基础的常用形式是平板式基础。这种基础有阶形和锥形两种见图 3.49(a)，因与预制柱连接的部分做成杯口，故习称杯形基础。当柱基由于地质条件限制，或附近有较深的设备基础或地坑而需要深埋时，为了不使预制柱过长，可做成

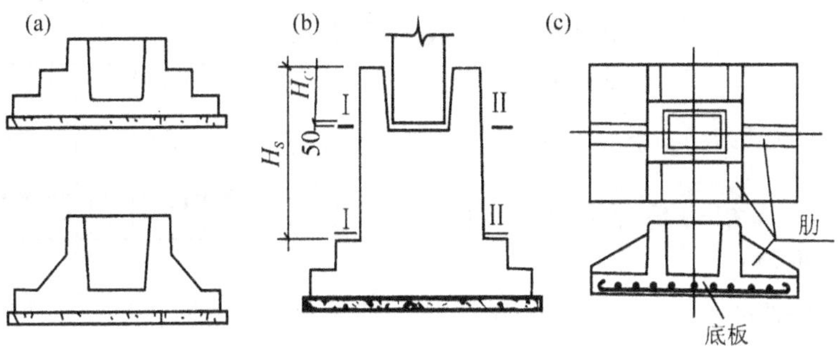

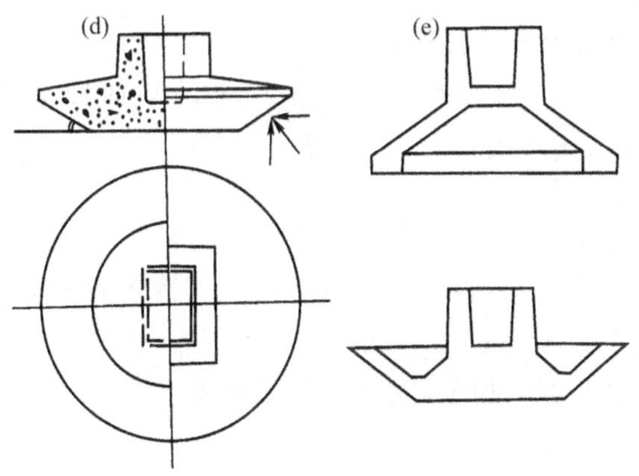

图 3.49　柱下单独基础的常用形式

带短柱的高杯口平板式基础(图 3.49(b))。

为减少现场混凝土的浇捣量,节约模板,加速施工进度,有的地区近年来采用半装配式的板肋式基础。这种基础是预制杯口和肋板,然后在现场与底板浇捣成整体(图 3.49(c))。

在地基土较坚实和均匀的情况下,可采用圆(或椭圆)板基础,将其底板做成与水平面成30°～50°倾角的斜面(图 3.49(d)),以利用垂直此倾斜面的地基反力的水平分力来减小底板中的弯矩,这种基础可不配钢筋,故称之为无筋倒圆台基础。试验证明,这种基础本身的承载能力是有保证的。

在实际工程中,还可以采用图 3.49(e) 所示的壳体基础。

在上部结构荷载大、地基土质差、对基础不均匀沉降要求较严的厂房中,一般采用桩基础。

本节主要介绍平板式单独基础的设计。

平板式单独基础设计的主要内容可归纳为:确定基础底面尺寸和基础高度,计算底板钢筋,构造处理。

3.4.1 基础底面积

基础底面积按地基承载力和变形要求确定。

(1) 轴心受压基础。轴心受压时,假定基础底面的压力 p_k 均匀分布(图 3.50),设计时应满足:

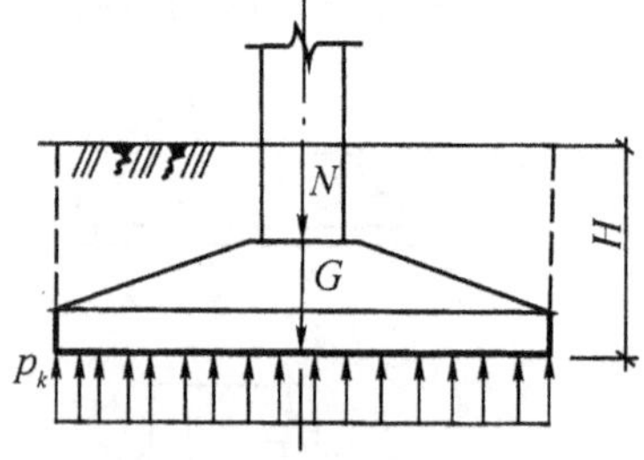

图 3.50 轴心受压基础底面压应力

$$p_k = \frac{N_k + G_k}{A} \leqslant f_a \tag{3.21}$$

式中:N_k—— 上部结构传至基础顶面的竖向力标准值;

G_k—— 基础自重标准值和基础上填土重的标准值;

A—— 基础底面面积,$A = bl$;

f_a—— 修正后的地基承载力特征值。

令 d 为基础的埋置深度,并取基础和其上填土的平均容重为 γ_m(一般取 $\gamma_m = 20\text{kN/m}^3$),则 $G_k = \gamma_m dA$,代入式(3.21),可得:

$$A \geqslant \frac{N_k}{f_a - \gamma_m d} \tag{3.22}$$

设计时先按式(3.22) 算得 A,再选定基础的一个长边 b,即可求得另一短边 l。

(2) 偏心受压基础。基础承受偏心荷载或同时承受轴力和弯矩时,假定其底面压力按线性分布(图 3.51),这时边缘处的压力可按下式计算:

$$p_{k\max \atop k\min} = \frac{N_{dk}}{bl} \pm \frac{M_{dk}}{W} \tag{3.23}$$

式中:$p_{k\max}$,$p_{k\min}$—— 基础底面的最大和最小压力压力值;

N_{dk}—— 作用于基础底面的轴力，$N_{dk}=N_k+G_k$；

M_{dk}—— 作用于基础底面的弯矩；

W—— 基础底面的弹性抵抗矩，$W=lb^2/6$。

令 $e_0=M/N$，并将 $W=lb^2/6$ 代入式(3.23)，可得

$$p_{k\max \atop k\min}=\frac{N_{dk}}{bl}\left(1\pm\frac{6e_0}{b}\right) \tag{3.24}$$

从上式可知：当 $(1-6e_0/b)>0$，即 $e_0<b/6$ 时，$p_{k\min}>0$，这时在基础的全部底面积上都作用着向上的地基反力，即基础的全部底面积是和地基密切接触的；地基反力图为梯形(图 3.51(a))，当 $e_0=b/6$ 时，$p_{k\min}=0$，地基反力图为三角形(图 3.51(b))。

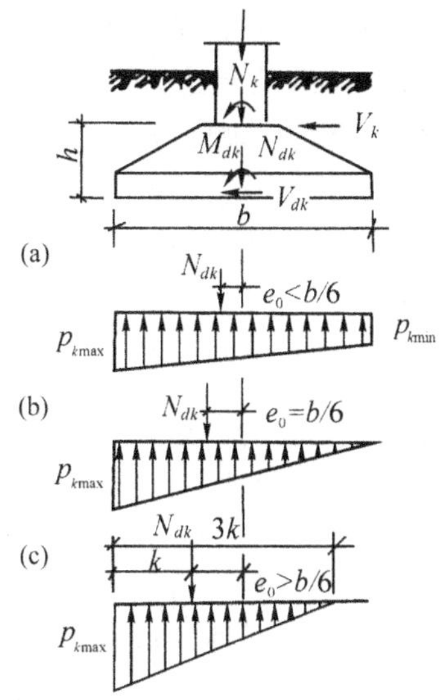

图 3.51　偏心受压基础底面压应力

当 $(1-6e_0/b)<0$，即 $e_0>b/6$ 时，则 $p_{k\min}<0$，这说明基础底面积的一部分将产生拉力，但实际上基础与土壤的接触面是不可能受拉的，这意味着这部分基础底面脱离了地基(图3.51(c))，亦即这时承受反压力的基础底面积不是 lb 而是 $3kl$。因此，这时不能按式(3.24)来计算地基反力，而应按下式计算 $p_{k\max}$：

$$p_{k\max}=\frac{2N_{dk}}{3kl} \tag{3.25}$$

此处，k 是偏心荷载 N_d 作用点至基础底面最大压力边缘的距离，$k=\frac{b}{2}-e_0$。

在确定偏心受压基础底面尺寸时，基础底面的平均应力不应超过地基承载力设计值，即

$$p_k=\frac{p_{k\max}+p_{k\min}}{2}\leqslant f_a \tag{3.26}$$

同时尚应符合

$$p_{k\max}\leqslant 1.2f_a \tag{3.27}$$

由于地基土的可压缩性，在不均匀压力作用下，会使基础倾斜，有时甚至可能影响厂房的正常使用，因此设计时对基础底面压力的分布除应按式(3.26)和式(3.27)予以限制外，还应根据设计和使用经验，分别情况符合下列规定：

对于有吊车的厂房，应使 $e_0\leqslant b/6$；对于无吊车的厂房，当计入风载时，允许基础底面不完全与基础接触，即 $e_0>b/6$，但需满足 $3k/b\geqslant 0.75$。

确定偏心受压基础底面尺寸一般用试算法：先按轴心受压基础所需的面积增大20%～40%，初步选定长、短边尺寸(通常 $b/l\leqslant 2$，一般取1.5左右)，然后验算是否满足式(3.26)和式(3.27)的要求。如不满足，再假定尺寸重算，至满足为止。

3.4.2　基础高度

基础高度是根据柱与基础交接处混凝土抗冲切承载力的要求确定的。

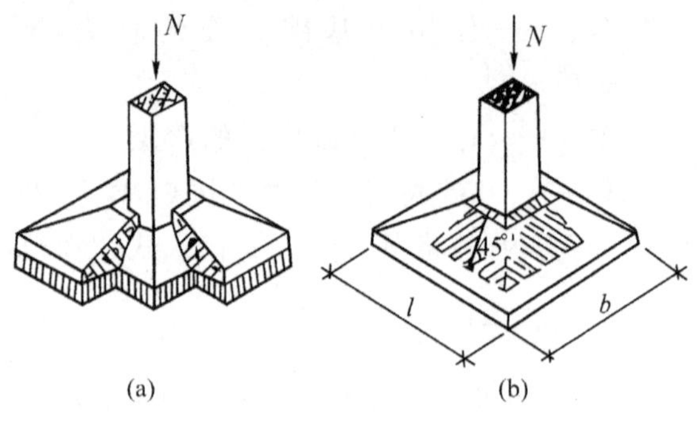

图 3.52　单独基础冲切破坏

试验表明，基础在承受柱传来的荷载时，如果沿柱周边(或变阶处)的高度不够，将会发生如图 3.52(a) 所示的冲切破坏，即沿柱边大致成 45° 方向的截面被拉开而形成如图 3.52(b) 所示的角锥体(阴影部分)破坏，为了保证不发生冲切破坏，必须使冲切面外的地基反力产生的冲切力 F_l 小于或等于冲切面处混凝土的抗冲切强度，即：

$$F_l \leqslant 0.7\beta_{hp} f_t a_m h_0 \tag{3.28}$$

$$F_l = p_j A_l \tag{3.29}$$

式中：β_{hp}—— 受冲切承载力截面高度影响系数，当基础高度 $h \leqslant 800$ 时，β_{hp} 取 1.0；当 $h \geqslant 2000$ 时，β_{hp} 取 0.9；其间按线性内插法取用；

f_t—— 混凝土轴心抗拉强度设计值；

h_0—— 基础冲切破坏锥体的有效高度；

a_m—— 冲切破坏锥体最不利一侧计算长度，$a_m = (a_t + a_b)/2$；

a_t—— 冲切破坏锥体最不利一侧斜截面的上边长，当计算柱与基础交接处的受冲切承载力时，取柱宽；当计算基础变阶处的受冲切承载力时，取上阶宽；

a_b—— 冲切破坏锥体最不利一侧斜截面在基础底面积范围内的下边长，当冲切破坏锥体的底面落在基础底面以内(图 3.53(a)、(b))，计算柱与基础交接处的受冲切承载力时，取柱宽加 $2h_0$；当计算基础变阶处的受冲切承载力时，取上阶宽加 $2h_0$；当冲切破坏锥体的底面在 l 方向落在基础底面以外(图 3.53(c))，即 $a + 2h_0 \geqslant l$ 时，$a_b = l$；

p_j—— 扣除基础自重及其上土重后相应于荷载效应基本组合时的地基土单位面积净反力，对偏心受压基础可取基础边缘处最大地基土单位面积净反力；

A_l—— 冲切验算时取用的部分基底面积(图 3.53(a)、(b) 中的阴影面积 $ABCDEF$，或图 3.53(c) 中的阴影面积 $ABCD$)；

对图 3.53(a) 情况，(即冲切锥体底边宽度在基础宽度以内)，则有 $A_l = \left(\frac{b}{2} - \frac{b_t}{2} - h_0\right)l - \left(\frac{l}{2} - \frac{a_t}{2} - h_0\right)^2$；对图 3.53(c) 情况，(即冲切锥体底面有一小部分落在基础底面以外)，则有 $A_l = \left(\frac{b}{2} - \frac{b_t}{2} - h_0\right)l$

F_l—— 相应于荷载效应基本组合时作用在 A_l 上的地基土净反力设计值。

对于杯形基础，如杯壁厚度 t+75mm 小于杯壁高度 h_2，说明上阶底落在冲切破坏角锥体以内，则对柱边可不作冲切验算，但需对变阶截面作抗冲切验算(图 3.54(a))。对于阶形基础在变阶处均应作抗冲切验算，冲切破坏锥体由在变阶处作 45° 方向斜面形成(3.54(b))。

设计时，一般根据构造要求先假定基础高度，然后按式(3.28) 进行验算，如不满足，

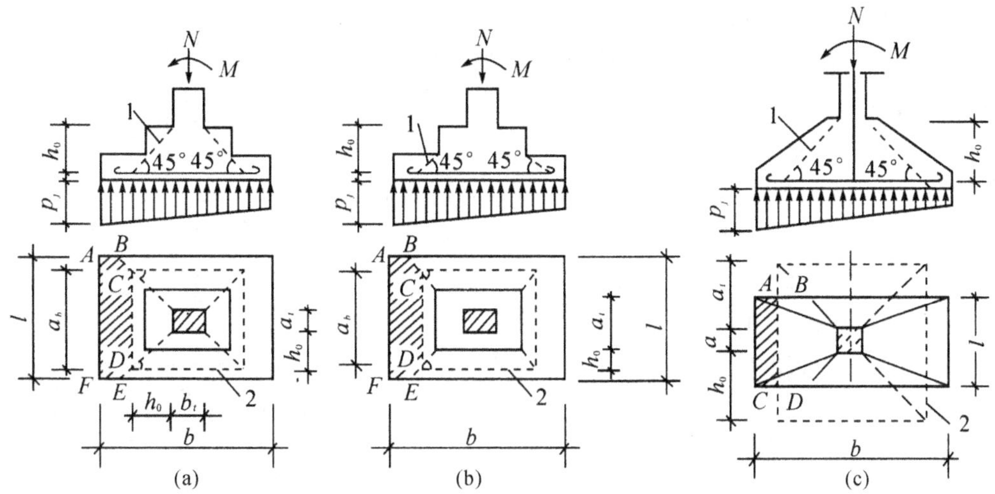

图 3.53　计算阶形基础的受冲切承载力截面位置

(a) 柱与基础交接处；(b) 基础变阶处

1- 冲切破坏锥体最不利一侧的斜截面；2- 冲切破坏锥体的底面线

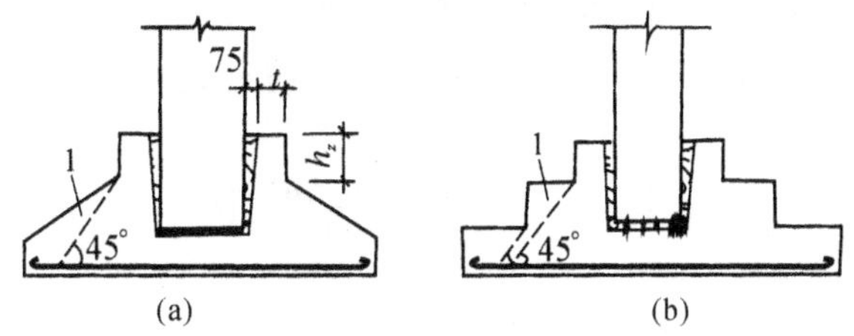

图 3.54　变阶处冲切截面位置

则应增大高度再验算，直至满足为止。

3.4.3　基础底板配筋计算

试验表明，基础底板在地基净反力的作用下，在两个方向均产生向上的弯曲，因此需在底板下部配置双向受力钢筋。配筋计算的最危险截面一般取在柱与基础交接处和变阶处（对阶形基础）。计算两个方向的弯矩时，把基础视为固定在柱子周边四面挑出的倒置悬臂板。

对轴心荷载或单向偏心荷载作用下底板受弯可按以下简化方法计算：

当台阶的宽高比小于等于 2.5 和偏心距小于等于 1/6 基础宽度时，任意截面的弯矩为（图 3.55）：

$$M_{\mathrm{I}} = \frac{1}{12}a_1^2[(2l+a')(p_{\max}+p)+(p_{\max}-p)l] \tag{3.30}$$

$$M_{\mathrm{II}} = \frac{1}{48}(l-a')^2(2b+b')(p_{\max}+p_{\min}) \tag{3.31}$$

式中：M_{I}、M_{II} —— 任意截面 Ⅰ ～ Ⅰ、Ⅱ ～ Ⅱ 处相应于荷载效应基本组合时的弯矩设

计值；

a_1—— 任意截面 Ⅰ ～ Ⅰ 至基底边缘最大反力处的距离；

l、b—— 基础底面的边长；

p_{max}、p_{min}—— 相应于荷载效应基本组合时的基础底面边缘最大和最小地基反力设计值；

p—— 相应于荷载效应基本组合时在任意截面Ⅰ～Ⅰ处基础底面地基反力设计值。

为了简化计算，一般沿 b 方向的受力钢筋可为：

$$A_{SI} = \frac{M_I}{0.9 h_0 f_y} \tag{3.32}$$

沿基础矩边 l 方向的受力钢筋为：

$$A_{S\text{Ⅱ}} = \frac{M_{\text{Ⅱ}}}{0.9(h_0 - d) f_y} \tag{3.33}$$

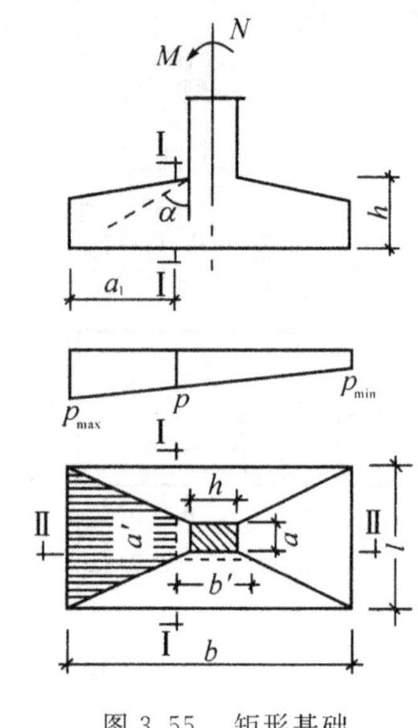

图 3.55　矩形基础底板的计算示意

d 为沿 b 方向受力钢筋的直径。按受力合理考虑，通常将沿 l 方向的受力钢筋放在沿 b 方向的受力钢筋上。

对同一方向应取用各截面(柱边、变阶处) 中配筋最大者配筋。

3.4.4　构造要求

轴心受压基础一般做成方形；偏心受压基础应为矩形，通常 $b/l \leqslant 2$，最大不超过 3；锥形基础边缘高度不宜小于 200mm；阶形基础的每阶高度宜为 300 ～ 500mm。

基础混凝土强度等级不应低于 C20；底板受力钢筋一般采用 HPB235 级或 HRB335 级钢筋，其最小直径不宜小于 10mm；间距不宜大于 200mm，也不宜小于 100mm。当基础边长 $\geqslant$ 3m 时，沿此方向的钢筋长度可缩短 10%，并交错放置。

基础下面通常做混凝土垫层，其强度等级应为 C10，厚度一般为 100mm。此时，钢筋保护层不应小于 40mm。

预制柱插入基础杯口内应有足够的深度，以使柱子与基础的连接成为刚性连接。插入深度 h_1 可按表 3.2 选用。此外，h_1 还应满足柱纵筋锚固长度的要求。为保证柱子吊装时的稳定性，还应使插入深度不小于柱子吊装时长度的 5%。杯口底部在柱子吊装就位之前应用细石混凝土找平，厚度为 50mm，杯口深度应为 $h_1 + 50$。基础杯底厚度 a_1 和杯壁厚度 t(图 3.56) 可按表3.3 选用。

表 3.2　柱插入杯口深度 h_1　　单位：mm

矩形或工字形柱				双肢柱
$h < 500$	$500 \leqslant h < 800$	$800 \leqslant h < 1000$	$h > 1000$	
$h_1 = (1 \sim 1.2)h$	$h_1 = h$	$h_1 = 0.9h \geqslant 800$	$h_1 = 0.8h \geqslant 1000$	$h_1 = (1/3 \sim 2/3)h_a$ $(1.5 \sim 1.8)h_b$

注：① h 为柱截面长边尺寸；h_a 为双肢柱整个截面的长边尺寸，h_b 为双肢柱整个截面的短边尺寸。

② 柱轴心受压或小偏心受压时，h_1 可适当减小；偏心距 $e_0 > 2h$，h_1 应适当加大。

表 3.3　基础杯底厚度和杯壁厚度　　单位：mm

柱截面长边尺寸 h	杯底厚度 a_1	杯壁厚度 t
$h < 500$	$\geqslant 150$	$150 \sim 200$
$500 \leqslant h < 800$	$\geqslant 200$	$\geqslant 200$
$800 \leqslant h < 1000$	$\geqslant 200$	$\geqslant 300$
$1000 \leqslant h < 1500$	$\geqslant 250$	$\geqslant 250$
$1500 \leqslant h < 2000$	$\geqslant 300$	$\geqslant 400$

注：① 双肢柱的 a_1 值可适当加大。

② 当有基础梁时，基础梁下的杯壁厚度应满足其支承宽度的要求。

③ 柱插入杯口部分的表面应凿毛；柱与杯口之间的空隙，应用细石混凝土（比基础混凝土强度高一级）充填密实，其强度达到基础设计强度的 70% 以上（或采取其他相应措施）时，方能进行上部吊装。

当柱为轴心或小偏心受压且 $t/h_2 \geqslant 0.65$ 时，或大偏心受压且 $t/h_2 \geqslant 0.75$ 时，杯壁内可不配筋。当柱为轴心或小偏心受压且 $0.5 \leqslant t/h_2 < 0.65$ 时，杯壁内可按表 3.4 及图 3.57 的要求配筋。

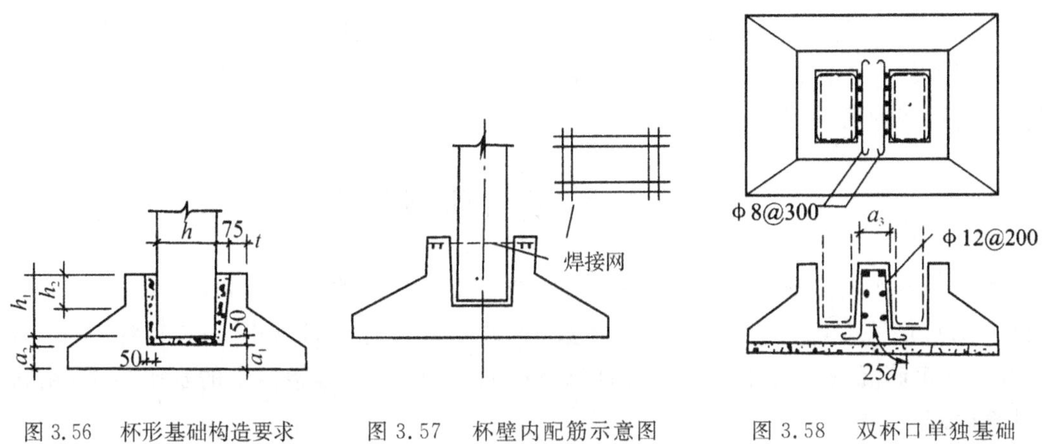

图 3.56　杯形基础构造要求　　图 3.57　杯壁内配筋示意图　　图 3.58　双杯口单独基础

表 3.4　杯壁构造配筋　　单位：mm

柱截面长边尺寸 h	$h < 1000$	$1000 \leqslant h < 1500$	$1500 \leqslant h \leqslant 2000$
钢筋网的钢筋直径	$\phi 8 \sim 10$	$\phi 10 \sim 12$	$\phi 12 \sim 16$

对于伸缩缝处的双杯口基础（图 3.58），当两个杯口之间的宽度 $a_3 < 400\text{mm}$ 时，宜按图3.58 的要求配筋。

3.5 屋架设计要点

3.5.1 屋架的外形和杆件截面尺寸

屋架的外形应与厂房的使用要求、跨度大小以及屋面结构相适应，同时应尽可能接近简支梁的弯矩图表，使杆件内力均匀些。屋架的高跨比一般采用 1/10 ～ 1/6。屋架的节间长度要有利于改善杆件受力条件和便于布置天窗架及天窗。上弦节间的长度一般为 3m，跨度大时为减少节点和腹杆数，可取 4.5 ～ 6m；下弦节间长度一般是 4.5m 和 6m。

上、下弦及端斜压杆应采用相同的截面宽度，以利于制作。上弦截面宽度应不小于 200mm，高度不小于 180mm。下弦高度不小于 140mm，当为预应力屋架时，尚应满足预应力钢筋孔道和锚具尺寸的构造要求。腹杆截面一般不小于 100mm×100mm，此外腹杆长度（中心线之间距离）与其截面短边之比不应大于 40（拉杆）或 35（压杆）。

当屋架的高跨比符合上述要求时，往往能满足使用要求，可不验算挠度。如需验算，可按铰接桁架的简图用虚功原理计算。

3.5.2 荷载与荷载组合

作用于屋架上的荷载与屋面梁相同。屋架自重可近似按（25 ～ 30）L（N/m^2）估算，此处 L 为厂房跨度，大跨度时用小的系数。支撑自重可近似按 $50N/m^2$（钢系杆时）或 $250N/m^2$（钢筋混凝土系杆时）估算。计算下弦时，尚应考虑排架传来的水平拉力（由排架计算确定）。

为了求出各杆件的最不利内力，必须对作用于屋架上的荷载进行组合。一般，应考虑图3.59 所示的几种荷载情况，其中安装活载取 $500N/m^2$。

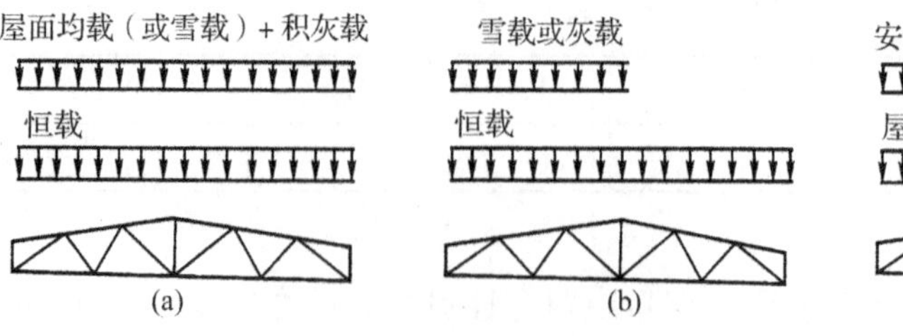

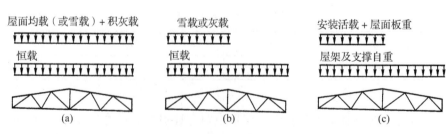

图 3.59 屋架荷载组合图

3.5.3　计算简图和内力计算

钢筋混凝土屋架由于是节点整结，严格地说，是多次超静定刚接桁架，但计算复杂，故一般可简化成铰接桁架进行计算。

图 3.60(a) 为折线形屋架简图，图 3.60(b) 为其计算简图。图中，P_a，P_b，P_c，…，P_n 为屋面板(天沟板) 传来的集中荷载；g 为上弦自重；G_1，G_2，G_3 为腹杆、下弦和支撑自重(已化为节点荷载)。作用于上弦的既有节点荷载，又有节间荷载，因此上弦将产生弯矩。计算屋架内力时，可按以下两部分分别计算：上弦弯矩可假定为不动支座的折线形连续梁(图 3.60(c))，用弯矩分配法计算(当各节间长度相差 ≤ 10% 时，可近似按等跨连续梁利用现成的系数表计算)，各杆件轴力可假定为铰接桁架(图 3.60(d)) 用图解法或数

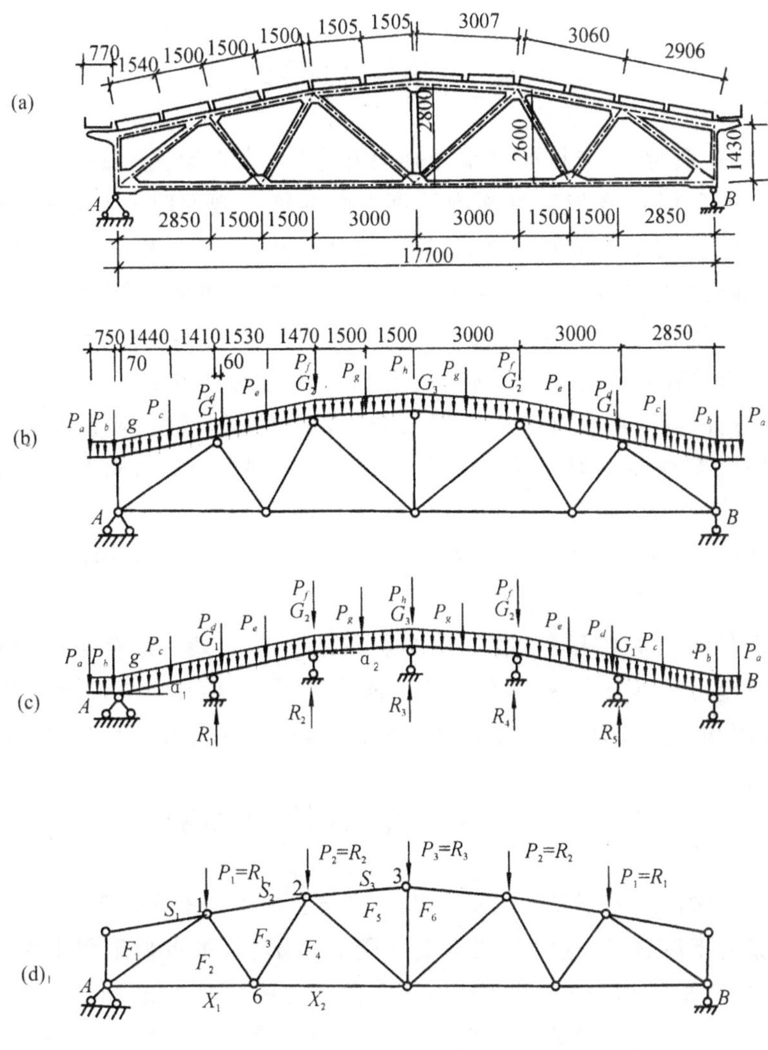

图 3.60　屋架计算图

解法计算，也可借助已知的系数表计算。这时，节点荷载 P_1,P_2,P_3 应为上弦连续梁相应的支座反力 R_1,R_2,R_3。为简化计算，也可近似按上弦各节间为简支梁的情况处理。对于下弦，一般可不计其自重产生的弯矩，当有节间荷载时，可如上弦一样计算弯矩。

实际上，屋架除按上述方法求出的弯矩（一般称"主弯矩"）外，由于在荷载作用下，节点间将产生相对位移，而各节点又不是"理想铰"，因此在所有杆件中还会产生附加弯矩（一般称"次弯矩"）。根据试验和理论分析，一般建议将钢筋混凝土屋架上弦和端部斜压杆的配筋量酌情增加（有的设计规程建议增加 10% ～ 20%），并验算下弦及受拉腹杆的裂缝宽度，而不再计算次弯矩。对预应力混凝土屋架，在对上弦进行承载力计算时，一般可不考虑次弯矩的影响；但对下弦，当抗裂度要求较高时，除轴向拉力外，还需考虑在自重作用下弯矩的影响；对张拉阶段，除特殊情况外，一般可不考虑张拉阶段的次弯矩对上弦及腹杆强度的影响。对于钢筋混凝土组合屋架，因其上弦的次弯矩较大，故必须按结构力学的方法进行计算。

3.5.4 杆件截面设计

屋架有节间荷载时，上弦杆同时承受轴力和弯矩，应选取内力的不利组合，按偏心受压构件进行配筋计算。在屋架平面内计算上弦的跨中截面时，应考虑纵向弯曲的影响，这时计算长度 l_0 可取该节间长度，计算节点处截面时，可不考虑纵向弯曲的影响。上弦杆平面外的强度按轴心受压构件验算，这时计算长度 l_0 可取：当屋面板的宽度不大于 3m 且每块板与屋架有三点焊接时，取 3m；当为有檩体系时，取横向支撑与屋架上弦连接点之间的距离（连接点应有檩条贯通）。下弦杆当不考虑其自重产生的弯矩影响时，按轴心受拉构件设计。同一腹杆在不同荷载组合下，可能受拉或受压，应按轴心受拉或轴心受压构件设计。腹杆在屋架平面内的计算长度 l_0 可取 $0.8l$，但梯形屋架端斜压杆取 $l_0 = l$，在屋架平面外取 $l_0 = l$（此处 l 为腹杆长度，按轴心线交点间的距离计算）。

屋架各杆件的配筋构造应符合《规范》有关规定或参考有关标准图集，此处不作介绍。

此外，节点是保证屋架正常工作使用的重要部分。节点处一般有 3 ～ 5 根杆件汇交，截面发生突变，受力相当复杂，如果处理不当或施工质量差，在节点附近将会出现裂缝，影响屋架的使用和安全，因此必须重视节点设计。其构造要求可参阅有关设计资料。

3.5.5 屋架翻身扶直验算

屋架一般平卧制作，翻身扶直时的受力情况与起吊方法有关。翻身扶直时下弦不离地面，整个屋架绕下弦转动。这时屋架平面外受力最不利，可近似地将上弦视作连续梁来计算其平面外弯矩（图 3.61），并按此验算上弦杆的承载力和抗裂度。应考虑的荷载除上弦自重外，还应将腹杆重量的一半传给上弦的相应节点（腹杆由于其自重弯矩很小，不必验算）。其动力系数一般取 1.5，但可根据具体情况适当增减。

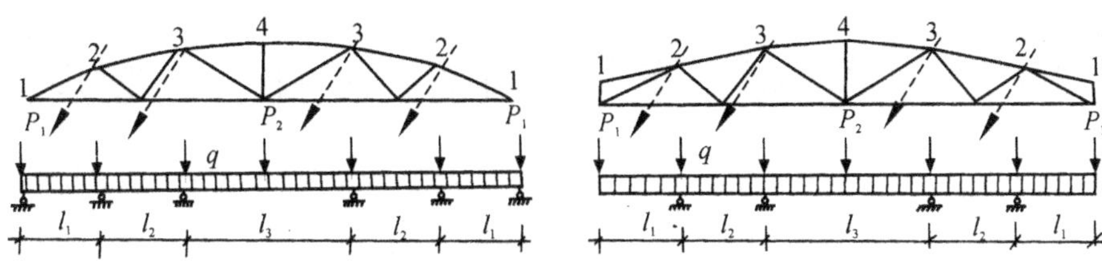

图 3.61　屋架翻身扶直时的计算简图

3.6　吊车梁设计要点

吊车梁是直接承受吊车荷载的承重构件，对吊车的正常运行和厂房纵向刚度都有重要的作用。

装配式吊车梁是支承在柱上的简支梁，其受力特点取决于吊车荷载的特征，主要有以下四点。

3.6.1　承受的吊车荷载是两组移动的集中荷载

一组是移动的竖向荷载 P，另一组是移动的横向水平荷载 T，“一组”指的是可能作用在吊车梁上的吊车轮子。所以，既要考虑自重和 P 作用下的竖向弯曲，也要考虑自重、P 和 T 联合作用下的双向弯曲。因为是移动荷载，故须用影响线求出各计算截面上的最大内力，或作包络图。在两台吊车作用下，弯矩包络图一般呈“鸡心形”，这时可将绝对最大弯矩截面至支座一段的距离近似地取为二次抛物线。支座和跨中截面间的剪力包络图形，可近似地按直线取用(图 3.62)。

3.6.2　承受的吊车荷载是重复荷载

根据实际调查，如果车间使用 50 年，则 A_6、A_7 和 A_8 工作级别的吊车荷载重复次数的总和会达到$(4 \sim 6) \times 10^6$ 次，甚至更多；A_4、A_5 工作级别的吊车一般为 2×10^6 次。直接承受重复荷载时，材料会因疲劳而降低强度，所以对承受 A_4 至 A_8 工作级别吊车的吊车梁，除静力计算外，还要进行疲劳验算。

3.6.3　要考虑吊车荷载的动力特征

吊车在运行时，具有冲击和振动作用，目前以吊车荷载乘以动力系数 μ 的形式来考虑其动力特性。动力系数 μ 的取值可见《荷载规范》。

3.6.4 要考虑吊车荷载的偏心影响——扭矩

吊车竖向荷载 μP_{max} 和横向水平荷载 T 对吊车梁横截面的弯曲中心是偏心的（图 3.63）。对多台吊车，每个吊车轮产生的扭矩按两种情况计算：

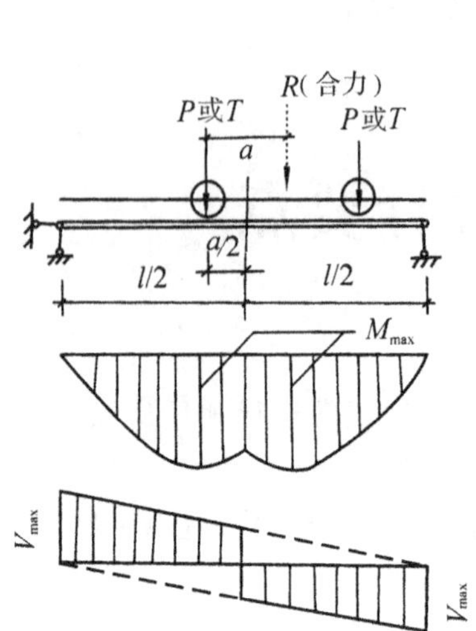

图 3.62 吊车梁内力包络图

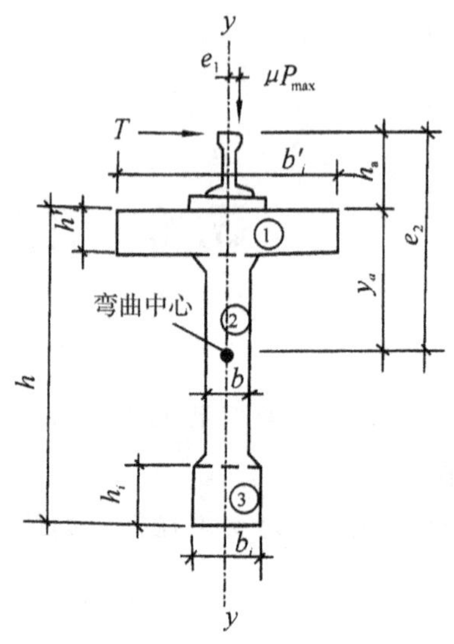

图 3.63 吊车荷载偏心示意图

(1) 静力计算时，考虑两台吊车

$$m_t = (\mu P_{max} e_1 + Te_2) \times 0.7 \tag{3.34}$$

(2) 疲劳验算时，只考虑一台吊车，且不考虑横向水平荷载的影响，则

$$m_t^f = 0.8\mu P_{max} e_1 \tag{3.35}$$

式中：m_t，m_t^f——静力计算和疲劳验算时，由一个吊车轮产生的扭矩值；

0.7，0.8——扭矩和剪力共同作用时的组合系数；

e_1——吊车轨道对吊车梁横截面弯曲中心的偏心矩，一般取 $e_1 = 20\text{mm}$；

e_2——吊车横向水平荷载 T 对横截面中心的偏心矩，$e_2 = h_a + y_a$；

h_a——轨道顶面至吊车梁顶面的距离，一般可取 20cm；

y_a——吊车梁横截面弯曲中心至梁顶面的距离

对 T 形截面：

$$y_a = \frac{h'_i}{2} + \frac{\frac{h}{2}(h - h'_i)b^3}{h'_i b'^3_i + (h - h'_i)b^3} \tag{3.36}$$

对工字形截面：

$$y_a = \frac{\sum (I_{y_i} y_i)}{\sum I_{y_i}} \tag{3.37}$$

式中：h，b 和 h'_i，b'_i——截面高度、肋宽度和翼缘的高度和宽度；

I_{y_i}—— 每一分块截面①,②,③(见图 3.63)对 $y—y$ 轴的惯性矩,均不考虑预留孔道、钢筋换算等因素;

$\sum I_{y_i}$—— 整个截面对 $y—y$ 轴的惯性矩,$\sum I_{y_i} = I_{y_1} + I_{y_2} + I_{y_3}$;

y_i—— 每一分块截面的形心至梁顶面的距离。

求出 m_t 或 m_t^f 后,再按影响线法求出扭矩 M_t 和 M_t^f 的包络图。

由上述可见,吊车梁是重复受力和双向弯曲的弯、剪、扭构件。其设计内容一般应包括:内力计算(要用到影响线),正截面、斜截面的承载力计算(弯、剪、扭作用),挠度、最大裂缝宽度验算,疲劳验算(见《规范》)和施工阶段的验算及有关配筋构造要求等。

3.7　设计实例

建造一幢房屋,大体要经过下述几个环节:计划任务书(包括设计任务书)的编制与审批;建筑场地的选定、勘察和征用;设计;施工;设备安装;竣工验收;交付使用和总结。

房屋建造是一个较复杂的物质生产过程,它需要多方面的配合,因此施工前,必须对房屋的建筑作全面的研究,制定出一个完整的方案,编制出一整套施工图纸与文件,为施工提供依据,这就是房屋的设计工作。

工业厂房设计工作通常包括生产工艺、建筑、结构、设备、动力等专业工种的设计。这些专业工种设计只有既互相分工,又互相配合,才能共同设计出既满足生产使用要求,又安全、经济的工业厂房。

设计工作的程序通常分初步设计和施工图设计两个阶段进行。对于某些较为复杂的工程项目,由于技术问题的矛盾较多,必要时也有按初步设计、技术设计、施工图设计三个阶段进行的。结构的初步设计包括收集资料、提出方案,详细说明其结构布置的合理性及技术上的可能性,以及协调与其他各专业工种设计的矛盾,做到互相交底、互相统一,并为施工图设计做好准备。施工图设计是编制出一整套施工图纸和文件提供给施工单位。

3.7.1　设计任务及资料

经基本建设和主管部门批准,某厂要在郊区扩建一单层装配车间,面积为 $3500m^2$。通过各工种的初步设计,提出设计资料如下:

(1) 该车间为等高双跨,跨度分为 24m 和 18m,车间总长为 84m;柱顶标高为 12.9m,轨顶标高为 10.4m。其平面和剖面图见图 3.64 和图 3.65。

(2) 车间 24m 跨内设有两台 200/50kN 工作级别 A_5 的吊车;18m 跨内设有两台 100kN 工作级别 A_5 的吊车,均选用大连起重机厂产品,其吊车参数见表 3.5。

表 3.5　吊车参数

起重量 W/kN	桥跨 L_K/m	轮距 K/m	大车宽 B/m	小车重 Q_1/kN	额定起重量 P/kN	最大轮压 P_{max}/kN	吊车总量 Q/kN
200/50	22.5	4.4	5.5	70.1	200	196	290
100	16.5	4.4	5.5	36.8	100	105	185

(3) 根据工程地质勘探报告，选编号 ② 层土为持力层(粉质粘土)，其深度在距地表面1.3m左右，厚度基本均匀，约有 4 ～ 5m，承载力设计值 $f = 122\text{kN/m}^2$，常年平均地下水稳定水位在地面下 2m 处。

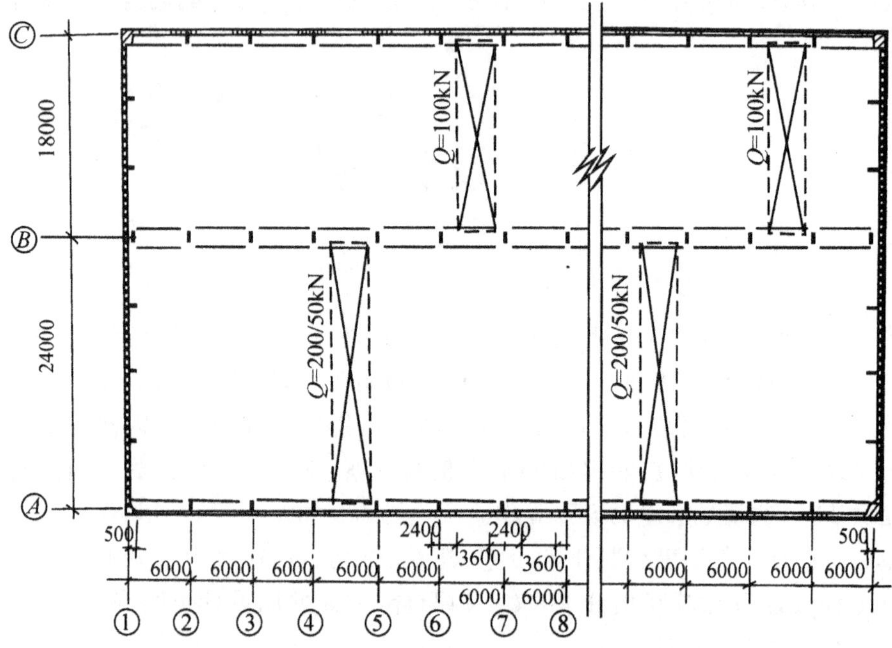

图 3.64　平面图

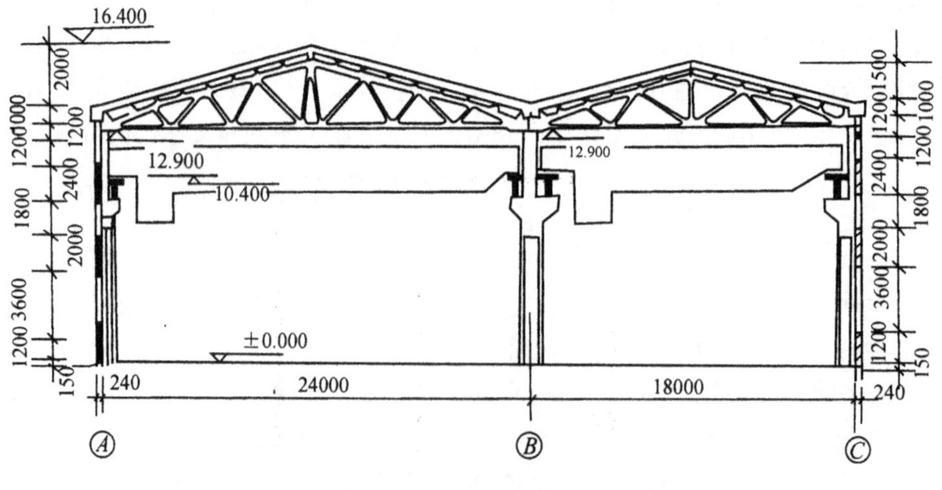

图 3.65　剖面图

(4) 厂房标准构件选用：① 屋面采用G410(一)标准图集中的预应力混凝土大型屋面板，板重标准值(包括灌缝)为1.4kN/m^2。② 屋架采用CG423标准图集中的预应力混凝土折线形屋架(卷材防水屋面)，24m跨和18m跨屋架自重标准值分别为82.7kN和48kN。③ 吊车梁采用G425标准图集中的预应力混凝土吊车梁(两跨一样)，梁高1000，自重标准值34.3kN，轨道及零件自重标准值0.8kN/m，轨道构造高度200。④ 按标准图所选用的屋盖支撑自重标准值0.05kN/m^2。

(5) 柱采用C25混凝土，纵筋为HRB400级钢筋，箍筋为HPB300级钢筋，基础采用C15混凝土，钢筋为HPB300级；

(6) 支撑布置(略)。

3.7.2　柱截面选定和排架计算简图

3.7.2.1　柱截面尺寸的确定

(1) 根据建筑剖面，考虑基础顶面为−0.5m，并参考附表6、附表7，确定各柱截面尺寸为：

A轴　上柱(矩形)　$b\times h = 400\text{mm}\times 400\text{mm}$

　　　下柱(工字形)　$b\times h\times h_f = 400\text{mm}\times 900\text{mm}\times 150\text{mm}$

B轴　上柱(矩形)　$b\times h = 400\text{mm}\times 600\text{mm}$

　　　下柱(工字形)　$b\times h\times h_f = 400\text{mm}\times 1000\text{mm}\times 150\text{mm}$

C轴　上柱(矩形)　$b\times h = 400\text{mm}\times 400\text{mm}$

　　　下柱(工字形)　$b\times h\times h_f = 400\text{mm}\times 800\text{mm}\times 150\text{mm}$

(2) 各柱的截面惯性矩为：

A轴柱　上柱 $I_{1A} = 2.13\times 10^9\text{mm}^4$　　下柱 $I_{2A} = 19.54\times 10^9\text{mm}^4$

B轴柱　上柱 $I_{1B} = 7.2\times 10^9\text{mm}^4$　　下柱 $I_{2B} = 25.63\times 10^9\text{mm}^4$

C轴柱　上柱 $I_{1C} = 2.13\times 10^9\text{mm}^4$　　下柱 $I_{2C} = 14.38\times 10^9\text{mm}^4$

3.7.2.2　计算简图

$$H_2 = 12.9-(-0.5) = 13.4(\text{m})$$

$$H_1 = 12.9-10.4+0.2+1.0 = 3.7(\text{m})$$

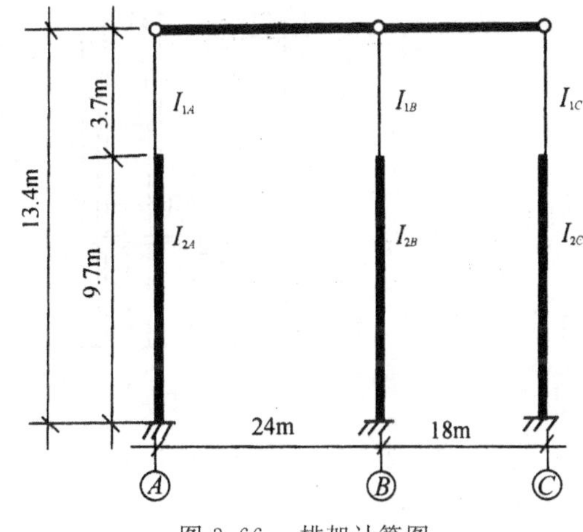

图3.66　排架计算图

3.7.3　荷载计算

以下荷载计算均为标准值。

3.7.3.1　永久荷载(恒载)

(1) A 轴柱承受的恒载：

① 由 A—B 跨屋盖传下的 G_{1A}：

二毡三油小石子防水	$0.35\times6\times24\div2=25.2$ (kN)
屋面板自重(包括灌缝)	$1.4\times6\times24\div2=100.8$ (kN)
屋盖支撑系统重	$0.05\times6\times24\div2=3.6$ (kN)
屋架自重	$82.7\div2=41.35$ (kN)
屋檐天沟及雨水	25 kN

$$G_{1A}=196.0\text{kN}$$

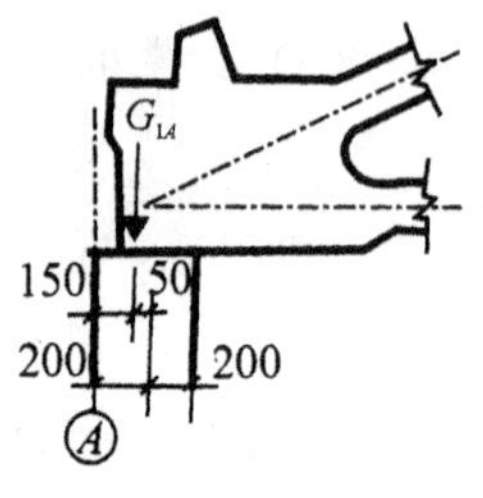

图 3.67　A 轴柱顶荷载位置图

如图 3.67 所示，G_{1A} 对上柱中心线的偏心距：

$e_{1A}=200-150=50$(mm)

② 吊车梁及轨道重 G_{2A}：

$$G_{2A}=34.3+0.8\times6=39.1(\text{kN})$$

如图 3.68 所示，G_{2A} 对下柱中心线的偏心距：

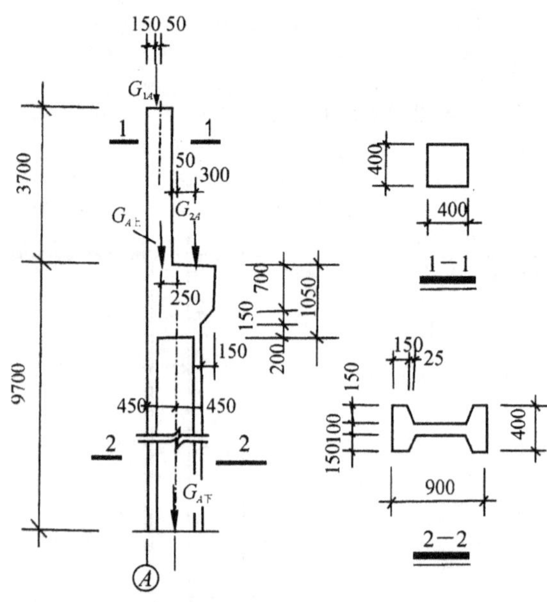

图 3.68　A 轴柱承受的荷载简图

$$e_{2A} = 750 - \frac{900}{2} = 300(\text{mm})$$

③ 柱自重：包括上柱重与下柱重。

上柱重：$G_{A上} = 0.4 \times 0.4 \times 3.7 \times 25 = 14.8(\text{kN})$

$G_{A上}$ 对下柱中心线的偏心距

$$e_A = \frac{900}{2} - \frac{400}{2} = 250(\text{mm})$$

下柱重　$G_{A下} = 50\text{kN}$(具体计算略)

(2) C 轴柱承受的恒载计算：

① 由 B—C 跨屋盖传下的 G_{1C}：

二毡三油小石子防水	$0.35 \times 6 \times 18 \div 2$	$= 18.9(\text{kN})$
屋面板自重(包括灌缝)	$1.4 \times 6 \times 18 \div 2$	$= 75.6(\text{kN})$
屋盖支撑系统重	$0.05 \times 6 \times 18 \div 2$	$= 2.7(\text{kN})$
屋架自重	$48 \div 2$	$= 24(\text{kN})$
屋檐、天沟及雨水		23kN
		$G_{1C} = 144.2\text{kN}$

G_{1C} 对上柱中心线的偏心距(与 G_{1A} 相同)：

$e_{1C} = 200 - 150 = 50(\text{mm})$

② 吊车梁及轨道重 G_{2C}：

$G_{2C} = 34.3 + 0.8 \times 6 = 39.1(\text{kN})$

G_{2C} 对下柱中心线偏心距(与 G_{2A} 相同)

$$e_{2C} = 750 - \frac{800}{2} = 350(\text{mm})$$

③ 柱自重：

上柱重：$G_{C上} = 0.4 \times 0.4 \times 3.7 \times 25$
$= 14.8(\text{kN})$

$G_{C上}$ 对下柱中心线的偏心距：

$$e_C = \frac{800}{2} - \frac{400}{2} = 200(\text{mm})$$

下柱重　$G_{C下} = 42\text{kN}$　(具体计算略)

(3) B 轴柱承受的恒载计算：

① 由 A—B 跨屋盖传下的恒载：

$G_{1BA} = G_{1A} = 196\text{kN}$

由 B—C 跨屋盖传下的恒载

$G_{1BC} = G_{1C} = 144.2\text{kN}$

由图 3.69，G_{1BA} 对上柱中心线的偏心距

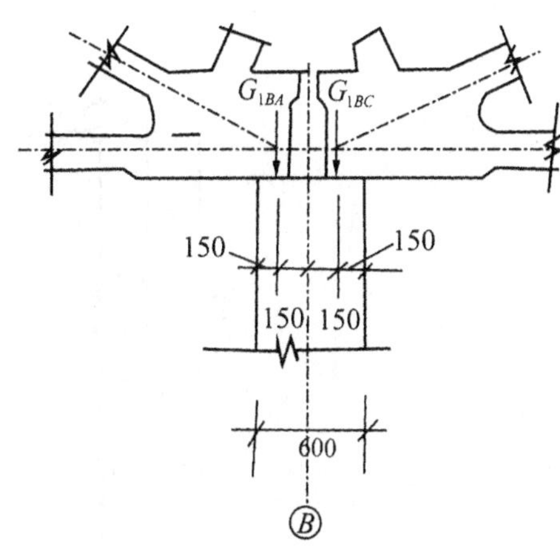

图 3.69　B 轴柱顶荷载位置图

$e_{1BA}=150\text{mm}$

同样，G_{1BC} 对上柱中心线的偏心距

$e_{1BC}=150\text{mm}$

② A—B 跨吊车梁及轨道重：

$G_{2BA}=G_{2A}=39.1\text{kN}$

B—C 跨吊车梁及轨道重

$G_{2BC}=G_{2C}=39.1\text{kN}$

由图 3.70，G_{2BA} 对下柱中心线的偏心距

$e_{2BA}=450+300=750(\text{mm})$

同样，G_{2BC} 对下柱中心线的偏心距

$e_{2BC}=450+300=750(\text{mm})$

③ 柱自重：

上柱自重　$G_{B上}=0.4\times0.6\times3.7\times25=22.2(\text{kN})$

下柱自重　$G_{B下}=56\text{kN}$　（具体计算略）

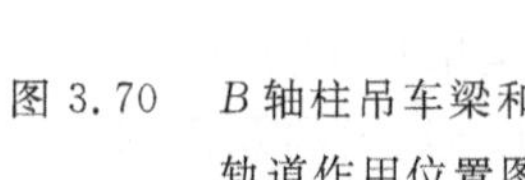

图 3.70　B 轴柱吊车梁和轨道作用位置图

(4) 恒载作用下的计算简图如图 3.71 所示。

$G_1=G_{1A}=196\text{kN}$

$M_1=G_{1A}\cdot e_{1A}=196\times0.05=9.8(\text{kN}\cdot\text{m})$

$G_2=G_{2A}+G_{A上}=39.1+14.8=53.9(\text{kN})$

$M_2=(G_{1A}+G_{A上})e_A-G_{2A}\cdot e_{2A}$

$=(196+14.8)\times0.25-39.1\times0.3=40.97(\text{kN}\cdot\text{m})$

$G_3=G_{1BA}+G_{1BC}=196+144.2=340.2(\text{kN})$

$M_3=G_{1BA}\times e_{1BA}-G_{1BC}\times e_{1BC}=196\times0.15-144.0\times0.15=7.77(\text{kN}\cdot\text{m})$

$G_4=G_{2BA}+G_{2BC}+G_{B上}=39.1+39.1+22.2=100.4(\text{kN})$

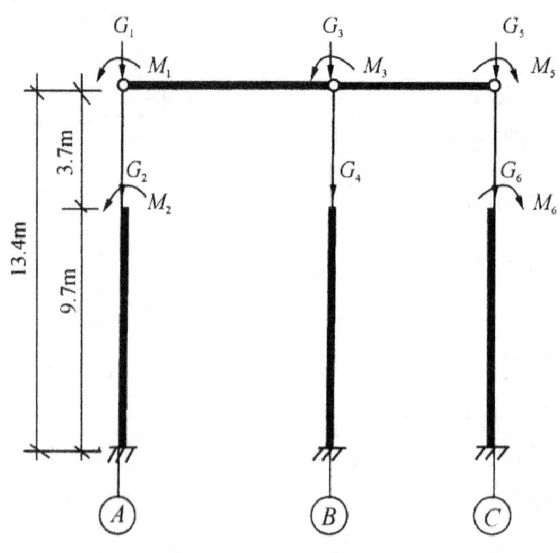

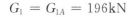

图 3.71　恒载计算简图

$M_4 = 0$

$G_5 = G_{1C} = 144.2\text{kN}$

$M_5 = G_{1C} \cdot e_{1C} = 144.2 \times 0.05 = 7.21(\text{kN} \cdot \text{m})$

$G_6 = G_{2C} + G_{C上} = 39.1 + 14.8 = 53.9(\text{kN})$

$$M_6 = (G_{1C} + C_{C上})e_C - G_{2C} \cdot e_{2C}$$
$$= (144.2 + 14.8) \times 0.2 - 39.1 \times 0.35 = 18.12(\text{kN} \cdot \text{m})$$

3.7.3.2　屋面活载*

对屋面均布活载(不上人屋面)查《荷载规范》,取其为 0.7kN/m^2,并通过屋架支点传给柱:

A 轴柱顶:$Q_{11} = 0.7 \times 6 \times \dfrac{24}{2} = 50.4(\text{kN})$

C 轴柱顶:$Q_{21} = 0.7 \times 6 \times \dfrac{18}{2} = 37.8(\text{kN})$

仅在 A—B 跨有活载和仅在 B—C 跨有活载的计算简图如图 3.72 和图 3.73 所示。

$M_7 = Q_{11} \cdot e_{1A} = 50.4 \times 0.05 = 2.52(\text{kN} \cdot \text{m})$

$M_8 = Q_{11} \cdot e_A = 50.4 \times 0.25 = 12.6(\text{kN} \cdot \text{m})$

$M_9 = Q_{11} \cdot e_{1BA} = 50.4 \times 0.15 = 7.56(\text{kN} \cdot \text{m})$

$M_{10} = Q_{21} \cdot e_{1BC} = 37.8 \times 0.15 = 5.67(\text{kN} \cdot \text{m})$

$M_{11} = Q_{21} \cdot e_{1C} = 37.8 \times 0.05 = 1.89(\text{kN} \cdot \text{m})$

$M_{12} = Q_{21} \cdot e_C = 37.8 \times 0.2 = 7.56(\text{kN} \cdot \text{m})$

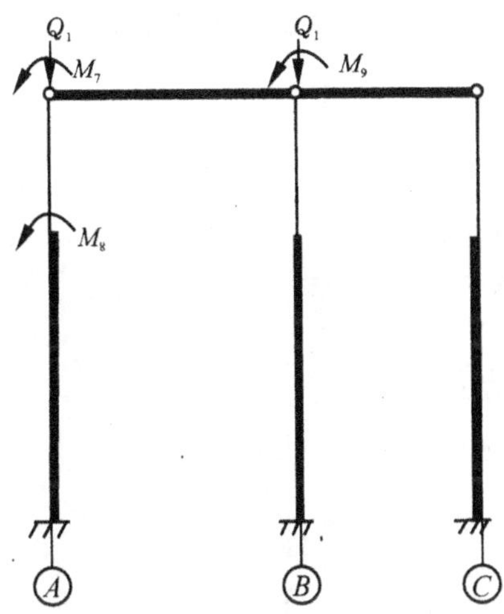

图 3.72　A—B 跨屋面活载计算简图

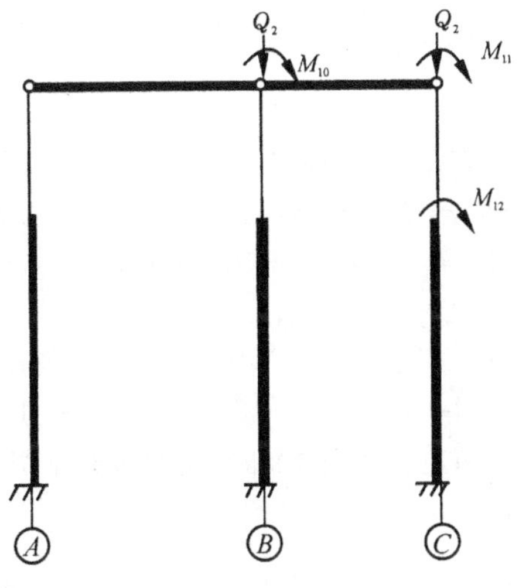

图 3.73　B—C 跨屋面活载计算简图

* 因该厂房的雪载比屋面活载小,所以设计中不考虑。

3.7.3.3 吊车荷载

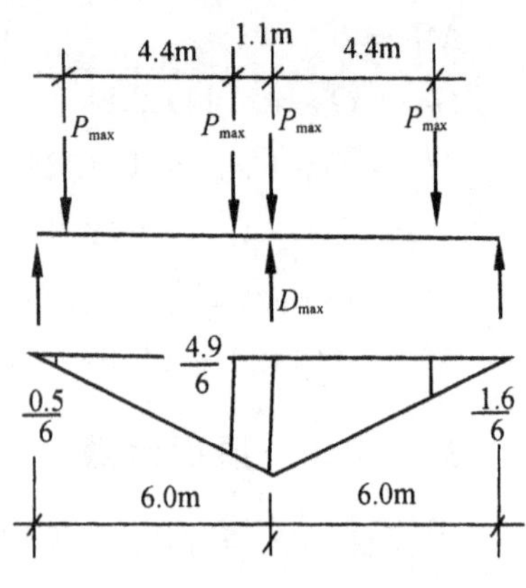

图 3.74 支座反力影响线

(1) 吊车竖向荷载：

A—B 跨：二台 200/50kN 吊车位置见图 3.74。

$P_{max}=196\text{kN}$

$$P_{min}=\frac{1}{2}(290+200)-196=49(\text{kN})$$

$$D_{max}=196\times\left(1+\frac{0.5+4.9+1.6}{6}\right)=425.0(\text{kN})$$

$$D_{min}=D_{max}\frac{P_{min}}{P_{max}}=425.0\times\frac{49}{196}=106.2(\text{kN})$$

计算简图见图 3.75。

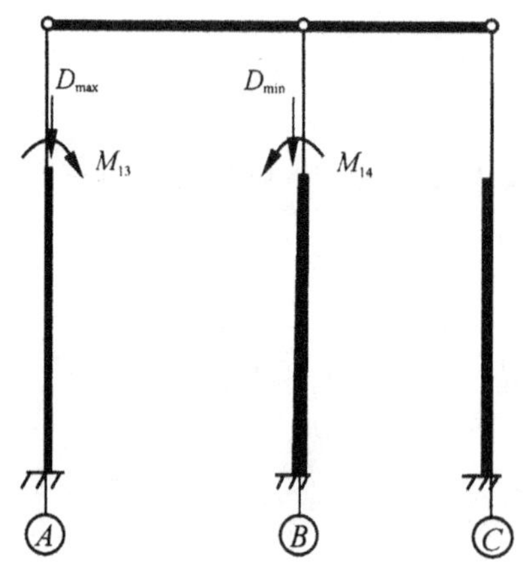

(a) D_{max} 作用在 A 轴柱

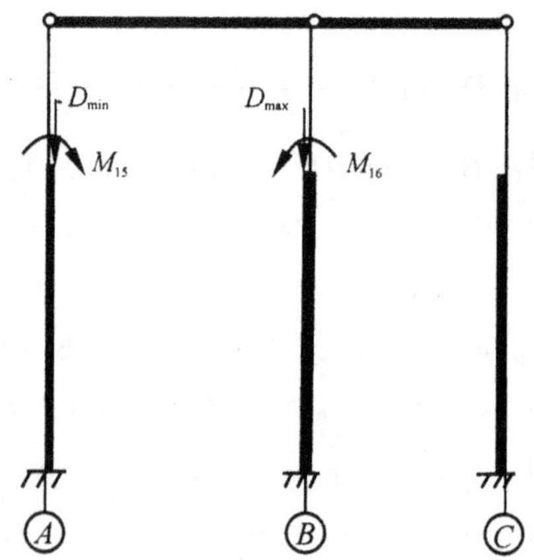

(b) D_{max} 作用在 B 轴柱

图 3.75 A—B 跨吊车竖向荷载计算简图

当 D_{max} 在 A 柱有：

$M_{13}=D_{max}e_{2A}=425.0\times0.3=127.5(\text{kN}\cdot\text{m})$

$M_{14}=D_{min}e_{2BA}=106.2\times0.75=79.65(\text{kN}\cdot\text{m})$

当 D_{max} 在 B 柱有：

$M_{15}=D_{min}e_{2A}=106.2\times0.3=31.9(\text{kN}\cdot\text{m})$

$M_{16}=D_{max}e_{2BA}=425\times0.75=318.75(\text{kN}\cdot\text{m})$

B—C 跨：二台 100kN 吊车位置见图 3.74。

$P_{max}=105$

$$P_{min}=\frac{1}{2}(185+100)-105=37.5(\text{kN})$$

$$D_{max}=105\times\left(1+\frac{0.5+4.9+1.6}{6}\right)=227.5(\text{kN})$$

$$D_{min}=D_{max}\times\frac{P_{min}}{P_{max}}=81.3\text{kN}$$

计算简图见图 3.76。

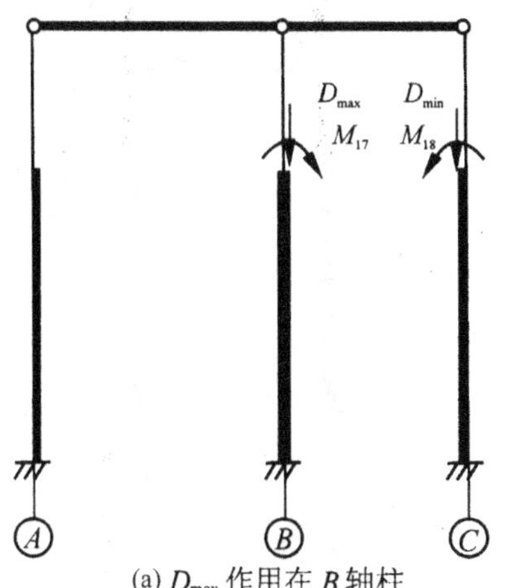

(a) D_{max} 作用在 B 轴柱

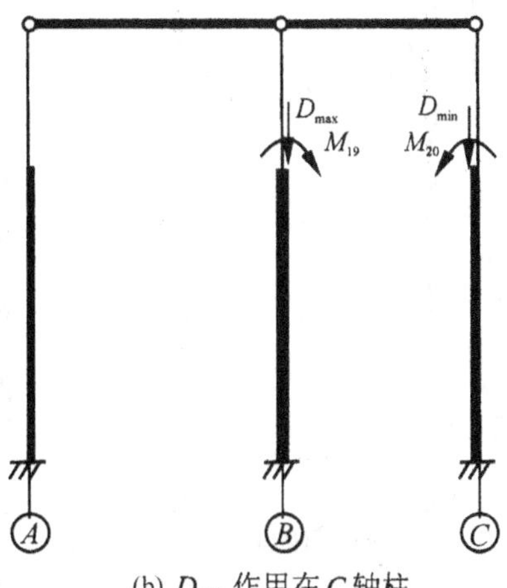

(b) D_{max} 作用在 C 轴柱

图 3.76　$B—C$ 跨吊车竖向荷载计算简图

当 D_{max} 在 B 柱有：

$M_{17} = D_{max}e_{2BC} = 227.5 \times 0.75 = 170.63(\text{kN} \cdot \text{m})$

$M_{18} = D_{min}e_{2C} = 81.3 \times 0.35 = 28.5(\text{kN} \cdot \text{m})$

当 D_{max} 在 C 柱有：

$M_{19} = D_{min}e_{2BC} = 81.3 \times 0.75 = 60.98(\text{kN} \cdot \text{m})$

$M_{20} = D_{max}e_{2C} = 227.5 \times 0.35 = 79.6(\text{kN} \cdot \text{m})$

(2) 吊车水平荷载：

$A—B$ 跨：每个轮子

$$T = \frac{\alpha(Q+Q_1)}{4} = \frac{0.1 \times (200+70.1)}{4} = 6.80(\text{kN})$$

$$T_{max} = D_{max}\frac{T}{P_{max}} = 425.0 \times \frac{6.80}{196} = 14.7(\text{kN})$$

$B—C$ 跨：每个轮子

$$T = \frac{\alpha(Q+Q_1)}{4} = \frac{0.12 \times (100+36.8)}{4} = 4.1(\text{kN})$$

$$T_{max} = D_{max}\frac{T}{P_{max}} = 227.5\frac{4.1}{105} = 8.9\text{kN}$$

计算简图见图 3.77。

3.7.3.4　风荷载

查《荷载规范》知：基本风压 $w_0 = 0.45\text{kN/m}^2$，体型系数 μ_s，见图 3.78。

高度变化系数 μ_z（地面粗糙度为 B 类）的计算：由柱顶离地面（即室外地坪）的高度为

$$12.9+0.15 = 13.05(\text{m})$$

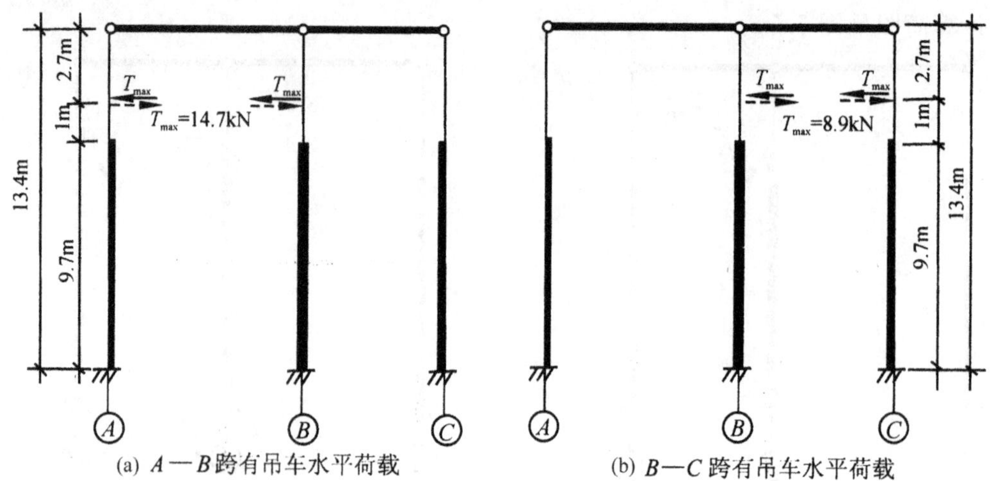

图 3.77　吊车水平荷载计算简图

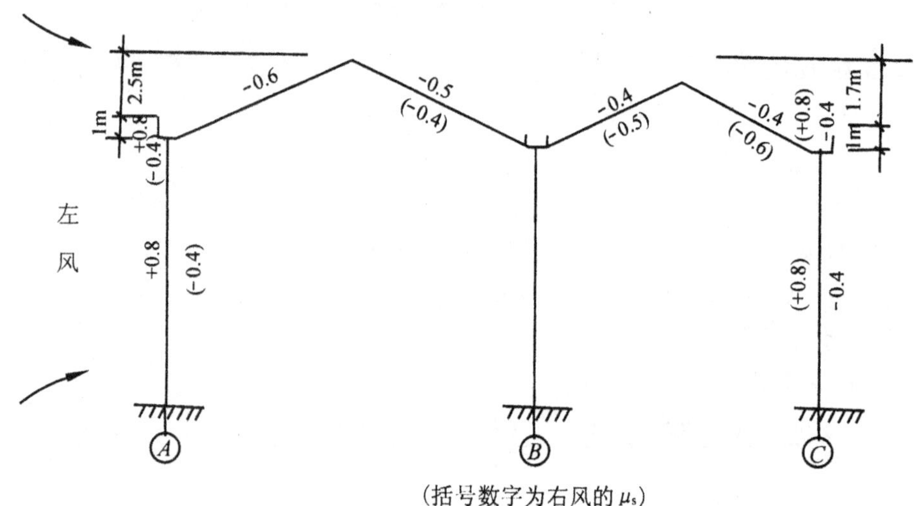

图 3.78　风载体型系数

查表可得 $\mu_z = 1.09$。

屋面平均高度(以 A—B 跨考虑)为

$$13.05 + \frac{16.4 - 12.9}{2} = 14.8$$

查表可得 $\mu_z = 1.135$。

(1) 左风(→):

柱顶集中力: $F_{W1} = 6 \times 1.135 \times 0.45(1 \times 0.8 - 2.5 \times 0.6 + 2.5 \times 0.5 - 1.7 \times 0.4 + 1.7 \times 0.4 + 1 \times 0.4) = 2.91(\text{kN})$

均布荷载: $q_1 = 6 \times 1.09 \times 0.8 \times 0.45 = 2.35(\text{kN/m})$

$q_2 = 6 \times 1.09 \times 0.4 \times 0.45 = 1.18(\text{kN/m})$

(2) 右风(←):

柱顶集中力:$F_{W1} = 6 \times 1.135 \times 0.45(1 \times 0.8 - 1.7 \times 0.6 + 1.7 \times 0.5 - 2.5 \times 0.4 + 2.5 \times 0.4 + 1 \times 0.4) = 3.16(\text{kN})$

均布荷载:$q_1 = 6 \times 1.09 \times 0.8 \times 0.45 = 2.35(\text{kN/m})$

$q_2 = 6 \times 1.09 \times 0.4 \times 0.45 = 1.18(\text{kN/m})$

风荷作用计算简图可见图 3.79。

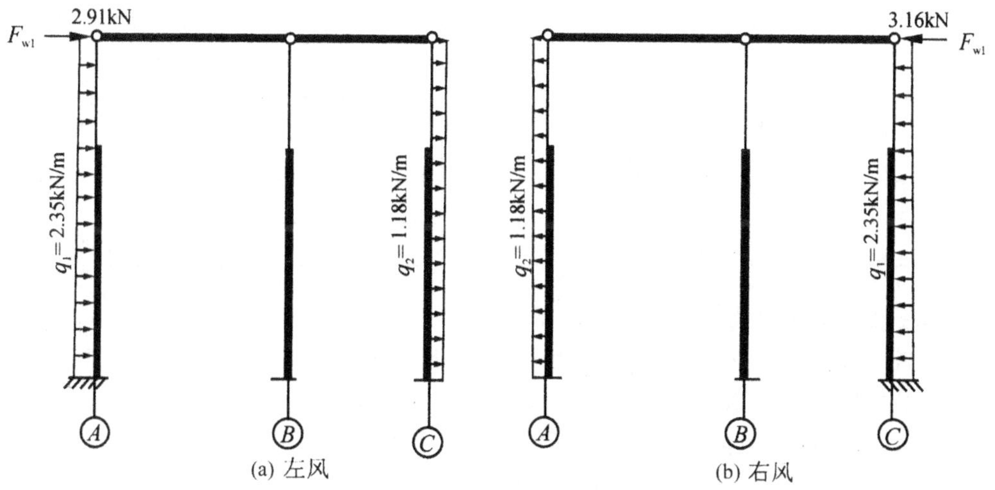

3.79　风载计算简图

3.7.4　内力分析(剪力分配法计算)

3.7.4.1　剪力分配系数 η

$$\lambda = \frac{H_1}{H_2} = \frac{3.70}{13.40} = 0.276$$

柱号	$n = \frac{I_1}{I_2}$	$C_0 = \frac{3}{1+\lambda^3\left(\frac{1}{n}-1\right)}$ (或查附表 3)	$\delta = \frac{H_2^3}{E_c I_2 C_0}$	$\eta = \frac{\frac{1}{\delta_i}}{\sum \frac{1}{\delta_i}}$
A 柱	$\frac{I_{1A}}{I_{2A}} = \frac{2.13 \times 10^9}{19.54 \times 10^9} = 0.11$	2.56	$\frac{10^{-9}}{19.54 \times 2.56} \cdot \frac{H_2^3}{E_c}$	$\eta_A = 0.31$
B 柱	$\frac{I_{1B}}{I_{2B}} = \frac{7.2 \times 10^9}{25.63 \times 10^9} = 0.28$	2.84	$\frac{10^{-9}}{25.63 \times 2.84} \cdot \frac{H_2^3}{E_c}$	$\eta_B = 0.45$
C 柱	$\frac{I_{1C}}{I_{2C}} = \frac{2.13 \times 10^9}{14.38 \times 10^9} = 0.15$	2.68	$\frac{10^{-9}}{14.38 \times 2.68} \cdot \frac{H_2^3}{E_c}$	$\eta_C = 0.24$

3.7.4.2 恒载作用下的内力

(1) 恒载作用计算简图如图3.71所示。$\lambda=0.276$，$H_2=13.4\text{m}$。查附表图3.2可得：

柱号	$\dfrac{M}{\text{kN}\cdot\text{m}}$	n	C_1	$\dfrac{R=\frac{M}{H_2}C_1}{\text{kN}}$
A柱	$M_1=9.8$	0.11	2.08	1.52
B柱	$M_3=7.77$	0.28	1.72	1.00
C柱	$M_5=-7.21$	0.15	1.93	−1.04

查附表图3.3可得：

柱号	$\dfrac{M}{\text{kN}\cdot\text{m}}$	n	C_3	$\dfrac{R=\frac{M}{H_2}C_3}{\text{kN}}$
A柱	$M_2=40.97$	0.11	1.18	3.61
C柱	$M_6=-18.12$	0.15	1.23	−1.66

(2) 各柱铰支座反力 R：

A柱铰支座反力　$R_A=1.52+3.61=5.13(\text{kN})$

B柱铰支座反力　$R_B=1.00\text{kN}$

C柱铰支座反力　$R_C=-1.04-1.66=-2.7(\text{kN})$

$$R=R_A+R_B+R_C=5.13+1.00-2.7=3.43(\text{kN})$$

(3) 各柱顶剪力：

$V_A=\eta_A R-R_A=0.31\times3.43-5.13=-4.07(\text{kN})(\rightarrow)$

$V_B=\eta_B R-R_B=0.45\times3.43-1.00=0.54(\text{kN}(\leftarrow)$

$V_C=\eta_C R-R_C=0.24\times3.43+2.7=3.52(\text{kN})(\leftarrow)$

(4) $M(\text{kN}\cdot\text{m})$图见图3.80。

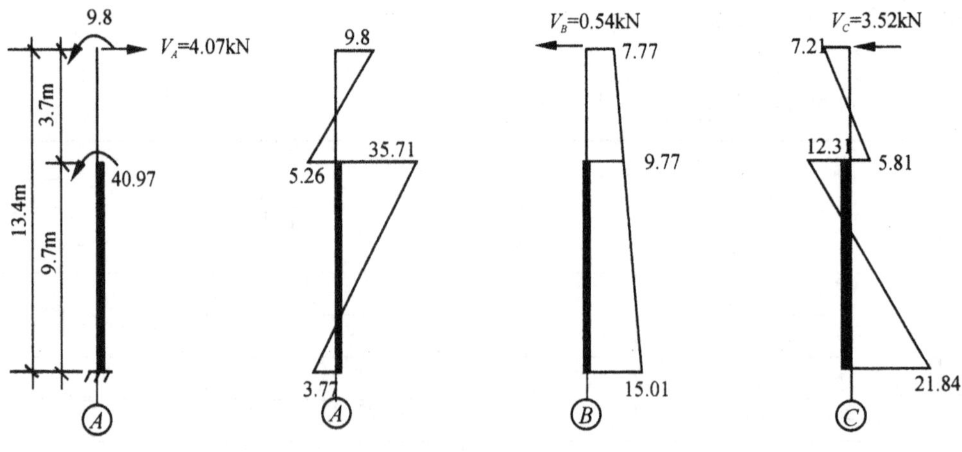

图3.80　恒载作用下的M图

(5) N(kN) 图见图 3.81。

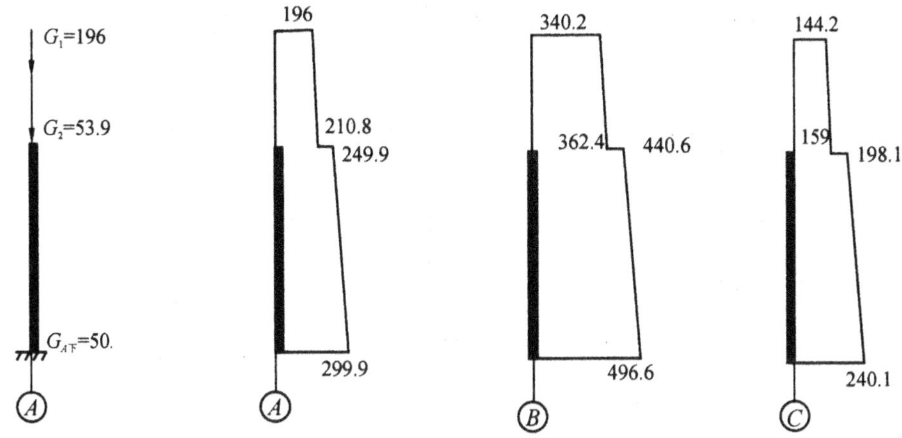

图 3.81　恒载作用下的 N 图

(6) 剪力图略。

3.7.4.3　A—B 跨屋面活载作用下的内力:

(1) 计算简图如图 3.72 所示:$\lambda = 0.276$,$H_2 = 13.4$m。查附表图 3.2 可得:

柱号	M/kN·m	n	C_1	$R=\frac{M}{H_2}C_1$ /kN
A 柱	$M_7 = 2.52$	0.11	2.08	0.39
B 柱	$M_9 = 7.56$	0.28	1.72	0.97

查附表图 3.3 可得:

柱号	M/kN·m	n	C_3	$R=\frac{M}{H_2}C_3$ /kN
A 柱	$M_8 = 12.6$	0.11	1.18	1.11

(2) 各柱铰支座反力 R:

A 柱铰支座反力:$R_A = 0.39 + 1.11 = 1.5$(kN)

B 柱铰支座反力:$R_B = 0.97$(kN)

$$R = R_A + R_B = 1.5 + 0.97 = 2.47\text{(kN)}$$

(3) 各柱顶剪力:

$V_A = \eta_A R - R_A = 0.31 \times 2.47 - 1.5 = -0.73$(kN)(→)

$V_B = \eta_B R - R_B = 0.45 \times 2.47 - 0.97 = 0.14$(kN)(←)

$V_C = \eta_C R = 0.24 \times 2.47 = 0.59$(kN)(←)

(4) M(kN·m) 图见图 3.82。

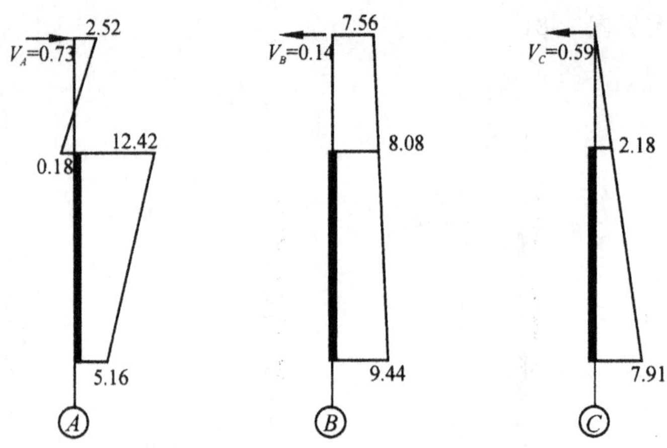

图 3.82　A—B 跨屋面活载作用下的 M 图

(5) N 图、V 图略。

3.7.4.4　B—C 跨屋面活载作用下的内力

(1) 计算简图见图 3.73 所示。$\lambda = 0.276, H_2 = 13.4\text{m}$。查附表图 3.2 可得

柱号	M/kN·m	n	C_1	$R=\frac{M}{H_2}C_1$ / kN
B 柱	$M_{10}=-5.67$	0.11	1.72	−0.74
C 柱	$M_{11}=-1.89$	0.15	1.93	−0.27

查附表图 3.3 可得：

柱号	M/kN·m	n	C_3	$R=\frac{M}{H_2}C_3$ / kN
C 柱	$M_{12}=-7.56$	0.15	1.23	−0.69

(2) 各柱铰支座反力 R：

B 柱铰支座反力：$R_B = -0.74(\text{kN})$

C 柱铰支座反力：$R_C = -0.27 - 0.69 = -0.96(\text{kN})$

$$R = R_B + R_C = -0.74 - 0.96 = -1.70(\text{kN})$$

(3) 各柱顶剪力：

$V_A = \eta_A R = 0.31 \times (-1.70) = -0.53(\text{kN})(\rightarrow)$

$V_B = \eta_B R - R_B = 0.45 \times (-1.70) - (-0.74) = -0.03(\text{kN})(\rightarrow)$

$V_C = \eta_C R - R_C = 0.24 \times (-1.70) - (-0.96) = 0.55(\text{kN})(\leftarrow)$

(4) $M(\text{kN}\cdot\text{m})$ 图见图 3.83。

(5) N 图、V 图略。

3.7.4.5　A—B 跨吊车竖向荷载作用下的内力

(1) 当 D_{max} 作用在 A 轴柱时

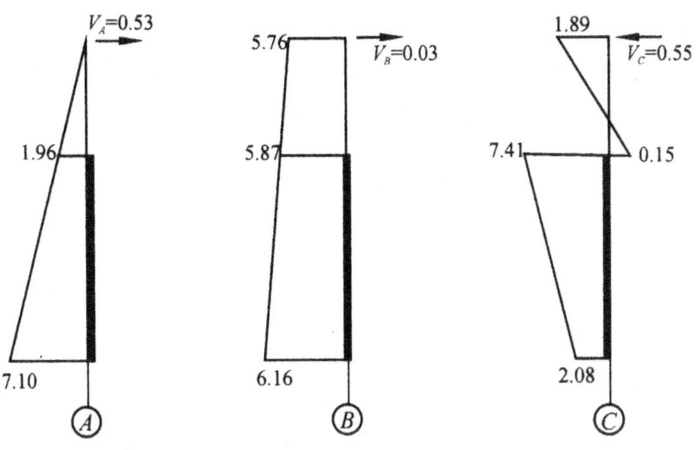

图 3.83　B—C 跨屋面活载作用下的 M 图

① 计算简图见图 3.75(a) 所示。$\lambda = 0.276$，$H_2 = 13.4\text{m}$。查附表图 3.3 可得：

柱号	$M/\text{kN}\cdot\text{m}$	n	C_3	$R=\frac{M}{H_2}C_3$ / kN
A 柱	$M_{13}=-127.5$	0.11	1.18	−11.23
B 柱	$M_{14}=79.65$	0.28	1.31	7.79

② 各柱顶剪力：

$R=R_A+R_B=-11.23+7.79=-3.44(\text{kN})$

$V_A=\eta_A R-R_A=0.31\times(-3.44)-(-11.23)=10.16(\text{kN})(\leftarrow)$

$V_B=\eta_B R-R_B=0.45\times(-3.44)-7.79=-9.34(\text{kN})(\rightarrow)$

$V_C=\eta_C R=0.24\times(-3.44)=-0.83(\text{kN})(\rightarrow)$

③ $M(\text{kN}\cdot\text{m})$ 图见图 3.84。

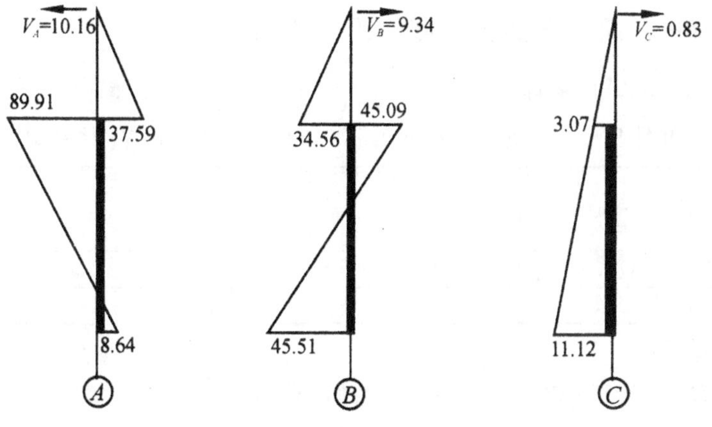

图 3.84　A—B 跨 D_{max} 在 A 轴柱的 M 图

④ N 图、V 图略。

(2) 当 D_{max} 作用在 B 轴柱时：

① 计算简图见图 3.75(b) 所示。$\lambda = 0.276, H_2 = 13.4\text{m}$。查附表图 3.3 可得：

柱号	$M/\text{kN}\cdot\text{m}$	n	C_3	$R=\frac{M}{H_2}C_3$ / kN
A 柱	$M_{15}=-31.9$	0.11	1.18	−2.81
B 柱	$M_{16}=318.75$	0.28	1.31	31.16

② 各柱顶剪力：

$R = R_A + R_B = -2.81 + 31.16 = 28.35(\text{kN})$

$V_A = \eta_A R - R_A = 0.31 \times 28.35 - (-2.81) = 11.60(\text{kN})(\leftarrow)$

$V_B = \eta_B R - R_B = 0.45 \times 28.35 - 31.16 = -18.40(\text{kN})(\rightarrow)$

$V_C = \eta_C R = 0.24 \times 28.35 = 6.80(\text{kN})(\leftarrow)$

③ $M(\text{kN}\cdot\text{m})$ 图见图 3.85。

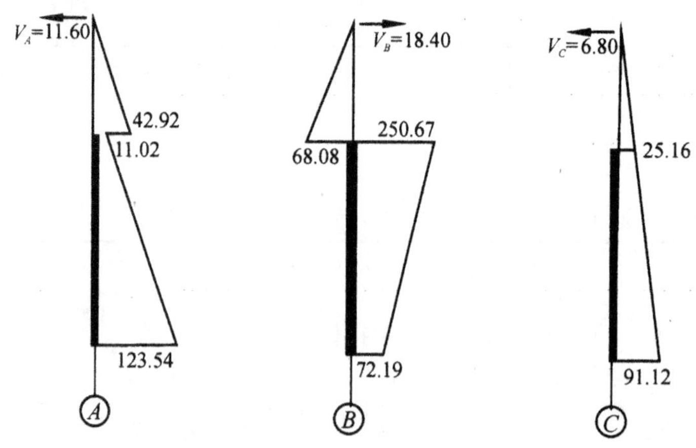

图 3.85 A—B 跨 D_{max} 在 B 轴柱的 M 图

④ N 图、V 图略。

3.7.4.6 B—C 跨吊车竖向荷载作用下的内力

(1) 当 D_{max} 作用在 B 轴柱时：

① 计算简图如图 3.76(a) 所示。$\lambda = 0.276, H_2 = 13.4\text{m}$。查附表图 3.3 可得：

柱号	$M/\text{kN}\cdot\text{m}$	n	C_3	$R=\frac{M}{H_2}C_3$ / kN
B 柱	$M_{17}=-170.63$	0.78	1.31	−16.68
C 柱	$M_{18}=28.5$	0.15	1.23	2.62

② 各柱顶剪力：

$R = R_B + R_C = -16.68 + 2.62 = -14.06(\text{kN})$

$V_A = \eta_A R = 0.31 \times (-14.06) = -4.36(\text{kN})(\rightarrow)$

$V_B = \eta_B R - R_B = 0.45 \times (-14.06) - (-16.68) = 10.35(\text{kN})(\leftarrow)$

$V_C = \eta_C R - R_C = 0.24 \times (-14.06) - 2.62 = -5.99(\text{kN})(\rightarrow)$

③ M(kN·m) 图见图 3.86。

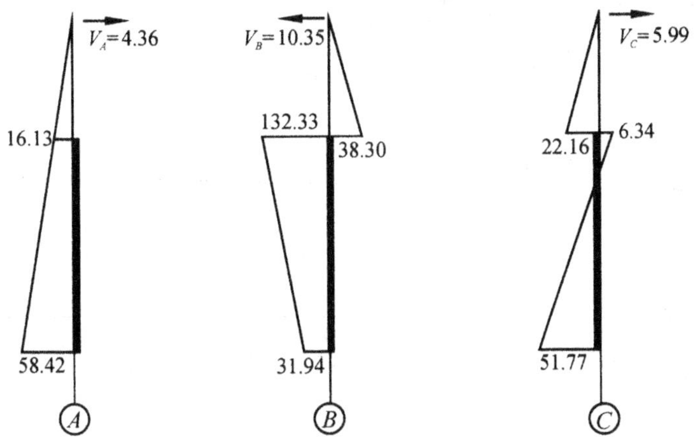

图 3.86　B—C 跨 D_{max} 在 B 轴柱的 M 图

④ N 图、V 图略。

(2) 当 D_{max} 作用在 C 轴柱时

① 计算简图见图 3.76(b) 所示。$\lambda = 0.276$，$H_2 = 13.4$m。查附表图 3.3 可得：

柱号	M/kN·m	n	C_3	$R = \frac{M}{H_2}C_3$ / kN
B 柱	$M_{19} = -60.98$	0.28	1.31	−5.96
C 柱	$M_{20} = 79.6$	0.15	1.23	7.31

② 各柱顶剪力：

$R = R_B + R_C = -5.96 + 7.31 = 1.35(\text{kN})$

$V_A = \eta_A R = 0.31 \times 1.35 = 0.42(\text{kN})(\leftarrow)$

$V_B = \eta_B R - R_B = 0.45 \times 1.35 - (-5.96) = 6.57(\text{kN})(\leftarrow)$

$V_C = \eta_C R - R_C = 0.24 \times 1.35 - 7.31 = -6.99(\text{kN})(\rightarrow)$

③ M(kN·m) 图见图 3.87。

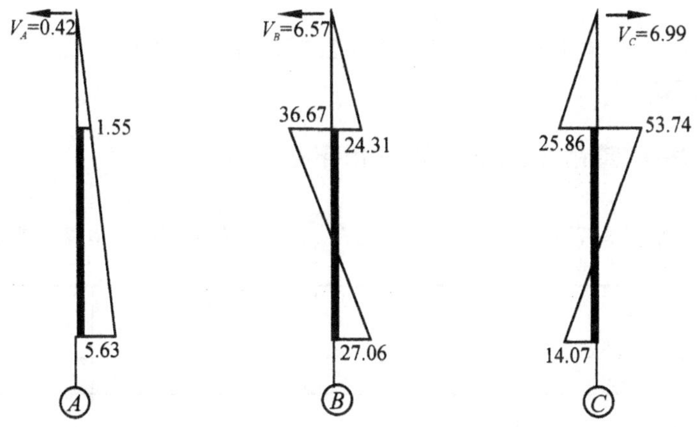

图 3.87　B—C 跨 D_{max} 在 C 轴柱的 M 图

④ N 图、V 图略。

3.7.4.7 A—B 跨吊车水平荷载作用下的内力

① 计算简图如图 3.77(a) 所示(注意左、右相同)。$\lambda = 0.276, y = \frac{3.7 - 1.0}{3.7} = 0.73$。

查附表 3.5 可得：

柱号	T/kN	n	C_5	$\frac{R = TC_5}{\text{kN}}$
A柱	14.7	0.11	0.62	9.11
B柱	14.7	0.28	0.67	9.85

② 各柱顶剪力：

$R = R_A + R_B = 9.11 + 9.85 = 18.96(\text{kN})$

$V_A = \eta_A R - R_A = 0.31 \times 18.96 - 9.11 = -3.23(\text{kN})(\rightarrow)$

$V_B = \eta_B R - R_B = 0.45 \times 18.96 - 9.85 = -1.32(\text{kN})(\rightarrow)$

$V_C = \eta_C R = 0.24 \times 18.96 = 4.55(\text{kN})(\leftarrow)$

③ $M(\text{kN} \cdot \text{m})$ 图见图 3.88。

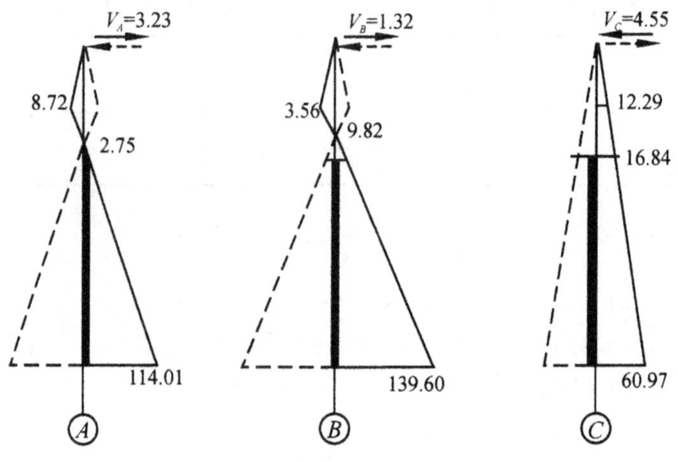

图 3.88 A—B 跨吊车水平荷载作用下的 M 图

④ N 图、V 图略。

3.7.4.8 B—C 跨吊车水平荷载作用下的内力

(1) 计算简图如图 3.77(b) 所示。$\lambda = 0.276, y = \frac{3.7 - 1.0}{3.7} = 0.73$。查附表 3.5 可得：

柱号	T/kN	n	C_5	$\frac{R = TC_5}{\text{kN}}$
B柱	8.9	0.28	0.67	5.96
C柱	8.9	0.15	0.64	5.70

(2) 各柱顶剪力：

$R = R_B + R_C = 5.96 + 5.70 = 11.66(\text{kN})$

$V_A = \eta_A R = 0.31 \times 11.66 = 3.61(\text{kN})(\leftarrow)$

$V_B = \eta_B R - R_B = 0.45 \times 11.66 - 5.96 = -0.71(\text{kN})(\rightarrow)$

$V_C = \eta_C R - R_C = 0.24 \times 11.66 - 5.70 = -2.90(\text{kN})(\rightarrow)$

(3) $M(\text{kN}\cdot\text{m})$ 图见图 3.89。

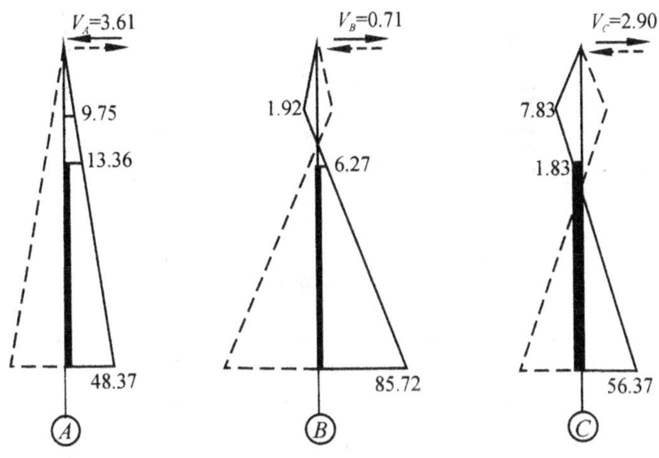

图 3.89　B—C 跨吊车水平荷载作用下的 M 图

④ N 图、V 图略。

3.7.4.9　左风载作用下的内力

(1) 计算简图如图 3.79(a) 所示。$\lambda = 0.276$，$H_2 = 13.4\text{m}$，$F_{w1} = -2.91\text{kN}$。查附表 3.7 可得：

柱号	均布 q kN/m	n	C_{11}	$R = qH_2C_{11}$ kN
A 柱	−2.35	0.11	0.335	−10.55
C 柱	−1.18	0.15	0.345	−5.46

(2) 各柱顶剪力：

$R = F_{w1} + R_A + R_C = -2.91 + (-10.55) + (-5.46) = -18.92(\text{kN})$

$V_A = \eta_A R - R_A = 0.31 \times (-18.92) - (-10.55) = 4.68(\text{kN})(\leftarrow)$

$V_B = \eta_B R = 0.45 \times (-18.92) = -8.51(\text{kN})(\rightarrow)$

$V_C = \eta_C R - R_C = 0.24 \times (-18.92) - (-5.46) == 0.92(\text{kN})(\leftarrow)$

(3) $M(\text{kN}\cdot\text{m})$ 图见图 3.90。

(4) N 图、V 图略。

3.7.4.10　右风载作用下的内力

(1) 计算简图如图 3.79(b) 所示。$\lambda = 0.276$，$H_2 = 13.4\text{m}$，$F_{w1} = 3.16\text{kN}$。查附表 3.7 可得：

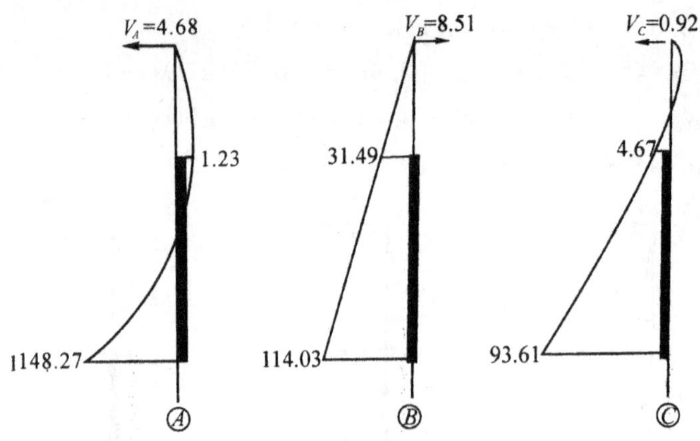

图 3.90　左风作用下的 M 图

柱号	均布 q / kN/m	n	C_{11}	$R=qH_2C_{11}$ / kN
A 柱	+1.18	0.11	0.335	5.30
C 柱	+2.35	0.15	0.345	10.86

(2) 各柱顶剪力：

$R=F_{w1}+R_A+R_C=3.16+5.30+10.86=19.32(\text{kN})$

$V_A=\eta_A R-R_A=0.31\times19.32-5.30=0.69(\text{kN})(\leftarrow)$

$V_B=\eta_B R=0.45\times19.32=8.69(\text{kN})(\leftarrow)$

$V_C=\eta_C R-R_C=0.24\times19.32-10.86=-6.22(\text{kN})(\rightarrow)$

(3) M(kN·m) 图见图 3.91。

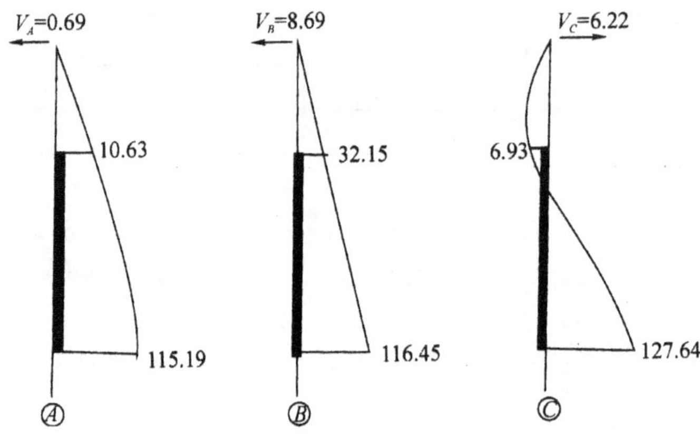

图 3.91　右风作用下的 M 图

(4) N 图、V 图略。

3.7.5　内力组合

以 A 轴柱为例，其各种荷载作用下的内力（标准值）列于表 3.6，控制截面的内力组合列于表 3.7。

表 2.6　A 轴柱内力(标准值)

柱号及正向内力		荷载种类	恒载	屋面活载		吊车竖向荷载				吊车水平荷载		风载	
				AB 跨有	BC 跨有	AB 跨二台/200/50kN		BC 跨二台/100kN		AB 跨二台 200/50kN	BC 跨二台 100kN	左风	右风
						D_{max} 在 A 柱	D_{max} 在 B 柱	D_{max} 在 B 柱	D_{max} 在 C 柱				
		编号	a	b	c	d	e	f	g	h	i	j	k
		内力图	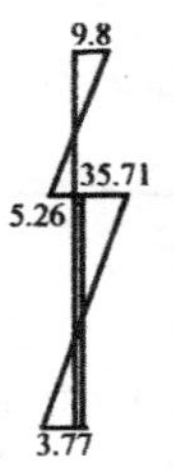 9.8 35.71 5.26 3.77	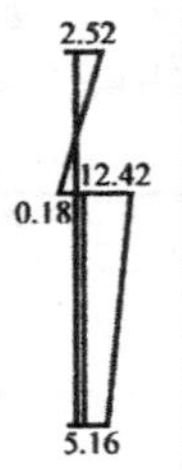 2.52 12.42 0.18 5.16	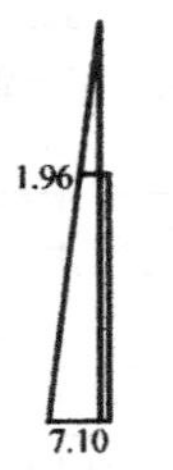 1.96 7.10	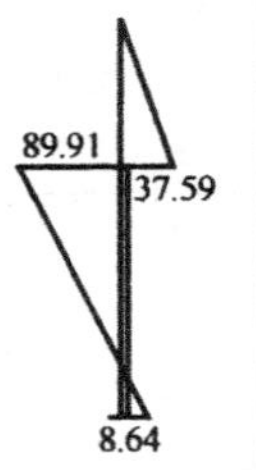 89.91 37.59 8.64	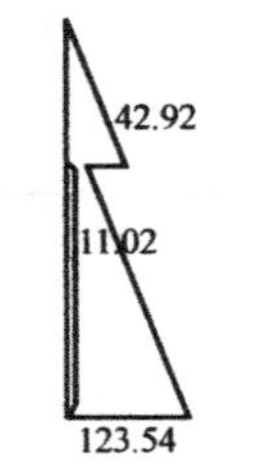 42.92 11.02 123.54	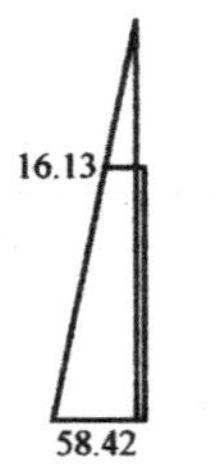 16.13 58.42	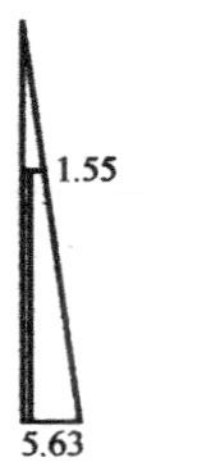 1.55 5.63	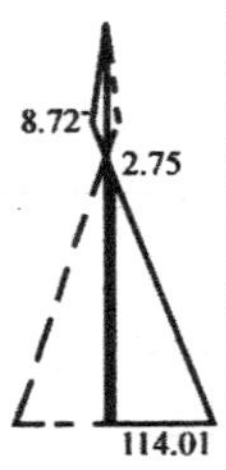 8.72 2.75 114.01	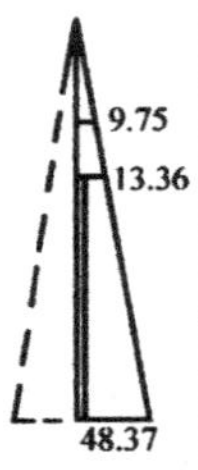 9.75 13.36 48.37	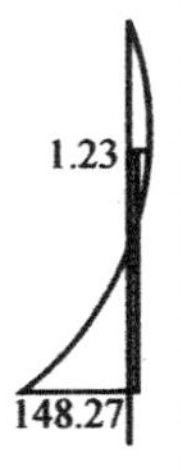 1.23 148.27	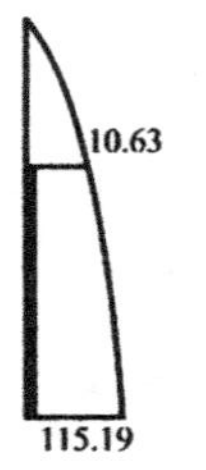 10.63 115.19
控制截面	Ⅰ－Ⅰ	M(kN·m)	5.26	0.18	1.96	−37.59	−42.92	16.13	−1.55	∓2.75	∓13.36	−1.23	−10.63
		N(kN)	210.8	50.4	0	0	0	0	0	0	0	0	0
	Ⅱ－Ⅱ	M(kN·m)	−35.71	−12.42	1.96	89.91	−11.02	16.13	−1.55	∓2.75	∓13.36	−1.23	−10.63
		N(kN)	249.9	50.4	0	425	106.2	0	0	0	0	0	0
	Ⅲ－Ⅲ	M(kN·m)	3.77	−5.16	7.10	−8.64	−123.54	58.42	−5.63	∓114.01	∓48.37	148.27	−115.19
		N(kN)	299.9	50.4	0	425	106.2	0	0	0	0	0	0
		V(kN)	4.07	0.73	0.53	−10.16	−11.60	4.36	−0.42	∓11.47	∓3.61	26.81	−16.50

表 2.7　A 轴柱内力组合表

截面	内力	$+M_{max}$ 及相应 N,V		$-M_{max}$ 及相应 N,V		N_{max} 及相应 M,V		N_{min} 及相应 M,V	
		组合项	数值	组合项	数值	组合项	数值	组合项	数值
Ⅰ－Ⅰ	M(kN·m)	$1.2a+1.4[b+c+$③ $0.9(f+i)]\times0.9$	42.45	$1.0a+1.4[0.8(e+g+i)$④ $+k]\times0.9$	－66.43	$1.2a+1.4[b+0.8(e+g+i)+k]\times0.9$⑤	－65.15	$1.0a+1.4[0.8(e+g+i)$⑥ $+k]\times0.9$	－66.43
	N(kN)		316.46		210.80		316.46		210.80
Ⅱ－Ⅱ	M(kN·m)	$1.0a+1.4[c+0.8(d+f+i)]\times0.9$	87.11	$1.2a+1.4[b+0.8(e+g+i)+k]\times0.9$	－98.03	$1.2a+1.4[b+0.9(d+h)]\times0.9$	46.58	$1.0a+1.4[0.9(g+i)+k]\times0.9$	－66.01
	N(kN)		678.30		470.43		845.33		249.9
Ⅲ－Ⅲ	M(kN·m)	$1.2a+1.4[c+0.8(d+f+h)+j]\times0.9$	365.39	$1.0a+1.4[b+0.9(e+h)+k]\times0.9$	－417.25	$1.2a+1.4[b+0.9(d+h)+j]\times0.9$	304.33	$1.0a+1.4[c+0.9(f+i)+j]\times0.9$	320.64
	⑦M_k(kN·m)		261.53		－296.96		217.92		230.10
	N(kN)		788.28		483.83		905.33		299.90
	N_k(kN)		605.90		431.28		689.51		299.90
	V(kN)		21.92		－15.95		15.06		39.37
	V_k(kN)		16.24		－10.23		11.34		29.28

注：① 该柱各截面内力组合时均考虑为由可变荷载效应控制，且柱采用对称配筋：

上柱 $N_b=\alpha_1 f_c b\xi_b h_0=1.0\times11.9\times400\times0.518\times(400-40)=887.64$(kN)，

下柱 $N_b=\alpha_1 f_c[b\xi_b h_0+(b'_f-b)h'_f]=1.0\times11.9\times[100\times0.518\times(900-40)+(400-100)\times150]=1065.62$(kN)；

② 组合中应注意 d 与 e 只能取其中之一，f 与 g、h 与 i 也同样，并且如果取 h(或 i)，则一定要取 d 或 e(或 f 或 g)；

③ 两台吊车荷载折减系数为 0.9，四台吊车为 0.8；

④ 因 i 项 $|-M|$ 较大，要组合，故必须取 g(即有横必有竖)，这样便有 4 台吊车荷载，折减系数 0.8；而用 $0.9(e+h)$ 或 $0.9(g+i)$ 的 $|-M|$ 值均比该组合小；

⑤ 这样组合是考虑 $|M|$ 尽可能大，如采用 $1.2a+1.4[b+c+0.9(f+i)]\times0.9$ 组合出 $+M$，其 $|M|$ 要比表中组合值小；

⑥ 如采用 $1.0a+1.4[c+0.9(f+i)]$ 组合出 $+M$，其 $|M|$ 要比表中组合小；

⑦ 设计基础需要荷载效应组合的标准值。

3.7.6　柱设计(A 轴柱)

3.7.6.1　设计资料

截面尺寸：上柱，矩形，$b=400\text{mm}$，$h=400\text{mm}$

下柱，工字形，$b=100\text{mm}$，$h=900\text{mm}$；$b_f=b'_f=400\text{mm}$，$h_f=h'_f=150\text{mm}$

材料等级：混凝土 C25，$f_c=11.9\text{N/mm}^2$

钢筋 HRB400 级　$f_y=f'_y=360\text{N/mm}^2$

钢筋 HPB300 级　$f_y=f'_y=270\text{N/mm}^2$

计算长度：查附表 4。

排架方向：上柱，$l_0=2.0H_u=2.0\times 3.7=7.4(\text{m})$

下柱，$l_0=1.0H_l=1.0\times 9.7=9.7(\text{m})$

(当不考虑吊车荷载时：$l_0=1.25H=1.25\times 13.4=16.75(\text{m})$

垂直排架方向：上柱：$l_0=1.25H_u=1.25\times 3.7=4.63(\text{m})$

下柱：$l_0=0.8H_l=0.8\times 9.7=7.76(\text{m})$

3.7.6.2　配筋计算(采用对称配筋)

(1) 上柱(Ⅰ－Ⅰ 截面)：从内力组合表(表 3.7)中可知，各组内力均为大偏压($N<N_b$，$N_b=887.64\text{kN}$)。由 N 与 M 的相关性可确定$\begin{cases}M=-66.43\text{kN}\cdot\text{m}\\N=210.8\text{kN}\end{cases}$为该截面所需配筋最多的内力，即控制内力。

$$x=\frac{N}{\alpha_1 f_c b}=\frac{210.8\times 10^3}{1.0\times 11.9\times 400}=44.29(\text{mm})<2a_s'(=2\times 40=80(\text{mm}))$$

取 $x=80\text{mm}$，

$$h_0=h-a_s=400-40=360(\text{mm})$$

$$e_0=\frac{|M|}{N}=\frac{66.43\times 10^6}{210.8\times 10^3}=315.13(\text{mm})>0.3h_0(=0.3\times 360=108(\text{mm}))$$

$$h/30=400\div 30=13.33<20(\text{mm}，取\ e_a=20(\text{mm})$$

$$e_i=e_0+e_a=315.13+20=335.13(\text{mm})$$

对于$\begin{cases}M=-66.43\text{kN}\cdot\text{m}\\N=210.8\text{kN}\end{cases}$组合，对应上柱柱顶弯矩　$M=-9.8\text{kN}\cdot\text{m}$

$$\frac{M_1}{M_2}=\frac{|-9.8|}{|-66.43|}=0.15<10.9；轴压比\frac{N}{Af_c}=\frac{210.8\times 10^3}{400^2\times 11.9}=0.11<0.9$$

$$\because \frac{l_0}{i}=\frac{7.4\times10^3}{\sqrt{\frac{\frac{1}{12}\times400\times300^3}{400^2}}}=64.1>34-12\frac{M_1}{M_2}=34-12\times0.15=32.2$$

∴ 截面需要考虑附加弯矩的影响。

$$\zeta_c=\frac{0.5f_cA}{N}=\frac{0.5\times11.9\times400^2}{210.8\times10^3}=4.52>1.0\text{，取 }\zeta_c=1.0$$

$$\eta_s=1+\frac{1}{1500e_i/h_0}\left(\frac{l_0}{h}\right)^2\zeta_c\text{①}=1+\frac{1}{1500\times335.13/360}\times\left(\frac{7.4\times10^3}{400}\right)^2\times1.0=1.245$$

$$M=\eta_s\cdot M_2=1.245\times(-66.43)=-82.71\text{kN}\cdot\text{m}$$

考虑附加弯矩时：

$$e_i=e_0+e_a=\frac{82.71\times10^6}{210.8\times10^3}+20=412.4\text{mm}$$

$$e'=e_i-h/2+a'_s=412.4-400/2+40=252.4\text{mm}$$

$$A'_s=A_s=\frac{Ne'}{f_y(h_0-a'_s)}=\frac{21.08\times10^3\times252.4}{360\times(360-40)}=461.9\text{mm}^2$$

$$A'_{s\,smin}=0.3\%A=0.003\times400\times400=480>461.9$$

选配 2Φ18（$A'_s=A_s=509\text{mm}^2$）

(2) 下柱（Ⅱ—Ⅱ 截面和 Ⅲ—Ⅲ 截面）：从内力组合表中可知各组内力均属大偏压（$N_b=1065.62$kN），其 M 与 N 的数值如下：

$\begin{cases}M=87.11\text{kN}\cdot\text{m}\\N=678.30\text{kN}\end{cases}$ (a)　　$\begin{cases}M=-98.03\text{kN}\cdot\text{m}\\N=470.43\text{kN}\end{cases}$ (b)　　$\begin{cases}M=46.58\text{kN}\cdot\text{m}\\N=845.33\text{kN}\end{cases}$ (c)

$\begin{cases}M=-66.01\text{kN}\cdot\text{m}\\N=249.9\text{kN}\end{cases}$ (d)　　$\begin{cases}M=365.39\text{kN}\cdot\text{m}\\N=788.28\text{kN}\end{cases}$ (e)　　$\begin{cases}M=-417.25\text{kN}\cdot\text{m}\\N=483.83\text{kN}\end{cases}$ (f)

$\begin{cases}M=304.33\text{kN}\cdot\text{m}\\N=905.33\text{kN}\end{cases}$ (g)　　$\begin{cases}M=320.64\text{kN}\cdot\text{m}\\N=299.9\text{kN}\end{cases}$ (h)

由 N 与 M 的相关性可知，(f) 组内力配筋必大于(a)，(b)，(c)，(e)，(g) 组；而(h) 组必大于(d) 组，故选取(f) 组和(h) 组计算配筋。

① (f) 组内力配筋计算（大偏心）：

$$\begin{cases}M=-417.25\text{kN}\cdot\text{m}\\N=483.83\text{kN}\end{cases}$$

① 排架结构柱考虑二阶效应的弯矩设计值计算《规范》第 205 页. B.0.4 条。

$\alpha_1 f_c b'_f h'_f = 1.0 \times 11.9 \times 400 \times 150 = 714 > N(=483.83(\text{kN})$，属第一类 T 形）

$$x = \frac{N}{\alpha_1 f_c b'_f} = \frac{483.83 \times 10^3}{1.0 \times 11.9 \times 400} = 101.64(\text{mm}) > 2a'_s(=2 \times 40 = 80(\text{mm}))$$

$$e_0 = \frac{|M|}{N} = \frac{417.25 \times 10^6}{483.83 \times 10^3} = 862.39(\text{mm}) > 0.3h_0(=0.3 \times (900-40) = 258(\text{mm}))$$

$$h/30 = \frac{900}{30} = 30 > 20\text{，取 } e_a = 30(\text{mm})$$

$$e_i = e_0 + e_a = 862.39 + 30 = 892.39(\text{mm})$$

对于(f)组内力组合对应下柱 Ⅱ-Ⅱ 截面 $M=-80.37\text{kN}\cdot\text{m}$

$$\frac{M_1}{M_2} = \frac{|-80.37|}{|-417.25|} = 0.19 < 0.9,\ \frac{N}{Af_c} = \frac{483.83 \times 10^3}{(400 \times 900 - 300 \times 600) \times 11.9} = 0.23 < 0.9$$

下柱截面：$l_0 = 9700\text{mm}, i = \sqrt{\frac{I}{A}} = \sqrt{\frac{\frac{1}{12}(400 \times 900^3 - 300 \times 600^3)}{180000}} = 324.04\text{mm}$

$$\frac{l_0}{i} = \frac{9700}{324.04} = 29.9 < 34 - 12\frac{M_1}{M_2} = 31.7$$

不需要考虑附加弯矩的影响。

$$e = e_i + h/2 - a'_s = 892.39 + \frac{900}{2} - 40 = 1302.4\text{mm}$$

$$A_s = A'_s = \frac{Ne - \alpha f_c b'_f x(h_0 - \frac{x}{2})}{f'_y(h_0 - a'_s)}$$

$$= \frac{483.83 \times 10^3 \times 1302.4 - 1.0 \times 11.9 \times 400 \times 101.64 \times (860 - \frac{101.64}{2})}{360 \times (860 - 40)}$$

$$= 808.4\text{mm}^2$$

② (h) 组内力配筋计算(大偏)：

$$\begin{cases} M = 320.64\text{kN}\cdot\text{m} \\ N = 299.9\text{kN} \end{cases}$$

由前可知，$N < 714\text{kN}$ 属第一类 T 形。

$$x = \frac{N}{\alpha_1 f_c b'_f} = \frac{299.9 \times 10^3}{1.0 \times 11.9 \times 400} = 63.00(\text{mm}) < 2a'_s = 80\text{mm}$$

$$e_0 = \frac{M}{N} = \frac{320.64 \times 10^6}{299.9 \times 10^3} = 1069.16\text{mm} > 0.3h_0 = 258, e_a = 30\text{mm}$$

$$e_i = e_0 + e_a = 1069.16 + 30 = 1099.16(\text{mm})$$

对于(h)组内力组合对应下柱 Ⅱ-Ⅱ 截面 $M=-1.35\text{kN}\cdot\text{m}$

$$\frac{M_1}{M_2}=\frac{|-1.35|}{320.64}=4.2\times10^{-3}<0.9,\frac{N}{Af_c}=\frac{299.9\times10^3}{180000\times11.9}=0.14<0.9$$

$$\frac{l_0}{i}=\frac{16.75}{324.04}=51.7>34-12\frac{M_1}{M_2}=33.9$$

因此,需要考虑附加弯矩的影响。

$$\zeta_c=\frac{0.5f_cA}{N}=\frac{0.5\times11.9\times180000}{299.9\times10^3}=3.57>1.0,\text{取 }\zeta_c=1.0$$

$$\eta_s=\frac{1}{1500e_i/h_0}\left(\frac{l_0}{h}\right)^2\zeta_c=1+\frac{1}{1500\times1099.16/860}\times\left(\frac{16.75\times1000}{900}\right)^2\times1.0=1.18$$

考虑附加弯矩影响时:

$$e_i=e_0+e_a=\frac{\eta_sM_2}{N}+e_a=\frac{1.18\times320.64\times10^3}{299.9}+20=1281.6\text{mm}$$

$$e'=e_i-h/2+a'_s=1281.6-900/2+40=871.6\text{mm}$$

$$A'_s=A_s=\frac{Ne'}{f_y(h_0-a'_s)}=\frac{299.9\times10^3\times871.6}{360\times(860-40)}=885.5\text{mm}^2$$

由以上计算,下柱配筋按 $A'_s=A_s=885.5\text{mm}^2$ 配筋。验算 $\rho=\rho'>\rho'_{\min}$,满足选 2Φ25.($A'_s=A_s=982\text{mm}^2$)。

3.7.6.3 牛腿设计

经按裂缝控制公式,即(3.17)式验算满足要求,且由于竖向吊车荷载的作用点至下柱边缘的距离 $a<0$(见图 3.68),因而只需按构造配筋即可。

3.7.6.4 柱子吊装阶段验算

这里只介绍平卧单点起吊的验算情况,见图 3.37。

(1) 荷载:(上柱、牛腿和下柱的自重)。

上柱:

$$0.4\times0.4\times25=4(\text{kN/m})$$

牛腿:(见图 3.68)

$$\left[(0.9+0.15)\times(0.7+0.15)-\frac{0.15\times0.15}{2}\right]\times0.4\times25\div0.85$$
$$=10.4(\text{kN/m})$$

下柱(柱插入基础 0.8m)(见图 3.92 和图 3.94):

$$[(0.2+0.4+1.3)\times0.9\times0.4+(0.9\times0.1+4\times\frac{0.15+0.175}{2}\times0.15)$$
$$\times7.75]\times\frac{25}{(0.2+0.4+1.3+7.75)}=5.54(\text{kN/m})$$

因其由永久荷载效应控制,考虑荷载分项系数 1.35,动力系数 1.5,结构重要性系数 0.9。

$q_{1k} = 4 \times 1.5 \times 0.9 = 5.4(\text{kN/m})$　　$q_1 = 1.35 \times q_{1k} = 7.29(\text{kN/m})$

$q_{2k} = 10.4 \times 1.5 \times 0.9 = 14.04(\text{kN/m})$　　$q_2 = 1.35 \times q_{2k} = 18.95(\text{kN/m})$

$q_{3k} = 5.54 \times 1.5 \times 0.9 = 7.48(\text{kN/m})$　　$q_3 = 1.35 \times q_{3k} = 10.10(\text{kN/m})$

(2) 内力：

$$R_A = q_3 \times \frac{9.65}{2} - \frac{1}{9.65}[q_1 \times 4.55 \times 4.55/2 + (q_2 - q_1) \times 0.85 \times 0.85/2] = 40.48(\text{kN})$$

$$x = R_A/q_3 = 40.48/10.10 = 4.01(\text{m})$$

$$M_{B\max} = R_A x - q_3 \frac{x^2}{2} = 40.48 \times 4.01 - 10.10 \times \frac{4.01^2}{2} = 81.12(\text{kN} \cdot \text{m})$$

$$M_C = (18.95 - 7.29) \times 0.85 \times 0.85 \div 2 + 7.29 \times \frac{(3.70 + 0.85)^2}{2} = 79.67(\text{kN} \cdot \text{m})$$

$$M_D = 7.29 \times 3.7 \times 3.7 \div 2 = 49.90(\text{kN} \cdot \text{m})$$

(3) B 点截面验算：($\because M_C < M_B$)

① 承载力：设混凝土达到设计强度时起吊，平卧工字形截面可视为 $b_1 \times h_1$ 的矩形截面。

$$b_1 = 2h_f = 2 \times 150 = 300(\text{mm})$$

$$h_1 = b'_f = 400, h_{10} = 400 - 40 = 360(\text{mm})$$

$$a_s = M_{B\max}/\alpha_1 f_c b_1 h_{10}^2 = \frac{81.12 \times 10^6}{1.0 \times 11.9 \times 300 \times 360^2} = 0.175$$

$$\xi = 1 - \sqrt{1 - 2a_s} = 0.194$$

$$A_s = \alpha_1 f_c b_1 \xi h_{10}/f_y = 1.0 \times 11.9 \times 300 \times 0.194 \times 360 \div 360 = 692.6(\text{mm}^2)$$

已配有 2 Φ 25($A_B = 982\text{mm}^2$)，满足要求。

② 裂缝宽度：(略)

(4) D 点截面验算：

① 承载力：

$$a_s = M_D/\alpha_1 f_c b h_{10}^2 = \frac{49.90 \times 10^6}{1.0 \times 11.9 \times 400 \times 360^2} = 0.081$$

$$\xi = 1 - \sqrt{1 - 2a_s} = 0.085$$

$$A_s = \alpha_1 f_c b \xi h_{10}/f_y = 1.0 \times 11.9 \times 400 \times 0.085 \times 360/360 = 404.6(\text{mm})^2$$

已配有 2 Φ 18($A_s = 509\text{mm}^2$)，满足。

② 裂缝宽度：(略)

3.7.6.5　A 轴柱的模板及配筋

见图 3.92。

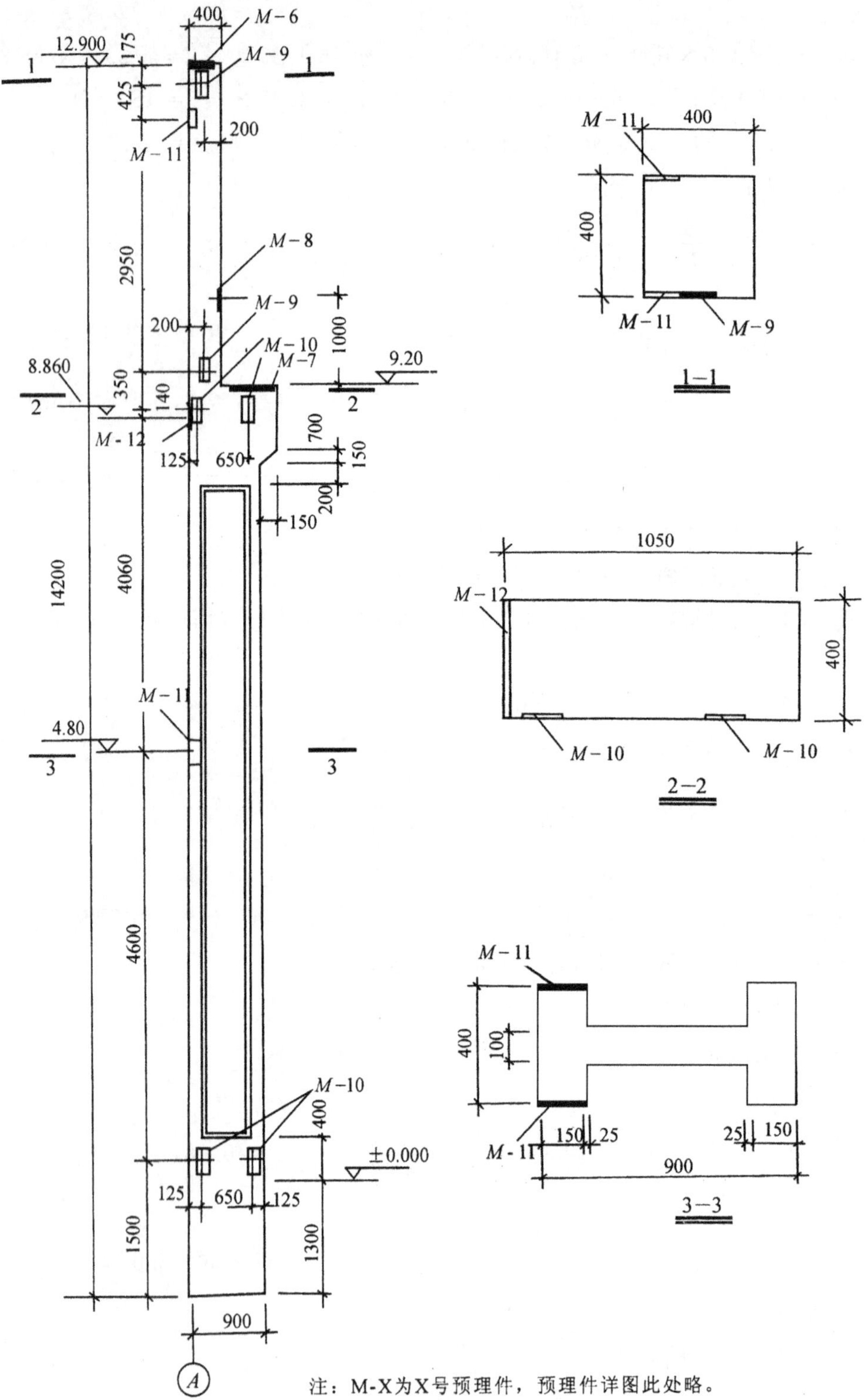

注：M-X为X号预理件，预理件详图此处略。

图 3.92 (a) A 轴柱模板及截面图

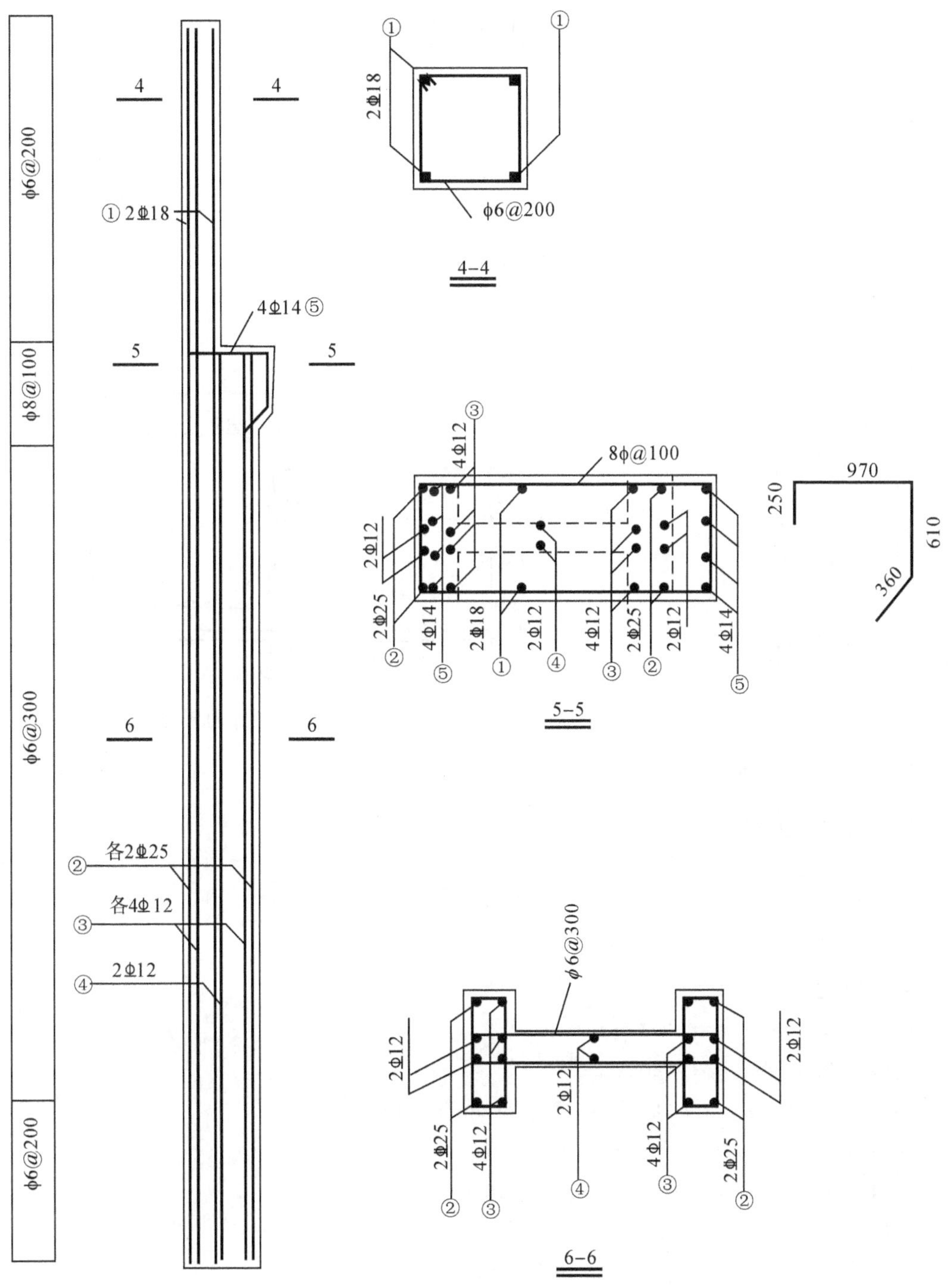

图 3.92　(b) A 轴配筋图及截面

3.7.7 基础设计(A 轴)

3.7.7.1 设计资料

地下水位标高 −2.000m,地基承载力修正后的特征值 $f_a = 122\text{kN/m}^2$。基础梁按标准图集 G320 选用,其顶面标高为 −0.05m,截面如图 3.93 所示。

材料:混凝土 C15,钢筋 HPB300 级,杯口用 C20 细石混凝土填实。

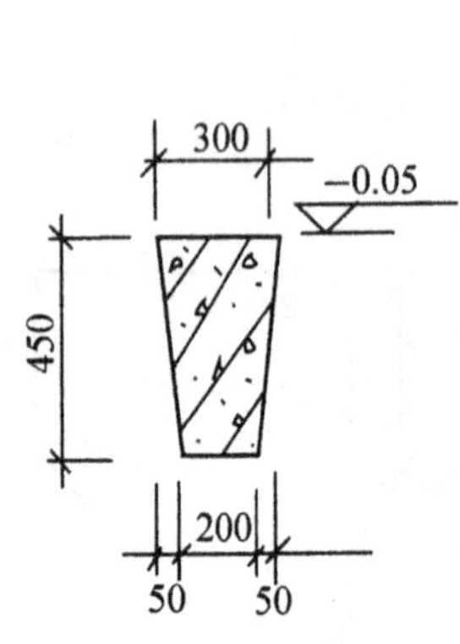

图 3.93 基础梁

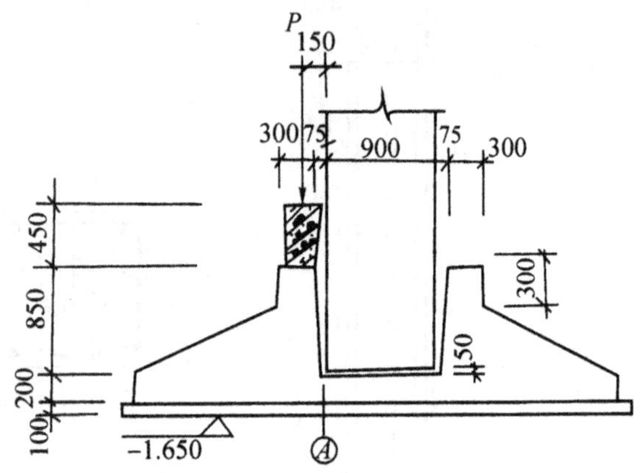

图 3.94 A 轴柱基础尺寸

3.7.7.2 基础剖面尺寸

如图 3.94,按构造要求初步确定如下:

柱插入深度 $h_1 = 800\text{mm}$

杯口深度 $800 + 50 = 850(\text{mm})$

杯底厚度 $a_1 = 200\text{mm}$

垫层厚度 100mm

杯口壁厚 $t = 300\text{mm}$

底板边缘高度 $a_2 = 200\text{mm}$

杯口壁高度 $h_1 < t/0.75 = 400\text{mm}$,取 300mm

杯口顶部长 $900 + 75 \times 2 = 1050(\text{mm})$

杯口顶部宽 $400 + 75 \times 2 = 550(\text{mm})$

杯口底部长 $900 + 50 \times 2 = 1000(\text{mm})$

杯口底部宽 $400 + 50 \times 2 = 500(\text{mm})$

基础底面标高 $-(0.5 + 0.85 + 0.2 + 0.1) = -1.65(\text{m})$

3.7.7.3 基础底面尺寸确定

(1) 荷载计算:基础除承受由柱 Ⅲ−Ⅲ 截面传来的荷载外,还承受由基础梁直接传来的荷载,其计算如下:

梁自重：$(0.2+0.3)/2\times0.45\times6\times25=16.88(\text{kN})$

窗重：$(1.2+1.8+3.6)\times3.6(\text{宽})\times0.45(\text{kN/m}^2)=10.69(\text{kN})$

墙(包括圈梁)：$[(12.9+0.05)\times6-(1.2+1.8+3.6)\times3.6]\times0.24\times19=246.00(\text{kN})$

P_k(标准值) $=16.88+10.69+246=273.57(\text{kN})$

P(设计值) $=1.2P_k=1.2\times273.57=328.28(\text{kN})$

$P_k(P)$ 对基底面中心线的偏心距：$e=150+450=600(\text{mm})$

$M_k=P_k\cdot e=273.57\times0.6=164.14(\text{kN}\cdot\text{m})$

$M=P\cdot e=328.28\times0.60=196.97(\text{kN}\cdot\text{m})$

按前述柱内力组合对弯矩的符号规定，此弯矩为负值，即 $M_k=-164.14(\text{kN}\cdot\text{m})$，$M=-196.97(\text{kN}\cdot\text{m})$。对基础底面，柱传来的荷载与基础梁传来的荷载效应标准组合值见表 3.8。

表 3.8　(表中轴向力、弯矩的单位分别为 kN 和 kN・m)

内力种类		$+M_{max}$ 及相应 N,V	$-M_{max}$ 及相应 N,V	N_{max} 及相应 M,V	N_{min} 及相应 M,V
轴向力	柱传来(N_k)	605.90	431.28	689.51	299.90
	基础梁传来(P_k)	273.57	273.57	273.57	273.57
	合计 N_k	879.47	704.85	963.08	573.47
弯矩	柱传来	261.53	−296.96	217.92	230.10
	柱剪力产生($1.05V_k$)	17.05	−10.74	11.91	30.74
	基础梁传来	−164.14	−164.14	−164.14	−164.14
	合计 M_{dk}	114.44	−471.84	65.69	96.70

(2) 底面尺寸选取：

① 先按 N_{max} 组合考虑，并取 $\gamma_m=20\text{kN/m}^3$：

$A=N_k/(f_a-\gamma_m d)=963.08/[122-(20\times1.65)]=10.82(\text{m}^2)$

取底面积为 $(1.1-1.4)A=11.90\sim15.15\text{m}^2$，确定取 $b\times l=5\times3=15(\text{m}^2)$。

② 地基承载力验算：

$G_k/lb=20\times1.65=33(\text{kN/m}^2)$，$W=1/6\times3\times5^2=12.5(\text{m}^3)$

地基反力计算见表 3.9，其中 $\begin{matrix}p_{k\max}\\p_{k\min}\end{matrix}=(N_k+G_k)/lb\pm|M_{dk}|/W$

表 3.9　地基反力标准值

	$+M_{max}$ 组合	$-M_{max}$ 组合	N_{max} 组合	N_{min} 组合
N_k/lb	58.63	46.99	64.21	38.23
G_k/lb	33	33	33	33
$\pm|M_{dk}|/W$	±9.16	±37.75	±5.26	±7.74
$p_{k\max}/\text{kN}\cdot\text{m}^2$	100.79	117.74	102.47	78.97
$p_{k\min}/\text{kN}\cdot\text{m}^2$	82.47	42.24	91.95	63.49

由表3.9可见，基础底面不出现拉应力，且最大压应力117.74kN/m² $<1.2f_a$(=1.2×122=146.4(kN/m²))，同时有$(p_{kmax}+p_{kmin})/2$均小于$f_a=122$kN/m²，所以满足要求。

3.7.7.4 基础高度验算

由表3.10可见最大的p_j为$-M_{max}$组合产生，其值$p_j=104.62$(kN/m²)。

表3.10 基础边缘最大地基净反力设计值

	$+M_{max}$ 组合	$-M_{max}$ 组合	N_{max} 组合	N_{min} 组合
柱传来轴力(N)	788.28	483.83	905.33	299.90
基础梁传来轴力(P)	328.28	328.28	328.28	328.28
$\frac{N}{lb}$	$\frac{788.28+328.28}{15}=74.44$	$\frac{483.83+328.28}{15}=54.14$	$\frac{905.33+328.28}{15}=82.24$	$\frac{299.90+328.28}{15}=41.88$
柱传来弯矩(M)	365.39	−417.25	304.33	320.64
柱剪力产生(1.05V)弯矩	23.02	−16.75	15.81	41.34
基础梁产生弯矩	−196.97	−196.97	−196.97	−196.97
合计M	191.44	−630.97	123.17	165.01
$\lvert M\rvert/W$	15.32	50.48	9.85	13.20
$p_{max}=p_j=\frac{N}{lb}+\frac{\lvert M\rvert}{W}$	89.76	104.62	92.09	55.08
$p_{min}=\frac{N}{lb}-\frac{\lvert M\rvert}{W}$	59.12	3.66	72.39	28.68

(1) 验算柱边冲切(图3.95(a))：

$b=5\text{m}, b_t=0.9\text{m}, h_0=1.05-0.04=1.01\text{m}$

$l=3\text{m}, a_t=0.4\text{m}, a_b=a_t+2h_0=0.4+2\times1.01=2.42\text{m}$

$a_m=(a_t+a_b)/2=(0.4+2.42)/2=1.41\text{m}$

$$A_l=\left(\frac{b}{2}-\frac{b_t}{2}-h_0\right)l-\left(\frac{l}{2}-\frac{a_t}{2}-h_0\right)^2$$

$$=\left(\frac{5}{2}-\frac{0.9}{2}-1.01\right)\times3-\left(\frac{3}{2}-\frac{0.4}{2}-1.01\right)^2=3.04\text{m}^2$$

$F_l=p_jA_l=104.62\times3.04=318.04(\text{kN})$

∵ 基础高度$h=1050>800$，按线性内插得$\beta_{hp}=0.996$

$0.7\beta_{hp}f_ta_mh_0=0.7\times0.996\times0.91\times1.41\times10^3\times1.01\times10^3$

$=903.52(\text{kN})>F_l$ （满足要求）

(2) 验算变阶处冲切(图3.95(b))：

$b=5\text{m}, b_t=1.65\text{m}, h_0=0.71\text{m}$

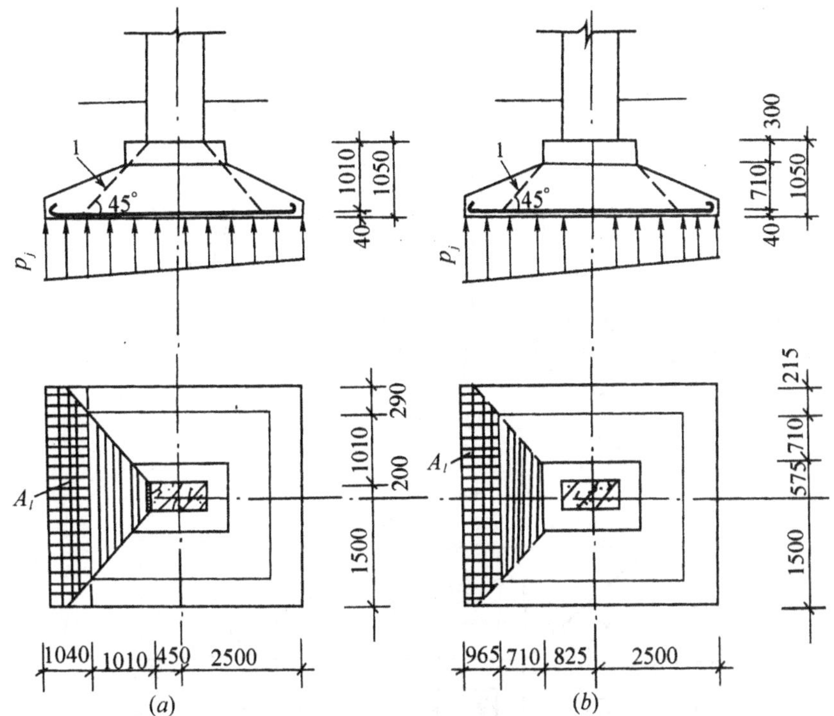

图 3.95　冲切验算简图

$l = 3\text{m}, a_t = 1.15\text{m}, a_b = a_t + 2h_0 = 1.15 + 2 \times 0.71 = 2.57\text{m}$

$a_m = (a_t + a_b)/2 = (1.15 + 2.57)/2 = 1.86\text{m}$

$$A_l = \left(\frac{b}{2} - \frac{b_t}{2} - h_0\right)l - \left(\frac{l}{2} - \frac{a_t}{2} - h_0\right)^2$$

$$= \left(\frac{5}{2} - \frac{1.65}{2} - 0.71\right) \times 3 - \left(\frac{3}{2} - \frac{1.15}{2} - 0.71\right)^2 = 2.85\text{m}^2$$

$F_l = p_j A_l = 104.62 \times 2.85 = 298.17(\text{kN})$

$0.7\beta_{hp} f_t a_m h_0 = 0.7 \times 0.996 \times 0.91 \times 1.86 \times 10^3 \times 0.71 \times 10^3$

$= 837.86(\text{kN}) > F_l$　　（满足要求）

3.7.7.5　基础底板配筋

由表 3.10 可判断 $-M_{max}$ 组合或 N_{max} 组合需配筋较多。

(1) 截面 Ⅰ—Ⅰ(见图 3.96 柱边处）内力：

$a_1 = \frac{5}{2} - \frac{0.9}{2} = 2.05\text{m}, a' = 0.4\text{m}, h_0 = 1010$；

有：$p = (p_{max} - p_{min})\frac{b - a_1}{b} + p_{min}, M_{\text{I}} = \frac{1}{12}a_1^2[(2l + a')(p_{max} + p) + (p_{max} - p)l]$

① 在 $-M_{max}$ 组合下：

$p = (104.62 - 3.66)\frac{5 - 2.05}{5} + 3.66 = 63.23$

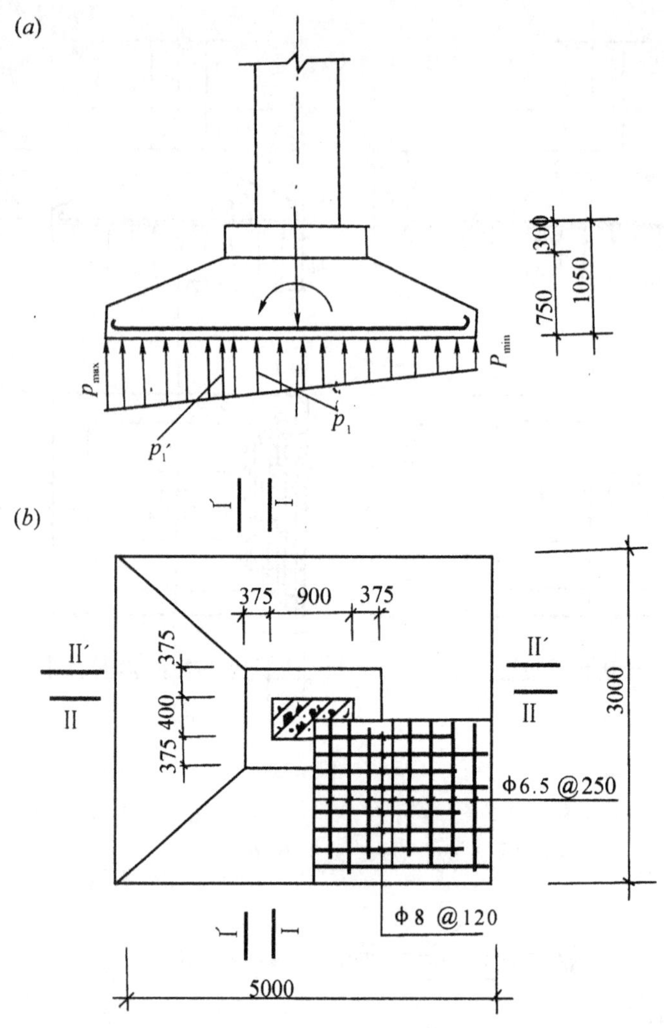

图 3.96 基础配筋计算

$$M_{\mathrm{I}}=\frac{2.05^2}{12}[(2\times3+0.4)\times(104.62+63.23)+(104.62-63.23)\times3]=419.69(\mathrm{kN\cdot m})$$

② 在 N_{max} 组合下：

$$p=(92.09-72.39)\frac{5-2.05}{5}+72.39=84.01$$

$$M_{\mathrm{I}}=\frac{2.05^2}{12}[(2\times3+0.4)\times(92.09+84.01)+(92.09-84.01)\times3]$$

$$=403.19(\mathrm{kN\cdot m})$$

$$\therefore A_{\mathrm{SI}}=\frac{M_{\mathrm{I}}}{0.9h_0f_y}=\frac{419.69\times10^6}{0.9\times1010\times270}=1710\mathrm{mm}^2$$

(2) 截面 Ⅰ′～Ⅰ′(见图 3.96 变阶处) 内力：

$$a_1=\frac{5}{2}-\frac{0.9}{2}-0.375=1.675\mathrm{m},a'=0.4+0.375\times2=1.15\mathrm{m},h_0=750-40=710$$

① 在 $-M_{max}$ 组合下：

$$p=(104.62-3.66)\frac{5-1.675}{5}+3.66=70.80$$

$$M'_{\rm I}=\frac{1.675^2}{12}[(2\times3+1.15)\times(104.62+70.80)+(104.62-70.80)\times3]$$

$$=316.97(\text{kN}\cdot\text{m})$$

② 在 N_{max} 组合下：

$$p=(92.09-72.39)\frac{5-1.675}{5}+72.39=85.49$$

$$M'_{\rm I}=\frac{1.675^2}{12}[(2\times3+1.15)\times(92.09+85.40)+(92.09-85.49)\times3]$$

$$=301.49(\text{kN}\cdot\text{m})<316.97(\text{kN}\cdot\text{m})$$

(3) 截面 Ⅰ-Ⅰ，Ⅰ′-Ⅰ′ 配筋计算

Ⅰ-Ⅰ 截面(柱边处)

$$A_{s1}=\frac{M_{\rm I}}{0.9\times h_0\times f_y}=\frac{419.67\times10^6}{0.9\times(1050-40)\times270}=1699(\text{mm}^2)$$

Ⅰ′-Ⅰ′ 截面(变阶处)

$$A'_{s1}=\frac{M'_{\rm I}}{0.9\times h_0\times f_y}=\frac{316.97\times10^6}{0.9\times(750-40)\times270}=1837(\text{mm}^2)>1699(\text{mm}^2)$$

按 $A'_{s1}(=1837\text{mm}^2)$ 配筋，选 $\phi10$@100(实配 $A_s=2360\text{mm}^2>1837\text{mm}^2$)

沿基础底板短边方向配置 30 根 $\phi10$ 钢筋

(4) 截面 Ⅱ-Ⅱ(见图 3.96 柱边处) 内力：

$a'=0.4\text{m}, b'=0.9\text{m}, h_0=1010\text{mm}$

$$M_{\rm II}=\frac{1}{48}(l-a')^2(2b+b')(p_{max}-p_{min})$$

① 在 M_{max} 组合下

$$M_{\rm II}=\frac{1}{48}(3-0.4)^2\times(2\times5+0.9)\times(104.62+3.66)=166.22(\text{kN}\cdot\text{m})$$

② 在 N_{max} 组合下

$$M_{\rm II}=\frac{1}{48}(3-0.4)^2\times(2\times5+0.9)\times(92.69+72.38)=252.49(\text{kN}\cdot\text{m})>166.22(\text{kN}\cdot\text{m})$$

(5) 截面 Ⅱ′-Ⅱ′(见图 3.96 变阶处) 内力：

$a'=1.15\text{m}, b'=0.9+3.75\times2=1.65\text{m}, h_0=710\text{mm}$

① 在 $-M_{max}$ 组合下

$$M'_{\rm II}=\frac{1}{48}(3-1.15)^2\times(2\times5+1.65)\times(104.62+3.66)=89.94(\text{kN}\cdot\text{m})$$

② 在 N_{max} 组合下

$$M'_{\rm II}=\frac{1}{48}(3-1.15)^2\times(2\times5+1.65)\times(92.09+72.39)=136.63(\text{kN}\cdot\text{m})>$$

89.94(kN·m)

(6) 截面 Ⅱ-Ⅱ,Ⅱ′-Ⅱ′配筋计算

Ⅱ-Ⅱ 截面(柱边处)

$$A_{s\text{Ⅱ}} = \frac{252.49 \times 10^6}{0.9 \times (1050 - 400 - 10) \times 270} = 1039(\text{mm}^2)$$

Ⅱ′-Ⅱ′截面(变阶处)

$$A'_{s\text{Ⅱ}} = \frac{136.63}{0.9 \times (750 - 40 - 10) \times 274} = 803(\text{mm}^2) < 1039(\text{mm}^2)$$

按 $A_{s\text{Ⅱ}}$($= 1039\text{mm}^2$)配筋,选 $\phi 8$@150(实配 $A_s = 1711(\text{mm}^2) > 1039(\text{mm})$)

沿基础底板长边方向配置 34 根 $\phi 8$ 钢筋。

复习思考题

1.装配式钢筋混凝土排架结构单层厂房通常由哪些结构构件组成?其传力路线是怎样的?

2.单层厂房结构的平面布置主要应考虑哪些问题?

3.单层厂房为什么要布置各种支撑?单层厂房有哪些支撑?各起什么作用?

4.柱间支撑一般布置在什么部位?层盖支撑一般布置在什么部位?

5.排架计算简图有哪些假定?

6.排架承受哪些荷载?作用在排架上的吊车竖向荷载 D_{max},D_{min} 和横向水平荷载 T_{max} 是如何计算的?

7.试绘出各种荷载单独作用下的排架计算简图?

8.什么是等高排架?采用剪力分配法计算等高排架有哪些基本步骤?

9.排架柱在进行最不利内力组合时,应如何组合各种荷载引起的内力?应进行哪几种内力组合?在内力组合中还应注意哪些问题?

10.什么是厂房的整体空间作用?整体空间作用与哪些因素有关?我国规范目前是如何考虑厂房的空间作用的?

11.排架柱的设计有哪些内容?

12.了解排架柱牛腿受力状态及主要破坏形态。牛腿设计应包括哪些内容?

13.单层厂房的抗风柱设计要考虑哪些问题?

14.排架柱下单独基础设计有哪些内容?如何计算?

15.屋架设计有哪些要点?

16.吊车梁所受荷载有哪些特点?吊车梁设计有哪些要点?

17.单层厂房抗震设计包括哪些方面?抗震概念设计的要点有哪些?什么情况下除进行抗震概念设计外还需进行抗震计算设计?

单层厂房结构课程设计任务书

一、设计题目

杭州市郊区 ××× 厂装配车间。

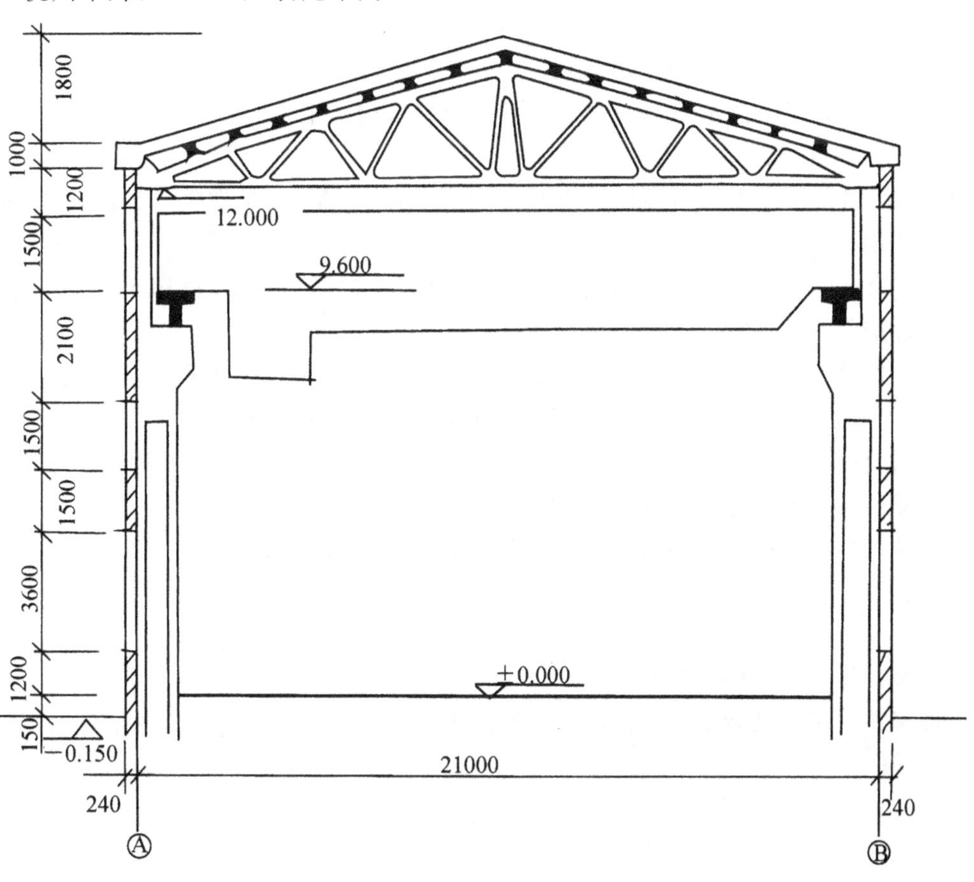

图 3.97　车间剖面

二、设计资料

1. 该车间抗震设防烈度为 6 度。

2. 该车间为单跨车间：跨度 21m，柱距 6m，总长 156m；中间设一道伸缩缝，柱顶标高 12.00m，轨顶标高 9.60m。其剖面见图 3.97。

3. 车间跨内设有 2 台 150/50kN 中级工作制吊车，其参数见表 3.11。

表 3.11　吊车参数(大连起重机厂)

起重量 kN	桥跨 L_k/m	最大轮压 P_{max}/kN	小车重 Q_1/kN	轮距 K/m	大车宽 B/m	额定起重量 P/kN	吊车总重 Q/kN
150/50	19.5	160	60.7	4.4	5.6	150	254

4. 根据工程地质勘探报告,可选编号③的层土为持力层(粉质粘土),其深度距地表面2m左右,厚度约在5～8m,承载力修正后的特征值 $f_a = 140\text{kN/m}^2$,常年平均地下水稳定在地面下1m处。

5. 屋面:三毡四油防水层上铺小石子;

20mm厚水泥混合砂浆找平层;

100mm厚水泥珍珠岩制品保温层;

预应力混凝土大型屋面板。

6. 墙体:240mm厚清水墙,每柱距内均有钢窗(或门),钢窗宽2.4m。

7. 标准构件选用:

(1) 预应力混凝土大型屋面板采用G410(一)标准图集,其板重(包括灌缝)标准值为1.35kN/m^2。

(2) 屋架采用CG423标准图集中的预应力混凝土折线形屋架(适用于卷材防水屋面),自重标准值为74kN。

(3) 吊车梁采用G425标准图集中的预应力混凝土吊车梁,梁高1000mm,自重标准值34.8kN,轨道及零件自重标准值0.82kN/m,轨道构造高度200。

8. 材料:柱采用C20混凝土,受力主筋用HRB400级钢筋,箍筋用HPB235级钢筋;基础采用C15混凝土;钢筋用HPB235级钢筋。

9. 设计依据:现行的《荷载规范》、《混凝土结构设计规范》等。

三、设计内容

1. 排架柱设计(计算书和施工图)。

2. 排架柱下单独基础设计(计算书和施工图)。

第4章

多层及高层建筑结构设计

导读

通过本章的学习，要求：(1)理解多层及高层建筑结构设计的主要特点；(2)熟悉我国建筑结构抗震设计体系，以及与非抗震设计的关系；(3)理解各种钢筋混凝土建筑结构体系及其受力特性；(4)理解钢筋混凝土建筑物水平及竖向结构布置；(5)掌握多层及高层建筑结构的各种荷载作用计算的过程及方法；(6)了解多层及高层结构内力分析的电算方法；(7)熟练掌握平面框架结构内力分析的近似方法；(8)了解多高层结构抗震设计的要点，深刻理解延性对结构抗震的重要性；(9)切实理解多高层建筑结构中，梁、柱、剪力墙等构件设计的详细过程，以及为确保构件延性所采取的方法。

多层与高层房屋是人们向空间索要生活和工作场所的自然产物。随着社会的发展、科技的进步、人口的增加和集中，用地日益紧张，多层与高层房屋正在迅速地发展。

根据《高层建筑混凝土结构技术规程》(JGJ 3—2010)(以下简称《高层规程》)，一般认为10层及10层以上或房屋高度超过28m的住宅以及高度大于24m的其他民用建筑为高层建筑。

多层与高层房屋的结构主要由水平结构(楼面、屋面)、竖向结构(墙、柱等)、基础和其他构件组成。水平结构承受楼(屋)面上的竖向荷载(作用)，并将其传给竖向结构；同时它又是竖向结构的横向水平支撑，且与竖向结构形成一个空间整体受力系统。竖向结构承受水平结构传来的竖向荷载(作用)和房屋的水平荷载(作用)，并将它们传给基础。由于多层及高层建筑结构的上部结构重量大、迎风面大，因此对于高层建筑的结构设计，侧向风荷载和地震作用的影响将起重要作用。

对高层建筑结构的设计，尤应注重概念设计。概念设计是指工程技术人员基于对建筑结构知识的正确理解和工程实践经验的积累，去妥善处理结构设计中遇到的某些完全靠计算难以确定的问题。结构的概念设计在很大程度上依赖于工程判断。由于地震作用的大小会影响结构构件的设计，而不同的结构设计又将影响到结构的地震响应，因此概念设计是钢筋混凝土结构抗震设计中很重要的一部分。从合理的结构选型到结构布置，从计算模型到结构破坏机制，从计算结果的分析处理到正确的构造措施，概念设计始终贯穿于结构设计中。

4.1 设计特点及设计体系

4.1.1 设计特点

对于多层与高层结构的设计主要有以下几个特点：

(1) 水平荷载(作用) 成为高层结构设计的控制因素

竖向结构(以后简称结构) 要同时承受竖向和水平作用。在低层结构中，水平作用产生的效应很小，常可忽略；在多层结构中，水平作用产生的效应逐渐增大，竖向作用和水平作用同时控制结构设计；在高层结构中，水平作用产生的效应迅速增大，进而成为结构设计的控制因素，即成为选定房屋结构体系、确定构件尺寸和配筋、决定结构材料用量及造价的主要因素。因此，有时我们也称竖向结构为抗侧力结构。

(2) 结构需要有较大的抗侧刚度

过大的侧向变形不仅会影响人们的正常生活和工作，还会使一些非结构构件破损(如门、窗、电梯轨道变形等)，而且也会使主体结构产生裂缝，甚至破坏。同时由于高层房屋的竖向荷载(作用) 相当大，故由侧向变形产生的附加弯矩就不能忽略。而过大的侧向变形，会使结构产生较大的附加弯矩，甚至引起结构失稳破坏。为此，高层房屋不仅应有充分的承载能力，而且也应有较大的抗侧刚度，以控制其侧向变形——房屋的层间相对位移和顶点总位移。

(3) 结构应有较好的延性

结构的延性一般是指结构破坏时的变形与结构屈服时变形的比值，它反映了结构塑性变形(非弹性变形) 能力的大小。对于地震作用，利用结构的塑性变形能力来吸收地震作用的能量，不但可以降低地震作用在结构上产生的效应，而且可做到在强烈地震作用下结构不倒塌。由于上述特点，高层建筑结构设计中，竖向结构的设计就成为关键。欲使竖向结构具有足够的承载能力和刚度，又有较好的抗震性能，以及尽可能地提高材料利用率，降低材料消耗、节约造价，就必须从选择结构材料、结构体系、基础形式等各方面入手，采用合理而可行的设计方法和计算方法。还要十分重视构造、连接、锚固等细部处理。此外，任何一个好的建筑，必须是建筑、结构、各种管道设备设计以及施工等几方面的密切配合及相互合作的产物。特别是在高层建筑中，建筑功能要求高，结构的安全性、经济性要求也高，且设备多、施工技术和管理都更复杂。因此，建筑师和结构工程师都必须充分认识高层建筑的特点而相互合作，才能做出既安全可靠又经济合理的设计。

4.1.2　非抗震设计体系

我国的各种结构设计规范均以国家标准《工程结构可靠性设计统一标准》GB50153及《建筑结构可靠度设计统一标准》GB50068 为依据。这两个标准确定了我国的结构设计体系是采用以可靠度理论为基础的极限状态设计法，以可靠指标度量结构构件的可靠度，来确保结构物的功能要求 —— 安全性、适用性及耐久性。所考虑的极限状态包括承载能力极限状态和正常使用极限状态。一般来说，承载能力极限状态计算用于保障结构的安全性，正常使用极限状态的验算用于保障结构的适用性和耐久性。这两个极限状态的计算均采用实用表达式来进行，构件满足了实用表达式就意味着构件的可靠度达到了目标可靠度。结构的所有构件均满足了目标可靠度，则认为结构物整体满足其功能要求。

承载能力极限状态计算的实用表达式如下：

$$\gamma_0 S \leqslant R \tag{4.1}$$

式中：γ_0—— 结构重要性系数：对安全等级为一级的或设计使用年限为 100 年及以上的结构构件，不应小于 1.1；对安全等级为二级的或设计使用年限为 50 年的结构构件，不应小于 1.0；对安全等级为三级或设计使用年限为 5 年及以下的结构构件，不应小于 0.9；在抗震设计中，不考虑结构构件的重要性系数；

S—— 承载能力极限状态下作用组合的效应设计值：对持久设计状况和短暂设计状况，按作用的基本组合计算；

R—— 按材料强度设计值计算得到的结构构件的抗力设计值。

建筑结构安全等级根据结构破坏可能产生的后果(危及人的生命，造成经济损失，产生社会影响等) 的严重性，采用表 4.1 所示的安全等级。各类结构构件的安全等级宜与整个结构安全等级相同。对其中部分结构构件的安全等级，可根据其重要性程度适当调整，对于结构中重要构件和关键传力部位，宜适当提高其安全等级。

表 4.1　房屋建筑结构的安全等级

安全等级	破坏后果	影响
一级	很严重	对人的生命、经济、社会或环境影响很大
二级	严重	对人的生命、经济、社会或环境影响较大
三级	不严重	对人的生命、经济、社会或环境影响较小

承载能力极限状态实用表达式中的效应设计值是效应的标准值与分项系数的乘积的组合，而分项系数是由“工程经验校准法” 确定的，因此满足式(4.1) 的构件意味着其发生承载力失效的概率小到了可以被接受的程度。结构的所有构件均满足承载能力极限状态的要求即被认为结构整体也满足可靠度要求。

正常使用极限状态验算的实用表达式如下：

$$S_D \leqslant C \tag{4.2}$$

式中：S_D—— 正常使用极限状态的荷载效应组合值；

C—— 结构构件满足正常使用要求的规定限值，通常有挠度、裂缝宽度、应力、自振频率、振动加速度等。

非抗震设计的设计过程通常分为以下步骤。其实前面两章的结构设计基本上也是这些步骤。

(1) 结构选型：确定建筑结构的结构体系，例如：框架结构、剪力墙结构、框架 — 剪力墙结构、筒体结构等；还包括确定钢筋、混凝土等材料强度等级；

(2) 结构布置：确定建筑物结构构件的截面尺寸及其位置；例如梁、柱的截面尺寸，柱子位置的偏移，板的厚度等；

(3) 荷载计算：在结构布置完成后所形成的结构模型上，分别作用有恒载、活荷载、风荷载、吊车荷载等。计算这些荷载的大小；

(4) 内力分析及效应组合：基于结构力学分析计算结构模型的各构件在各种荷载作用下的内力效应，如截面弯矩、剪力、轴力、扭矩等；并对这些效应进行组合，得到构件的组合效应，如设计值、标准值、准永久值等；

(5) 承载力极限状态计算：根据承载力极限状态计算的实用表达式计算构件的配筋量，如针对弯矩计算截面上所需要的纵向钢筋；针对剪力计算截面所需要的箍筋等；

(6) 正常使用极限状态验算：根据正常使用极限状态验算的实用表达式，验算由上述承载力能力极限状态计算得到的配筋量是否满足挠度、裂缝宽度、应力控制等要求，如不满足，要增加配筋量；

(7) 构造措施：除在构件内配置根据以上两个极限状态计算所需要的钢筋外，确定采取必要的构造措施。

4.1.3 抗震设计体系

根据我国《建筑抗震设计规范》GB50010-2010(以下简称《抗震规范》)，对于基本设防烈度为6度及6度以上的地区，必须采取抗震设计。为了理解我国的抗震设计体系，首先了解一些关于地震及抗震的名词。

(1) 地震：由于地下岩层构造状态突然破裂、或由于局部岩层塌落、火山喷发、核爆炸等原因产生振动，并以波的形式传到地面引起地面颠簸和摇晃，这种地面运动就叫做地震。

(2) 震级：是衡量一次地震大小的等级。用符号 M 表示，一般称为里氏震级。

$M = 2 \sim 4$ 的地震为有感地震。

$M > 5$ 的地震，对建筑物有不同程度的破坏。

$M > 7$ 的地震，称为强烈地震或大地震。

(3) 地震烈度：指地震时某一地区地面和各类建筑物遭受地震影响的强弱程度。

(4) 多遇地震烈度：设计基准期 50 年内，超越概率为 63.2% 的地震烈度(俗称小震)。

(5) 基本烈度：指中国地震烈度区划图标明的地震烈度。1990 年颁布的地震烈度区划图标明的基本烈度为 50 年期限内，一般场地条件下，可能遭遇超越概率为 10% 的地震烈度。(俗称中震)。

(6) 罕遇地震烈度：设计基准期 50 年内，超越概率为 2% ～ 3% 的地震烈度。(俗称大震)。

(7) 抗震设防烈度：按国家规定的权限批准作为一个地区抗震设防依据的地震烈度，一般情况可采用中国地震烈度区划图标明的基本烈度。

(8) 地震作用：地震作用是地震影响结构后，结构产生的动态反应(如速度，加速度，变形)。地震作用不是直接的外力作用，而是结构遭遇地震时的动力反应，是一种间接作用。地震作用的大小与地面运动的性质和工程结构的周期、阻尼等动力特性有关；地震作用分为水平地震作用、竖向地震作用和扭转地震作用。

(9) 超越概率：一定地区范围和时间范围内，发生的地震烈度超过给定地震烈度的概率。

(10) 抗震设防标准：衡量抗震设防要求的尺度，由抗震设防烈度和建筑使用功能的重要性确定。

(11) 设计地震动参数：抗震设计用的地震加速度(速度、位移) 时程曲线，加速度反应谱和峰值加速度。

(12) 设计基本地震加速度：50 年设计基准期内超越概率为 10% 的地震加速度的设计取值。

(13) 抗震概念设计：根据地震灾害和工程经验等所形成的基本设计原则和设计思想，进行建筑和结构总体布置，并确定细部构造的过程。

(14) 抗震措施：除地震作用计算和抗力计算以外的抗震设计内容，包括抗震构造措施。

(15) 抗震构造措施：根据抗震概念设计原则，一般不需要计算而结构和非结构各部分必须采取的各种细部要求。

(16) 设计特征周期：抗震设计用地震影响系数曲线中，反应地震震级、震中距和场地类别等因素的下降段起始点对应的周期值。

(17) 场地：工程群体所在地，具有相似的反应谱特征。其范围相当于厂区、居民小区和自然村或不小于 1.0km^2 的平面面积。

以上这些名词有些可能在其他课程中接触过，有些将出现在本教材的后述章节中，这里并不需要完全理解它们，只需要对地震的特性有初步认识。

在建筑抗震设计中所指的地震是由于岩层构造状态突然发生破裂引起的地震。这种地震的出现是由于地质缓慢运动的结果，其发生具有一定的规律性。一般来说，小的地震发生的频率较高，大的地震发生的频率较低。抗震区的建筑物在其使用年限内可能经受小的地震，也有可能经受大的地震，其对建筑物产生的破坏程度也是不一样的，如果我们还采用非抗震设计体系中以构件的抗力来抵御所有烈度的地震产生的作用效应，那么构件的截面尺寸或者配筋量将大到我们所不能接受的程度。因此，人们考虑到不同烈度地震的再现周期与结构物使用年限的相对关系，提出了针对不同烈度的地震，允许建筑物发生不同程度的破坏的设计方法，它是当今各国所采用的主流抗震设计方法。人们通常所说的“小震不坏、中震可修、大震不倒”就是对我国抗震规范中定义的三个设防水准的高度概括。我国抗震规范提出的三水准设防的科学定义如下：

第一水准：当遭受低于本地区设防烈度的多遇地震作用时，建筑物一般不受损坏或不需修理仍可继续使用；即所谓的“小震不坏”

第二水准：当遭受本地区设防烈度的地震作用时，建筑物可能损坏，经一般修理或不需修理仍可继续使用；即所谓的“中震可修”

第三水准：当遭受到高于本地区设防烈度的罕遇地震作用时，建筑物不致倒塌或危及生命的严重破坏。即所谓的“大震不倒”

在抗震设计时，为满足上述三个水准的设防目标，我国规范规定采用以下的两阶段设计法。

第一阶段设计：按多遇地震作用效应和其他荷载效应的基本组合进行截面配筋计算，以及验算在多遇地震作用下结构的弹性变形，这就是所谓的“抗震计算设计”，它使建筑物满足第一水准设防目标。第一阶段设计中除抗震计算设计外，还包括一些重要的抗震概念设计和抗震构造措施。抗震计算设计结合抗震概念设计和抗震构造措施使建筑物满足第二水准的设防目标。

第二阶段设计为弹塑性变形验算，对有特殊要求的建筑物和地震时易倒塌的结构，除进行第一阶段设计外，还要对罕遇地震作用下结构的薄弱层进行弹塑性变形验算和采取相应的构造措施，使建筑物满足第三水准的设防目标。

人们将以上的设防目标和设计方法概括为“三水准设防、两阶段设计”的抗震设计体系。

下面列出抗震设计的设计步骤，为了让读者带着问题去思考抗震设计，这里先列出了抗震设计的全过程，其中的一些步骤可能要等到学完本章后述内容之后更容易理解，望读者回头再来阅读理解这一部分内容，注意其与非抗震设计之间的差别。此处请读者特别要理解设防分类和抗震等级这两个概念。

(1) 设防分类(确定结构的抗震设防分类)：建筑结构应根据其破坏造成的人员伤亡、直接和间接经济损失及社会影响的大小等因素分为以下四类。① 特殊设防类：指使用上有特殊要求的设施，涉及国家公共安全的重大建筑工程和地震时可能发生严重次生灾害等特别重大灾害后果，需要进行特殊设防的建筑；简称甲类建筑。② 重点设防类：指地震时使用功能不能中断或需尽快恢复使用功能的与生命线工程相关的建筑，以及地震时可能导致大量人员伤亡等重大灾害后果，需要提高设防标准的建筑；简称乙类建筑。③ 标准设防类：除甲类、乙类、丁类以外，需要按标准要求进行设防的建筑；简称丙类建筑。④ 适度设防类：指使用人员稀少且震害不至于产生次生灾害，允许在一定条件下适度降低要求的建筑；简称丁类建筑。建筑结构的设防类别由《建筑工程抗震设防分类标准》规定。绝大部分建筑属于丙类建筑。

(2) 结构选型：确定建筑结构的结构体系，例如：框架结构、剪力墙结构、框架 — 剪力墙结构、筒体结构等；还包括确定钢筋、混凝土等主要结构材料的强度等级；

(3) 抗震等级：确定结构的抗震等级。抗震设计时有许多需要满足的抗震构造措施，我国抗震设计规范规定：抗震构造措施取决于结构物的抗震等级，因此，在设计时确定了结构体系之后，需要确定结构的抗震等级。我国抗震规范按结构体系和结构物总高度按表 4.2 确定结构的抗震等级；

表 4.2　现浇钢筋混凝土房屋的抗震等级

<table>
<tr><th colspan="3" rowspan="2">结构类型</th><th colspan="12">设 防 烈 度</th></tr>
<tr><th colspan="2">6</th><th colspan="4">7</th><th colspan="4">8</th><th colspan="2">9</th></tr>
<tr><td rowspan="3">框架结构</td><td colspan="2">高度（m）</td><td>≤24</td><td>>24</td><td colspan="2">≤24</td><td colspan="2">>24</td><td colspan="2">≤24</td><td colspan="2">>24</td><td colspan="2">≤24</td></tr>
<tr><td colspan="2">框架</td><td>四</td><td>三</td><td colspan="2">三</td><td colspan="2">二</td><td colspan="2">二</td><td colspan="2">一</td><td colspan="2">一</td></tr>
<tr><td colspan="2">大跨度框架</td><td colspan="2">三</td><td colspan="4">二</td><td colspan="4">一</td><td colspan="2">一</td></tr>
<tr><td rowspan="3">框架-剪力墙结构</td><td colspan="2">高度（m）</td><td>≤60</td><td>>60</td><td><24</td><td colspan="2">24～60</td><td>>60</td><td><24</td><td colspan="2">24～60</td><td>>60</td><td>≤24</td><td>24~50</td></tr>
<tr><td colspan="2">框架</td><td>四</td><td>三</td><td>四</td><td colspan="2">三</td><td>二</td><td>三</td><td colspan="2">二</td><td>一</td><td>二</td><td>一</td></tr>
<tr><td colspan="2">剪力墙</td><td colspan="2">三</td><td>三</td><td colspan="3">二</td><td>二</td><td colspan="3">一</td><td colspan="2">一</td></tr>
<tr><td rowspan="2">剪力墙结构</td><td colspan="2">高度（m）</td><td>≤80</td><td>>80</td><td>≤24</td><td colspan="2">24～80</td><td>>80</td><td><24</td><td colspan="2">24～80</td><td>>80</td><td>≤24</td><td>24~60</td></tr>
<tr><td colspan="2">剪力墙</td><td>四</td><td>三</td><td>四</td><td colspan="2">三</td><td>二</td><td>三</td><td colspan="2">二</td><td>一</td><td>二</td><td>一</td></tr>
<tr><td rowspan="4">部分框支剪力墙结构</td><td colspan="2">高度（m）</td><td>≤80</td><td>>80</td><td>≤24</td><td colspan="2">24～80</td><td>>80</td><td>≤24</td><td colspan="2">24～80</td><td rowspan="4">——</td><td colspan="2" rowspan="4">——</td></tr>
<tr><td rowspan="2">剪力墙</td><td>一般部位</td><td>四</td><td>三</td><td>四</td><td colspan="2">三</td><td>二</td><td>三</td><td colspan="2">二</td></tr>
<tr><td>加强部位</td><td>三</td><td>二</td><td>三</td><td colspan="2">二</td><td>一</td><td>二</td><td colspan="2">一</td></tr>
<tr><td colspan="2">框支层框架</td><td colspan="2">二</td><td colspan="3">二</td><td>一</td><td colspan="3">一</td></tr>
<tr><td rowspan="2">框架-核心筒</td><td colspan="2">框架</td><td colspan="2">三</td><td colspan="4">二</td><td colspan="4">一</td><td colspan="2">一</td></tr>
<tr><td colspan="2">核心筒</td><td colspan="2">二</td><td colspan="4">二</td><td colspan="4">一</td><td colspan="2">一</td></tr>
<tr><td rowspan="2">筒中筒</td><td colspan="2">外筒</td><td colspan="2">三</td><td colspan="4">二</td><td colspan="4">一</td><td colspan="2">一</td></tr>
<tr><td colspan="2">内筒</td><td colspan="2">三</td><td colspan="4">二</td><td colspan="4">一</td><td colspan="2">一</td></tr>
<tr><td rowspan="3">板柱-剪力墙结构</td><td colspan="2">高度（m）</td><td>≤35</td><td>>35</td><td>≤35</td><td colspan="3">>35</td><td colspan="2">≤35</td><td colspan="2">>35</td><td colspan="2" rowspan="3">——</td></tr>
<tr><td colspan="2">框架、板柱的柱</td><td>三</td><td>二</td><td>二</td><td colspan="3">二</td><td colspan="4">一</td></tr>
<tr><td colspan="2">剪力墙</td><td>二</td><td>二</td><td>二</td><td colspan="3">一</td><td colspan="2">二</td><td colspan="2">一</td></tr>
</table>

(4) 结构布置：确定建筑物结构构件的截面尺寸及其位置；例如梁、柱的截面尺寸，柱子位置的偏移，板的厚度等；

(5) 荷载计算：在结构布置完成后所形成的结构模型上，分别作用有恒载、活荷载、风荷载、吊车荷载等。对于抗震设计，除了以上荷载之外，还需计算地震作用；此处所指的地震作用是按多遇地震烈度的参数计算的所谓“小震”时的地震作用；

(6) 内力分析及效应组合：基于结构力学分析计算结构模型的各构件在各种荷载(包括小震地震作用) 作用下的内力效应，如截面弯矩、剪力、轴力、扭矩等；并对这些效应进行组合，得到构件的组合效应，如设计值、标准值、准永久值等；

(7) 内力调整：内力调整是将上述组合得到的内力效应设计值进行人为的调整(类似于弯矩调幅)，调整之后的构件的内力设计值再也不保持平衡关系，内力调整的原则是达到所谓的“强柱弱梁、强剪弱弯、节点更强” 的要求，具体方法详见构件设计部分。内力调整是结构抗震设计中非常重要的内容，它的目的是确保结构构件的延性，使得结构物以吸收地震能量来抵御中震及中震以上的地震。

(8) 承载力极限状态计算：根据内力调整后的内力效应设计值，以抗震设计时的承载力极限状态计算的实用表达式(4.3)计算构件的配筋量，如针对弯矩计算截面上所需要的纵向钢筋；针对剪力计算截面所需要的箍筋等；

$$S \leqslant R/\gamma_{RE} \tag{4.3}$$

式中：γ_{RE}—— 承载力抗震调整系数，按表4.3采用；

R—— 考虑地震作用特性的结构构件承载力设计值。

表 4.3 承载力抗震调整系数

材料	结构构件	受力状态	γ_{RE}
混凝土	梁	受弯	0.75
	轴压比小于0.15的柱	偏压	0.75
	轴压比不小于0.15的柱	偏压	0.80
	剪力墙	偏压	0.85
	各类构件	受剪、偏拉	0.85

当仅计算竖向地震作用时，各类结构构件承载力抗震调整系数均应采用1.0。

(9) 多遇地震作用下的变形验算：多遇地震作用下的抗震变形验算是让建筑物各层内最大的弹性层间位移响应须符合式(4.4)的要求。其目的是确保结构在多遇地震作用下，结构上的围护构件不会受到损坏；地震结束后，建筑物不需修理即能继续使用。

$$\Delta u_e \leqslant [\theta_e]h \tag{4.4}$$

式中：Δu_e—— 多遇地震作用标准值产生的楼层内最大的弹性层间位移；计算时，除以弯曲变形为主的高层建筑外，可不扣除结构整体弯曲变形，应计入扭转变形；计算时钢筋混凝土结构构件的截面刚度采用弹性刚度。

h—— 计算楼层层高；

$[\theta_e]$ —— 弹性层间位移角限值，按表4.4采用。

表 4.4 弹性层间位移角限值

结构类型	$[\theta_e]$
钢筋混凝土框架	1/550
钢筋混凝土框架—剪力墙、板柱—剪力墙、框架—核心筒	1/800
钢筋混凝土剪力墙、筒中筒	1/1000
钢筋混凝土框支层	1/1000
多、高层钢结构	1/250

(10) 正常使用极限状态验算：根据正常使用极限状态验算的实用表达式(4.2)，验算由上述承载力能力极限状态计算得到的配筋量是否满足挠度、裂缝宽度、应力控制等要求，如不满足，要增加配筋量；

(11) 弹塑性变形验算：弹塑性变形验算是抗震设计的第二阶段设计，是针对罕遇地震所进行的验算。它一般只针对有特殊要求的建筑和地震时易倒塌的结构。结构薄弱层

(部位) 弹塑性层间位移响应须符合式(4.5) 的要求：

$$\Delta u_p \leqslant [\theta_p]h \tag{4.5}$$

式中　h—— 薄弱层楼层高度或单层厂房上柱高度；

$[\theta_p]$ —— 弹塑性层间位移角限值，按表 4.5 采用；对一些特殊情况可略作调整。

表 4.5　弹塑性层间位移角限值

结构类型	$[\theta_p]$
单层钢筋混凝土柱排架	1/30
钢筋混凝土框架	1/50
底部框架砌体房屋中的框架 — 剪力墙	1/100
钢筋混凝土框架 — 剪力墙、板柱 — 剪力墙、框架 — 核心筒	1/100
钢筋混凝土剪力墙、筒中筒	1/120

(12) 构造措施：按照结构的抗震等级以及抗震设计构造措施配置结构所需要的钢筋。

从上面的设计过程可以看出，抗震设计较非抗震设计多出了许多内容。实际上，非抗震设计可以看成抗震设计中的一种特殊情况，即地震作用不参与组合的情况就是非抗震设计的情况，因此对于非抗震设计也同样需要确定结构的抗震等级。

4.2　结构体系及结构布置

4.2.1　结构体系

建筑物的主要用途是为人们提供可使用的空间，这些空间主要由围护构件构成，例如房间的周围由带门窗的墙体(少数情况为结构墙体) 和上下楼板。保持这些空间在竖向和水平作用下不发生大幅度变形的构件即为结构构件，如梁、柱、剪力墙等。结构构件的功能是将建筑物承受的各种作用传递给地基基础最终传递给地球，因此，结构构件必须互相有效的连接成整体，这个整体被称为建筑物的结构体系。结构体系一般由水平构件和竖向构件组成。水平构件分布在楼、屋盖面内，其主要功能是保持楼、屋面在竖向荷载作用下具有必要的承载力和抵抗变形的能力，我们在楼盖设计的章节中已经学习了一些关于它们的设计计算知识。竖向构件支撑竖向荷载的同时，还要抵御建筑物可能受到的水平作用，它对于竖向荷载与水平作用随层数增加而增大的多、高层建筑而言，起着至关重要的作用。由于竖向构件的承载力和刚度的发挥均受到水平构件的影响，因此，对于多高层建筑，结构设计的对象应该是竖向构件与水平构件结合在一起形成的整体，即所谓的结构体系。

结构体系与结构的承载能力、侧向刚度、抗震性能、材料用量及造价等均有密切的关系，而且还与房屋层数、总高度和建筑空间大小等有关。因此，选择经济而有效的结构体系，便成为多高层房屋结构设计的重要内容。混凝土建筑结构诞生的近百年来，人们开发了许多钢筋混凝土结构体系，主要有框架结构、剪力墙结构、框架—剪力墙结构、筒体结构、板—柱剪力墙结构、异形柱结构、巨型结构、悬挂结构等等。

下面对多、高层建筑四种主要结构体系作简单介绍。

4.2.1.1 框架结构体系

所谓框架结构体系是指由横梁和立柱组成的结构体系。由于水平作用（风或地震）在纵、横两个方向都有可能出现，所以在多、高层中应在纵、横或斜交方向都布置成框架，节点均应采用刚接，同时，梁、柱轴线宜重合在同一平面内，并且抗震设计的框架结构不宜采用单跨框架。

框架结构体系的优点是建筑平面布置灵活，易于满足设置大空间的要求；立面处理也易于满足建筑艺术的要求。与其他钢筋混凝土结构体系相比，它是造价最低的一种结构体系。房屋中的非承重围护墙和分隔墙，宜选用轻质墙体。

由于上述优点和框架结构的受力特点，框架结构体系主要用于多层房屋中，而在高层建筑中采用框架结构体系，其层数一般不超过 10 层，高烈度区可能层数更少。在此范围内通过合理设计，框架结构的承载力、抗侧刚度及其延性都能满足要求；其材料用量及造价也较为经济合理。

在多层和高层房屋中，它们形成多层多跨框架。框架可以是等跨的或不等跨的，层高相等的或不完全相等的。有时，因使用和建筑上的要求，会在某些局部缺柱或缺梁，也有些框架有斜杆。对于不缺柱、梁且无斜杆的框架，我们称之为规则框架（或称简式框架），其他的就称为不规则框架（或称复式框架），如图 4.1 所示。

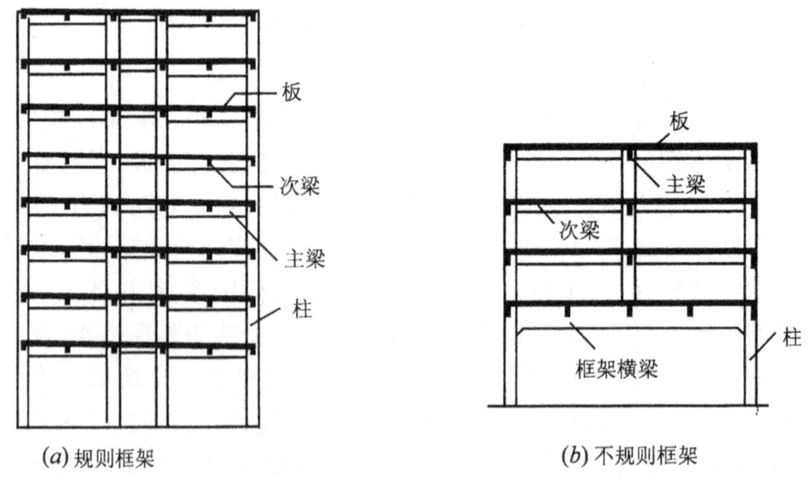

图 4.1 框架形式

按框架的施工方法，可分为现浇式、装配式及装配整体式三种。所谓装配整体式框架，是将预制构件就位后再连成整体的框架。由于现浇式框架整体性好，加之目前在施工技术上已有很大的创新和改进，使以往施工进度慢、模板损耗大的缺点已不突出，所以现在多、高层建筑的框架结构一般都采用现浇式框架。

在竖向作用和水平作用下，框架的梁、柱都将产生内力（弯矩、剪力和轴力）和变形。随着层数和总高度的增加，水平作用对各构件截面尺寸及配筋量的控制程度也越来越大。在水平力作用下，高层框架结构底部各层梁、柱的弯矩显著增加，从而导致截面和配筋增大，这对建筑平面布置和空间处理可能带来困难，影响建筑空间的合理使用，并在材料消耗和造价方面，也会趋于不合理。

通过内力分析，可以了解到，框架在水平力作用下，梁、柱端弯矩沿建筑物高度方向变化较大，即使是相邻两层的差异也很显著，如图 4.2 所示。这就不利于减少构件的规格型号。

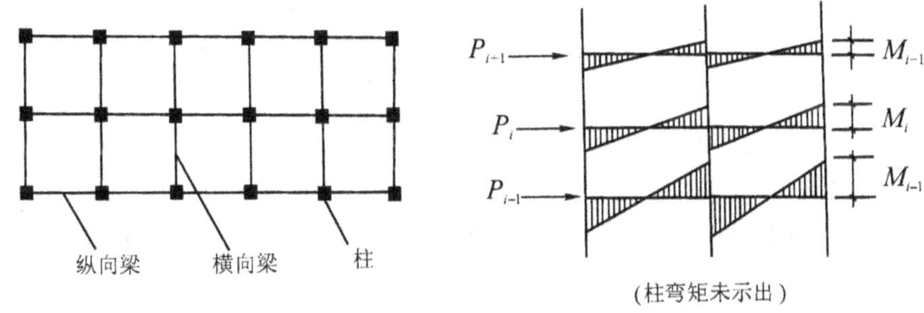

图 4.2　框架内力示意图

框架梁的主要内力是弯矩和剪力，由于有楼板的存在，梁的轴力一般很小，常可忽略不计。框架柱的内力有轴力、弯矩和剪力。在低层和多层建筑中，内力分析时一般不考虑柱轴向变形的影响，而在高层建筑中，由于柱的轴力很大，所以在内力分析时应考虑轴向变形的影响。

框架节点是应力集中的部位，也是保证结构整体性的关键部位。所以，目前在设计时，特别是在抗震设计时，要求遵循“强柱弱梁、节点更强”的设计原则。也就是说，柱的失效概率应比梁的失效概率小，而节点的失效概率就应更小。

在水平力作用下，框架的水平位移由两部分组成：一部分是梁柱弯矩产生的侧移，另一部分是柱轴力产生的侧移。框架的侧移曲线一般呈“剪切型”，就是下层层间的相对侧移大于上层层间相对侧移，即 $\delta_i > \delta_{i+1}$，如图 4.3 所示。

与其他结构体系相比，框架的抗侧刚度较小，侧移较大，一般称其为柔性结构。与剪力墙结构相比，框架自振周期长、自重轻，从而在地震作用时，结构上所产生的地震作用效应小，这是框架在地震时有利的一面。但由于其抗侧刚度小，在地震作用时，侧移量大，因此附加弯矩（即 P-Δ 效应）较大，且其截面较小，承载力有限，这又是对抗震不利的一面。总的说来，框架结构的抗震性能要比剪力墙结构差。

图 4.4 为框架结构的一些典型平面布置。

4.2.1.2　剪力墙结构体系

剪力墙是一片很大的钢筋混凝土墙体。在高层建筑中，它的高度和宽度有时可与整

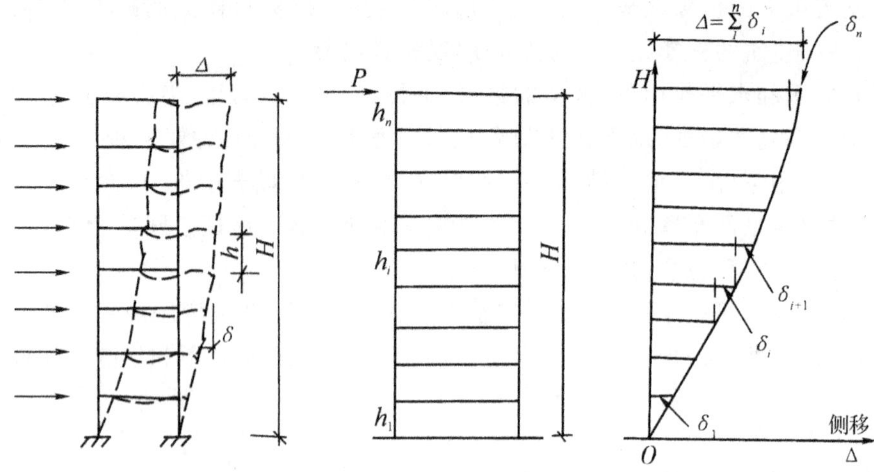

图 4.3　框架侧移曲线

个房屋相同，宽达几米或更大，高达几十米甚至几百米，相对而言，它的厚度则很薄，一般只有几十厘米。

剪力墙的横截面(即水平截面)一般是狭长的矩形。有时将纵横墙相连，则形成工字形、王字形、I 形和 T 形等。剪力墙在荷载作用下将承受轴力、弯矩和剪力，并将发生变形。由于剪力墙的截面高度较大，其剪切变形的影响显著，所以对它进行内力和位移分析时，应考虑其轴向变形和剪切变形的影响。这里需要指出：作为薄壁柱和悬臂梁作用的剪力墙，各层楼盖对它的横向支撑是必不可少的，否则剪力墙将失稳。

在垂直荷载作用下，剪力墙是一个受压薄壁柱；在水平力作用下，它则是一个底部固定、顶端自由的竖向悬臂梁。剪力墙的承载能力大，侧移量小，其侧移曲线一般呈“弯曲型”，即层间相对位移 $\delta_i < \delta_{i+1}$，如图 4.5 所示。与框架结构相比，其抗侧移刚度很大，一般称其为刚性结构。

剪力墙结构体系的刚度大，导致结构的自振周期短，因而在地震作用下会产生较大的内力。但由于其抗侧刚度大，截面的有效高度大，故具有较大的承载力，产生的侧移量也较小。国内外震害调查资料表明，剪力墙结构的抗震性能较强，故有时也称其为“抗震墙”。

当所有竖向构件只有剪力墙时，即形成剪力墙结构体系。这种剪力墙同时又起到围护和分隔空间的作用。这种体系一般适用于居住性建筑。如住宅、旅馆等，这些建筑物本身需要用墙体划分单元——居室和客房。将这些建筑功能需要的墙直接设计成剪力墙，一墙两用，就形成剪力墙体系的高层住宅和旅馆等，见图 4.6。

剪力墙结构体系抗侧刚度大，承载力高，整体性强，因此，其抗震性能好，震害轻。其主要缺点是墙的数量较多，消耗材料多，此外，平面布置欠灵活。

4.2.1.3　框架—剪力墙结构体系

在框架结构体系平面中的适当部位，例如楼梯间、电梯间和竖向管道井处布置剪力墙，并通过楼盖使框架和剪力墙结合起来，共同抵抗外部作用，就组成了框架—剪力墙

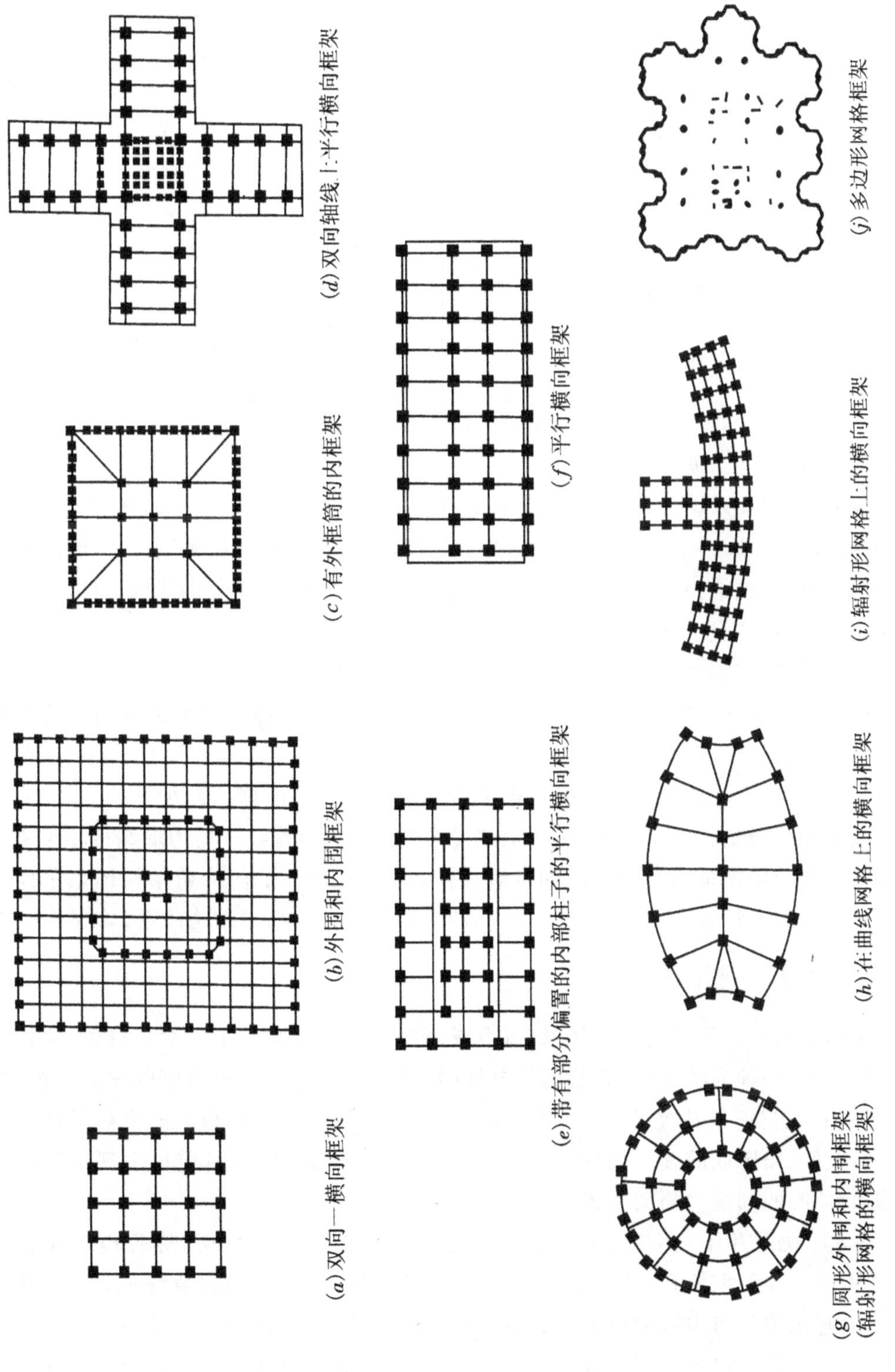

图 4.4　框架结构体系和平面布置示例

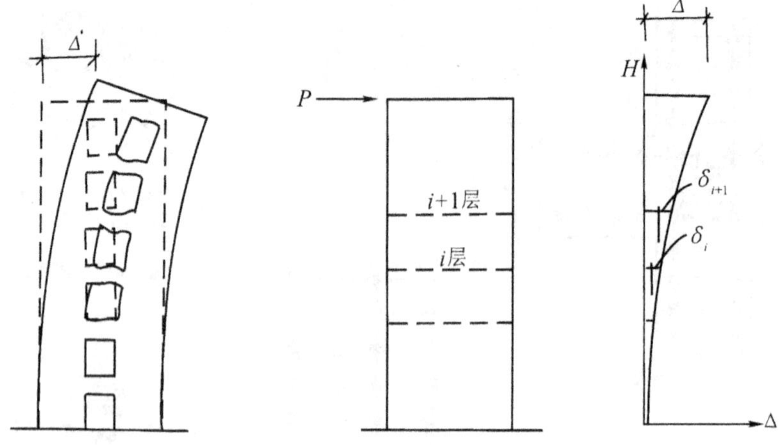

图 4.5　剪力墙结构的侧移

结构体系，如图 4.7 所示。

在框架—剪力墙结构中，一方面由于剪力墙抗侧刚度大，剪力墙将承担大部分水平力(有时可达 80% ～ 90%)，成为抗侧力的主体，使整个结构的抗侧刚度大大提高；另一方面，采用框架柱承担竖向荷载，同时也承担小部分水平力。这两种结构单体互相配合，取长补短，发挥各自的优势。

如前所述，在水平荷载作用下，框架呈“剪切型”变形，而剪力墙呈“弯曲型”变形。当两者通过楼盖协同工作，共同抵抗水平荷载时，其变形须协调，这也称框架与剪力墙的协同工作，如图 4.8 所示。协同工作的结果使其侧向变形呈“弯剪型”，上下各层层间变形趋于均匀，并减少了顶点侧移。同时，框架所承受的各层层间剪力减少并趋于均匀，各层梁柱截面和配筋也将趋于均匀。由于上述受力变形特点，框架—剪力墙结构不但极大地改善了框架结构体系的受力性能和抗震性能，同时又弥补了剪力墙结构体系平面布置欠灵活和墙的数量过多的缺点，所以是一种适用面较广的高层结构体系。

4.2.1.4　筒体结构体系

筒体结构是一种空间受力体系，可看成固定于基础上的箱形薄壁悬臂梁。筒体主要有两种形式：一种为实腹筒，它是利用电梯间、设备管井等处的剪力墙围成的筒体，如图 4.9(a) 所示。另一种为空腹筒，也称框筒，它由密排柱和高跨比很大的窗裙梁组成的密柱深梁框架，而围成的多孔筒体，如图 4.9(b) 所示。除此以外，目前也出现少数桁架筒体，即筒体的四周是由桁架围成。

在水平力作用下，不但平行于水平力作用方向的墙体或框架(称腹板墙或腹板框架) 起作用，而且垂直于水平力方向上的墙体或框架(称翼缘墙或翼缘框架) 也共同受力，所以它比单片剪力墙或框架具有更大的承载力和抗侧移刚度，同时还具有很好的抗扭刚度。但值得指出的是，箱形薄壁梁与普通箱形梁的受力特点是不同的。在弯矩和剪力的共同作用下，普通箱形梁的截面变形仍保持平面，所以其截面的应力为直线分布，如图 4.10(a) 中的虚线所示。而箱形薄壁梁的截面变形却已不再保持平截面变形，其截

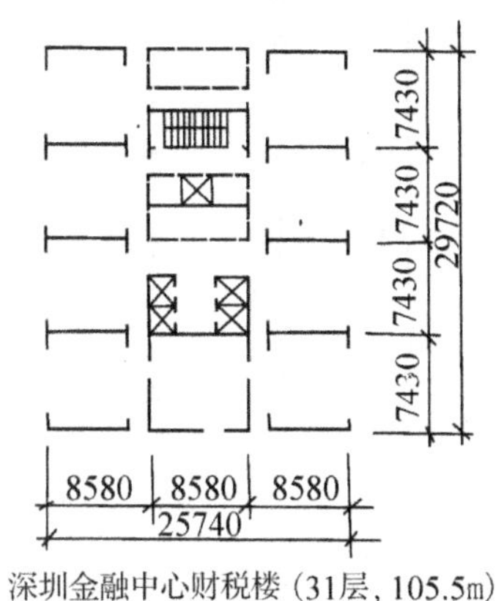

深圳金融中心财税楼 (31层, 105.5m)

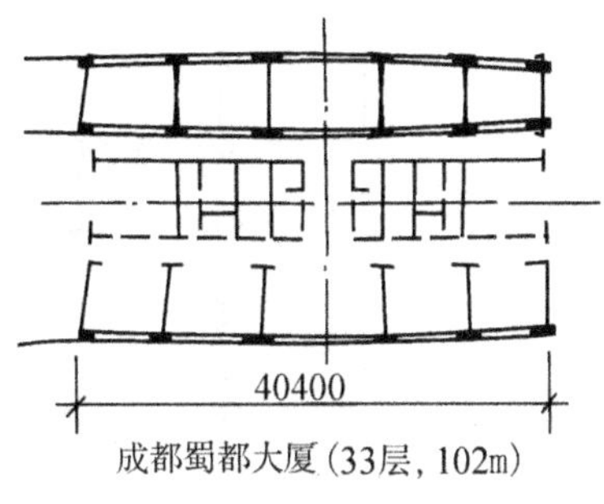

成都蜀都大厦 (33层, 102m)

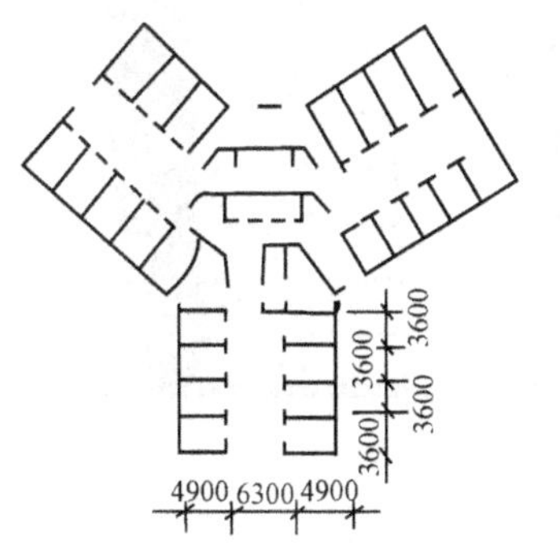

北京军区老干部活动中心 (20层, 65.7m)

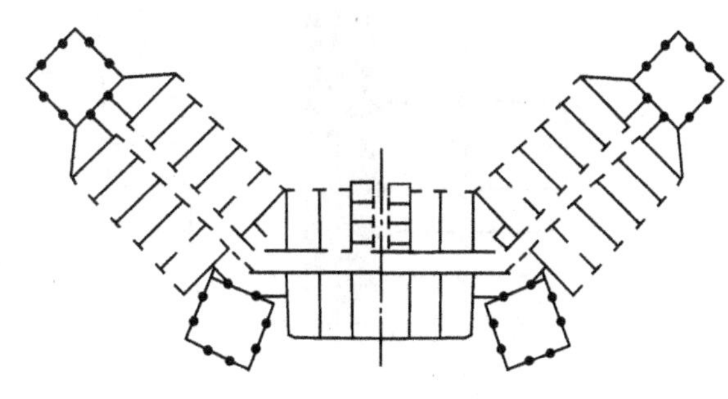
北京中国旅行社(30层, 101.5m)

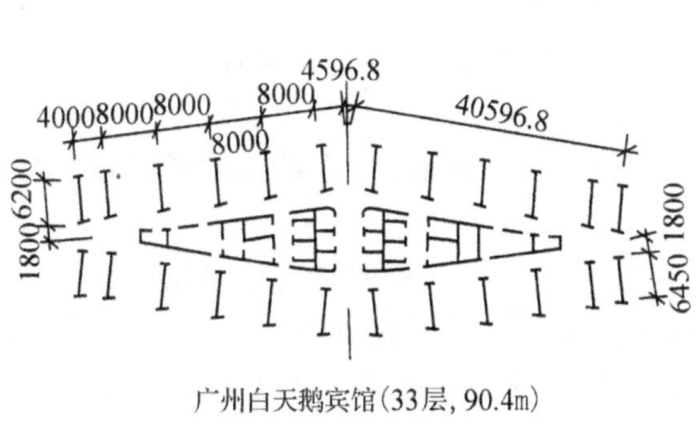

广州白天鹅宾馆(33层, 90.4m)

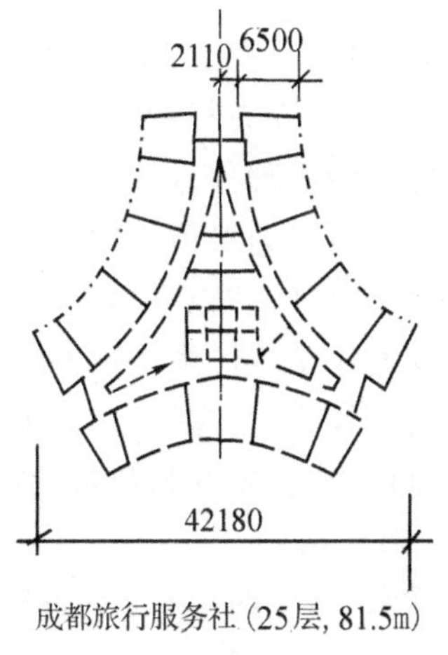

成都旅行服务社 (25层, 81.5m)

图 4.6　剪力墙结构体系典型平面布置

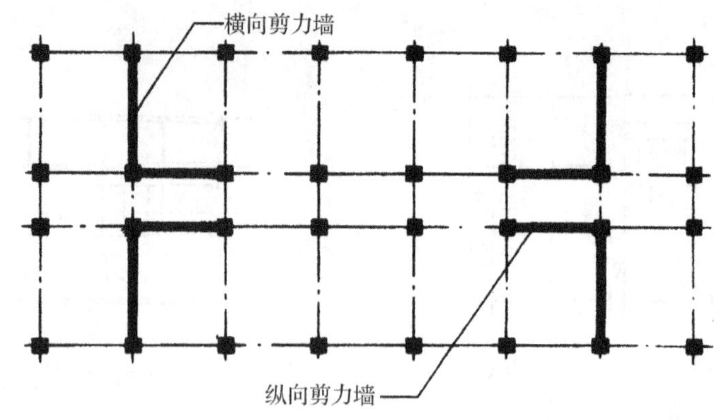

图 4.7　框架 — 剪力墙结构体系

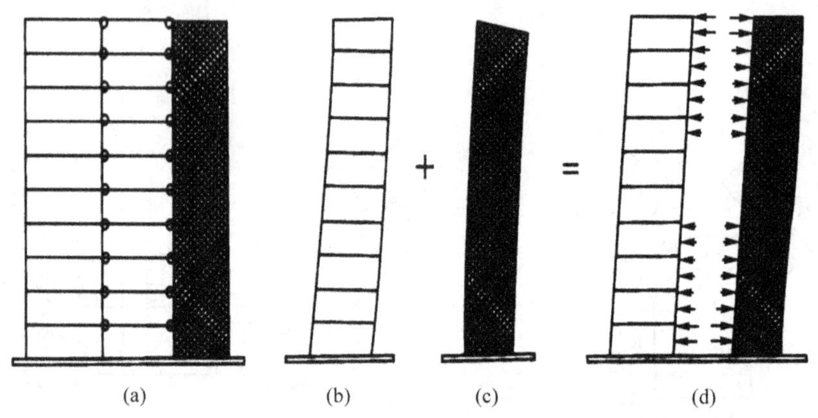

图 4.8　框架与剪力墙协同工作情况

面的应力为曲线分布，如图 4.10(b) 中的实线所示。这种应力分布不再保持直线规律的现象称为剪力滞后。

剪力滞后现象愈严重，则参与受力的翼缘墙中部区域(或翼缘框架中部的柱子) 受力越少，即空间受力特性越弱，所以剪力滞后对筒体受力是不利的。设计时要尽量减少筒体的剪力滞后现象。

影响筒体剪力滞后的因素很多，主要有筒体的截面形状、矩形截面的长宽比、筒体的高宽比、框筒的柱距及梁柱刚度比等等。

所谓筒体结构体系是指一个或几个筒体作为抗侧力结构的高层建筑结构体系。它适用于层数较多、总高较高，但平面为正方形或接近于正方形的建筑。

按筒体形式，布置和数量的不同，筒体体系又可分为单筒、筒中筒和成束筒等三种。

(1) 单筒结构

单筒结构(见图 4.11) 又可分为内筒体结构和外筒体结构。在高层建筑中，四周采用框架，而利用电梯间、楼梯间、管井和服务间等，在平面中心部分形成一个筒体核心(一般均为实腹筒) 作为抵抗水平力的主要结构，周边布置大柱距的普通框架承受竖向荷载和小部分的水平力，这样就构成一个内筒体的单筒结构(也可视为框架 — 筒体结构)。

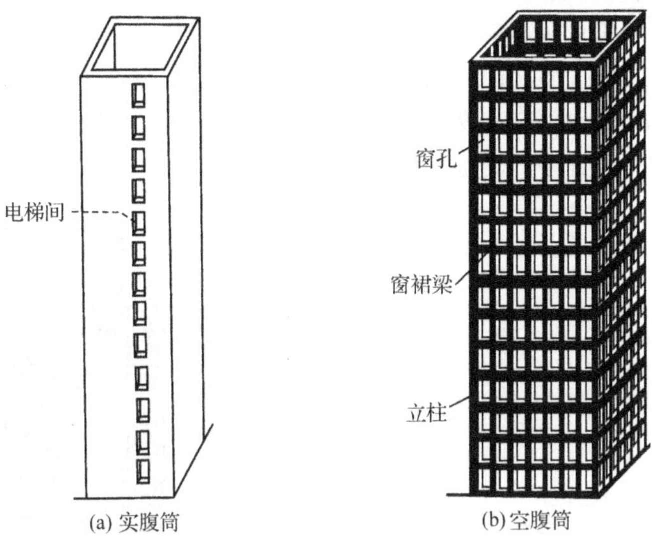

图 4.9　筒体形式

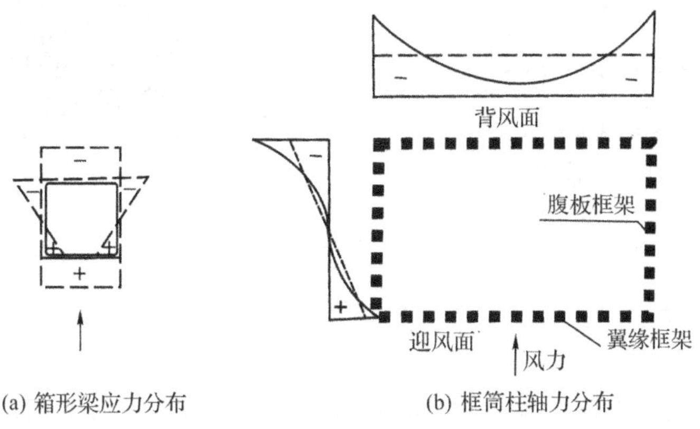

图 4.10　筒体的剪力滞后示意

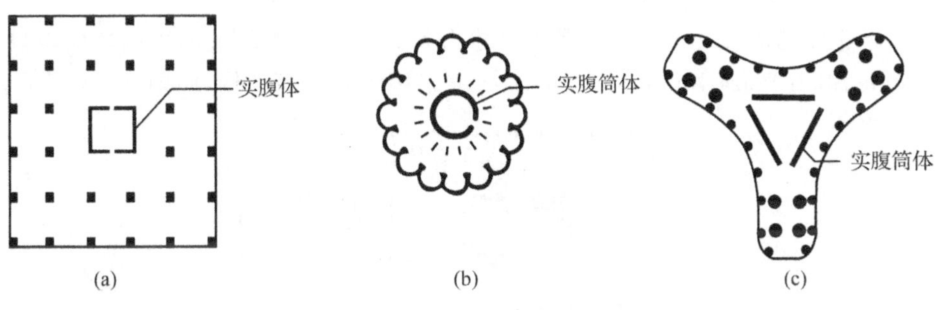

图 4.11　内筒体的单筒结构

当将四周外墙设计成外框筒以作为抵抗水平荷载的结构，而内部布置仅为承受垂直荷载的框架时，就形成了外筒体的单筒结构。

例如，图 4.12 是 43 层高的美国芝加哥 Dewiit Chestnut 公寓大楼。该楼平面尺寸为 38.1m × 24.7m，外墙为框筒，密集外柱柱距为 1.68m，窗裙梁高 0.61m，楼面为厚 0.2m 的无梁楼盖，内柱在设计中只考虑承受竖向荷载。

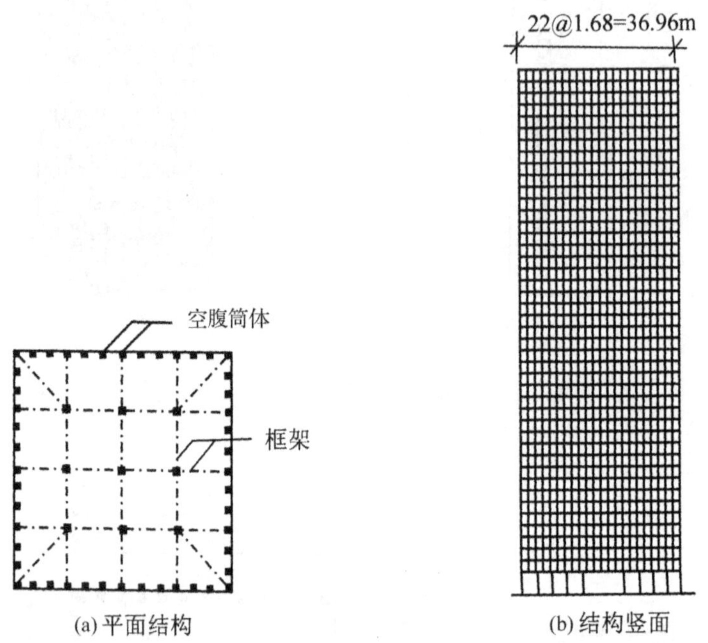

图 4.12　Dewiit Chestnut 大楼

(2) 筒中筒结构

筒中筒结构一般由一个实腹筒体作内筒，一个空腹筒体作外筒，即由两个筒体共同作为竖向承重结构。筒中筒结构外框筒的侧向变形仍以剪切型为主，而实腹核心内筒通常以弯曲型变形为主，二者通过楼盖联成整体，共同抵抗水平力。它们的协同工作原理与框架 — 剪力墙结构类似：在下部，内筒承担大部分水平剪力，而在上部水平剪力逐步转移到外框筒上，这样可以取得加大结构刚度和承载力的效果。

1971 年建成的高 218m、52 层、平面尺寸为 58.52m × 40.25m 的美国休斯敦贝壳广场大厦(One Shell Plaza Building Houston) 就采用了筒中筒结构，如图 4.13 所示。

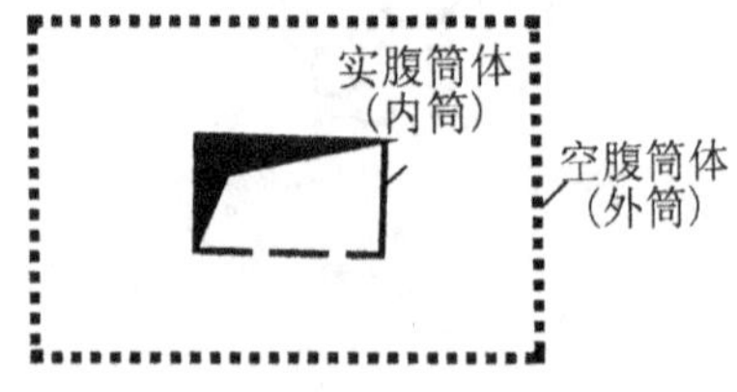

图 4.13　贝壳广场大厦结构平面

(3) 成束筒结构

成束筒结构由几个单元筒体组合成一体，从而形成空间刚度极大的结构。而每个单元筒又能够单独形成一个筒体结构，因此沿建筑物高度方向，可以中断某些单元筒。通过单元筒体平面组合，可以形成很大的楼层面积，例如目前世界著名的西尔斯大楼(Sears Tower) 就是由 9 个正方形框筒排列组成，如图 4.14 所示。它在 x，y 方向各有四个腹板框架和四个翼缘框架。这样的布置减少了翼缘框架的剪力滞后，提高了空间整体受力效应。沿高度方向，逐渐对称地减少筒的个数，这样既可以分段减小建筑平面尺寸，又使结构刚度逐渐变化，且不打乱每个框筒中梁、柱和楼板的布置。

成束筒的结构刚度和承载力比筒中筒结构又有很大提高，成为目前摩天大楼的主要结构体系。

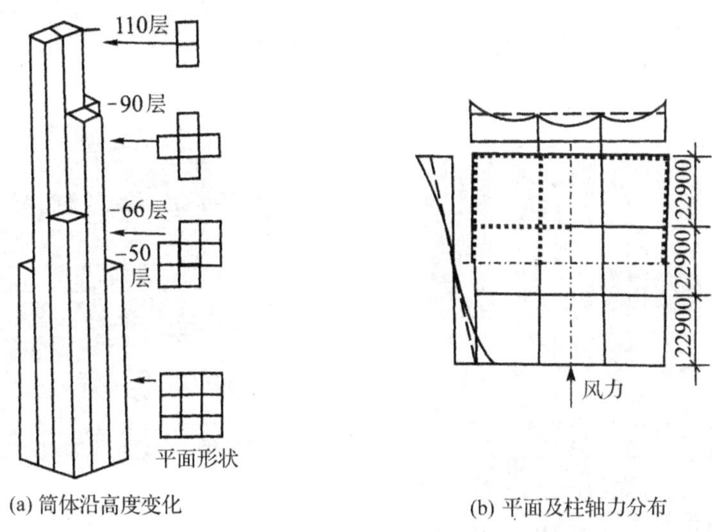

(a) 筒体沿高度变化　　(b) 平面及柱轴力分布

图 4.14　西尔斯大楼结构布置示意图

为了扩大筒体结构体系的入口通道，常用巨大的拱、横梁或桁架等形式的转换层支承上部结构，以局部减少底层密集外柱的数目。横梁或桁架有时可高达 1、2 层楼高，常利用这个空间作为技术设备层，如图 4.15 所示。

4.2.2　结构布置

4.2.2.1　结构选型

结构选型就是选择建筑物的结构体系。在设计高层房屋时，主要是从房屋的使用功能、高度、层数及其抗震设防烈度等方面，来考虑选择安全可靠、经济合理的结构体系。一般可按抗震设计规范关于现浇钢筋混凝土房屋的结构类型和最大适用高度(见表 4.6) 的规定参考选择结构体系。需要说明的是表中给出的高度并不是绝对的，超出表中规定高度的建筑也是可以设计的，此种情况的建筑被称为超限建筑，它的设计与施工需

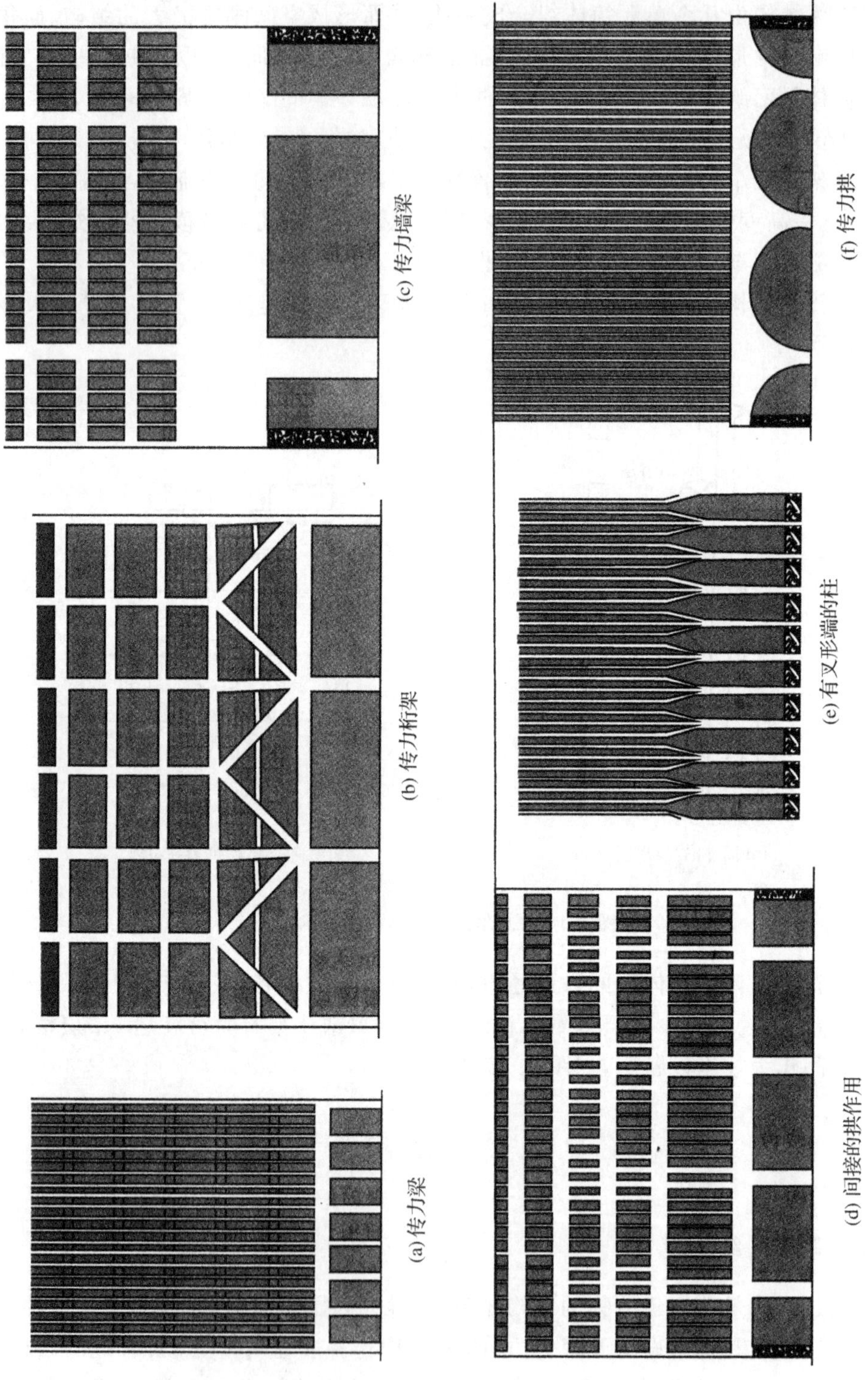

图 4.15　转换层形式

要进行专门的研究并得到专门设置的委员会的审查与批准。

表 4.6　现浇钢筋混凝土房屋适用的最大高度(m)

结构类型	烈度				
	6	7	8(0.2g)	8(0.3g)	9
框　　架	60	50	40	35	24
框架 — 剪力墙	130	120	100	80	50
剪力墙	140	120	100	80	60
部分框支剪力墙	120	100	80	50	不应采用
框架 — 核心筒	150	130	100	90	70
筒中筒	180	150	120	100	80
板柱 — 剪力墙	80	70	55	40	不应采用

在设计中究竟采用哪种结构体系，需经过方案比较确定，主要看建筑物的高度、用途、施工条件和经济比较等。框架结构是最经济的结构体系，在可能用框架结构的情况下，一般尽量采用框架结构。框架 — 剪力墙体系的结构布置最灵活，适用高度的范围最大，能适合各种用途的建筑物，是被采用最多的结构形式。高度更高的建筑物的结构体系对造价的影响明显增大，此时需由多工种的专家对技术方案进行评估以选择合理的结构体系。

4.2.2.2　结构高宽比

高层建筑中，控制侧向位移常成为结构设计的主要问题。随着高度增加，倾覆力矩也将迅速增大，建造宽度很小的建筑物是不适宜的，所以要控制结构的高宽比 H/B，其中，H 指建筑物室外地面到檐口高度，B 是指建筑物平面短方向的总宽度。表 4.7 是高层规程中规定的高宽比限值，它是根据经验得到的，可供初步设计时参考。

表 4.7　钢筋混凝土高层建筑结构 H/B 限值

结构类型	非抗震设计	抗震设防烈度		
		6 度、7 度	8 度	9 度
框架	5	4	3	——
板柱 — 剪力墙	6	5	4	——
框架 — 剪力墙、剪力	7	6	5	4
框架 — 核心筒	8	7	6	4
筒中筒	8	8	7	5

4.2.2.3　平面形状和平面布置

高层建筑的平面宜选用受风压较小和对抗震有利的形状，一般力求平面简单、规则、对称，且刚度和承载力分布均匀。正方形、矩形、正多边形、圆形、椭圆形、短弧形，S 形等都是高层建筑中良好的平面形状。过长的建筑平面或平面局部突出过大等都会增加结构的受力和受力的复杂性。例如，产生复杂的空间扭振、局部应力集中等等。所以，通过大量的研究分析和震害调查，现行高层规程对平面长度 L 和突出部分长度 l 作出了一些规定，见图 4.16 和表 4.8。

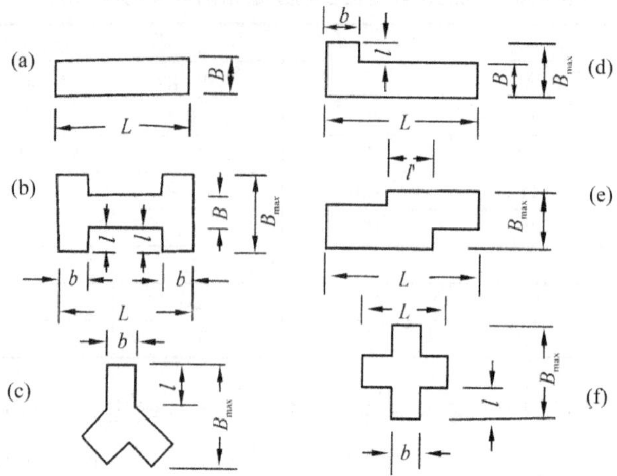

图 4.16　建筑平面

表 4.8　建筑平面及突出部位尺寸的比值限值

设防烈度	L/B	L/B_{max}	l/b
6、7 度	≤6.0	≤0.35	≤2.0
8、9 度	≤5.0	≤0.30	≤1.5

4.2.2.4　竖向构件布置

竖向构件(柱、剪力墙)是多、高层建筑的重要构件，它们与水平构件形成结构体系，承受竖向力的同时还承受建筑物的水平作用。其结构行为对建筑物的安全性至关重要，因此，竖向构件的布置是多高层建筑结构布置中最重要的部分。一般，从以下几方面考虑：

(1) 高层建筑的竖向体型也应力求规则、均匀，避免有过大的外挑和内收。一般在立面上内收不大于原尺寸的 25%。

(2) 结构沿竖向布置时，应注意其抗侧刚度宜下大上小，逐渐均匀变化，即构件截面由下至上应逐渐减小，避免突变。某楼层的抗侧刚度则不宜小于相邻上层刚度的 70%；或其上相邻三层抗侧刚度平均值的 80%。

(3) 结构竖向抗侧力构件宜上下连续贯通。

竖向构件中的柱子宜形成柱列，柱网间距一般不宜小于 3.6m，亦不宜大于 6.0m；框架结构均应与纵横两个方向上的梁采用刚接，形成双向刚接的结构体系；梁、柱轴线宜重合在同一平面内，梁柱轴线不在同一平面内时，它们的轴线偏心距不宜大于柱截面在该方向边长的 1/4；框架柱截面尺寸可参考工程经验按长细比、最小截面尺寸、轴压比限值等条件确定，构件的类型规格要少。

钢筋混凝土结构中另一种非常重要的竖向构件就是剪力墙，合理布置剪力墙，对满足使用要求、保证结构安全、方便施工以及获得良好的技术经济指标均有密切关系。可以说剪力墙的布置是结构布置中最重要、最具有技术含量的工作；改变剪力墙的数量、厚度、长度以及位置，可以改变结构的刚度、周期、变形、承载力以至于结构的破坏模式，因此，在竖向结构的布置时要特别注意剪力墙的布置。

剪力墙的布置应遵循“均匀、分散、对称、周边”的原则，注意以下几方面：

(1) 应尽量做到墙的数量合理。过多的剪力墙既不经济，也会造成受力不合理。框架—剪力墙结构中，结构的抗侧刚度主要由剪力墙的抗弯刚度确定，顶点位移和层间变形都会随剪力墙$\sum EI$（全部剪力墙抗弯刚度之和）的加大而减少。但过多增加剪力墙的数量是不经济的，在一般工程中，以满足位移限值作为设置剪力墙数量的依据较为合适。

(2) 在非地震区，根据建筑物迎风面和风力的大小设置纵、横两个方向的剪力墙，其数量可以不同；而在地震区则两个方向上的剪力墙数量要尽可能接近，且宜拉通对直。

(3) 剪力墙宜均匀地设置在建筑物周边附近、楼电梯间、平面形状变化处及恒载较大的部位，这样能减少外部作用对结构产生的扭转效应，同时又增加了结构的抗扭作用。

(4) 在两片剪力墙之间是框架，如图 4.17。为了能将水平剪力传到两端的剪力墙上，发挥剪力墙为主要抗侧力结构的作用，楼面必须有足够的平面内刚度。否则楼面的弯曲变形(如图4.17中虚线所示）增大，将导致框架侧移增大，其所承受的水平剪力会成倍增长，这是不利于这种结构受力性能的，因此可通过对横向剪力墙间距 l 的限制来保证楼面的刚度。根据研究分析和工程实践，现行规程对剪力墙间距作了规定，见表 4.6。

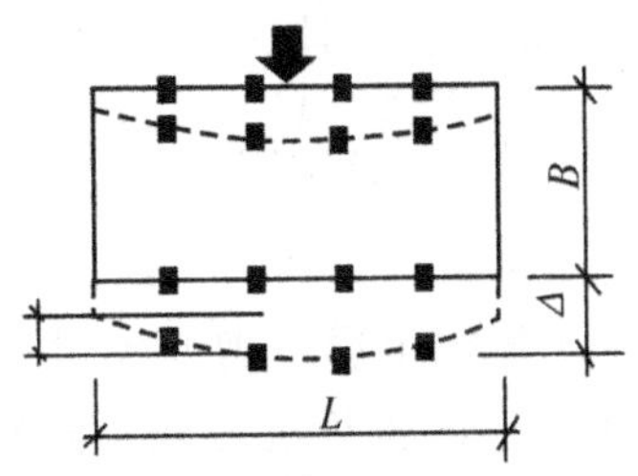

图 4.17　楼面弯曲变形示意

表 4.9　剪力墙间距

截面形式	非抗震设　计	抗震设防烈度		
		6、7 度	8 度	9 度
现　浇	≤ 5B 且 ≤ 60m	≤ 4B 且 ≤ 50m	≤ 3B 且 ≤ 40m	≤ 2B 且 ≤ 30m
装配整体	≤ 3.5B 且 ≤ 50m	≤ 3B 且 ≤ 40m	≤ 2.5B 且 ≤ 30m	/

(5) 较长的剪力墙（一般长度大于 8m 的墙）可用楼板或弱的连梁将其分成若干个独立墙段。每个墙段的总高度与长度之比不宜小于 2。

(6) 剪力墙的门窗洞口宜上下对齐，成列布置，形成明确的墙肢和连梁，且各墙肢的刚度不应相差悬殊，不宜采用错洞墙，要避免或减少短肢墙(即墙肢截面高度与厚度之比在 5 ～ 8 的墙)。

(7) 墙肢截面高度(即墙长) 与厚度之比宜 ≥ 8。

(8) 应控制剪力墙平面外弯矩。当墙肢与其平面外方向的楼面梁连接时，应采取必要的措施，以减少梁端部弯矩对墙的不利影响。

(9) 当剪力墙之间楼面有较大的开洞时，其间距应予减少。剪力墙布置不宜过分集中，每道剪力墙承受的水平力不宜超过总水平力的 40%。

(10) 剪力墙宜贯通建筑物全高，厚度可逐渐减薄，以避免刚度突变。

有时为了满足使用要求，将部分剪力墙的底层或下部几层改为框架，形成局部的大空间。这些剪力墙称为“框支剪力墙”。它是剪力墙的一种特殊形式。由于其下部的框支柱与上部的墙体刚度相差悬殊，在地震作用时会在该刚度突变处产生很大的侧向变形，见图 4.18 所示，且在该区域产生复杂的应力集中现象，而这些都将使结构不能充分发挥作用。当剪力墙结构体系是由部分框支剪力墙和部分剪力墙(此处也称落地剪力墙) 组成时，一般称其为底层大空间剪力墙结构(在现行高层规程中将它划归为复杂高层建筑结构)。这种结构体系的设计关键在于保证底层有必要的刚度，并提高结构的变形能力，即延性性能。

为此，对底层大空间剪力墙结构布置时应符合以下要求：

(1) 在平面为长矩形的建筑中，横向落地剪力墙的数目不宜少于全部横向剪力墙数目的 50%(非抗震设计时不宜少于 30%)。

(2) 底层落地剪力墙应加厚，并可提高混凝土强度等级，以补偿底层的刚度。上下层刚度比 γ 宜接近于 1，不应大于 2(非抗震设计时 γ 不应大于 3)。γ 可按下式计算：

$$\gamma = \frac{G_{i+1}A_{i+1}}{G_iA_i}\frac{h_i}{h_{i+1}} \tag{4.6}$$

$$A = A_w + 0.12A_c \tag{4.7}$$

式中：G_i、G_{i+1} —— 第 i 层、第 $i+1$ 层的混凝土剪变模量；

A_i、A_{i+1} —— 第 i 层、第 $i+1$ 层的折算抗剪截面面积，按式(4.7) 计算；

A_w —— 在所计算的方向上，剪力墙全部有效截面面积；

A_c —— 全部柱截面面积；

h_i、h_{i+1} —— 第 i 层、第 $i+1$ 层层高。

(3) 落地剪力墙的洞口宜布置在墙体中部。

(4) 框支剪力墙的框支梁上的一层墙体内不宜设边门洞，也不得在中柱上方设门洞。

(5) 落地剪力墙的间距应符合下列规定：① 非抗震设计：$l < 3B$ 且 $l < 36$m；② 抗震设计：6 度、7 度时，$l < 2B$ 且 $l < 30$m；8 度时，$l < 2B$ 且 $l < 24$m。B 为楼面宽度。

4.2.2.5　变形缝与构造

在一般房屋结构的总体布置中，因考虑到沉降、温度收缩和体型复杂对房屋结构的不利影响，常常用沉降缝、伸缩缝或防震缝将房屋分成若干独立的部分，从而消除沉降差、温度应力和体型复杂对结构的危害。对这 3 种变形缝的要求，有关规范都作了原则性规定。但在高层建筑中，常常由于建筑使用要求和从立面效果考虑，以及防水处理困难等，希望少设或不设缝；特别是在地震区，由于缝将房屋分成几个独立的部分，不但削弱结构的整体性，而且因地震时常会发生互相碰撞而加重震害。因此，在高层建筑中，目前的总趋势是避免设缝。但应从总体布置上或构造上采取相应的措施来减少沉降、温度收缩和体型复杂引起的问题。

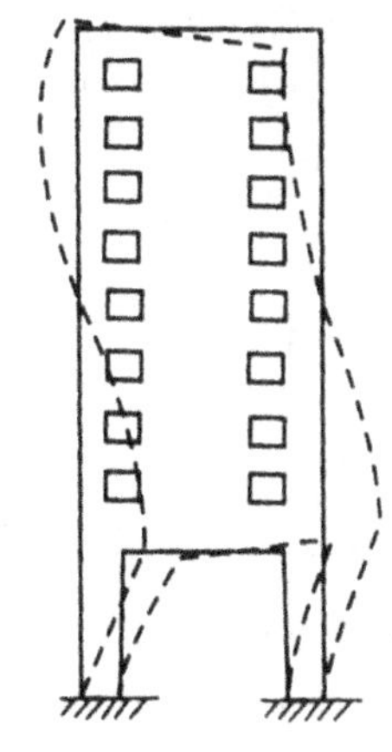

图 4.18　框支剪力墙变形情况

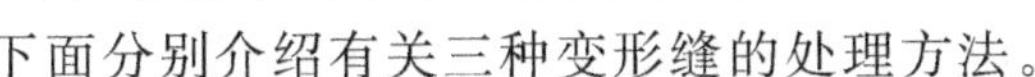

下面分别介绍有关三种变形缝的处理方法。

(1) 沉降缝及减少沉降危害的措施

高层建筑中，由于使用要求，常在主体结构周围设置几层高的裙房，它们与主体结构的高度和重量都较悬殊，从而产生相当大的沉降差。过去常采用设置沉降缝的方法，将结构从顶到基础整个断开，使各部分自由沉降，以避免由沉降差引起的附加应力对结构的危害。但是，高层建筑常常设置地下室，设置沉降缝会使地下室构造复杂，防水构造也不易做好；同时使主楼基础一侧失去可靠的侧向限制作用(嵌固作用)。在地震区，沉降缝两侧的上部结构还容易碰撞造成危害。因此，目前的一些建筑都不设沉降缝，而将高低部分的结构连成整体，基础也连成整体，同时采取下列措施以减小沉降差：

① 采用桩基，且将桩支承在基岩上；或采取减少沉降的有效措施，经计算使沉降差在允许范围内。

② 采用施工后浇带的施工工艺。将高、低部分的结构和基础在施工时暂时断开，留出后浇带，先施工主楼，后施工裙房，待沉降大部分完成后再灌浇连接部分的混凝土，使之成为整体。

③ 将裙房做在悬挑基础上。这样裙房部分与高层部分沉降一致，不必用沉降缝分开，如图 4.19。上海联谊大厦就采用了这样的处理方法。这种方法适用于地基土软弱、后期沉降较大的情况。由于悬挑部分不能太长，因此裙房的范围不宜过大。

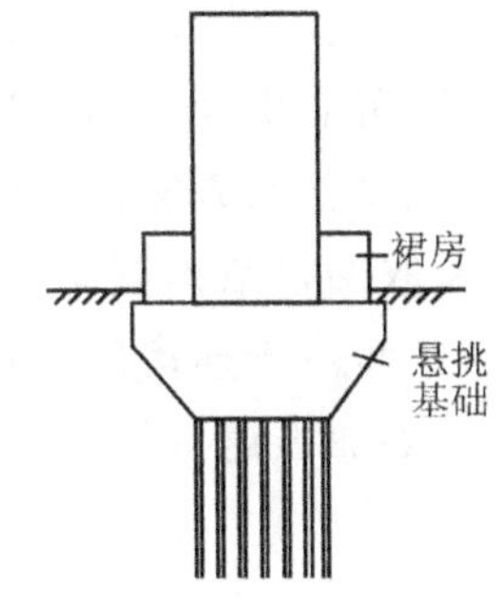

图 4.19　悬桃基础

(2) 伸缩缝及减少温度收缩影响的措施

由于新浇混凝土在结硬过程中会收缩，已建成的结构受热要膨胀，受冷则收缩。当这种变形受到约束时，就在结构内部产生应力。混凝土结硬收缩的大部分将在施工后的头 1 ～ 2 个月完成，而温度变化对结构的作用却是长时期的。

温度变化有季节温差、内外温差和日照温差。它们对结构产生的应力，目前在理论计算上还有困难，所以主要是从施工和构造措施方面来解决的。

温度差(或温度应力)对房屋长度方向的影响,目前采用设置温度伸缩缝的办法:对房屋规定一个一定长度区段(即伸缩缝间距),一般现浇框架为55m,剪力墙结构为45m。在温度区间内温度应力可不必计算,仅采用构造和施工措施。但温度伸缩缝的间距还是一个值得探讨的课题,显然它的大小与我们所采取的构造和施工措施有关。经过一些分析研究及工程实践,当我们采用以下构造和施工措施时,可适当放宽伸缩缝的间距。

① 在顶层、底层、山墙和内纵墙端开间等对温度变化影响较大的部位提高配筋率。

② 顶层加强保温隔热措施或采用架空通风屋面,外墙设置保温层。

③ 顶部楼层改用刚度较小的结构形式,或顶部设局部温度伸缩缝。

④ 每30～40m间距留出施工后浇带,带宽为0.8～1m,钢筋可采用搭接接头。后浇带混凝土宜在两个月后浇灌,后浇带混凝土浇灌时温度宜低于主体混凝土浇灌时的温度。

⑤ 采用收缩小的水泥、减少水泥用量、在混凝土中加入适宜的外加剂。

⑥ 提高每层楼板的构造配筋率或采用部分预应力结构。

(3) 防震缝

当房屋平面复杂、不对称或房屋各部分刚度、高度和重量相差悬殊时,在地震力作用下,会引起扭转及复杂的振动状态,在连接薄弱部位会造成震害。防震缝就是为了避免这种震害而设置的。据研究分析和工程实践,现行高层规程指出,在房屋的下列部位应设防震缝:

① 平面各项尺寸超过表4.8的限值而无加强措施时,或在平面突出较长处,如图4.20所示。

② 房屋有错层,且楼面高差较大处;

③ 房屋各部分的刚度、高度及重量相差悬殊处。

在国内外的大地震中,由于防震缝设置不当,沉降缝、伸缩缝或防震缝宽度留得不够,导致相邻建筑物碰撞,进而造成震害的情况屡见不鲜。

当高层建筑设缝的宽度不足时,在地震作用下更易遭受破坏。因此,在设计地震区的高层建筑时,要尽可能避免设缝,如果必须设缝,应考虑相邻结构在地震作用下因结构变形、基础转动或平移引起的结构顶点位移。因此,防震缝应有足够的宽度,还要允许相邻房屋可能出现反向的振动,而不发生碰撞。

避免设缝的方法是:优先采用平面布置简单、长度不大的塔式型建筑;当体型复杂时,应采取加强结构整体性的措施。如图4.20中所示左面两个平面可不设抗震缝,而右面这个平面由于连接部分过少,应加以改进,通过加强连接的措施把各个空出部分连成整体。例如加强连接处楼板配筋,避免在连接部位的楼板内开洞等。

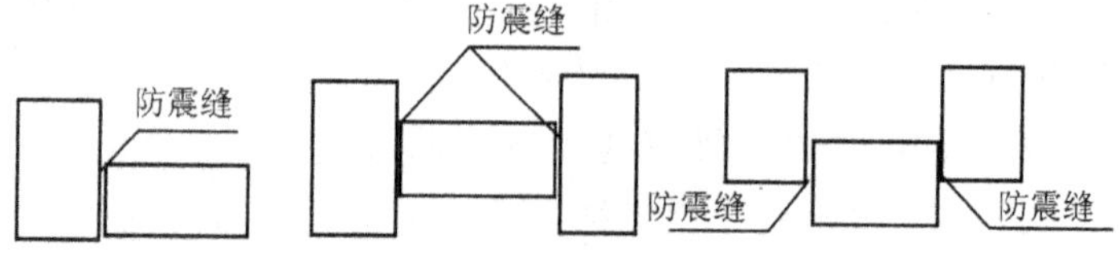

图4.20 防震缝设置

4.3 荷载与作用

结构布置完成后，房屋的竖向构件和水平构件连接形成了一个有效的结构体系，该结构体系可以简化成一个结构分析模型，建筑物使用年限内将要发生的一切荷载和作用均由该结构模型来承担，下面来讨论作用于结构模型上的荷载及作用的计算。

4.3.1 竖向恒载

竖向恒载是结构构件以及永久性依附于结构构件上的物体（楼板、找平层、墙体、门、窗等）所产生的重力，有时也称为永久荷载。竖向恒载可以由构件尺寸和材料容重直接计算，《建筑结构荷载规范》（以下简称荷载规范）给出了各种常用建筑材料的容重。如钢筋混凝土的自重为 $25kN/m^3$，钢材为 $78.5kN/m^3$，铝材为 $27kN/m^3$，玻璃为 $25.6kN/m^3$。同时为了方便设计，荷载规范还给出了一些常用构件单位面积的自重，如双面抹灰墙体的自重为 $5.24kN/m^2$，钢框门窗 $0.45kN/m^2$，轻钢龙骨吊顶 $0.15kN/m^2$ 等等。多数情况下，结构构件的自重由构件尺寸和材料容重直接计算，而围护构件产生的竖向恒载由单位面积上的恒载来计算更加方便。

4.3.2 竖向活载

竖向活荷载是建筑物使用时产生的竖向荷载，根据空间的使用用途不一样，可能出现的荷载值也不一样。荷载规范给出了不同用途的民用建筑楼面均布活荷载的标准值，同时还给出了根据标准值计算其组合值、频遇值以及准永久值的相关系数（参见表 4.10）。楼面均布活荷载是按“楼板内弯矩等效”的原则，将实际荷载换算为等效均布荷载，其值是统计分布上的上分位值。对于作用在楼面上的活荷载，并不是所给的等效均布活荷载同时布满在所有楼面上。因此，在设计梁、墙、柱和基础时，应考虑实际荷载沿楼面分布的变异性。在确定梁、墙、柱和基础的荷载标准值时，还应按楼面活荷载标准值乘以折减系数，具体见荷载规范。而在有些实际工程中，竖向活荷载相对于竖向恒载较小时，对活荷载的折减对于结构设计的影响并不大，且不考虑折减对结构是偏安全的，因此，有些设计人员在设计时不考虑活荷载的折减。

表 4.10　民用建筑楼面活荷载标准值及其组合值、频遇值和准永久值系数

项次	类　　别	标准值 (kN/m²)	组合值系数 ψ_c	频遇值系数 ψ_f	准永久值系数 ψ_q
1	(1) 住宅、宿舍、旅馆、办公楼、医院病房、托儿所、幼儿园			0.5	0.4
	(2) 教室、试验室、阅览室、会议室、医院门诊室	2.0	0.7	0.6	0.5
2	食堂、餐厅、一般资料档案室	2.5	0.7	0.6	0.5
3	(1) 礼堂、剧场、影院、有固定座位的看台	3.0	0.7	0.5	0.3
	(2) 公共洗衣房	3.0	0.7	0.6	0.5
4	(1) 商店、展览厅、车站、港口、机场大厅及其旅客等候室	3.5	0.7	0.6	0.5
	(2) 无固定座位的看台	3.5	0.7	0.5	0.3
5	(1) 健身房、演出舞台	4.0	0.7	0.6	0.5
	(2) 舞厅	4.0	0.7	0.6	0.3
6	(1) 书库、档案库、贮藏室	5.0	0.9	0.9	0.8
	(2) 密集柜书库	12.0			
7	通风机房、电梯机房	7.0	0.9	0.9	0.8
8	汽车通道及停车库				
	(1) 单向板楼盖（板跨不小于2m）				
	客车	4.0	0.7	0.7	0.6
	消防车	35.0	0.7	0.7	0.6
	(2) 双向板楼盖和无梁楼盖 （柱网尺寸不小于6m×6m）				
	客车	2.5	0.7	0.7	0.6
	消防车	20.0	0.7	0.7	0.6
9	厨房 (1) 一般的	2	0.7	0.6	0.5
	(2) 餐厅的	4	0.7	0.7	0.7
10	浴室、厕所、盥洗室				
	(1) 第1项中的民用建筑	2	0.7	0.5	0.4
	(2) 其他民用建筑	2.5	0.7	0.6	0.5
11	走廊、门厅、楼梯				
	(1) 宿舍、旅馆、医院病房托儿所、幼儿园、住宅	2	0.7	0.5	0.4
	(2) 办公楼、教室、餐厅、医院门诊部	2.5	0.7	0.6	0.5
	(3) 消防疏散楼梯，其他民用建筑	3.5	0.7	0.5	0.3
12	阳台 (1) 一般情况	2.5	0.7	0.6	0.5
	(2) 当人群有可能密集时	3.5			

注：① 本表所列各项活荷载适用于一般使用条件，当使用荷载较大时，应按实际情况采用；

② 第 6 项书库活荷载当书架高度大于 2m 时，书库活荷载尚应按每米书架高度不少于 2.5 kN/m² 确定；

③ 第 8 项中的客车活荷载只适用于停放载人数少于 9 人的客车，消防车活荷载是适用于满载总重为 300kN 的大型车辆，当不符合本表的要求时，应将车轮的局部荷载按结构效应的等效原则，换算为等效均不荷载；

④ 第 11 项楼梯活荷载，对预制楼梯踏步平板，尚应按 1.5kN 集中荷载验算；

⑤ 本表各项荷载不包括隔墙自重和二次装修荷载。对固定隔墙的自重应按恒荷载考虑，当隔墙位置可灵活自由布置时，非固定隔墙的自重应取每延米长墙重(kN/m)的 1/3 作为楼面活荷载的附加值(kN/m²)计入，附加值不小于 1.0 kN/m²。

4.3.3 风荷载

风受到地面上各种建筑物的阻碍和影响，速度会改变，并在建筑物表面形成压力和吸力，这就是建筑物的风荷载。

风荷载对高层房屋来说是一种主要荷载，风荷载在整个建筑物表面分布情况随房屋的尺寸大小。体型和表面情况不同而异，并随风速、风向和气流的不断变化而不停地改变。建筑物在风力作用下发生的振动也会引起表面风压的变化，风荷载实质上是一种随时间变化的动力荷载，它使建筑物产生动力反应。

按现行荷载规范，作用在建筑物表面上的风荷载标准值 w_k(kN/m^2) 按下式计算

1) 为结构整体的设计用风压计算时

$$w_k = \beta_z \mu_s \mu_z w_0 \tag{4.8a}$$

式中：w_k—— 垂直于建筑物表面上的风荷载标准值；

w_0—— 基本风压，由荷载规范给出的全国基本风压图查取；

β_z——z 高度处的风振系数；

μ_s—— 风荷载体型系数；

μ_z—— 风压高度变化系数。

2) 为围护构件及其连接的设计用风压计算时

$$w_k = \beta_{gz} \mu_{s1} \mu_z w_0 \tag{4.8b}$$

式中：w_k—— 垂直于建筑物表面上的风荷载标准值；

β_{gz}—— 高度 z 处的阵风系数；

μ_{s1}—— 局部风压体型系数。

4.3.3.1 体型系数

对于多、高层建筑而言，建筑高度方向上的体型变化不大，对风压影响较大的主要是平面形状。

对矩形平面建筑，若建筑物总高为 H，当 $H/B \leqslant 4$ 时，迎风面 $\mu_z = +0.8$，背风面 $\mu_z = -0.5$；当 $H/B > 4$ 时，迎风面 $\mu_z = +0.8$，背风面 $\mu_z = -(0.48 + 0.03H/B)$；

对其他平面形状的建筑，荷载规范也给出了体形系数，也可采用下列近似计算风荷载体型系数：

(1) 圆形或椭圆形平面建筑，取 $\mu_z = +0.8$；

(2) 正多边形及三角形平面建筑，$\mu_z = +0.8 + 1.2/\sqrt{n}$，($n$—— 多变形的边数)；

(3) 矩形、鼓形、十字形平面建筑，取 $\mu_z = +1.3$；

(4) V 形、Y 形、弧形、双十字形、井字形、L 形和槽形平面建筑，取 $\mu_z = +1.4$。

由于风荷载在建筑物表面上分布不均匀，所以局部的风压体形系数有可能比其平均值大很多，因此在验算围护构件及其连接时，应采用下列局部风压体型系数：

对墙面，取 $\mu_{s1} = -1.0$；

对墙角边，取 $\mu_{s1}=-1.8$；

对屋面局部部位(周边和屋面坡度大于10°的屋脊部位)，取 $\mu_{s1}=-2.2$；

对檐口、雨棚、遮阳板突出构件，取 $\mu_{s1}=-2.0$。

4.3.3.2 风压高度变化系数

荷载规范根据地面的粗糙度，给出了风压高度变化系数表4.11。其将地面粗糙度分为 A、B、C、D 四类：

(1)A类：指近海海面和海岛、海岸、湖岸及沙漠地区；

(2)B类：指田野、乡村、丛林、丘陵以及房屋闭卷奥稀疏的乡镇和城市郊区；

(3)C类：指有密集建筑群的城市市区；

(4)D类：指有密集建筑群且房屋较高的城市市区。

表4.11 风压高度变化系数 μ_z

离地面或海平面高度	地面粗糙度类别			
(m)	A	B	C	D
5	1.17	1.00	0.74	0.62
10	1.38	1.00	0.74	0.62
15	1.52	1.14	0.74	0.62
20	1.63	1.25	0.84	0.62
30	1.80	1.42	1.00	0.62
40	1.92	1.56	1.13	0.73
50	2.03	1.67	1.25	0.84
60	2.12	1.77	1.35	0.93
70	2.20	1.86	1.45	1.02
80	2.27	1.95	1.54	1.11
90	2.34	2.02	1.62	1.19
100	2.40	2.09	1.70	1.27
150	2.64	2.38	2.03	1.61
200	2.83	2.61	2.30	1.92
250	2.99	2.80	2.54	2.19
300	3.12	2.97	2.75	2.45
350	3.12	3.12	2.94	2.68
400	3.12	3.12	3.12	2.91
≥450	3.12	3.12	3.12	3.12

4.3.3.3 风振系数

刚度较大的多层钢筋混凝土结构，由于风载产生的振动很小，设计中常忽略不计。但对于较高的高层建筑，其基本自振周期较长，有可能与风压峰值的周期相接近，出现一定的动力反应。风振系数就是考虑动力反应影响的一个系数，它与房屋的自振周期、结构的阻尼特性以及风的脉动性能等因素有关。

荷载规范规定，对于基本自振周期 T_1 大于0.25s的工程结构，如房屋、屋盖及各种高耸结构，以及高度大于 30m 且高宽比大于 1.5 的高柔建筑，均应考虑风压脉动对结构产生顺风向风振的影响。

顺风向风振系数值大于 1。其值与脉动增大系数、脉动影响系数、振型系数有关。其值计算详见荷载规范的规定。

4.3.3.4　阵风系数

阵风系数是用于设计围护构件及其连接的风压值计算的系数，其值根据地面粗糙度和高度由荷载规范给出。

4.3.4　地震作用

地震作用的计算方法基本分为两种：反应谱法和时程分析法。

4.3.4.1　反应谱法

所谓反应谱法是用动力方法计算单质点体系的地震反应，建立加速度反应谱，再用此谱计算结构（多质点体系）各质点的惯性力，将此惯性力作为结构的等效水平地震作用，它是一种拟静力法。我国抗震规范是根据 200 多条地震加速度记录计算得到反应谱曲线，将其处理后形成了设计用反应谱，即抗震规范给出的地震影响系数曲线，见图 4.21。

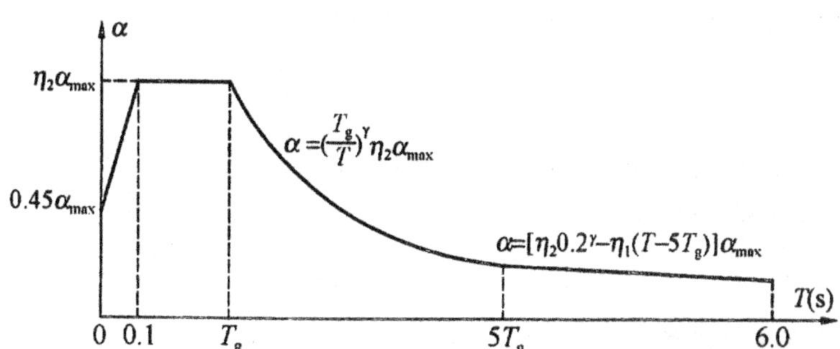

α- 地震影响系数；α_{max}- 地震影响系数最大值；η_1- 直线下降段的下降斜率调整系数；γ- 衰减指数；T_g- 特征周期；η_2- 阻尼调整系数；T- 结构自振周期

图 4.21　地震影响系数曲线

我国采用的是"三水准设防、两阶段设计"的抗震设计体系，采用反应谱计算地震作用时要分清是针对哪一个水准的设防烈度的计算。设防烈度对地震作用的影响是通过水平地震影响系数最大值 α_{max} 来反映的，如表 4.12 所示。

表 4.12　水平地震影响系数最大值 α_{max}

设防烈度	6 度	7 度	8 度	9 度
对应多遇烈度的 α_{max}	0.04	0.08(0.12)	0.16(0.24)	0.32
对应罕遇烈度的 α_{max}	0.28	0.50(0.72)	0.90(1.20)	1.40

注：括号中数值分别用于设计基本地震加速度为 0.15g 和 0.30g 的地区。

建筑场地的特征周期 T_g 也影响到地震作用的计算，T_g 根据建筑场地类别与该地区的设计地震分组由表 4.13 确定。场地类别通常由地质勘测报告得到，由抗震规范可以查得建筑物所在地区的设计地震分组。

表 4.13　场地特征周期值 T_g(s)

设计地震分组	场地类别				
	I_0	I_1	Ⅱ	Ⅲ	Ⅳ
第一组	0.20	0.25	0.35	0.45	0.65
第二组	0.25	0.30	0.40	0.55	0.75
第三组	0.30	0.35	0.45	0.65	0.90

反应谱曲线中地震影响系数的计算还与阻尼比有关。对于没有采用特殊方法增加结构阻尼的混凝土建筑物，其阻尼比一般可取为 0.05。当建筑结构采用特殊的阻尼元件，结构的总等效阻尼比将大于 0.05，此时，地震影响系数曲线的阻尼调整系数和形状参数可按下列公式计算：

1）曲线下降段的衰减指数按下式确定：

$$\gamma = 0.9 + \frac{0.05 - \zeta}{0.3 + 6\zeta} \tag{4.9a}$$

式中：γ—— 曲线下降段的衰减指数；

ζ —— 结构总等效阻尼比。

2）直线下降段的下降斜率调整系数按下式确定：

$$\eta_1 = 0.02 + \frac{0.05 - \zeta}{4 + 32\zeta} \tag{4.9b}$$

式中　η_1—— 直线下降段的下降斜率调整系数，小于 0 时取 0。

3）阻尼调整系数按下式确定：

$$\eta_2 = 1 + \frac{0.05 - \zeta}{0.08 + 1.6\zeta} \tag{4.9c}$$

式中：η_2—— 阻尼调整系数，当小于 0.55 时，取 0.55。

4.3.4.2　底部剪力法

当结构高度不超过 40m，以剪切变形为主（见图 4.3），且质量和刚度沿高度分布比较均匀的建筑结构，可采用简化的底部剪力法计算。底部剪力法计算地震作用的模型如图 4.22(a) 所示，它将各楼层的重力荷载集中于楼盖高度处形成一个质点，且假定各层的质点在地震作用下没有竖向运动和转动，这样每个质点仅有水平方向运动的一个自由度。所谓重力荷载就是竖向恒载与竖向可变荷载的组合值之和，此时的组合值系数取表 4.14 中数值。在按底部剪力法计算地震作用时，首先按结构基本自振周期 T_1 确定结构的总水平地震作用标准值 F_{EK}（也称为底部剪力），然后以一定的规律将水平地震作用沿高度分布，如图 4.22(b) 所示。为了考虑结构高振型的影响，近似地在顶层附加一个水平地震作用标准值 ΔF_n。具体计算如下：

表 4.14　重力荷载计算用组合值系数

可变荷载种类		组合值系数
雪荷载		0.5
屋面积灰荷载		0.5
屋面活荷载		不计入
按实际情况计算的楼面活荷载		1.0
按等效均布荷载计算的楼面活荷载	藏书库、档案库	0.8
	其他民用建筑	0.5
起重机悬吊物重力	硬钩吊车	0.3
	软钩吊车	不计入

注：硬钩吊车的吊重较大时，组合值系数应按实际情况采用

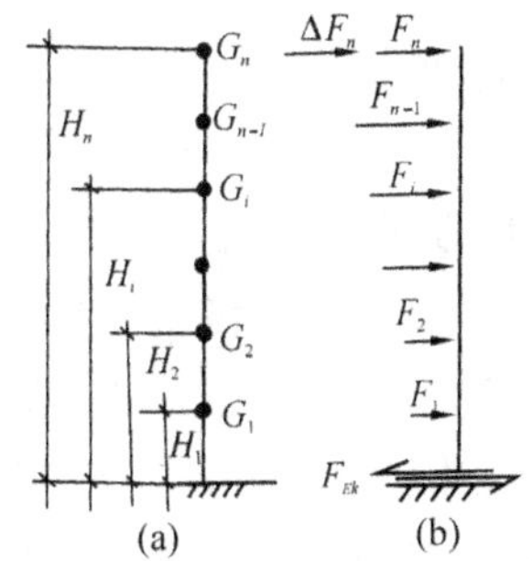

图 4.22　结构水平地震作用计算简图

$$F_{Ek} = \alpha_1 G_{eq} \tag{4.10}$$

$$F_i = \frac{G_i H_i}{\sum_{j=1}^{n} G_j H_j} F_{Ek}(1-\delta_n) \quad (i = 1,2\cdots n \qquad j = 1,2\cdots n) \tag{4.11}$$

$$\Delta F_n = \delta_n F_{Ek} \tag{4.12}$$

式中：F_{Ek}—— 结构总水平地震作用标准值；

α_1—— 相应于结构基本自振周期的水平地震影响系数值，由反应谱曲线上对应的公式计算；

G_{eq}—— 结构等效总重力荷载，单质点应取总重力荷载代表值，多质点可取总重力荷载代表值的 85%；

F_i—— 质点 i 的水平地震作用标准值；

G_i，G_j—— 分别为集中于质点 i、j 的重力荷载代表值；

H_i, H_j—— 分别为质点 i、j 的计算高度；

δ_n—— 顶部附加地震作用系数，多层钢筋混凝土房屋可按表 4.15 采用，其他房屋可采用 0.0；

ΔF_n—— 顶部附加水平地震作用。

表 4.15　顶部附加地震作用系数 δ_n

T_g(s)	$T_1 > 1.4T_g$	$T_1 \leqslant 1.4T_g$
$T_g \leqslant 0.35$	$0.08T_1 + 0.07$	
$0.35 < T_g \leqslant 0.55$	$0.08T_1 + 0.01$	0.0
$T_g > 0.55$	$0.08T_1 - 0.02$	

注：T_1 为结构基本自振周期。

结构自振周期 T_1（也称为基本周期）可根据理论计算或经验公式确定。按理论计算确定 T_1 时，应采用与结构抗震验算相应的结构计算模型和弹性刚度，并应考虑填充墙等非结构构件引起的结构刚度增大，对计算周期适当折减，即对理论计算确定的 T_1 乘以周期折减系数。通常底部剪力法用于手算的情况较多，而根据结构计算模型来手算结构的周期是困难的，因此，采用底部剪力法计算地震作用时，可按以下近似计算周期的方法或经验公式来确定结构自振周期 T_1。

(1) 顶点位移法

顶点位移法是一种计算基本周期的近似方法，在电算还不普及的年代，它是一种最常用的方法。它是根据结构质量分布的情况，将结构简化成有限质点体系或悬臂杆（如图 4.22(a) 的模型），求出以结构顶点位移 Δ_T 表示的结构基本周期的计算公式(4.13)。在理解了后述 D 值法计算结构水平位移的前提下，按该方法计算钢筋混凝土框架结构的周期并不算困难，但还是有一定的计算工作量。对于框架—剪力墙、剪力墙结构则需要许多中间计算系数，这些系数通常只能通过查取手册才能得到，因此计算过程十分繁琐。在电算成为主流的当今，这种方法基本失去了实用价值，但作为一种计算方法，在此结合底部剪力法对其略作介绍。

$$T_1 = 1.7\psi_T\sqrt{\Delta_T} \tag{4.13}$$

式中：Δ_T—— 把集中在各楼面处的重力荷载 G_i 假想地看做水平荷载作用于结构而计算得到的结构顶点位移；

ψ_T—— 基本周期考虑填充墙等影响的系数，通常被称为周期折减系数。框架结构取 $\psi_T = 0.6 \sim 0.7$，框架—剪力墙结构取 $\psi_T = 0.7 \sim 0.8$，剪力墙结构取 $\psi_T = 1.0$。

(2) 能量法

对于以剪切变形为主的多、高层钢筋混凝土框架结构，可以采用由能量法得出的基本周期计算公式(4.14)。该方法同样要计算结构在水平荷载作用下的位移，因此，其与顶点位移法一样也基本失去了实用价值。

$$T_1 = 2.0\psi_T\sqrt{\frac{\sum G_i u_i^2}{\sum G_i u_i}} \tag{4.14}$$

式中：G_i—— 质点 i 的重力荷载；

u_i—— 把集中在各楼面处的重力荷载 G_i 假想地看作水平荷载作用于结构而计算得到的质点 i 处的水平位移。

(3) 近似估算

通过对以往的建筑物基本周期的统计发现，考虑了填充墙等对结构周期的影响之后，结构布置相对合理的钢筋混凝土建筑物的基本周期在下列范围内：

框架结构：　$T_1 = (0.09 \sim 0.12)n$

框架 — 剪力墙结构、框架 — 筒体结构：　$T_1 = (0.06 \sim 0.10)n$

剪力墙结构、筒中筒结构：　$T_1 = (0.04 \sim 0.05)n$

式中 n 为建筑物的层数。此近似计算的周期一般用来判断结构布置的合理性，也可以用于底部剪力法来粗略估算结构的水平地震作用大小。

4.3.4.3　振型分解反应谱法

不符合底部剪力法适用条件的其他建筑宜按振型分解反应谱法确定等效水平地震作用及内力效应。由于振型分解反应谱法的计算精度略高于底部剪力法，符合底部剪力法适用条件且不需手算计算时，通常也按振型分解反应谱法计算地震作用。因此，实际工程中绝大部分建筑的地震作用计算均采用振型分解反应谱法。实际工程采用电算分析时，一般采用空间杆系模型，假定结构的质量分布于杆系构件的节点之上，再对结构整体来进行振型分解，进一步进行振型分解反应谱法的地震作用和内力效应计算。

为了让读者更直观的理解振型分解反应谱法，此处，把建筑各层质量集中在楼层处，n 个楼层即形成 n 个质点，这样形成的模型通常被称为串模型。基于串模型的振型分解反应谱法也是结构电算分析普及之前的主流方法。

当把结构简化为平面结构进行分析时，在正交的两个方向分别进行计算，每一个方向均具有 n 个振型，如图 4.23 所示。在计算较规则结构的等效水平地震作用时，只需取 2 ～ 3 个振型组合即可满足工程要求。当基本自振周期 T_1 大于 1.5s 或房屋高宽比大于 5 时，振型个数可适当增加。

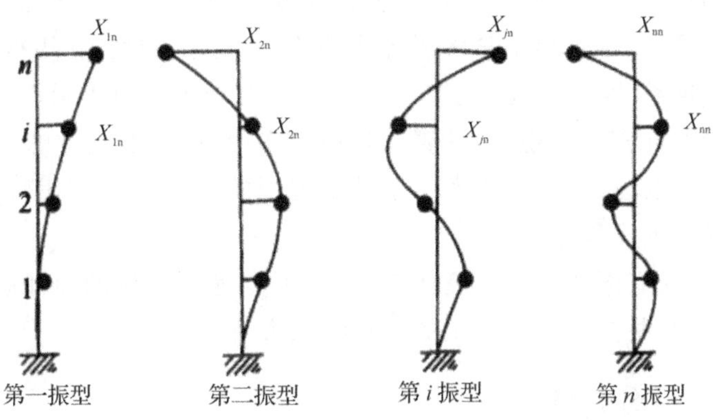

图 4.23　多自由度体系平面振型

每个振型都分别按反应谱曲线计算地震影响系数 α_j；第 j 个振型第 i 质点的等效水平地震作用标准值按下式计算：

$$F_{ji} = \alpha_j \gamma_j X_{ji} G_i \qquad (i = 1,2,\cdots,n, j = 1,2,\cdots,m) \tag{4.15}$$

$$\gamma_j = \frac{\sum_{i=1}^{n} X_{ji} G_i}{\sum_{i=1}^{n} X_{ji}^2 G_i} \tag{4.16}$$

式中：F_{ji}——j 振型 i 质点的水平地震作用标准值；

α_j—— 相应于 j 振型自振周期的地震影响系数；

X_{ji}——j 振型 i 质点的水平相对位移；

γ_j——j 振型的参与系数；n—— 结构的自由度数；

G_i—— 质点 i 的重力荷载；m—— 所考虑的振型模态数。

求出各振型等效水平地震作用标准值后，按静力方法分别计算各个振型的地震作用在结构模型上的内力效应（弯矩、剪力、轴力），然后用下式求出水平地震作用效应

$$S_{Ek} = \sqrt{\sum_{j=1}^{m} S_j^2} \tag{4.17}$$

式中：S_{Ek}—— 水平地震作用效应的标准值；

S_j——j 振型水平地震作用下结构模型上内力效应的标准值；

m—— 计算时考虑的振型数。

式(4.17)称为平方和的平方根方法(SRSS 方法)。因为振型分解反应谱法中各振型的等效水平地震作用均是由反应谱曲线得到的，因而其为该振型对应的最大响应时的惯性力。实际上，各个振型的最大响应在同一时刻出现的概率极小，必须以合理的方法来计算各振型作用的叠加。SRSS 方法是基于概率理论而得到的一种较为合理的振型叠加方式。值得注意的是，我国规范规定先计算各振型地震作用在结构上的内力效应，然后将各振型的内力效应进行 SRSS 叠加，得到结构在地震作用下效应；而不是先叠加各振型的地震作用，再根据叠加的地震作用计算结构的内力效应。

当考虑结构的三维振动时，每个楼层有 x,y,θ 三个位移分量，因而 n 个楼层的结构将出现 $3n$ 个振型。图 4.24 给出了某多层结构的前 9 个空间振型。在用振型分解反应谱方法时，应当取 9 个振型(规则结构)或 15 ～ 18 个振型(质量及刚度沿高度分布不均匀时)或者更多。按照我国抗震规范规定，计算等效地震作用时，仍然只考虑 x 和 y 方向的地震作用，但要计算扭转效应。对于可能发生扭转不规则的结构可以按扭转耦联振型分解法计算，其具体计算见抗震规范。

采用振型分解反应谱法计算地震作用时，至少要确定结构的前几阶的振型和周期，手算确定 3 阶以上的振型是十分困难的，因此，该方法基本上只适合于计算机设计。

4.3.4.4 时程分析法

时程分析法是一种直接动力法。将结构作为多质点振动体系，输入已知的地震波，求解结构模型的动力微分方程，即得到地震全过程中每一时刻的振动状况(即各质点的

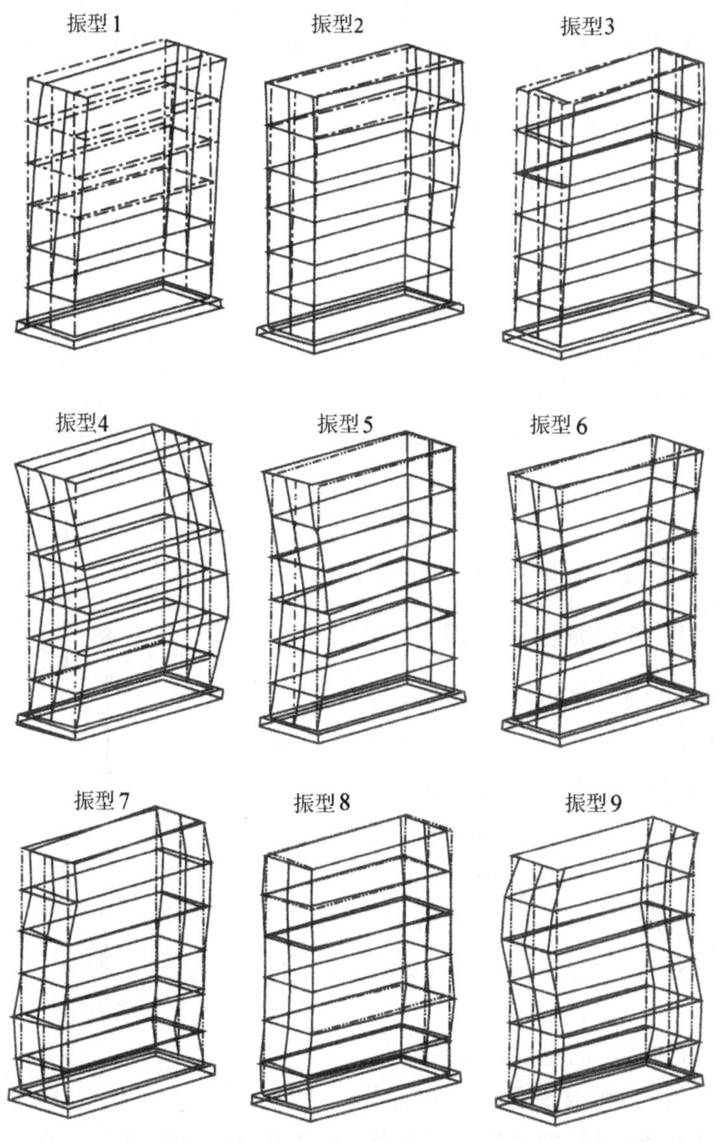

图 4.24　多自由度体系的空间振型

加速度、速度、位移和结构内力)。求解结构模型动力微分方程的方法有很多,最常用的方法是直接积分法,它需要在计算机上完成,具体请参考相关结构力学教材。时程分析法可以是弹性分析,也可以是弹塑性分析。两者的区别仅在于动力方程中的$[K]$,当结构为弹性时,其$[K]$为常量;当结构为弹塑性时,$[K]$为随时间变化的变量。

要求解结构的动力微分方程,就必须知道下列参数及模型:

(1) 结构的力学模型(即结构体系计算简图);

(2) 结构构件的恢复力模型(即构件受力与其变形的关系);

(3) 结构的阻尼比;

(4) 地震波及相关参数。

目前，国内外对上述参数和模型的确定、分析结果的处理等都还没有达到完全统一的认识。特别是在设计工作中，无法预测未来的地震运动，因而也不可能通过时程分析去预测未来地震作用时结构的真实情况。所以，目前各国也仅把它作为对某些重要和特殊建筑物的补充分析方法，目的是校核所设计的结构是否存在强度、变形和延性等方面的薄弱部位，以便设计时作某些修改和增强措施，尽可能避免在罕遇地震作用下发生倒塌。

时程分析法一般用于对复杂结构的补充计算。抗震规范规定对刚度和质量沿竖向分布特别不均匀及特别不规则的高层建筑、甲类建筑和超过一定高度范围的高层建筑，应采用时程分析法进行多遇地震下的补充计算；当取三组时程曲线时，计算结果宜取时程法的包络值和振型分解反应谱法的较大值；当取七组及七组以上的时程曲线时，计算结果可取时程分析的平均值和振型分解反应谱法的较大值来进行截面设计。

采用时程分析法时，应按建筑场地类别和设计地震分组选用实际强震记录和人工模拟的加速度时程曲线，其中实际强震记录的数量不应少于总数的 2/3，多组时程曲线的平均地震影响系数曲线应与振型分解反应谱法所采用的地震影响系数曲线在统计意义上相符，其加速度时程的最大值取规范给出的对应烈度的峰值加速度。

4.3.4.5 竖向地震作用计算

9 度时的高层建筑，其竖向地震作用标准值应按图 4.25 及公式(4.18) 确定，各楼层的地震作用按公式(4.19) 计算；楼层的竖向地震作用效应可按各构件承受的重力荷载代表值的比例分配，并宜乘以增大系数 1.5。

$$F_{Evk} = \alpha_{v\max} G_{eq} \tag{4.18}$$

$$F_{vi} = \frac{G_i H_i}{\sum G_j H_j} F_{Evk} \tag{4.19}$$

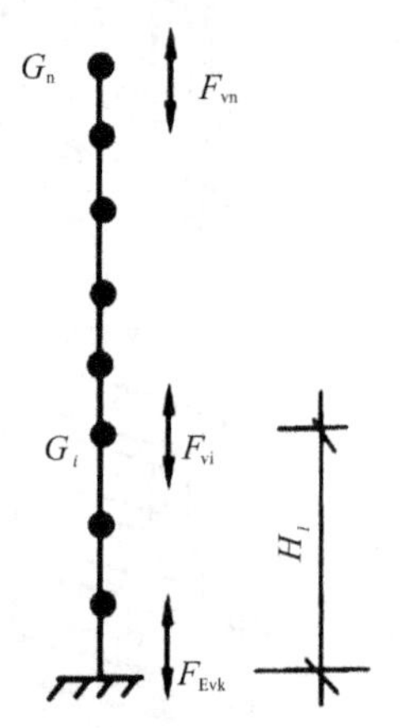

图 4.25　竖向地震作用计算图形

式中：F_{Evk}—— 结构总竖向地震作用标准值；

F_{vi}—— 质点 i 的竖向地震作用标准值；

$\alpha_{v\max}$—— 竖向地震影响系数的最大值，可取水平地震影响系数最大值的 65%；

G_{eq}—— 结构等效总重力荷载，可取其重力荷载代表值的 75%，即 $G_{eq} = 0.75\sum G_i$；

G_i、G_j、H_i、H_j 同(4-11)。

例题 4.1　某钢筋混凝土框架结构房屋，设防烈度为 8 度，设计地震动加速度为 0.3g，建设于 Ⅱ 类场地，设计地震分组为第一组。建筑物横向框架上作用的恒载如图 4.26(a) 所示，楼面框架梁上的均布线荷载标准值为 15kN/m，屋面梁上均布线荷载标准值为 20kN/m；活荷载如图 4.26(b) 所示，楼面框架梁上的均布线荷载标准值为 10kN/m，屋面梁上均布线荷载标准值为 5kN/m。试采用底部剪力法计算该建筑物在横向地震作用下各楼层的地震作用力。(设该结构的横向振动基本周期可以按 0.1n 计算，n 为层数)

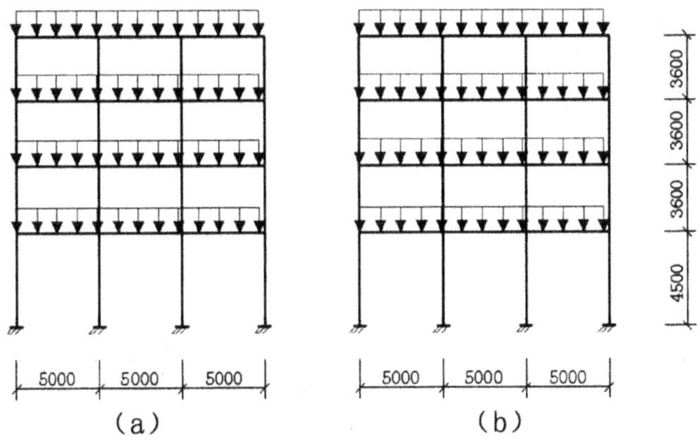

图 4.26　某横向框架的恒载和活荷载

解：$G_1 = G_2 = G_3 = 15 \times 5 \times 3 + 0.5 \times 10 \times 5 \times 3 = 300.0\text{kN}$

$G_4 = 20 \times 5 \times 3 + 0.5 \times 5 \times 5 \times 3 = 337.5\text{kN}$

由查表 4.12 得 8 度设防对应多遇地震 $\alpha_{\max} = 0.24$

由查表 4.13 得结构物场地特征周期 $T_g = 0.35\text{s}$

结构自振周期 $T_1 = 0.1n = 0.4\text{s}$

地震影响系数 $\alpha_1 = \left(\frac{T_g}{T_1}\right)^{\gamma} \eta_2 \alpha_{\max} = (\frac{0.35}{0.4})^{0.9} \times 1.0 \times 0.24 = 0.213$

$$F_{\text{EK}} = \alpha_1 G_{\text{eq}} = 0.213 \times 0.85 \times (3 \times 300 + 337.5) = 224.0\text{kN}$$

由查表 4.15 得，$\delta_{\text{n}} = 0.0$，故顶部附加水平地震作用 $\Delta F_n = 0$

根据公式(4.11) 得

$$F_1 = \frac{G_1 H_1}{G_1 H_1 + G_2 H_2 + G_3 H_3 + G_4 H_4} F_{Ek}(1 - \delta_n)$$

$$= \frac{300 \times 4.5}{300 \times 4.5 + 300 \times 8.1 + 300 \times 11.7 + 337.5 \times 15.3} \times 224.0 \times (1 - 0.0)$$

$$= 24.3\text{kN}$$

$$F_2 = \frac{300 \times 8.1}{300 \times 4.5 + 300 \times 8.1 + 300 \times 11.7 + 337.5 \times 15.3} \times 224.0 \times (1 - 0.0)$$

$$= 43.7\text{kN}$$

$$F_3 = \frac{300 \times 11.7}{300 \times 4.5 + 300 \times 8.1 + 300 \times 11.7 + 337.5 \times 15.3} \times 224.0 \times (1 - 0.0)$$

$$= 63.1\text{kN}$$

$$F_4 = \frac{337.5 \times 15.3}{300 \times 4.5 + 300 \times 8.1 + 300 \times 11.7 + 337.5 \times 15.3} \times 224.0 \times (1 - 0.0)$$

$$= 92.9\text{kN}$$

例题 4.2　某单跨两层框架结构如图 4.27 所示，设防烈度为 8 度，设计地震分组为第三组，场地类别为 Ⅳ 类。底层层高 4.5m，底层单根柱的抗侧刚度为 25000kN/m；二层层高 3.6m，二层单根柱的抗侧刚度为 15000kN/m。一层的重力荷载标准值为 588.0kN，二层的重力荷载标准值为 490.0kN。为了计算方便，假设框架横梁的抗弯刚度为无限大。试分别采用底部剪力法和振型分解反应谱法计算该结构物在多遇地震作用下的层间剪力。

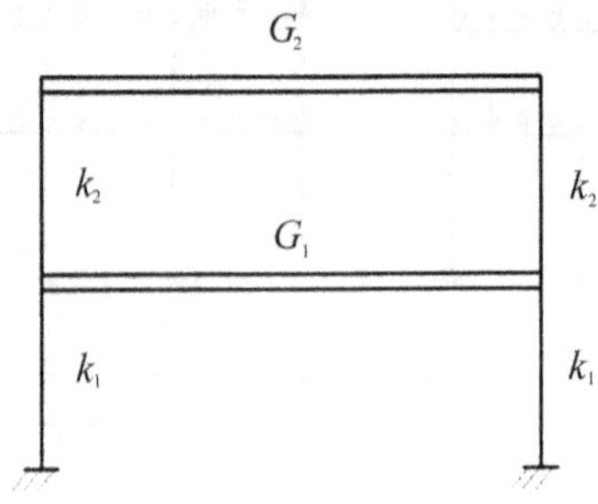

图 4.27　例题 4.2 图

解：(1) 振型分解反应谱法

结构的刚度矩阵[K]为

$$\begin{bmatrix} k_{11} & k_{12} \\ k_{21} & k_{22} \end{bmatrix} = \begin{bmatrix} 2k_1 + 2k_2 & -2k_2 \\ -2k_2 & 2k_2 \end{bmatrix} = \begin{bmatrix} 80000 & -30000 \\ -30000 & 30000 \end{bmatrix} (10^3\,\mathrm{N/m})$$

结构的质量矩阵[M]为

$$\begin{bmatrix} m_1 & 0 \\ 0 & m_2 \end{bmatrix} = \begin{bmatrix} G_1/g & 0 \\ 0 & G_2/g \end{bmatrix} = \begin{bmatrix} 60 & 0 \\ 0 & 50 \end{bmatrix} (10^3\,\mathrm{kg})$$

由刚度矩阵和质量矩阵得到的特征方程如下

$$|[K] - \omega^2 [M]| = \begin{vmatrix} 80000 - 60\omega^2 & -30000 \\ -30000 & 30000 - 50\omega^2 \end{vmatrix} = 0$$

求解上述特征方程得到以下两个振型

$\omega_1 = 17.54\mathrm{rad/s}$，对应周期 $T_1 = 0.358\mathrm{s}$，振型向量$\begin{Bmatrix} X_{12} \\ X_{11} \end{Bmatrix} = \begin{Bmatrix} 1 \\ 0.488 \end{Bmatrix}$；

$\omega_2 = 40.32\mathrm{rad/s}$，对应周期 $T_2 = 0.156\mathrm{s}$，振型向量$\begin{Bmatrix} X_{22} \\ X_{21} \end{Bmatrix} = \begin{Bmatrix} 1 \\ -1.71 \end{Bmatrix}$；

由振型参与系数计算公式(4.16)得

$$\gamma_1 = \frac{\sum_{i=1}^{n} X_{1i} G_i}{\sum_{i=1}^{n} X_{1i}^2 G} = \frac{X_{11} G_1 + X_{12} G_2}{X_{11}^2 G_1 + X_{12}^2 G_2} = \frac{0.488 \times 60 + 1 \times 50}{0.488^2 \times 60 + 1^2 \times 50} = 1.233$$

$$\gamma_2 = \frac{\sum_{i=1}^{n} X_{2i} G_i}{\sum_{i=1}^{n} X_{2i}^2 G} = \frac{X_{21} G_1 + X_{22} G_2}{X_{21}^2 G_1 + X_{22}^2 G_2} = \frac{-1.71 \times 60 + 1 \times 50}{(-1.71)^2 \times 60 + 1^2 \times 50} = -0.233$$

查表 4.12 得水平地震影响系数最大值 $\alpha_{max} = 0.16$

查表 4.13 得场地特征周期 $T_g = 0.90$

第一振型地震作用计算

$$F_{11} = 0.16\left(\frac{0.9}{0.358}\right)^{0.9} \times 1.233 \times 0.488 \times 60 \times 9.8 = 129.8\text{kN}$$

$$F_{12} = 0.16\left(\frac{0.9}{0.358}\right)^{0.9} \times 1.233 \times 1.000 \times 50 \times 9.8 = 221.6\text{kN}$$

第二振型地震作用计算

$$F_{21} = 0.16\left(\frac{0.9}{0.156}\right)^{0.9} (-0.233) \times (-1.71) \times 60 \times 9.8 = 181.5\text{kN}$$

$$F_{22} = 0.16\left(\frac{0.9}{0.156}\right)^{0.9} (-0.233) \times 1.00 \times 50 \times 9.8 = -88.4\text{kN}$$

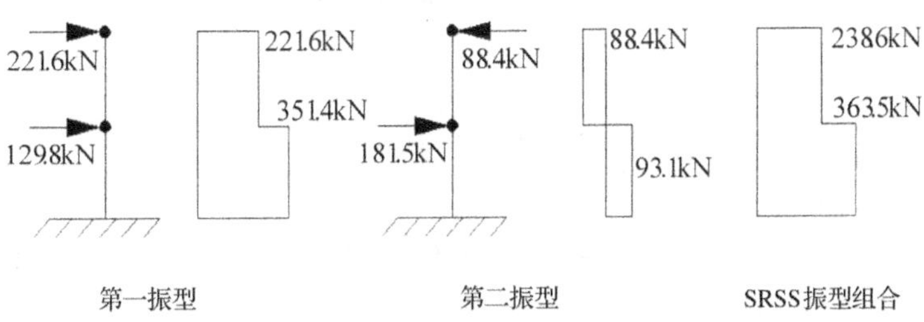

图 4.28　按振型分解反应谱法计算的层间剪力

(2) 按底部剪力法计算

$$F_{EK} = \alpha_1 G_{eq} = \left(\frac{T_g}{T_1}\right)^{\gamma} \eta_2 \alpha_{\max} G_{eq}$$

$$= \left(\frac{0.9}{0.358}\right)^{0.9} \times 1.0 \times 0.16 \times 0.85 \times (588 + 490) = 336.1\text{kN}$$

由查表 4.15 得，$\delta_n = 0.0$，故顶部附加水平地震作用 $\Delta F_n = 0$

根据公式(4.11)得

$$F_1 = \frac{G_1 H_1}{G_1 H_1 + G_2 H_2} F_{Ek}(1 - \delta_n)$$

$$= \frac{588 \times 4.5}{588 \times 4.5 + 490 \times 8.1} \times 336.1 \times (1 - 0.0) = 134.4\text{kN}$$

$$F_2 = \frac{G_2 H_2}{G_1 H_1 + G_2 H_2} F_{Ek}(1 - \delta_n)$$

$$= \frac{490 \times 8.1}{588 \times 4.5 + 490 \times 8.1} \times 336.1 \times (1 - 0.0) = 201.7\text{kN}$$

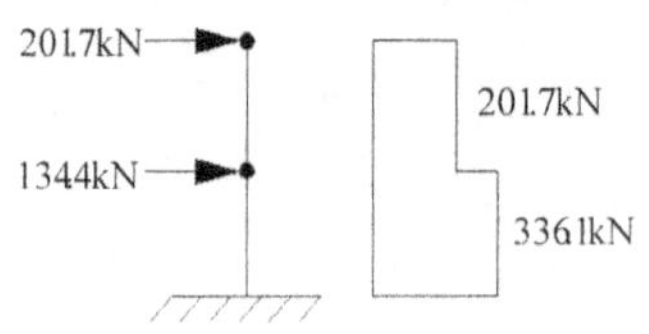

图 4.29　按底部剪力法计算的层间剪力

4.4　结构内力及位移分析

4.4.1　电算分析

多层和高层结构是一个由许多构件刚接而形成的复杂空间结构体系。在计算机技术还不十分发达的年代，工程技术专家和研究人员提出了将复杂的空间结构体系简化为平面结构体系，并开发了一些平面结构体系内力和位移近似计算的方法，并编制了许多相关计算用图表来完成多、高层建筑的结构设计。随着计算机技术的高速发展，人们开发出了许多结构工程计算分析软件，这些软件能直接对高次超静定三维空间结构体系进行分析计算。有些软件不仅可对结构进行内力和位移的分析计算，而且还可以进行构件截面设计(包括截面配筋、变形及裂缝控制验算、延性验算及构造等)和绘制施工图等一系列工作，下一章将通过实例介绍电算软件在结构工程设计中的应用，本节对电算分析仅作一般概念介绍，同时也介绍一些近似计算方法，以便增强理解结构的受力特性。

计算机的结构分析方法大多采用矩阵位移法，其概念清晰，步骤简单，且适合计算机工作的特点。结构矩阵位移法的基本原理和计算过程在结构力学和有限元法中均有详细讲述，这里仅概述其要点：

(1) 取节点的位移为基本未知量。

(2) 将结构离散为单元，建立单元刚度方程(即单元杆端力与杆端位移的关系)：

$$[\overline{K}]^e\{\overline{\delta}\}^e = [\overline{F}]^e \tag{4.20}$$

式中：$[\overline{K}]^e$—— 单元 e 的刚度矩阵；

$\{\overline{\delta}\}^e$—— 单元 e 的杆端位移向量；

$[\overline{F}]^e$—— 单元 e 的杆端力向量。

$[\overline{K}]^e$、$\{\overline{\delta}\}^e$、$[\overline{F}]^e$ 上的横线表示局部坐标。

在结构体系中，所有的构件均可分为两类：一类是杆系构件，如梁、柱等；另一类是平面构件，如剪力墙等。梁、柱单元在空间受力情况下，每端有 6 个自由度：三个方向的位移和三个方向的转角，相应也有 6 个杆端力；如图 4.30(a) 所示。剪力墙在结构分析中有两种处理方式：一种是作为墙板单元（这在有限元法等书中有详尽介绍）；另一种是将其视作薄壁空间杆件单元，它除具有上述梁、柱单元 6 个自由度外，还有一个截面翘曲角（或称扭转角变化率）θ_w，即第 7 个自由度，及相应的第 7 个杆端力 —— 双力矩 B_w；见图 4.30(b) 和图 4.30(c)。

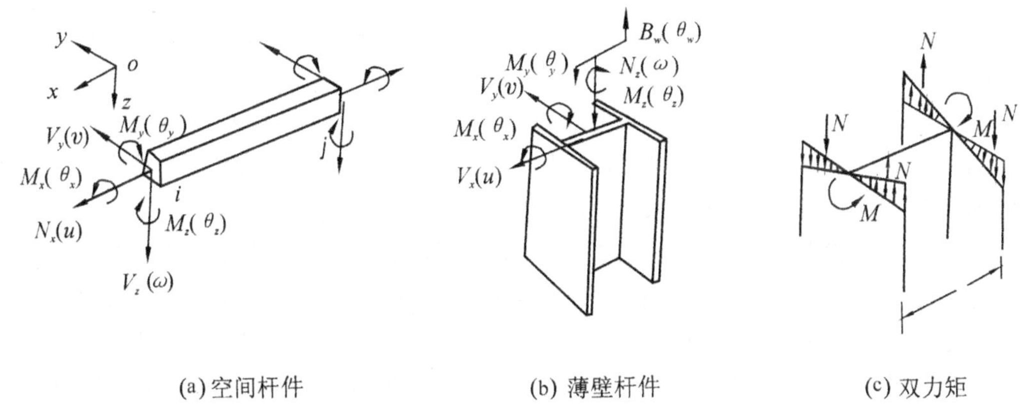

(a) 空间杆件　　(b) 薄壁杆件　　(c) 双力矩

图 4.30　杆端位移和杆端力

(3) 将单元集合成整体，按节点处的变形连续条件（即杆端位移等于节点位移）和平衡条件，建立结构整体的平衡方程。

$$[K]\{\Delta\} = \{P\} \tag{4.21}$$

式中：$[K]$—— 结构的刚度矩阵；

$\{\Delta\}$—— 结构的节点位移向量；

$\{P\}$—— 结构的节点荷载向量。

解式(4.21) 得节点位移（从而可得各单元杆端位移 $\{\overline{\delta}\}^e$），然后由式(4.20) 算得各杆端力（各单元节点力），进一步即可得各单元内力。

这就是结构电算分析的基本过程。手算计算时，大多只考虑杆件的弯曲变形，那是因为考虑其他变形的影响会大大增加手算工作量，而在电算分析时，考虑其他变形因素丝毫不会影响分析时间和费用。一般来说，梁单元的刚度考虑弯曲、剪切和扭转变形，必要时考虑轴向变形；柱单元的刚度考虑弯曲、剪切、轴向和扭转变形；墙单元的刚度考虑弯曲、剪切、轴向、扭转和截面翘曲变形。此外，手算时考虑构件端部刚域也很困难，而电算时可以很简单考虑构件杆端的刚域。

除抗震设计的第二阶段弹塑性变形验算以外，结构设计中的内力及位移分析均假定结构为弹性。而由钢筋混凝土基本原理可知，钢筋混凝土结构在一般情况下是带裂缝工作的，这样，基于弹性的分析与结构的实际工作状态是有差别的。为了考虑混凝土开裂对结构体系受力的影响，有些国家规定在采用弹性分析时应根据构件的受力特性对构件刚度进行折减。我国规范虽然认同对构件刚度进行折减的分析方法，但没有给出具体的刚度折减系数，因此，实际工程中流行的方法仍然是按弹性理论进行分析，这样做的理由有两点：1）认为所有构件由混凝土开裂引起的刚度下降程度是一样的，采用弹性刚度还是采用折减后的刚度对结构体系的内力分布没有影响；2）抗震规范对结构层间变形的限值是基于弹性分析而确定的，采用刚度折减后的分析结果反而无从判断结构是否满足抗震规范的要求。

多、高层钢筋混凝土建筑中，通常柱子的刚度按柱子本身的截面尺寸直接计算其抗弯刚度，而梁通常与楼板是连在一起的，即梁与板形成了 T 形截面。这时梁的抗弯刚度的计算有两种方法。第一种方法是按照规范给出的有效翼缘宽度直接计算 T 形截面的抗弯刚度；另一种方法是通过对截面矩形部分面积的惯性矩进行如下修正而得到。对现浇整体梁板结构的中部框架，梁的惯性矩 I 可采用 $2I_r$；对边框架，梁的惯性矩 I 可采用 $1.5\ I_r$，其中 I_r 为矩形截面梁的惯性矩。对装配整体式结构中的叠合梁，其惯性矩需按实际情况确定。若梁与板非整体连接，则不考虑预制板对梁的作用。

多层和高层建筑结构布置复杂，构件很多，计算后输出数据量非常大。如何对计算结果进行分析，是非常重要的问题。采用电算分析结构时，并不能保证有了计算结果，就可以在施工图中应用。一个工程要准备很多原始数据，分析时还要根据工程的实际情况确定一些参数，出错机会非常多，所以，设计人员必须根据专业理论知识和工程设计经验，对计算结果进行分析和判断，确认其合理、有效后方可作为工程设计的依据。

对电算结果的分析判断通常从自振周期、振型曲线、地震水平剪力大小、结构水平位移特征、水平位移平面分布、内外力平衡、对称性等方面进行，有些需要从力学原理来分析，有些需要与以往工程进行类比，总之，这个分析判断过程十分重要，在实际工程中逐步积累知识和经验是形成这种判断能力的最好途径。

4.4.2　竖向荷载下的近似计算

如前所述，结构体系的内力（轴力、弯矩及剪力）及侧移的计算，除了用电算分析外，也可以采用近似分析的方法，用手算来完成。框架以外的结构体系的手算方法非常复杂，当前已经完全失去了工程应用价值，因此，这里只介绍框架结构的近似手算方法。为了便于手算，一般可将整个空间框架结构按横向（或纵向）划分成一榀一榀的平面结构来计算。

框架的近似分析方法有很多种。例如，求竖向荷载作用下的内力时，常用分层法、力矩分配法及迭代法等；求水平荷载作用下的内力时，常用反弯点法、改进反弯点法（即“D值法”）、迭代法及无剪力分配法等。当然，由于各种方法所采用的假定不同，其计算结果的近似程度也有区别，但一般都能满足设计要求的精度。

这里仅介绍分层法、反弯点法和改进反弯点法。

竖向荷载作用下的内力近似计算 —— 分层法

根据位移法或力法等求解多层多跨框架在竖向荷载作用下的计算结果可知，竖向荷载的侧移很小，而且每层梁上的荷载对其他各层梁的影响也很小。

为了简化计算，因此假定：

(1) 竖向荷载作用下，多层多跨框架的侧移可忽略不计；

(2) 每层梁上的荷载对其他各层梁的影响可忽略不计。

按上述假定，计算时可将各层梁及其上、下柱所组成的框架作为一个独立的计算单元分层计算。分层计算所得梁的弯矩即为其最后的弯矩；而每一柱分属于上、下两层，所以每一柱的弯矩需由上、下两层计算所得的弯矩值叠加而得到。

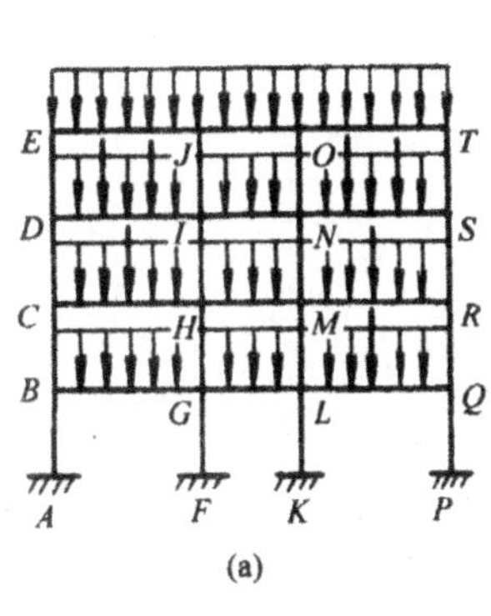

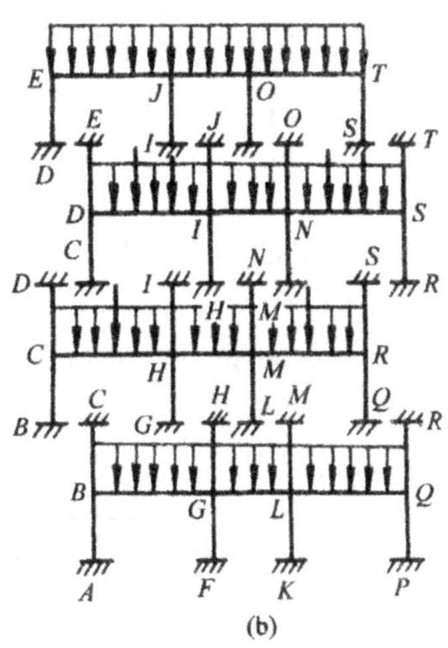

图 4.31　分层法示意图

如图 4.31(a) 所示的框架，在竖向荷载作用下，可分别按图 4.31(b) 所示的计算简图计算。

一般，可用力矩分配法求出各层框架的弯矩图，然后叠加，即得其最终弯矩值。

由于在分层计算时，假定上、下柱的远端是固定的，而实际结构中上、下柱的远端的转角并不为零。为了改善由于这种假定带来的误差，根据经验，除底层各柱以外，可将其他各层立柱的线刚度均乘以一个折减系数 0.9，并取它的传递系数为 1/3。

框架节点处的最终弯矩之和常不等于零而接近于零，这是由于分层计算所引起的。若欲进一步修正，则可对此节点的不平衡力矩再作一次弯矩分配。

例题 4.3　图 4.32 所示框架结构仅作用有竖向荷载。括号内的数值表示构件的相对线刚度，用分层法计算结构的内力效应，并绘出结构的弯矩、剪力及轴力分布图。

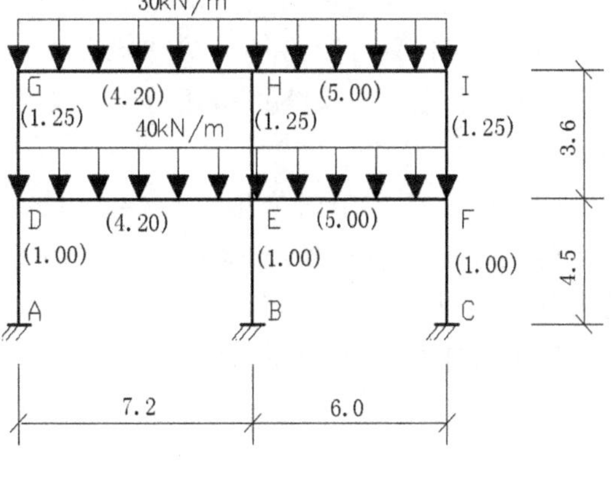

图 4.32　例题 4.3 图

解：分两层计算，各层的计算简图如图 4.33 所示，各层内力分析计算过程见图 4.34。

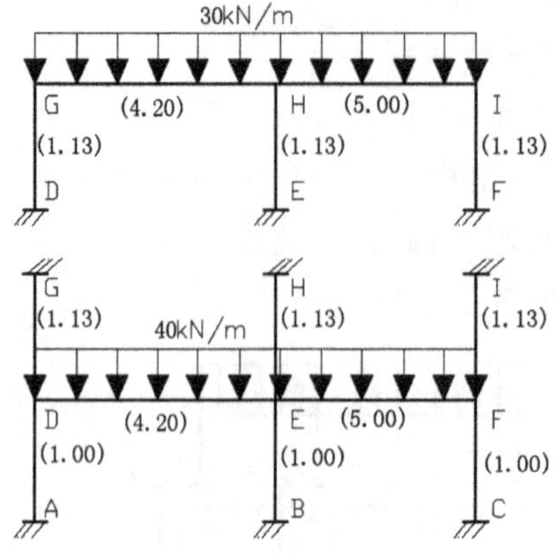

图 4.33　分层法计算简图

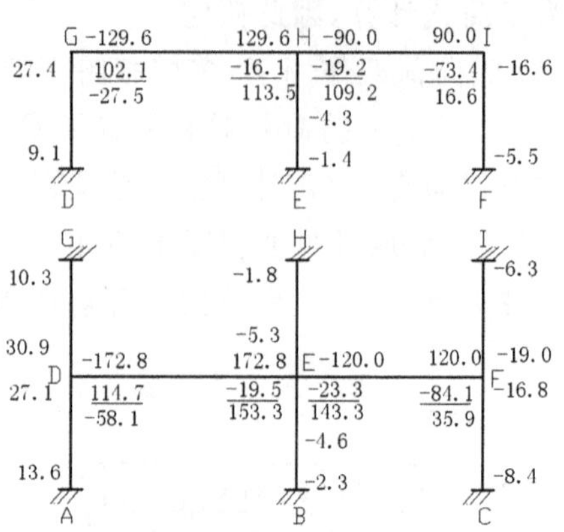

图 4.34　计算过程

将图 4.34 中的弯矩叠加后得到如图 4.35 的弯矩分布。

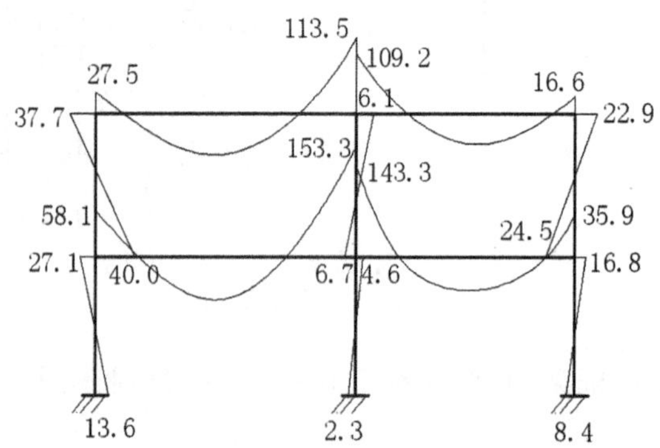

图 4.35　各层弯矩的叠加

从图 4.35 可见，框架节点处的最终弯矩之和并不为零，这是由于分层计算所引起的。如对不平衡弯矩再作一次弯矩分配（不再进行传递），则最终得弯矩分布图如图 4.36 所示。

由弯矩分布图中的弯矩，以及梁上的分布荷载计算结构的剪力，得如图 4.37 的剪力分布图。最后由剪力分布图计算得结构的轴力分布如图 4.38 所示。

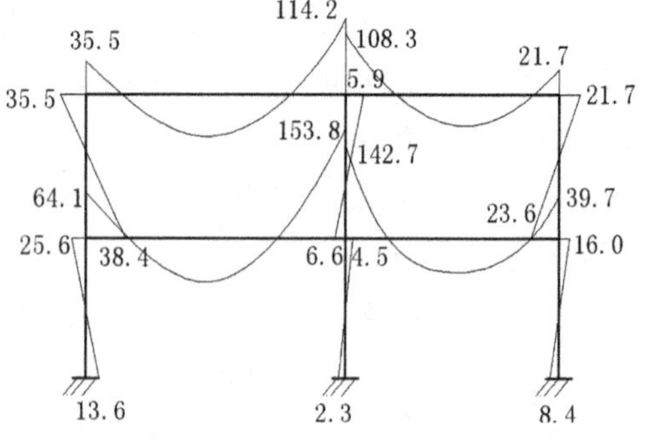

图 4.36　弯矩分布图

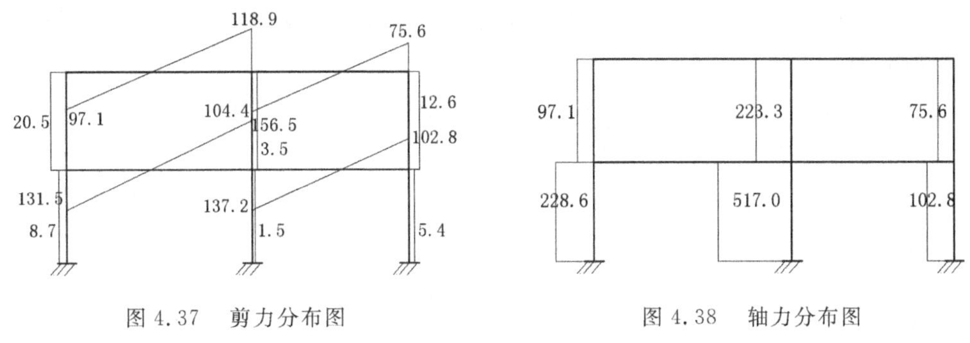

图 4.37　剪力分布图　　　　图 4.38　轴力分布图

4.4.3　水平作用下的近似计算

4.4.3.1　反弯点法

水平荷载作用下，不能再用分层法分析框架内力，因为分层法的两个基本假定已不再适用。

多层多跨框架在风荷载或其他水平荷载作用下，其荷载一般都可化为受节点水平集中力的作用，其弯矩图如图 4.39(*a*) 所示。各杆的弯矩图都是直线，每个立柱一般都有一个反弯点，当然，各柱的反弯点位置未必相同。图 4.39(*b*) 表示该框架受力后的变形图，各柱的上下端既有水平位移，又有角位移（即柱端转角）。如果框架的各层都不缺梁且不考虑轴力所引起各杆的变形，则在同一横梁标高处，各柱端都将产生一个相同的水平位移，同一层各柱上下端的水平位移差 Δ 也相等。其次，如果梁的线刚度比柱的线刚度大得多时（例如 $i_b > 3i_c$）。上述的节点角位移就很小。如果能够求出各柱的剪力及其反弯点的位置，则柱和梁的弯矩都可求得，所以对在水平荷载作用下的框架近似计算，一是需确定各柱间的剪力分配比，二是要确定各柱的反弯点位置。

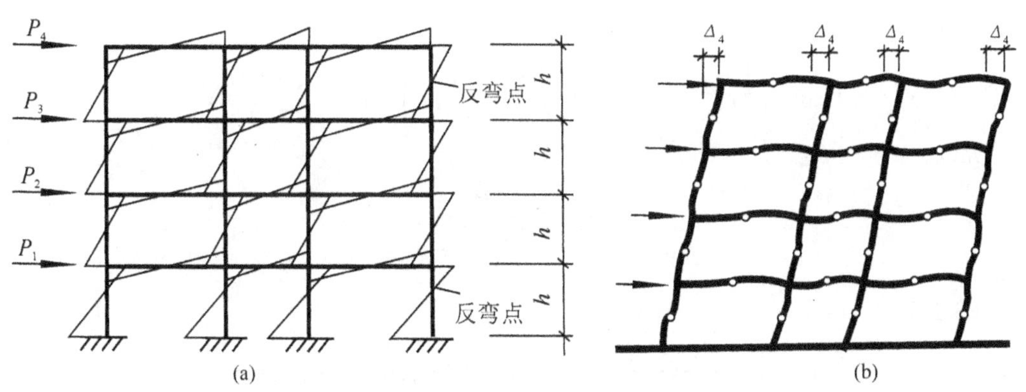

图 4.39　框架在水平荷载下的弯矩和变形示意图

（图中“0”表示反弯点）

为了方便计算，作如下假定：

(1) 在确定各柱间的剪力分配比时，认为梁的线刚度与柱的线刚度之比为无限大，略去梁本身的变形，认为各柱上下两端都不发生角位移，框架节点只有侧移，且同层各柱的侧移均相同；

(2) 在确定各柱的反弯点位置时，又认为除底层以外的各层柱，受力后的上下两端将产生相同的转角，即假定柱的反弯点位于柱中间；

(3) 梁端弯矩可由节点上的弯矩平衡求出。当有多根梁与节点相交时，各梁的梁端弯矩根据线刚度分配。

以图 4.39 所示的多层框架为例，将框架沿顶层各柱的反弯点处切开以示出剪力与轴力，按水平力的平衡条件(图 4.40(a)) 得

$$P_4 = V_{41} + V_{42} + V_{43} + V_{44} \tag{4.22}$$

由假定 1) 得

$$V_{4j} = \frac{12i_{4j}}{h^2}\Delta_{u4} \qquad (j = 1,2,3,4) \tag{4.23}$$

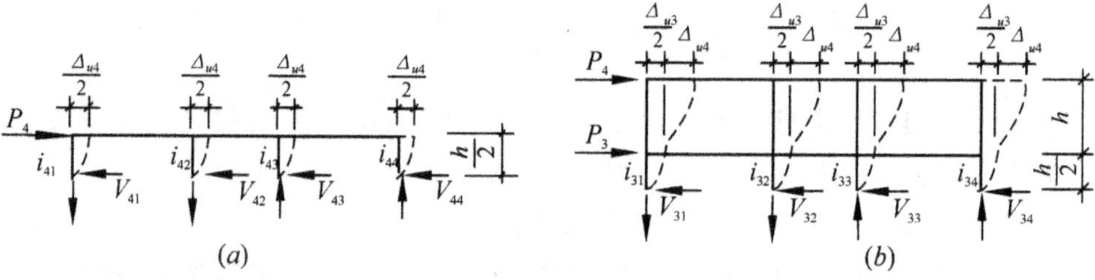

图 4.40　框架柱剪力计算图

上式中的$\frac{12i_{4j}}{h^2}$称为该柱的侧移刚度，也称抗剪刚度，表示柱端产生单位水平位移 $\Delta_u = 1$ 时，在柱端所需施加的水平力的大小。$i = \frac{EI}{h}$ 称为线刚度，h 为层高。代入式 (4.22) 得

$$P_4 = \left(\frac{12i_{41}}{h^2} + \frac{12i_{42}}{h^2} + \frac{12i_{43}}{h^2} + \frac{12i_{44}}{h^2}\right)\Delta_{u4} = \sum \frac{12i}{h^2}\Delta_{u4}$$

所以

$$\Delta_{u4} = \frac{P_4}{\sum \frac{12i}{h^2}}$$

由此得

$$V_{41} = \frac{12i_{41}}{h^2}\left(\frac{P_4}{\sum \frac{12i}{h^2}}\right); \quad V_{42} = \frac{12i_{42}}{h^2}\left(\frac{P_4}{\sum \frac{12i}{h^2}}\right); \cdots$$

根据假定 2) 可知：除底层外的各层柱，其反弯点位于该柱的高度中央，底层柱的反弯点则位于离柱底 2/3 的底层层高处。

有了各柱的剪力，确定了反弯点位置后，顶层各柱的弯矩图就可绘出。按假定 3)，顶层各梁的弯矩图也可求得。同理可求出其他各层的弯矩图。例如求第三层各柱的剪力

时，只需取第三层柱的反弯点以上部分作为隔离体即可(图 4.40(b))。

于是，第三层柱与梁的弯矩图即可绘出。其他各层柱与梁的弯矩图也可绘出。由框架梁两端的弯矩可以求得梁的剪力，再根据梁的剪力可以求得柱子的轴力，这样，框架结构的弯矩、剪力和轴力都能求得。

例题 4.4　试用反弯点法求图 4.41 所示框架的弯矩图。图中括号内的数值为该杆的相对线刚度值。

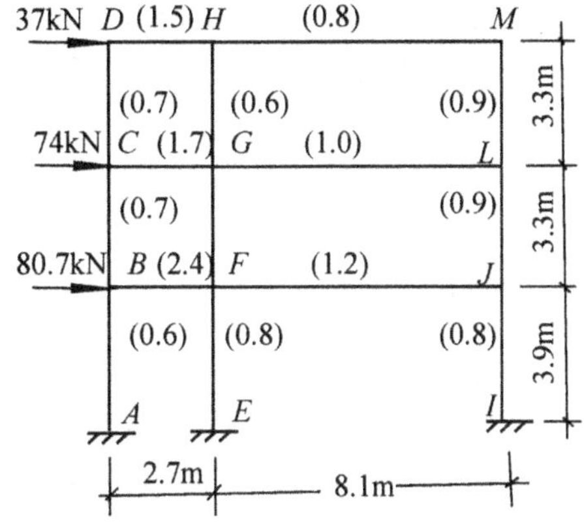

图 4.41　例题 4.4 图

解：(1) 求出各柱在第一、二、三层反弯点处的剪力

第三层

$$V_{CD} = \frac{0.7}{0.7+0.6+0.9} \times 37 = 11.77(\text{kN})$$

$$V_{GH} = \frac{0.6}{0.7+0.6+0.9} \times 37 = 10.09(\text{kN})$$

$$V_{LM} = \frac{0.9}{0.7+0.6+0.9} \times 37 = 15.14(\text{kN})$$

第二层

$$V_{BC} = \frac{0.7}{0.7+0.9+0.9} \times (37+74)$$
$$= 31.08(\text{kN})$$

$$V_{FG} = \frac{0.9}{0.7+0.9+0.9} \times (37+74)$$
$$= 39.96(\text{kN})$$

$$V_{JL} = \frac{0.9}{0.7+0.9+0.9} \times (37+74)$$
$$= 39.96(\text{kN})$$

第一层

$$V_{AB} = \frac{0.6}{0.6+0.8+0.8} \times (37+74+80.7) = 52.28(\text{kN})$$

$$V_{EF} = \frac{0.8}{0.6+0.8+0.8} \times (37+74+80.7) = 69.71(\text{kN})$$

$$V_{IJ} = \frac{0.8}{0.6+0.8+0.8} \times (37+74+80.7) = 69.71(\text{kN})$$

(2) 求出第一、二、三层各柱柱端的弯矩。

第三层

$$M_{CD} = M_{DC} = 11.77 \times \frac{3.3}{2} = 19.42(\text{kN} \cdot \text{m})$$

$$M_{GH}=M_{HG}=10.09\times\frac{3.3}{2}=16.65(\text{kN}\cdot\text{m})$$

$$M_{LM}=M_{ML}=15.14\times\frac{3.3}{2}=24.98(\text{kN}\cdot\text{m})$$

第二层

$$M_{BC}=M_{CB}=31.08\times\frac{3.3}{2}=51.28(\text{kN}\cdot\text{m})$$

$$M_{FG}=M_{GF}=39.96\times\frac{3.3}{2}=65.93(\text{kN}\cdot\text{m})$$

$$M_{JL}=M_{LJ}=39.96\times\frac{3.3}{2}=65.93(\text{kN}\cdot\text{m})$$

第一层

$$M_{AB}=52.28\times\frac{2}{3}\times3.9=135.93(\text{kN}\cdot\text{m})$$

$$M_{BA}=52.28\times\frac{1}{3}\times3.9=67.96(\text{kN}\cdot\text{m})$$

$$M_{EF}=69.71\times\frac{2}{3}\times3.9=181.25(\text{kN}\cdot\text{m})$$

$$M_{FE}=69.71\times\frac{1}{3}\times3.9=90.62(\text{kN}\cdot\text{m})$$

$$M_{IJ}=69.71\times\frac{2}{3}\times3.9=181.25(\text{kN}\cdot\text{m})$$

$$M_{JI}=69.71\times\frac{1}{3}\times3.9=90.62(\text{kN}\cdot\text{m})$$

(3) 求出第一、二、三层各横梁梁端的弯矩。

第三层

$$M_{DH}=M_{DC}=19.42(\text{kN}\cdot\text{m})$$

$$M_{HD}=\frac{1.5}{1.5+0.8}\times16.65=10.86(\text{kN}\cdot\text{m})$$

$$M_{HM}=\frac{0.8}{1.5+0.8}\times16.65=5.79(\text{kN}\cdot\text{m})$$

$$M_{MH}=M_{ML}=24.98(\text{kN}\cdot\text{m})$$

第二层

$$M_{CG}=M_{CD}+M_{CB}=19.42+51.28=70.7(\text{kN}\cdot\text{m})$$

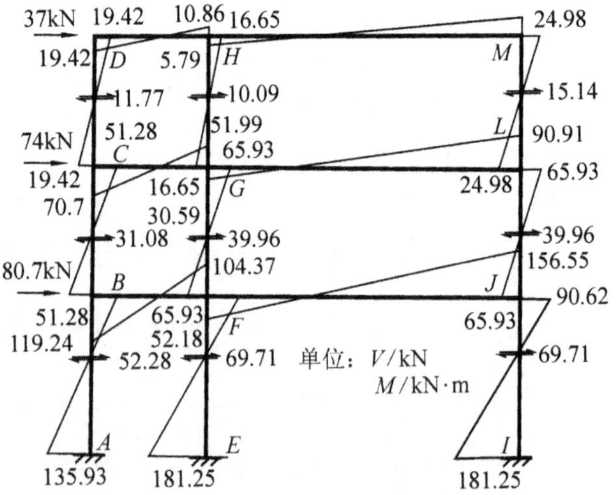

图 4.42　例题 4.4 的弯矩分布图

$$M_{GC}=\frac{1.7}{1.7+1.0}\times(16.65+65.93)=51.99(\text{kN}\cdot\text{m})$$

$$M_{GL}=\frac{1.0}{1.7+1.0}\times(16.65+65.93)=30.59(\text{kN}\cdot\text{m})$$

$$M_{LG}=M_{LM}+M_{LJ}=24.98+65.93=90.91(\text{kN}\cdot\text{m})$$

第一层

$$M_{BF}=M_{BC}+M_{BA}=51.28+67.96=119.24(\text{kN}\cdot\text{m})$$

$$M_{FB}=\frac{2.4}{2.4+1.2}\times(65.93+90.62)=104.37(\text{kN}\cdot\text{m})$$

$$M_{FJ}=\frac{1.2}{2.4+1.2}\times(65.93+90.62)=52.18(\text{kN}\cdot\text{m})$$

$$M_{JF}=M_{JL}+M_{JI}=65.93+90.62=156.55(\text{kN}\cdot\text{m})$$

(4) 绘制各杆的弯矩图如图 4.42 所示

(5) 由弯矩分布图可以求得各层梁的剪力图，进而求得框架结构的轴力图。(此处略)

4.4.3.2　改进反弯点法(D 值法)

从上节可以看出：框架各柱中的剪力仅与各柱间的线刚度比有关，各柱的反弯点位置是个定值。实际上，如果框架柱的线刚度较大，上下层的层高变化和上下层梁的线刚度变化也较大时，用反弯点法计算框架在水平荷载作用下的内力，其误差较大。1963 年，日本武藤清教授针对多层多跨框架受力和变形的特点，提出了修正框架柱的侧移刚度和调整框架柱反弯点高度的方法。他指出：柱的侧移刚度不但与柱本身的线刚度和层高有关，而且还与梁的线刚度有关；柱的反弯点高度不应是定值，而应是个变数，它随该柱与梁之间的线刚度比、该柱所在的楼层位置、上下层梁之间的线刚度比以及上下层层高的不同而不同，甚至与房屋的总层数等因素也有关。修正后的柱侧移刚度以 D 表示，故此法又称为"D 值法"。其实，它是对反弯点法求多层多跨框架内力的一种改进。

(1) 柱侧移刚度 D 的修正

反弯点法认为，各框架柱上下两端都不发生角位移，取柱的侧移刚度 $D=\frac{12i}{h^2}$。实际上，在荷载作用下，框架的节点均有转角，这使柱的侧移刚度值相应降低，并取决于框架梁和柱线刚度的比值。

现用图 4.43(a) 所示的规则框架来分析。这里所谓的规则框架是指层高、跨度、柱的线刚度和梁的线刚度分别相等的框架，与框架结构的结构布置中所说的规则框架的意义是不同的。取框架中不在底层的某柱 AB 来研究(图 4.43(b))，框架在水平荷载作用下产生变形后，柱 AB 到达了新的位置 $A'B'$。A' 与 B' 在水平方向上的位移差为 Δ，柱的弦转角 $\varphi=\frac{\Delta}{h}$，柱 AB 的上下端都产生转角 θ。

为了简化计算，作如下假定：

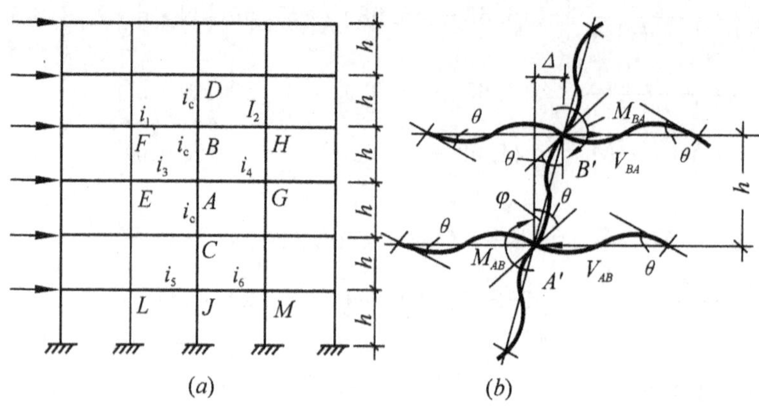

图 4.43　规则框架柱侧移刚度计算图

① 柱 AB 以及与柱 AB 相邻的各杆杆端(即 A,B,C,D,E,F,G,H) 的转角皆为 θ;

② 与柱 AB 上下相邻的两个柱(即柱 AC 及柱 BD) 的弦转角皆为 φ,并与柱 AB 的弦转角 φ 相等;

③ 与柱 AB 上下相邻的两个柱(AC 和 BD) 的线刚度皆为 i_c,并与柱 AB 的线刚度 i_c 相等。

由转角位移方程得柱端弯矩

$$M_{AB} = M_{BA} = M_{AC} = M_{BD} = 4i_c\theta + 2i_c\theta - 6i_c\frac{\Delta}{h} = 6i_c(\theta - \varphi)$$

梁端弯矩

$$M_{AE} = 4i_3\theta + 2i_3\theta = 6i_3\theta$$

$$M_{AG} = 6i_4\theta$$

$$M_{BF} = 6i_1\theta$$

$$M_{BH} = 6i_2\theta$$

由节点 A 和节点 B 的力矩平衡条件,分别可得

$$6(i_3 + i_4 + 2i_c)\theta - 12i_c\varphi = 0$$

$$6(i_1 + i_2 + 2i_c)\theta - 12i_c\varphi = 0$$

将以上两式相加,化简后可得

$$\theta = \frac{2}{2 + \frac{\sum i}{2i_c}}\varphi = \frac{2}{2 + \overline{K}}\varphi \tag{4.24}$$

式中:$\sum i = i_1 + i_2 + i_3 + i_4$,$\overline{K} = \frac{\sum i}{2i_c}$。

柱 AB 所受到的剪力为

$$V_{AB} = \frac{-[6i_c(\theta - \varphi) + 6i_c(\theta - \varphi)]}{h} = \frac{12i_c}{h}(\varphi - \theta)$$

将式(4.24) 的 θ 值代入上式可得

$$V_{AB}=\frac{\overline{K}}{2+\overline{K}}\frac{12i_c}{h}\varphi=\frac{\overline{K}}{2+\overline{K}}\frac{12i_c}{h^2}\Delta$$

令 $\alpha_c=\dfrac{\overline{K}}{2+\overline{K}}$，则

$$V_{AB}=\alpha_c\frac{12i_c}{h^2}\Delta \tag{4.25}$$

由此可得柱 AB 的侧移刚度 D 为

$$D=\frac{V_{AB}}{\Delta}=\alpha_c\frac{12i_c}{h^2} \tag{4.26}$$

这里柱的侧移刚度 D 值与反弯点法的侧移刚度$\dfrac{12i_c}{h^2}$相比，多了一个修正系数 α_c，它表明由于节点转动，降低了柱的抗侧移能力（α_c 总小于 1），而节点转动的大小则取决于梁对柱节点转动的约束程度，梁刚度越大，对柱转动的约束能力越大，节点转角越小，α_c 就越接近于 1。对于边柱、底层柱的修正系数，可由相同的方法导出，这里不再详述，仅将结果列述如下：

边柱（图 4.44(a)）：　$\alpha_c=\dfrac{\overline{K}}{2+\overline{K}}$，$\overline{K}=\dfrac{i_1+i_2}{2i_c}$

底层边柱（图 4.44(b)）：　$\alpha_c=\dfrac{0.5+\overline{K}}{2+\overline{K}}$，$\overline{K}=\dfrac{i_1}{i_c}$

底层中柱（图 4.44(c)）：　$\alpha_c=\dfrac{0.5+\overline{K}}{2+\overline{K}}$，$\overline{K}=\dfrac{i_1+i_2}{i_c}$

当柱脚为铰接时：　$\alpha_c=\dfrac{0.5\overline{K}}{1+2\overline{K}}$，$\overline{K}$ 同底层柱。

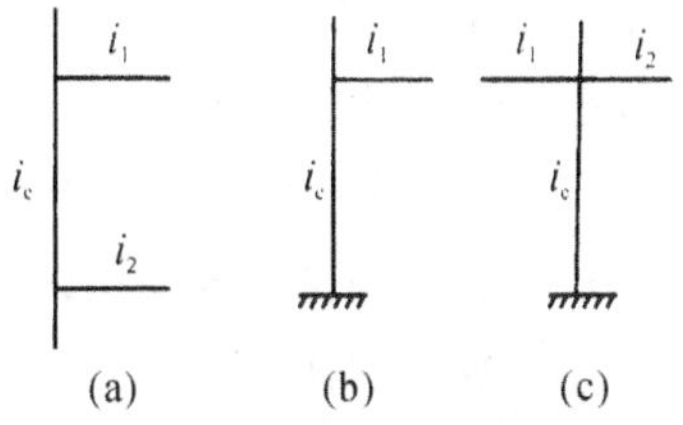

图 4.44　梁、柱线刚度示意图

(2) 各层柱的反弯点位置

多层多跨框架在节点水平力作用下，可假定同层各节点的转角相等，即假定各层横梁的反弯点在各横梁跨度中央而该点又无竖向位移。这样，一个多层多跨的框架可简化成图 4.45 所示的图形。

各层柱的反弯点位置与该柱上下端的约束条件有关，两端约束刚度不同，两端转角也不相同。若上下端的转角相同，反弯点就在柱高的中央；若上端转角大于下端转角，则反弯点偏向转角较大端，即柱的上端。影响柱两端转角大小的因素有：梁柱线刚度比、该柱所在楼层的位置、上下梁线刚度比及上下层层高变化等。

① 规则框架梁柱的线刚度比值及楼层位置的影响 —— 标准反弯点。规则框架为各

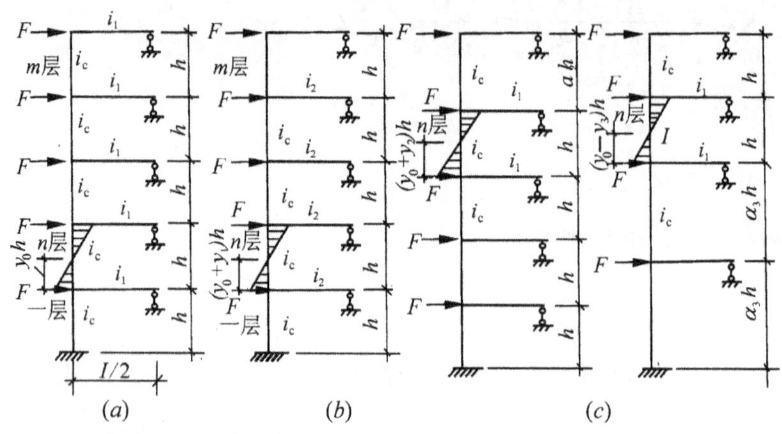

图 4.45　柱反弯点位置计算简图

层横梁的线刚度、框架各层柱的线刚度和各层的层高都相同，计算简图，如图 4.45(a) 所示。将柱在各层的下端截面处的弯矩作为未知量，用力法解出这些未知量后，就可求得各层柱反弯点(称为标准反弯点) 的高度 $y_0 h$。其中：y_0 值与总层数 m、该柱所在的层数 n，以及梁与柱线刚度比 K 有关。为了便于应用，y_0 已制成表格(参见表 4.16)。若上、下层横梁的线刚度不同，可取其平均值 $\overline{K} = \dfrac{(i_1 + i_2) + (i_3 + i_4)}{2i_c}$ 替代 K，然后查表。

同理可求出框架在承受倒三角形水平力作用时的 y_0 值，也可由相应的表格(参见表 4.17) 查出。

② 上下层横梁线刚度比的影响。若某层柱上下横梁的线刚度不同，则该层柱的反弯点位置就不同于标准反弯点位置而必须加以修正。这个修正值就是 $y_1 h$。其中 y_1 是按图 4.45(b) 各层柱承受等剪力的情况下求得的，分析的方法同上。y_1 值也可由表查出(参见表 4.18)。y_1 值由上下横梁线刚度比 I 及梁柱线刚度比的平均值 K 这两个参数而定。

③ 层高变化的影响。若某层柱位于层高变化的楼层中，则此柱的反弯点位置就不是标准反弯点的位置。上层层高较高时，反弯点向上移动 $y_2 h$，下层层高较高时，反弯点又向下移动 $y_3 h$ 的距离。其中 y_2 和 y_3 也是按上述分析方法，以图 4.45(c) 作为计算简图，且假定各柱承受等剪力的情况下求得的。其值同样可由表查出(参见表 4.19)。对底层可不考虑 y_3 的修正值；对顶层可不考虑 y_2 的修正值。

综上所述，各层柱的反弯点高 yh 可由下式求出

$$yh = (y_0 + y_1 + y_2 + y_3)h$$

当各层框架柱的侧移刚度 D 和各层柱反弯点的位置 yh 确定后，与反弯点法一样，就可求出各柱在反弯点处的剪力值及各杆的弯矩图，进而求得整个结构的弯矩、剪力及轴力。

表 4.16　规则框架承受均布水平力作用时标准反弯点的高度比 y_0

m	n \ $\bar{K}$	0.1	0.2	0.3	0.4	0.5	0.6	0.7	0.8	0.9	1.0	2.0	3.0	4.0	5.0
1	1	0.80	0.75	0.70	0.65	0.65	0.60	0.60	0.60	0.60	0.55	0.55	0.55	0.55	0.55
2	2	0.45	0.40	0.35	0.35	0.35	0.35	0.40	0.40	0.40	0.40	0.45	0.45	0.45	0.45
	1	0.95	0.80	0.75	0.70	0.65	0.65	0.65	0.60	0.60	0.60	0.55	0.55	0.55	0.50
3	3	0.15	0.20	0.20	0.25	0.30	0.30	0.30	0.35	0.35	0.35	0.40	0.45	0.45	0.45
	2	0.55	0.50	0.45	0.45	0.45	0.45	0.45	0.45	0.45	0.45	0.45	0.50	0.50	0.50
	1	1.00	0.85	0.80	0.75	0.70	0.70	0.65	0.65	0.65	0.60	0.55	0.55	0.55	0.55
4	4	−0.05	0.05	0.15	0.20	0.25	0.30	0.30	0.35	0.35	0.35	0.40	0.45	0.45	0.45
	3	0.25	0.30	0.30	0.35	0.35	0.40	0.40	0.40	0.40	0.45	0.45	0.50	0.50	0.50
	2	0.65	0.55	0.50	0.50	0.45	0.45	0.45	0.45	0.45	0.45	0.50	0.50	0.50	0.50
	1	1.10	0.90	0.80	0.75	0.70	0.70	0.65	0.65	0.65	0.60	0.55	0.55	0.55	0.55
5	5	−0.20	0.00	0.15	0.20	0.25	0.30	0.30	0.30	0.35	0.35	0.40	0.45	0.45	0.45
	4	0.10	0.20	0.25	0.30	0.35	0.35	0.40	0.40	0.40	0.40	0.45	0.45	0.50	0.50
	3	0.40	0.40	0.40	0.40	0.40	0.45	0.45	0.45	0.45	0.45	0.50	0.50	0.50	0.50
	2	0.65	0.55	0.50	0.50	0.50	0.50	0.50	0.50	0.50	0.50	0.50	0.50	0.50	0.50
	1	1.20	0.95	0.80	0.75	0.75	0.70	0.70	0.65	0.65	0.65	0.55	0.55	0.55	0.55
6	6	−0.30	0.00	0.10	0.20	0.25	0.25	0.30	0.30	0.35	0.35	0.40	0.45	0.45	0.45
	5	0.00	0.20	0.25	0.30	0.35	0.35	0.40	0.40	0.40	0.40	0.45	0.45	0.50	0.50
	4	0.20	0.30	0.35	0.35	0.40	0.40	0.40	0.45	0.45	0.45	0.45	0.50	0.50	0.50
	3	0.40	0.40	0.40	0.45	0.45	0.45	0.45	0.45	0.45	0.45	0.50	0.50	0.50	0.50
	2	0.70	0.60	0.55	0.50	0.50	0.50	0.50	0.50	0.50	0.50	0.50	0.50	0.50	0.50
	1	1.20	0.95	0.85	0.80	0.75	0.70	0.70	0.65	0.65	0.65	0.55	0.55	0.55	0.55
7	7	−0.35	−0.05	0.10	0.20	0.20	0.25	0.30	0.30	0.35	0.35	0.40	0.45	0.45	0.45
	6	−0.10	0.15	0.25	0.30	0.35	0.35	0.35	0.40	0.40	0.40	0.45	0.45	0.50	0.50
	5	0.10	0.25	0.30	0.35	0.40	0.40	0.40	0.45	0.45	0.45	0.45	0.50	0.50	0.50
	4	0.30	0.35	0.40	0.40	0.40	0.45	0.45	0.45	0.45	0.45	0.50	0.50	0.50	0.50
	3	0.50	0.45	0.45	0.45	0.45	0.45	0.45	0.45	0.45	0.45	0.50	0.50	0.50	0.50
	2	0.75	0.60	0.55	0.50	0.50	0.50	0.50	0.50	0.50	0.50	0.50	0.50	0.50	0.50
	1	1.20	0.95	0.85	0.80	0.75	0.70	0.70	0.65	0.65	0.65	0.55	0.55	0.55	0.55
8	8	−0.35	−0.15	0.10	0.15	0.25	0.25	0.30	0.30	0.35	0.35	0.40	0.45	0.45	0.45
	7	−0.10	0.15	0.25	0.30	0.35	0.35	0.40	0.40	0.40	0.40	0.45	0.50	0.50	0.50
	6	0.05	0.25	0.30	0.35	0.40	0.40	0.40	0.45	0.45	0.45	0.45	0.50	0.50	0.50
	5	0.20	0.30	0.35	0.40	0.40	0.45	0.45	0.45	0.45	0.45	0.50	0.50	0.50	0.50
	4	0.35	0.40	0.40	0.45	0.45	0.45	0.45	0.45	0.45	0.45	0.50	0.50	0.50	0.50
	3	0.50	0.45	0.45	0.45	0.45	0.45	0.45	0.45	0.50	0.50	0.50	0.50	0.50	0.50
	2	0.75	0.60	0.55	0.55	0.50	0.50	0.50	0.50	0.50	0.50	0.50	0.50	0.50	0.50
	1	1.20	1.00	0.85	0.80	0.75	0.70	0.70	0.65	0.65	0.65	0.55	0.55	0.55	0.55

注：

i_1　i_2

i

i_3　i_4

$$\bar{K} = \frac{i_1 + i_2 + i_3 + i_4}{2i}$$

续表 4.16

m	n \ $\overline{K}$	0.1	0.2	0.3	0.4	0.5	0.6	0.7	0.8	0.9	1.0	2.0	3.0	4.0	5.0
9	9	−0.40	−0.05	0.10	0.20	0.25	0.25	0.30	0.30	0.35	0.35	0.45	0.45	0.45	0.45
	8	−0.15	0.15	0.25	0.30	0.35	0.35	0.35	0.40	0.40	0.40	0.45	0.45	0.50	0.50
	7	0.05	0.25	0.30	0.35	0.40	0.40	0.40	0.45	0.45	0.45	0.45	0.50	0.50	0.50
	6	0.15	0.30	0.35	0.40	0.40	0.45	0.45	0.45	0.45	0.45	0.50	0.50	0.50	0.50
	5	0.25	0.35	0.40	0.40	0.45	0.45	0.45	0.45	0.45	0.45	0.50	0.50	0.50	0.50
	4	0.40	0.40	0.40	0.45	0.45	0.45	0.45	0.45	0.45	0.45	0.50	0.50	0.50	0.50
	3	0.55	0.45	0.45	0.45	0.45	0.45	0.45	0.45	0.50	0.50	0.50	0.50	0.50	0.50
	2	0.80	0.65	0.55	0.55	0.50	0.50	0.50	0.50	0.50	0.50	0.50	0.50	0.50	0.50
	1	1.20	1.00	0.85	0.80	0.75	0.70	0.70	0.65	0.65	0.65	0.55	0.55	0.55	0.55
10	10	−0.40	−0.05	0.10	0.20	0.25	0.30	0.30	0.30	0.35	0.35	0.40	0.45	0.45	0.45
	9	−0.15	0.15	0.25	0.30	0.35	0.35	0.40	0.40	0.40	0.40	0.45	0.45	0.50	0.50
	8	0.00	0.25	0.30	0.35	0.40	0.40	0.40	0.45	0.45	0.45	0.45	0.50	0.50	0.50
	7	0.10	0.30	0.35	0.40	0.40	0.45	0.45	0.45	0.45	0.45	0.50	0.50	0.50	0.50
	6	0.20	0.35	0.40	0.40	0.45	0.45	0.45	0.45	0.45	0.45	0.50	0.50	0.50	0.50
	5	0.30	0.40	0.40	0.45	0.45	0.45	0.45	0.45	0.45	0.50	0.50	0.50	0.50	0.50
	4	0.40	0.40	0.45	0.45	0.45	0.45	0.45	0.45	0.45	0.50	0.50	0.50	0.50	0.50
	3	0.55	0.50	0.45	0.45	0.45	0.50	0.50	0.50	0.50	0.50	0.50	0.50	0.50	0.50
	2	0.80	0.65	0.55	0.55	0.55	0.50	0.50	0.50	0.50	0.50	0.50	0.50	0.50	0.50
	1	1.30	1.00	0.85	0.80	0.75	0.70	0.70	0.65	0.65	0.65	0.60	0.55	0.55	0.55
11	11	−0.40	0.05	0.10	0.20	0.25	0.30	0.30	0.30	0.35	0.35	0.40	0.45	0.45	0.45
	10	−0.15	0.15	0.25	0.30	0.35	0.35	0.40	0.40	0.40	0.40	0.45	0.45	0.50	0.50
	9	0.00	0.25	0.30	0.35	0.40	0.40	0.40	0.45	0.45	0.45	0.45	0.50	0.50	0.50
	8	0.10	0.30	0.35	0.40	0.40	0.45	0.45	0.45	0.45	0.45	0.50	0.50	0.50	0.50
	7	0.20	0.35	0.40	0.45	0.45	0.45	0.45	0.45	0.45	0.45	0.50	0.50	0.50	0.50
	6	0.25	0.35	0.40	0.45	0.45	0.45	0.45	0.45	0.45	0.45	0.50	0.50	0.50	0.50
	5	0.35	0.40	0.40	0.45	0.45	0.45	0.45	0.45	0.45	0.50	0.50	0.50	0.50	0.50
	4	0.40	0.45	0.45	0.45	0.45	0.45	0.45	0.50	0.50	0.50	0.50	0.50	0.50	0.50
	3	0.55	0.50	0.50	0.50	0.50	0.50	0.50	0.50	0.50	0.50	0.50	0.50	0.50	0.50
	2	0.80	0.65	0.60	0.55	0.55	0.50	0.50	0.50	0.50	0.50	0.50	0.50	0.50	0.50
	1	1.30	1.00	0.85	0.80	0.75	0.70	0.70	0.65	0.65	0.65	0.60	0.55	0.55	0.55
12	↓ 1	−0.40	−0.05	0.10	0.20	0.25	0.30	0.30	0.30	0.35	0.35	0.40	0.45	0.45	0.45
	2	−0.15	0.15	0.25	0.30	0.35	0.35	0.40	0.40	0.40	0.40	0.45	0.45	0.50	0.50
	3	0.00	0.25	0.30	0.35	0.40	0.40	0.40	0.45	0.45	0.45	0.50	0.50	0.50	0.50
	4	0.10	0.30	0.35	0.40	0.40	0.45	0.45	0.45	0.45	0.45	0.50	0.50	0.50	0.50
	5	0.20	0.35	0.40	0.40	0.45	0.45	0.45	0.45	0.45	0.45	0.50	0.50	0.50	0.50
	6	0.25	0.35	0.40	0.45	0.45	0.45	0.45	0.45	0.45	0.45	0.50	0.50	0.50	0.50
	7	0.30	0.40	0.40	0.45	0.45	0.45	0.45	0.45	0.50	0.50	0.50	0.50	0.50	0.50
	8	0.35	0.40	0.45	0.45	0.45	0.45	0.45	0.50	0.50	0.50	0.50	0.50	0.50	0.50
	中间	0.40	0.40	0.45	0.45	0.45	0.45	0.50	0.50	0.50	0.50	0.50	0.50	0.50	0.50
	4	0.45	0.45	0.45	0.45	0.50	0.50	0.50	0.50	0.50	0.50	0.50	0.50	0.50	0.50
	3	0.60	0.50	0.50	0.50	0.50	0.50	0.50	0.50	0.50	0.50	0.50	0.50	0.50	0.50
	2	0.80	0.65	0.60	0.55	0.55	0.50	0.50	0.50	0.50	0.50	0.50	0.50	0.50	0.50
	↑ 1	1.30	1.00	0.85	0.80	0.75	0.70	0.70	0.65	0.65	0.65	0.55	0.55	0.55	0.55

表 4.17　规则框架承受倒三角形分布水平力作用时标准反弯点的高度比 y_0 值

m	n \ $\overline{K}$	0.1	0.2	0.3	0.4	0.5	0.6	0.7	0.8	0.9	1.0	2.0	3.0	4.0	5.0
1	1	0.80	0.75	0.70	0.65	0.65	0.60	0.60	0.60	0.60	0.55	0.55	0.55	0.55	0.55
2	2	0.50	0.45	0.40	0.40	0.40	0.40	0.40	0.40	0.40	0.45	0.45	0.45	0.45	0.50
	1	1.00	0.85	0.75	0.70	0.70	0.65	0.65	0.65	0.60	0.60	0.55	0.55	0.55	0.55
3	3	0.25	0.25	0.25	0.30	0.30	0.35	0.35	0.35	0.40	0.40	0.45	0.45	0.45	0.50
	2	0.60	0.50	0.50	0.50	0.50	0.45	0.45	0.45	0.45	0.45	0.50	0.50	0.50	0.50
	1	1.15	0.90	0.80	0.75	0.75	0.70	0.70	0.65	0.65	0.65	0.60	0.55	0.55	0.55
4	4	0.10	0.15	0.20	0.25	0.30	0.30	0.35	0.35	0.35	0.40	0.45	0.45	0.45	0.45
	3	0.35	0.35	0.35	0.40	0.40	0.40	0.40	0.45	0.45	0.45	0.45	0.50	0.50	0.50
	2	0.70	0.60	0.55	0.50	0.50	0.50	0.50	0.50	0.50	0.50	0.50	0.50	0.50	0.50
	1	1.20	0.95	0.85	0.80	0.75	0.70	0.70	0.70	0.65	0.65	0.55	0.55	0.55	0.55
5	5	−0.05	0.10	0.20	0.25	0.30	0.30	0.35	0.35	0.35	0.35	0.40	0.45	0.45	0.45
	4	0.20	0.25	0.35	0.35	0.40	0.40	0.40	0.40	0.40	0.45	0.45	0.50	0.50	0.50
	3	0.45	0.40	0.45	0.45	0.45	0.45	0.45	0.45	0.45	0.45	0.50	0.50	0.50	0.50
	2	0.75	0.60	0.55	0.55	0.50	0.50	0.50	0.50	0.50	0.50	0.50	0.50	0.50	0.50
	1	1.30	1.00	0.85	0.80	0.75	0.70	0.70	0.65	0.65	0.65	0.65	0.55	0.55	0.55
6	6	−0.15	0.05	0.15	0.20	0.25	0.30	0.30	0.35	0.35	0.35	0.40	0.45	0.45	0.45
	5	0.10	0.25	0.30	0.35	0.35	0.40	0.40	0.40	0.45	0.45	0.45	0.50	0.50	0.50
	4	0.30	0.35	0.40	0.40	0.45	0.45	0.45	0.45	0.45	0.45	0.50	0.50	0.50	0.50
	3	0.50	0.45	0.45	0.45	0.45	0.45	0.45	0.45	0.45	0.50	0.50	0.50	0.50	0.50
	2	0.80	0.65	0.55	0.55	0.55	0.55	0.50	0.50	0.50	0.50	0.50	0.50	0.50	0.50
	1	1.30	1.00	0.85	0.80	0.75	0.70	0.70	0.65	0.65	0.65	0.60	0.55	0.55	0.55
7	7	−0.20	0.05	0.15	0.20	0.25	0.30	0.30	0.35	0.35	0.35	0.45	0.45	0.45	0.45
	6	0.05	0.20	0.30	0.35	0.35	0.40	0.40	0.40	0.40	0.45	0.45	0.50	0.50	0.50
	5	0.20	0.30	0.35	0.40	0.40	0.45	0.45	0.45	0.45	0.45	0.50	0.50	0.50	0.50
	4	0.35	0.40	0.40	0.45	0.45	0.45	0.45	0.45	0.45	0.45	0.50	0.50	0.50	0.50
	3	0.55	0.50	0.50	0.50	0.50	0.50	0.50	0.50	0.50	0.50	0.50	0.50	0.50	0.50
	2	0.80	0.65	0.60	0.55	0.55	0.55	0.50	0.50	0.50	0.50	0.50	0.50	0.50	0.50
	1	1.30	1.00	0.90	0.80	0.75	0.70	0.70	0.70	0.65	0.65	0.60	0.55	0.55	0.55
8	8	−0.20	0.05	0.15	0.20	0.25	0.30	0.30	0.35	0.35	0.35	0.45	0.45	0.45	0.45
	7	0.00	0.20	0.30	0.35	0.35	0.40	0.40	0.40	0.40	0.45	0.45	0.50	0.50	0.50
	6	0.15	0.30	0.35	0.40	0.40	0.45	0.45	0.45	0.45	0.45	0.50	0.50	0.50	0.50
	5	0.30	0.45	0.40	0.45	0.45	0.45	0.45	0.45	0.45	0.45	0.50	0.50	0.50	0.50
	4	0.40	0.45	0.45	0.45	0.45	0.45	0.45	0.50	0.50	0.50	0.50	0.50	0.50	0.50
	3	0.60	0.50	0.50	0.50	0.50	0.50	0.50	0.50	0.50	0.50	0.50	0.50	0.50	0.50
	2	0.85	0.65	0.60	0.55	0.55	0.55	0.50	0.50	0.50	0.50	0.50	0.50	0.50	0.50
	1	1.30	1.00	0.90	0.80	0.75	0.70	0.70	0.70	0.65	0.56	0.60	0.55	0.55	0.55

续表 4.17

m	$\overline{K}$ / n	0.1	0.2	0.3	0.4	0.5	0.6	0.7	0.8	0.9	1.0	2.0	3.0	4.0	5.0
9	9	−0.25	0.00	0.15	0.20	0.25	0.30	0.30	0.35	0.35	0.40	0.45	0.45	0.45	0.45
	8	−0.00	0.20	0.30	0.35	0.35	0.40	0.40	0.40	0.40	0.45	0.45	0.50	0.50	0.50
	7	0.15	0.30	0.35	0.40	0.40	0.45	0.45	0.45	0.45	0.45	0.50	0.50	0.50	0.50
	6	0.25	0.35	0.40	0.40	0.45	0.45	0.45	0.45	0.45	0.50	0.50	0.50	0.50	0.50
	5	0.35	0.40	0.45	0.45	0.45	0.45	0.45	0.45	0.50	0.50	0.50	0.50	0.50	0.50
	4	0.45	0.45	0.45	0.45	0.45	0.50	0.50	0.50	0.50	0.50	0.50	0.50	0.50	0.50
	3	0.60	0.50	0.50	0.50	0.50	0.50	0.50	0.50	0.50	0.50	0.50	0.50	0.50	0.50
	2	0.85	0.65	0.60	0.55	0.55	0.55	0.55	0.50	0.50	0.50	0.50	0.50	0.50	0.50
	1	1.35	1.00	0.90	0.80	0.75	0.75	0.70	0.70	0.65	0.65	0.60	0.55	0.55	0.55
10	10	−0.25	0.00	0.15	0.20	0.25	0.30	0.30	0.35	0.35	0.40	0.45	0.45	0.45	0.45
	9	−0.05	0.20	0.30	0.35	0.35	0.40	0.40	0.40	0.40	0.45	0.45	0.50	0.50	0.50
	8	0.10	0.30	0.35	0.40	0.40	0.40	0.45	0.45	0.45	0.45	0.50	0.50	0.50	0.50
	7	0.20	0.35	0.40	0.40	0.45	0.45	0.45	0.45	0.45	0.50	0.50	0.50	0.50	0.50
	6	0.30	0.40	0.40	0.45	0.45	0.45	0.45	0.45	0.45	0.50	0.50	0.50	0.50	0.50
	5	0.40	0.45	0.45	0.45	0.45	0.45	0.45	0.50	0.50	0.50	0.50	0.50	0.50	0.50
	4	0.50	0.45	0.45	0.45	0.50	0.50	0.50	0.50	0.50	0.50	0.50	0.50	0.50	0.50
	3	0.60	0.55	0.50	0.50	0.50	0.50	0.50	0.50	0.50	0.50	0.50	0.50	0.50	0.50
	2	0.85	0.65	0.60	0.55	0.55	0.55	0.55	0.50	0.50	0.50	0.50	0.50	0.50	0.50
	1	1.35	1.00	0.90	0.80	0.75	0.75	0.70	0.70	0.65	0.65	0.60	0.55	0.55	0.55
11	11	−0.25	0.00	0.15	0.20	0.25	0.30	0.30	0.30	0.35	0.35	0.45	0.45	0.45	0.45
	10	−0.05	0.20	0.25	0.30	0.35	0.40	0.40	0.40	0.40	0.45	0.45	0.50	0.50	0.50
	9	0.10	0.30	0.35	0.40	0.40	0.40	0.45	0.45	0.45	0.45	0.50	0.50	0.50	0.50
	8	0.20	0.35	0.40	0.40	0.45	0.45	0.45	0.45	0.45	0.45	0.50	0.50	0.50	0.50
	7	0.25	0.40	0.40	0.45	0.45	0.45	0.45	0.45	0.45	0.50	0.50	0.50	0.50	0.50
	6	0.35	0.40	0.45	0.45	0.45	0.45	0.45	0.50	0.50	0.50	0.50	0.50	0.50	0.50
	5	0.40	0.45	0.45	0.45	0.45	0.50	0.50	0.50	0.50	0.50	0.50	0.50	0.50	0.50
	4	0.50	0.50	0.50	0.50	0.50	0.50	0.50	0.50	0.50	0.50	0.50	0.50	0.50	0.50
	3	0.65	0.55	0.50	0.50	0.50	0.50	0.50	0.50	0.50	0.50	0.50	0.50	0.50	0.50
	2	0.85	0.65	0.60	0.55	0.55	0.55	0.55	0.50	0.50	0.50	0.50	0.50	0.50	0.50
	1	1.35	1.05	0.90	0.80	0.75	0.75	0.70	0.70	0.65	0.65	0.60	0.55	0.55	0.55
12	↓ 1	−0.30	0.00	0.15	0.20	0.25	0.30	0.30	0.30	0.35	0.35	0.40	0.45	0.45	0.45
	2	−0.10	0.20	0.25	0.30	0.35	0.40	0.40	0.40	0.40	0.40	0.45	0.45	0.45	0.50
	3	0.05	0.25	0.35	0.40	0.40	0.40	0.45	0.45	0.45	0.45	0.45	0.50	0.50	0.50
	4	0.15	0.30	0.40	0.40	0.45	0.45	0.45	0.45	0.45	0.45	0.45	0.50	0.50	0.50
	5	0.25	0.35	0.50	0.45	0.45	0.45	0.45	0.45	0.45	0.45	0.50	0.50	0.50	0.50
	6	0.30	0.40	0.50	0.45	0.45	0.45	0.45	0.50	0.50	0.50	0.50	0.50	0.50	0.50
	7	0.35	0.40	0.55	0.45	0.45	0.45	0.50	0.50	0.50	0.50	0.50	0.50	0.50	0.50
	8	0.35	0.45	0.55	0.45	0.50	0.50	0.50	0.50	0.50	0.50	0.50	0.50	0.50	0.50
	中间	0.45	0.45	0.55	0.45	0.50	0.50	0.50	0.50	0.50	0.50	0.50	0.50	0.50	0.50
	4	0.55	0.50	0.50	0.50	0.50	0.50	0.50	0.50	0.50	0.50	0.50	0.50	0.50	0.50
	3	0.65	0.55	0.50	0.50	0.50	0.50	0.50	0.50	0.50	0.50	0.50	0.50	0.50	0.50
	2	0.70	0.70	0.60	0.55	0.55	0.55	0.55	0.50	0.50	0.50	0.50	0.50	0.50	0.50
	↑ 1	1.35	1.05	0.90	0.80	0.75	0.70	0.70	0.70	0.65	0.65	0.60	0.55	0.55	0.55

表 4.18　上下层横梁线刚度比对 y_0 的修正值 y_1

$\overline{K}$ / I	0.1	0.2	0.3	0.4	0.5	0.6	0.7	0.8	0.9	1.0	2.0	3.0	4.0	5.0
0.4	0.55	0.40	0.30	0.25	0.20	0.20	0.20	0.15	0.15	0.15	0.05	0.05	0.05	0.05
0.5	0.45	0.30	0.20	0.20	0.15	0.15	0.15	0.10	0.10	0.10	0.05	0.05	0.05	0.05
0.6	0.30	0.20	0.15	0.15	0.10	0.10	0.10	0.10	0.05	0.05	0.05	0.05	0	0
0.7	0.20	0.15	0.10	0.10	0.10	0.10	0.05	0.05	0.05	0.05	0.05	0	0	0
0.8	0.15	0.10	0.05	0.05	0.05	0.05	0.05	0.05	0.05	0	0	0	0	0
0.9	0.05	0.05	0.05	0.05	0	0	0	0	0	0	0	0	0	0

注：

i_1　i_2

i

i_3　i_4

$I=\dfrac{i_1+i_2}{i_3+i_4}$ 当 $i_1+i_2>i_3+i_4$ 时，则 I 取倒数，取 $I=\dfrac{i_3+i_4}{i_1+i_2}$，并且 y_1 值取负号“–”。

$$\overline{K}=\frac{i_1+i_2+i_3+i_4}{2i}$$

表 4.19　上下层高变化对 y_0 的修正值 y_2 和 y_3

α_2	$\overline{K}$ / α_3	0.1	0.2	0.3	0.4	0.5	0.6	0.7	0.8	0.9	1.0	2.0	3.0	4.0	5.0
2.0		0.25	0.15	0.15	0.10	0.10	0.10	0.10	0.10	0.05	0.05	0.05	0.05	0.0	0.0
1.8		0.20	0.15	0.10	0.10	0.10	0.05	0.05	0.05	0.05	0.05	0.05	0.0	0.0	0.0
1.6	0.4	0.15	0.10	0.10	0.05	0.05	0.05	0.05	0.05	0.05	0.05	0.0	0.0	0.0	0.0
1.4	0.6	0.10	0.05	0.05	0.05	0.05	0.05	0.05	0.05	0.05	0.0	0.0	0.0	0.0	0.0
1.2	0.8	0.05	0.05	0.05	0.0	0.0	0.0	0.0	0.0	0.0	0.0	0.0	0.0	0.0	0.0
1.0	1.0	0.0	0.0	0.0	0.0	0.0	0.0	0.0	0.0	0.0	0.0	0.0	0.0	0.0	0.0
0.8	1.2	−0.05	−0.05	−0.05	0.0	0.0	0.0	0.0	0.0	0.0	0.0	0.0	0.0	0.0	0.0
0.6	1.4	−0.10	−0.05	−0.05	−0.05	−0.05	−0.05	−0.05	−0.05	−0.05	0.0	0.0	0.0	0.0	0.0
0.4	1.6	−0.15	−0.10	−0.10	−0.05	−0.05	−0.05	−0.05	−0.05	−0.05	−0.05	0.0	0.0	0.0	0.0
	1.8	−0.20	−0.15	−0.10	−0.10	−0.10	−0.05	−0.05	−0.05	−0.05	−0.05	−0.05	0.0	0.0	0.0
	2.0	−0.25	−0.15	−0.15	−0.10	−0.10	−0.10	−0.10	−0.10	−0.05	−0.05	−0.05	−0.05	0.0	0.0

注：

$\alpha_2 h$

h

$\alpha_3 h$

y_2—— 按照 $\overline{K}$ 及 α_2 求得，上层较高时为正值；

y_3—— 按照 $\overline{K}$ 及 α_3 求得。

例题 4.5 试用改进反弯点法（D 值法）求解例题 4.4 所示的框架，并绘出弯矩图。

解：(1) 求出剪力值，如表 4.20 所示。

表 4.20 例题 4.5 柱子剪力计算结果

表 3.6

	CD	GH	LM	
第三层	$\bar{K}=\frac{1.5+1.7}{2\times0.7}=2.286$ $D=\frac{2.286}{2+2.286}\times0.7\left(\frac{12}{3.3^2}\right)=0.3734\left(\frac{12}{3.3^2}\right)$ $V=37\times\frac{0.3734}{1.079}=12.8(\text{kN})$	$\bar{K}=\frac{1.5+0.8+1.7+1.0}{2\times0.6}=4.166$ $D=\frac{4.166}{2+4.166}\times0.6\left(\frac{12}{3.3^2}\right)=0.4054\left(\frac{12}{3.3^2}\right)$ $V=37\times\frac{0.4054}{1.079}=13.9(\text{kN})$	$\bar{K}=\frac{0.8+1.0}{2\times0.9}=1.000$ $D=\frac{1.000}{2+1.000}\times0.9\left(\frac{12}{3.3^2}\right)=0.3000\left(\frac{12}{3.3^2}\right)$ $V=10.29\text{kN}$	$\sum D=1.079\times\left(\frac{12}{3.3^2}\right)$
	BC	FG	JL	
第二层	$\bar{K}=\frac{1.7+2.4}{2\times0.7}=2.929$ $D=\frac{2.929}{2+2.929}\times0.7\left(\frac{12}{3.3^2}\right)=0.4160\left(\frac{12}{3.3^2}\right)$ $V=\frac{37+74}{1.330}\times0.4160=34.72(\text{kN})$	$\bar{K}=\frac{1.7+1.0+2.4+1.2}{2\times0.9}=3.500$ $D=\frac{3.500}{2+3.500}\times0.9\left(\frac{12}{3.3^2}\right)=0.5727\left(\frac{12}{3.3^2}\right)$ $V=\frac{37+74}{1.330}\times0.5727=47.80(\text{kN})$	$\bar{K}=\frac{1.0+1.2}{2\times0.9}=1.222$ $D=0.3413\left(\frac{12}{3.3^2}\right)$ $V=28.48(\text{kN})$	$\sum D=1.330\times\left(\frac{12}{3.3^2}\right)$
	AB	EF	IJ	
第一层	$\bar{K}=\frac{2.4}{0.60}=4.000$ $D=\frac{0.5+4.000}{2+4.000}\times0.6\left(\frac{12}{3.9^2}\right)=0.4500\left(\frac{12}{3.9^2}\right)$ $V=\frac{37+74+80.7}{1.522}\times0.4500=56.68(\text{kN})$	$\bar{K}=\frac{2.4+1.2}{0.8}=4.500$ $D=\frac{0.5+4.500}{2+4.500}\times0.8\left(\frac{12}{3.9^2}\right)=0.6154\left(\frac{12}{3.9^2}\right)$ $V=\frac{37+74+80.7}{1.522}\times0.6154=77.51(\text{kN})$	$\bar{K}=\frac{1.2}{0.8}=1.500$ $D=0.457\left(\frac{12}{3.9^2}\right)$ $V=\frac{37+74+80.7}{1.522}\times0.457=57.56(\text{kN})$	$\sum D=1.522\times\left(\frac{12}{3.9^2}\right)$

(2) 求出各柱的反弯点高度 yh，如表 4.21。

表 4.21　例 4.5 柱子反弯点高度计算结果

	CD	GH	LM
第三层	$\overline{K}=2.286$ $y_0=0.41$ $I'_m=\frac{1.5}{1.7}=0.8824\quad y_1=0$ $a_3=1.0\quad y_3=0$ $y=0.41+0+0=0.41$	$\overline{K}=4.166$ $y_0=0.45$ $I=\frac{1.5+0.8}{1.7+1.0}=0.8519\quad y_1=0$ $a_3=1.0\quad y_3=0$ $y=0.45+0+0=0.45$	$\overline{K}=1.000$ $y_0=0.35$ $I=\frac{0.8}{1.0}=0.8000\quad y_1=0$ $a_3=1.0\quad y_3=0$ $y=0.35+0+0=0.35$
	BC	FG	JL
第二层	$\overline{K}=2.929$ $y_0=0.50$ $I=\frac{1.7}{2.4}=0.7083\quad y_1=0$ $a_2=1.0\quad y_2=0$ $a_3=\frac{3.9}{3.3}=1.182\quad y_3=0$ $y=0.50+0+0+0=0.50$	$\overline{K}=3.500$ $y_0=0.50$ $I=\frac{1.7+1.0}{2.4+1.0}=0.7941\quad y_1=0$ $a_2=1.0\quad y_2=0$ $a_3=\frac{3.9}{3.3}=1.182\quad y_3=0$ $y=0.50+0+0+0=0.50$	$\overline{K}=1.222$ $y_0=0.45$ $I=\frac{1.0}{1.2}=0.8333\quad y_1=0$ $a_2=1.0\quad y_2=0$ $a_3=\frac{3.9}{3.3}=1.182\quad y_3=0$ $y=0.45+0+0+0=0.45$
	AB	EF	IJ
第一层	$\overline{K}=4.000$ $y_0=0.55$ $a_2=\frac{3.3}{3.9}=0.8462\quad y_2=0$ $y=0.55+0=0.55$	$\overline{K}=4.500$ $y_0=0.55$ $a_2=\frac{3.3}{3.9}=0.8462\quad y_2=0$ $y=0.55+0=0.55$	$\overline{K}=1.500$ $y_0=0.575$ $a_2=\frac{3.3}{3.9}=0.8462\quad y_2=0$ $y=0.575+0=0.575$

(3) 求出第一、二、三层各柱的柱端弯矩。

第三层

$$M_{CD}=12.8\times0.41\times3.3=17.32(\text{kN}\cdot\text{m})$$
$$M_{DC}=12.8\times0.59\times3.3=24.92(\text{kN}\cdot\text{m})$$
$$M_{GH}=13.9\times0.45\times3.3=20.64(\text{kN}\cdot\text{m})$$
$$M_{HG}=13.9\times0.55\times3.3=25.23(\text{kN}\cdot\text{m})$$
$$M_{LM}=10.29\times0.35\times3.3=11.88(\text{kN}\cdot\text{m})$$
$$M_{ML}=10.29\times0.65\times3.3=22.07(\text{kN}\cdot\text{m})$$

第二层

$$M_{BC}=34.72\times0.50\times3.3=57.29(\text{kN}\cdot\text{m})$$
$$M_{CB}=M_{BC}=57.29(\text{kN}\cdot\text{m})$$
$$M_{FG}=47.8\times0.50\times3.3=78.87(\text{kN}\cdot\text{m})$$
$$M_{GF}=M_{FG}=78.87(\text{kN}\cdot\text{m})$$
$$M_{JL}=28.48\times0.45\times3.3=42.29(\text{kN}\cdot\text{m})$$
$$M_{LJ}=28.48\times0.55\times3.3=51.69(\text{kN}\cdot\text{m})$$

第一层

$$M_{AB}=56.68\times0.55\times3.9=121.58(\text{kN}\cdot\text{m})$$

$$M_{BA}=56.68\times0.45\times3.9=99.47(\text{kN}\cdot\text{m})$$

$$M_{EF}=77.51\times0.55\times3.9=166.26(\text{kN}\cdot\text{m})$$

$$M_{FE}=77.51\times0.45\times3.9=136.03(\text{kN}\cdot\text{m})$$

$$M_{IJ}=57.56\times0.575\times3.9=129.08(\text{kN}\cdot\text{m})$$

$$M_{JI}=57.56\times0.425\times3.9=95.41(\text{kN}\cdot\text{m})$$

(4) 求出第一、二、三层各横梁梁端的弯矩。

第三层

$$M_{DH}=M_{DC}=24.92(\text{kN}\cdot\text{m})$$

$$M_{HD}=\frac{1.5}{1.5+0.8}\times25.23=16.45(\text{kN}\cdot\text{m})$$

$$M_{HM}=\frac{0.8}{1.5+0.8}\times25.23=8.78(\text{kN}\cdot\text{m})$$

$$M_{MH}=M_{ML}=22.07(\text{kN}\cdot\text{m})$$

第二层

$$M_{CG}=M_{CD}+M_{CB}=17.32+57.29=74.61(\text{kN}\cdot\text{m})$$

$$M_{GC}=\frac{1.7}{1.7+1.0}\times(20.64+78.87)=62.65(\text{kN}\cdot\text{m})$$

$$M_{GL}=\frac{1.0}{1.7+1.0}\times(20.64+78.87)=36.86(\text{kN}\cdot\text{m})$$

$$M_{LG}=M_{IM}+M_{IJ}=11.88+51.69=63.57(\text{kN}\cdot\text{m})$$

第一层

$$M_{BF}=M_{BC}+M_{BA}=57.29+99.47=156.76(\text{kN}\cdot\text{m})$$

$$M_{FB}=\frac{2.4}{2.4+1.2}\times(78.87+136.03)=143.27(\text{kN}\cdot\text{m})$$

$$M_{FJ}=\frac{1.2}{2.4+1.2}\times(78.87+136.03)=71.63(\text{kN}\cdot\text{m})$$

$$M_{JF}=M_{JL}+M_{JI}=42.29+95.41=137.70(\text{kN}\cdot\text{m})$$

(5) 绘出各构件的弯矩分布图，如图 4.46 所示。

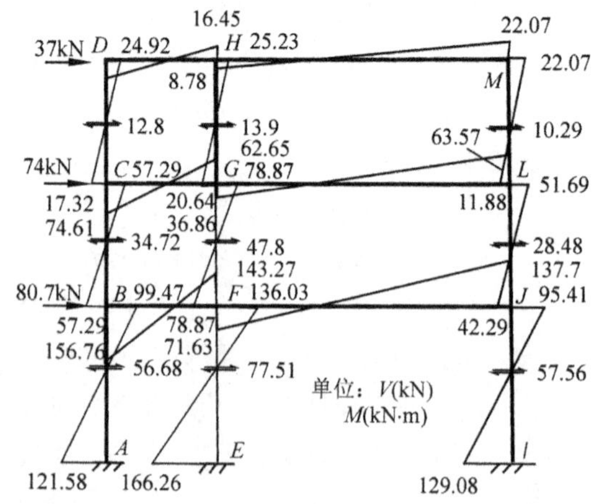

图 4.46　例题 4.5 弯矩分布图

4.4.3.3　水平作用下的侧移近似计算

当不得不采用手算来进行结构设计，且需要进行层间位移限值验算时，需要计算结构在水平作用下的位移。在地震作用计算的章节中，我们介绍了两种计算结构基本周期的近似计算方法(顶点位移法和能量法)，它们均需要计算结构在水平作用下的侧移。框架结构体系以外的结构的侧移近似计算方法十分繁琐，已经完全失去了工程应用价值，因此，以下仅仅介绍框架结构在水平作用下的侧移近似计算方法。

框架结构在水平荷载作用下的变形由总体剪切变形(图 4.47) 和总体弯曲变形(图 4.48) 两部分组成。总体剪切变形是由梁、柱弯曲变形所引起的变形，实际上是由层间剪力引起的，其侧移曲线与悬臂梁的剪切变形曲线相似，故称这种变形为总体剪切变形，而总体弯曲变形是由框架两侧边柱中轴力引起的柱子伸长或缩短所导致的变形，它与悬臂梁的弯曲变形规律一致，故称这种变形为总体弯曲变形。

对一般框架结构，通常只考虑由梁、柱弯曲变形所引起的侧移就已足够精确，但对于框架总高度 $H > 50\text{m}$ 或高宽比 $H/B > 4$ 的高层框架或细高框架，由柱子轴力引起的侧移所占比例增大，而不能忽略。

(1) 由梁柱弯曲变形所引起的侧移

这种侧移可用 D 值法进行计算，根据框架的变形图(图 4.47)，顶层的侧移为

$$\Delta = \Delta_1 + \Delta_2 + \Delta_3 + \cdots + \Delta_m \tag{4.27}$$

$$\Delta_1 = \frac{V_1}{\sum D_1}, \Delta_2 = \frac{V_2}{\sum D_2}, \cdots$$

式中：V_1, V_2—— 分别为作用于第 1 层、第 2 层的剪力值；

$\sum D_1, \sum D_2$—— 分别为第 1 层、第 2 层各立柱 D 值的总和。

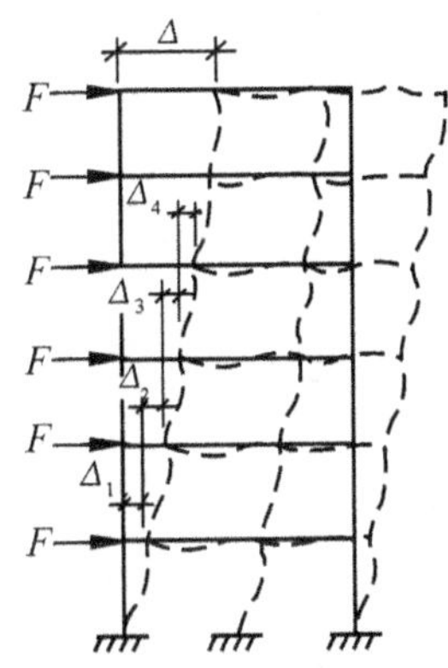

图 4.47　梁柱弯曲变形引起的侧移

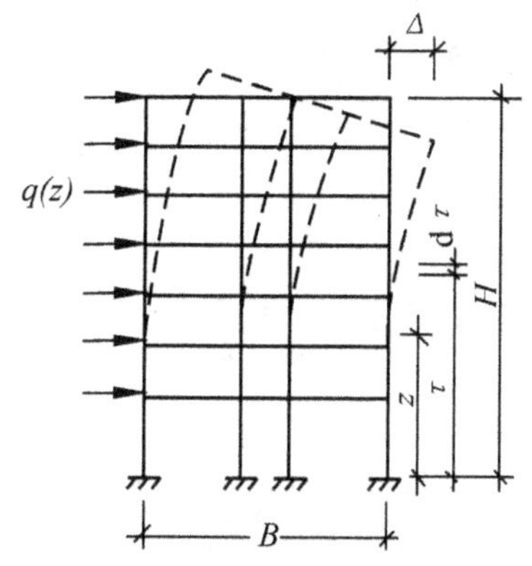

图 4.48　柱轴向变形引起的侧移

(2) 由柱轴向变形所引起的侧移

在水平荷载作用下，框架各杆除产生弯矩和剪力外，还产生轴力。这个轴力有时被称为变动轴力，因为人们认为竖向荷载在柱子里产生的轴力基本保持不变，而随着水平荷载的有和无、大和小的变化，柱子的轴力是不断变化的。这个变动轴力通常是外柱的大，内柱的小，越邻近房屋中部的内柱，变动轴力越小。较高的多层框架房屋常为旅馆、办公楼及住宅楼，它们的平面布置大都中间为走道、两侧为房间(图 4.48)，内柱接近房屋中部，受力较小。为简化计，令其轴力为零。于是，外柱中的轴力可近似地由下式求出：

$$N = \pm \frac{M}{B} \tag{4.28}$$

式中:M—— 上部水平荷载对该高程处所引起的弯矩;

B—— 外柱轴线间的距离。

当房屋层数较多时,可把框架柱沿高度连续化,则框架顶点的最大水平位移 Δ 为

$$\Delta = \int_0^H \frac{\overline{N}N}{EA}\mathrm{d}z \tag{4.29}$$

式中:$\overline{N}$—— 单位水平力作用于框架顶端时边柱中的轴力;

N—— 外荷载 $q(z)$ 引起的边柱的轴力,是 z 的函数;

A—— 边柱截面面积,是 z 的函数。

这样

$$\overline{N} = \pm \frac{(H - z)}{B} \tag{4.30(a)}$$

$$N = \pm \frac{M(z)}{B} = \pm \frac{1}{B}\int_z^H q(\tau)(\tau - z)\mathrm{d}\tau \tag{4.30(b)}$$

设边柱截面面积沿 z 为线性变化,即

$$A(z) = A_b(1 - \frac{1-n}{H}z), \quad n = \frac{A_t}{A_b}$$

式中:A_t 和 A_b 分别为顶层与底层边柱的截面面积。

将式(4.30)代入式(4.29),即可求出 Δ。

当框架顶部受集中力 F 时

$$N = \frac{F}{B}(H - z)$$

则得

$$\Delta = 2 \times \int_0^H \frac{\frac{1}{B}(H - z)\,\frac{F}{B}(H - z)}{EA_b(1 - \frac{1-n}{H}z)}\mathrm{d}z \tag{4.31(a)}$$

积分得

$$\Delta = \frac{FH^3}{EA_bB^2}F_n \tag{4.31(b)}$$

其中

$$F_n = \frac{1 - 4n + 3n^2 - 2n^2\ln(n)}{(1-n)^3}F_n$$

当 $n = 1$ 时,$F_n = 2/3$,当 $n = 0$ 时,$F_n = 1$。

F_n 为一与 n 有关的系数,计算较繁,故也可直接从图 4.49 查得。

同样,当框架受水平均布荷载或沿房屋全高受倒三角形分布的水平荷载时,也可写成式(4.31)的形式,但此时,F_n 值的表达式已不再是上面所表示的那样,但 F_n 值可直接由图4.49 查得。此时公式中的 F 为沿房屋全高水平荷载的总和,当荷载为均布时,$F = qH$;当为倒三角形分布荷载时,$F = \frac{1}{2}qH$。

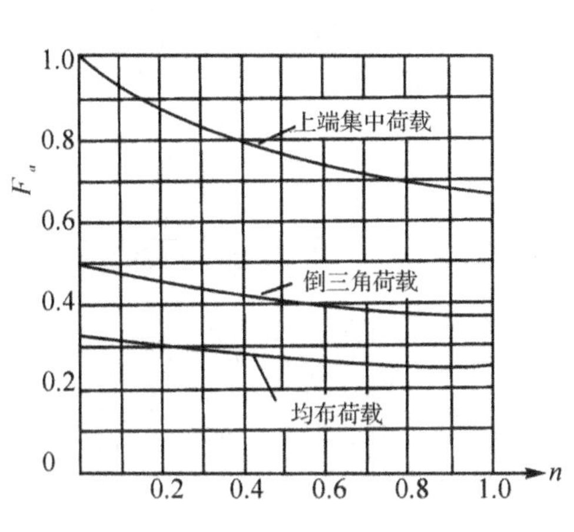

图 4.49　F_n 曲线

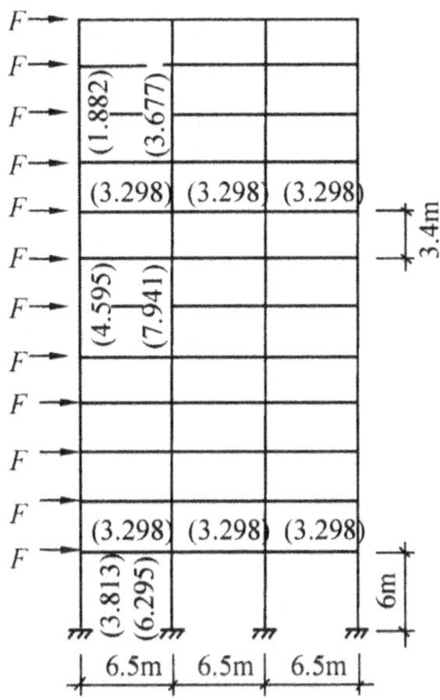

图 4.50　例题 4.6 计算模型

例题 4.6　求图 4.50 所示的多层框架在均布节点水平力 F 作用下的顶点侧移值。设底层层高为 6.00m，2 层到 12 层的层高为 3.40m；全高 $H = 43.40$m。混凝土的弹性模量 $Ec = 3.0 \times 10^4 \text{N/mm}^2$。横梁的跨度为 6.5m，截面尺寸为 250mm × 700mm，惯性矩为 7.146×10^9mm，线刚度为 298×10^{10} N·mm。柱的截面尺寸，惯性矩和线刚度见表 4.22。

表 4.22　例题 4.6 柱子截面尺寸及相关参数

项　目		边　柱	中　柱
$n = 7 \sim 12$	截面尺寸	400mm × 400mm	400mm × 500mm
	惯性矩	$2.133 \times 10^9 \text{mm}^4$	$4.167 \times 10^9 \text{mm}^4$
	线刚度	1.882×10^{10} N·mm	3.677×10^{10} N·mm
$n = 2 \sim 6$	截面尺寸	500mm × 500mm	500mm × 600mm
	惯性矩	$5.208 \times 10^9 \text{mm}^4$	$9 \times 10^9 \text{mm}^4$
	线刚度	4.595×10^{10} N·mm	7.941×10^{10} N·mm
$n = 1$	截面尺寸	550mm × 550mm	550mm × 650mm
	惯性矩	$7.626 \times 10^9 \text{mm}^4$	$12.59 \times 10^9 \text{mm}^4$
	线刚度	3.813×10^{10} N·mm	6.295×10^{10} N·mm

解　(1) 求 $\overline{K}$：

边　柱　　　　　　　　中　柱

$n = 7 \sim 12$　$\overline{K} = \dfrac{3.298}{1.882} = 1.752$　　　　$\overline{K} = \dfrac{2 \times 3.298}{3.677} = 1.794$

$$n=2\sim 6 \qquad \overline{K}=\frac{3.298}{4.595}=0.718 \qquad \overline{K}=\frac{2\times 3.298}{7.941}=0.831$$

$$n=1 \qquad \overline{K}=\frac{3.298}{3.813}=0.865 \qquad \overline{K}=\frac{2\times 3.298}{6.295}=1.048$$

(2) 求 α_c 值：

边　柱　　　　　　　　中　柱

$$n=7\sim 12 \qquad \alpha_c=\frac{1.752}{2+1.752}=0.4670 \qquad \alpha_c=\frac{1.794}{2+1.794}=0.4729$$

$$n=2\sim 6 \qquad \alpha_c=\frac{0.718}{2+0.718}=0.2641 \qquad \alpha_c=\frac{0.831}{2+0.831}=0.2935$$

$$n=1 \qquad \alpha_c=\frac{0.5+0.865}{2+0.865}=0.4764 \qquad \alpha_c=\frac{0.5+1.048}{2+1.048}=0.5079$$

(3) 求各层柱的 $\sum D$ 值：

$$n=7\sim 12 \qquad \sum D=(0.4670\times 1.882\times 10^{10}+0.4729\times 3.677\times 10^{10})\times 2\times\frac{12}{(3400)^2}=5.435\times 10^4\,(\text{N/mm})$$

$$n=2\sim 6 \qquad \sum D=(0.2641\times 4.595\times 10^{10}+0.2935\times 7.941\times 10^{10})\times 2\times\frac{12}{(3400)^2}=7.358\times 10^4\,(\text{N/mm})$$

$$n=1 \qquad \sum D=(0.4764\times 3.813\times 10^{10}+0.5079\times 6.295\times 10^{10})\times 2\times\frac{12}{(6000)^2}=3.342\times 10^4\,(\text{N/mm})$$

(4) 求各层的相对侧移：

$$n=12 \qquad \delta_{12}=\frac{V_{12}}{\sum D}=\frac{F}{5.435\times 10^4}=0.0184F\times 10^{-3}\,(\text{mm})$$

$$n=11 \qquad \delta_{11}=\frac{2F}{5.435\times 10^4}=0.0368F\times 10^{-3}\,(\text{mm})$$

$$n=10 \qquad \delta_{10}=0.0552F\times 10^{-3}\,\text{mm}$$

$$n=9 \qquad \delta_9=0.0736F\times 10^{-3}\,\text{mm}$$

$$n=8 \qquad \delta_8=0.0920F\times 10^{-3}\,\text{mm}$$

$$n=7 \qquad \delta_7=0.1104F\times 10^{-3}\,\text{mm}$$

$$n=6 \qquad \delta_6=\frac{7F}{7.358\times 10^4}=0.0951F\times 10^{-3}\,\text{mm}$$

$$n=5 \qquad \delta_5=0.1087F\times 10^{-3}\,\text{mm}$$

$$n=4 \qquad \delta_4=0.1223F\times 10^{-3}\,\text{mm}$$

$n = 3 \qquad \delta_3 = 0.1359F \times 10^{-3}\,\text{mm}$

$n = 2 \qquad \delta_2 = 0.1495F \times 10^{-3}\,\text{mm}$

$n = 1 \qquad \delta_1 = \dfrac{12F}{3.342 \times 10^4} = 0.3591F \times 10^{-3}\,\text{mm}$

(5) 各层由于梁柱弯曲变形所引起的侧移(图 4.51)

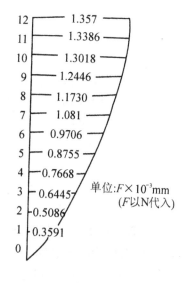

$n = 1 \qquad \Delta_1 = 0.3591F \times 10^{-3}\,\text{mm}$

$n = 2 \qquad \Delta_2 = 0.5086F \times 10^{-3}\,\text{mm}$

$n = 3 \qquad \Delta_3 = 0.6445F \times 10^{-3}\,\text{mm}$

$n = 4 \qquad \Delta_4 = 0.7668F \times 10^{-3}\,\text{mm}$

$n = 5 \qquad \Delta_5 = 0.8755F \times 10^{-3}\,\text{mm}$

$n = 6 \qquad \Delta_6 = 0.9706F \times 10^{-3}\,\text{mm}$

$n = 7 \qquad \Delta_7 = 1.0810F \times 10^{-3}\,\text{mm}$

$n = 8 \qquad \Delta_8 = 1.1730F \times 10^{-3}\,\text{mm}$

$n = 9 \qquad \Delta_9 = 1.2466F \times 10^{-3}\,\text{mm}$

$n = 10 \qquad \Delta_{10} = 1.3018F \times 10^{-3}\,\text{mm}$

$n = 11 \qquad \Delta_{11} = 1.3386F \times 10^{-3}\,\text{mm}$

$n = 12 \qquad \Delta_{12} = 1.3570F \times 10^{-3}\,\text{mm}$

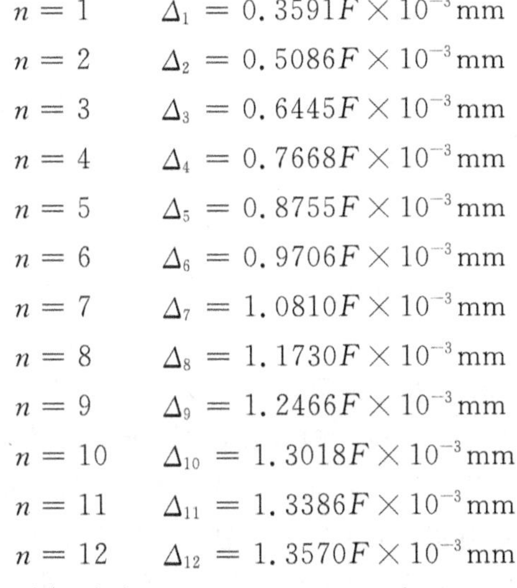

图 4.51

所以顶层的侧移为 $\Delta = 1.357F \times 10^{-3}\,\text{mm}$。

(6) 由于柱轴向变形所引起顶层的侧移 Δ'_{12},且

$$A_t = 400 \times 400 = 160000(\text{mm}^2)$$

$$A_b = 550 \times 550 = 302500(\text{mm}^2)$$

$$n = \frac{A_t}{A_b} = \frac{16 \times 10^4}{30.25 \times 10^4} = 0.529,$$

查图 4.49 得

$$F_n = 0.28, \qquad H = 43.4\text{m}$$

房屋宽

$$B = 3 \times 6.5 = 19.5(\text{m})$$

所以

$$\Delta'_{12} = \frac{12F \times (43400)^3 \times 0.28}{3.0 \times 10^4 \times 302500 \times (19500)^2} = 0.0796F \times 10^{-3}(\text{mm})$$

它相当于梁柱弯曲变形所引起的顶层侧移的 $\dfrac{0.0796}{1.357} = 5.87\%$。

若风荷载为 450N/m^2,框架间距为 4m,则 $F = 4 \times 3.4 \times 450 = 6120(\text{N})$,这时房屋顶层的绝对侧移值为 $\Delta = (1.357 + 0.0796) \times 10^{-3} \times 6120 = 8.79(\text{mm})$。

4.5　结构抗震设计要点

对于非抗震结构，由于结构的目标可靠度是与结构的延性相关的，因此人们特别强调结构必须具有足够的延性。对于有抗震设防要求的结构，由于地震作用的不确定性更大，对延性的要求更高。本节讨论延性与抗震设计之间的关系，进而介绍抗震设计的一些原则。

4.5.1　延性的概念

当钢筋混凝土构件中某个截面的受拉钢筋达到屈服强度且受压边混凝土还没出现压碎时，截面抗弯刚度迅速下降，即称为该截面出现了塑性铰（实际上塑性铰是有一定长度的，为了分析方便，一般认为塑性铰出现在一个截面上）。塑性铰出现后，截面转角及构件变形迅速增加，截面抵抗弯矩能力略有提高，直至受压边缘纤维混凝土达到极限压应变 ε_{cu}（压碎），从而构件丧失承载能力，达到极限状态。构件截面弯矩－曲率（或力－变形）关系用图 4.52 中曲线表示。φ_y 和 f_y 分别为表示截面屈服时的曲率与跨中挠度，φ_u 和 f_u 分别为截面极限曲率与极限挠度。截面和构件的塑性变形能力常常用延性比来衡量，延性比定义为：

截面曲率延性比

$$\mu_\varphi = \frac{\varphi_u}{\varphi_y}$$

构件位移延性比

$$\mu_f = \frac{f_u}{f_y}$$

对一个结构而言，弹性状态是指外荷载与结构位移成线性关系的状态；当结构中某一（或同时一批）截面屈服（即出现塑性铰）后，荷载与位移将呈现非线性关系，如图4.53所示，当结构中有某一构件丧失承载力而导致整个结构破坏，或由于塑性铰出现的个数而使整个结构形成机构时，则认为结构破坏，结构此时的位移即为极限位移。结构的延性常常用顶点位移延性比表示，即

$$\mu = \frac{\Delta_u}{\Delta_y}$$

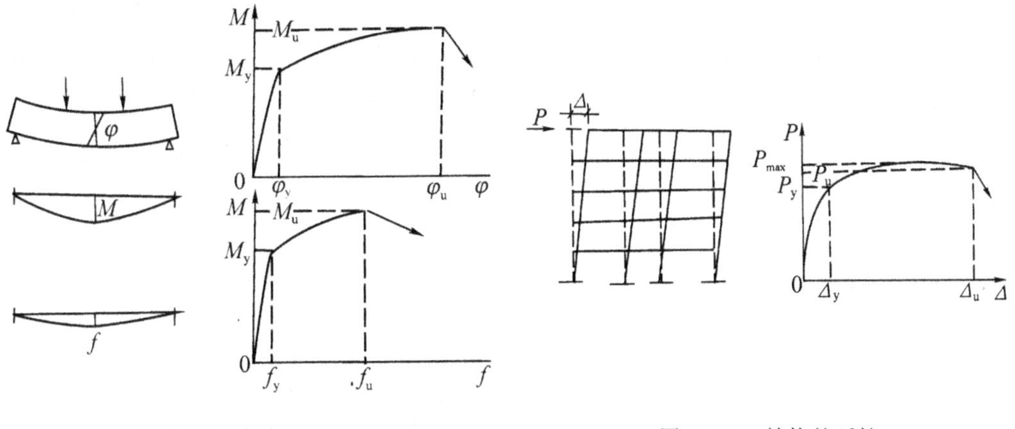

图 4.52　构件的延性　　　　图 4.53　结构的延性

4.5.2　延性的作用

图 4.54(a) 对弹性及理想弹塑性结构进行了比较。据大量结构弹塑性分析可知，在低频结构中，同一个地震波作用下的弹性与弹塑性位移反应接近，即 $\Delta_t = \Delta_s$，则由图 4.54，根据几何比例关系可得，弹塑性结构中的 P_s，只是弹性结构中 P_t 的$\frac{1}{\mu_0}$倍，$\mu_0 = \frac{\Delta_s}{\Delta_y}$是弹塑性结构塑性位移与屈服位移之比。在中频结构中，二者在同一个地震波作用下吸收的能量相近，即图 4.54(b) 中不同方向的阴影线所占面积接近；若认为两者面积完全相等，可得出 P_s 与 P_t 比值等于$\frac{1}{\sqrt{2\mu_0 - 1}}$，图 4.54(c) 表示 P_s/P_t 与 Δ_s/Δ_y 的函数关系。

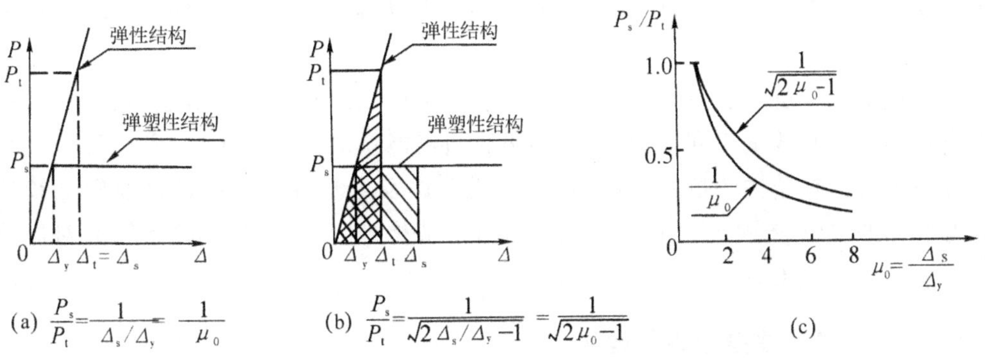

图 4.54　地震作用与塑性变形的关系

由上述比较可见：

(1) 在同样的地震作用下，弹塑性结构所受的等效地震力比弹性结构大大降低，因此当结构受到设防烈度地震及更强地震作用时，可以利用结构弹塑性性能吸收地震能量，从而使得对结构承载能力的要求大大降低；

(2) 对弹塑性结构承载能力的要求降低了,但对结构塑性变形能力的要求却提高了。可以说,弹塑性结构是利用结构变形能力抵抗地震。例如,钢结构材料延性好,可抵抗强烈地震而不倒塌;而砖石结构变形能力差,在强烈地震下容易出现脆性破坏而倒塌。钢筋混凝土材料具有双重性,如果设计合理,能消除或减少混凝土脆性性质的危险,充分发挥钢筋的塑性性能,使结构具有足够的延性。

我国抗震规范正是利用弹塑性结构的这些特性,制定了"小震不坏、中震可修、大震不倒"的三水准设防目标。以结构的抗力来抵御多遇烈度的小震;以弹塑性变形来吸收地震能量,从而达到抵御设防烈度中震以及罕遇烈度大震的目的。

4.5.3 延性目标

4.5.3.1 构件破坏模式

梁的破坏有正截面破坏(或称弯曲破坏)和斜截面破坏(或称剪切破坏)。在弯曲破坏中,有少筋梁、适筋梁和超筋梁三种破坏形态。其中,适筋梁破坏形态具有延性(或称延性破坏),即具有较大的塑性变形能力;而其他两种均为脆性破坏。梁的剪切破坏也有斜拉、剪压和斜压三种破坏形态,其中剪压破坏延性很小;另两种均为脆性破坏。所以设计时要求延性梁的斜截面承载力大于其正截面承载力,即强剪弱弯,以保证塑性铰出现(即受拉钢筋屈服)前及其转动过程中不发生剪切破坏。

柱的破坏形态可分弯曲破坏(又可分为大偏压破坏和小偏压破坏)、剪切破坏(又可分为剪压、斜拉和斜压破坏)、粘结破坏(又可分为锚固破坏和粘结破坏),这些破坏形态的变形能力是有差异的。其中,大偏压破坏属于延性破坏,有一定的变形能力,它们的延性大小受到各种因素的影响;而其他的破坏形态均为脆性破坏,变形能力极差,在设计中应当避免。

为了让结构抵御中震或大震,需要结构出现塑性铰来吸收地震能量,而塑性铰在结构上出现的顺序及数量不同,则整体结构吸收地震能量的能力也不同,即塑性铰在结构上的分布也会影响结构的抗震性能,也就是说允许发生塑性铰的构件以及塑性铰的位置是有选择的。这种选择塑性铰位置的设计方法被称为"塑性铰控制理论",其对保障结构整体的延性至关重要。

4.5.3.2 "塑性铰控制"理论

根据国内外大量研究,钢筋混凝土框架可以设计成具有较好塑性变形能力的延性框架。震害调查分析和结构试验研究表明,钢筋混凝土结构的"塑性铰控制"理论在抗震结构设计中发挥着愈来愈重要的作用,其基本要点是:

(1) 钢筋混凝土结构可以通过选择合理的截面形式及配筋构造控制塑性铰出现的部位。

(2) 应当选择并设计有利于抗震的塑性铰部位。所谓有利,就是一方面要求塑性铰本身有较好的塑性变形能力和吸收耗散能量的能力，另一方面要求这些塑性铰能使结构具有较大的延性而不会造成其他不利后果。例如，不会使结构局部破坏或出现不稳定（形成机构）现象。

(3) 在预期出现塑性铰的部位，应通过合理的配筋构造增大它的塑性变形能力，防止过早出现脆性的剪切及锚固破坏。在其他部位，也要防止过早出现剪切及锚固破坏。

根据这一理论设计得到的框架结构称为延性框架，它通过“强剪弱弯、强柱弱梁、节点更强”的设计原则而得到。

4.5.3.3　延性框架的设计

(1)“强剪弱弯”的设计原则

从构件破坏模式分析里已经知道，只有发生塑性铰的破坏才是延性破坏，也就是说，不管是梁还是柱，绝对不允许在弯曲破坏之前发生剪切破坏。

(2)“强柱弱梁”的设计原则

在地震作用下，框架上塑性铰可能出现在梁上，也可能出现在柱上。虽然柱子的大偏压破坏属于延性破坏，基于以下原因，在多、高层结构设计时尽可能不让塑性铰出现在柱子上，而将塑性铰控制在框架梁的两端。第一，塑性铰出现在梁端，不易形成破坏机构。因为此时可能出现的塑性铰数量多，耗能部位分散。图 4.55(a) 是所有梁端都有塑性铰的理想情况，只要柱脚处不出现铰，结构就不会形成机构。第二，塑性铰出现在柱上，结构容易形成机构。例如，图 4.55(b) 是典型的出现薄弱层的情况。此时，塑性铰数量虽少，但该层已形成机构，$P-\Delta$ 效应增大，楼层可能倒塌。第三，柱子通常均承受较大轴力，在高轴压下，钢筋混凝土柱很难具有高延性比。而梁是受弯构件，比较容易实现高延性比的要求。最后，柱子是主要承重构件，出现较大的塑性变形后难于修复，柱子破坏可能引起整个结构倒塌。

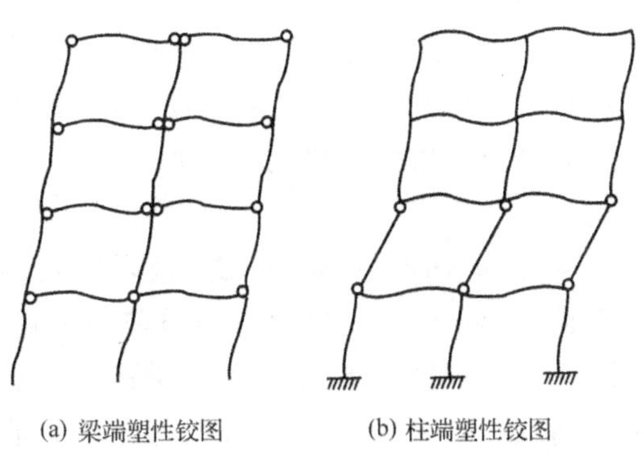

(a) 梁端塑性铰图　(b) 柱端塑性铰图

图 4.55　框架中塑性铰部位

要使梁端先于柱端出现塑性铰，则应适当提高柱端截面配筋，使柱的相对承载力大于梁的相对承载力，要求在同一个节点周围的梁柱满足：

$$\frac{\sum M_{cu}}{\sum M_c} > \frac{\sum M_{bu}}{\sum M_b} \tag{4.32}$$

式中：M_c 和 M_b—— 在外荷载作用下的柱端和梁端弯矩；

M_{cu} 和 M_{bu}—— 柱、梁按实配钢筋计算的抵抗弯矩。

(3)"节点更强" 的设计原则

在设计延性框架时，保证节点的承载力，使之不过早破坏是十分重要而关键的。如果节点区破坏或变形过大，则梁、柱构件就不再能形成抗侧力的结构了。保证节点区不发生破坏的主要措施：第一，通过抗剪验算，在节点区配置足够的箍筋。第二，保证混凝土的强度和密实性。第三，处理好梁的纵筋在节点区的锚固构造，否则，会使梁端塑性铰区裂缝加大和容易出现粘结破坏的不利情况。这就是设计中节点更强的原则。

由以上三原则设计的框架结构称为延性框架，许多经过地震考验的结构证明上述设计措施是十分有效的。也证明了采用延性抵御中震或大震是可行的，对地震实行多水准设防是科学的。

4.5.3.4 延性剪力墙的设计

剪力墙具有较大刚度，在结构中因往往承受大部分水平力而成为一种有效的抗侧力结构。它可以组成完全由剪力墙抵抗侧向力的剪力墙结构，也可以和框架共同抵抗侧向力而形成框架 — 剪力墙结构。实腹筒也是由剪力墙组成，其结构行为与剪力墙相同。在地震区，设置剪力墙(筒体) 可以改善结构抗震性能。在抗震结构中剪力墙也称为抗震墙。

钢筋混凝土剪力墙的设计要求是：在正常使用荷载及小震(或风载) 作用下，结构应处于弹性工作阶段，裂缝宽度不能过大；在中等强度地震(设防烈度) 作用下，允许进入弹塑性状态，但应具有足够的承载能力、延性及良好吸收地震能量的能力；在强烈地震(罕遇烈度) 作用下，剪力墙不允许倒塌。此外还应保证剪力墙结构的稳定。

由于与剪力墙相连接的构件与剪力墙相比刚度较小，多数剪力墙结构的墙肢的力学行为如同一悬臂构件。本节将介绍墙肢构件的延性设计方法、影响墙肢延性的主要因素及提高延性的构造措施。

剪力墙可能出现弯曲、剪切、剪切滑移或施工缝滑移等多种破坏形态。其中弯曲破坏具有较大的塑性变形。剪跨比 M/Vh_w 是反映弯距与剪切影响的一个重要参数，剪跨比较小时容易出现剪切破坏。在一般情况下，悬臂墙的剪跨比可通过高度比 H_w/h_w 来表示：当 $H_w/h_w > 2$ 时，称为高墙；$H_w/h_w = 1 \sim 2$ 时，称为中高墙；$H_w/h_w < 1$ 时，称为矮墙。

高墙及中高墙时能发生弯曲破坏，也可能发生剪切破坏(图 4.56(a) 和(b))；在反复荷载作用下，腹板混凝土容易酥裂脱落而发生剪切滑移破坏(图 4.56(c)) 或水平施工缝截面的剪切滑移破坏(图 4.56(e))；在矮墙中，则多数会出现剪切破坏或斜压破坏(图4.56(d))。

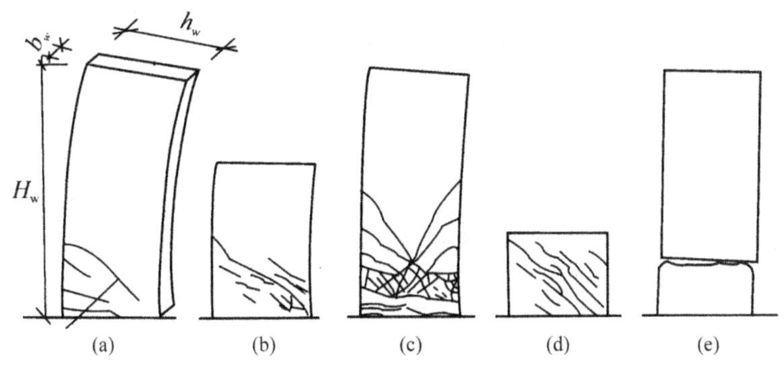

图 4.56　悬臂剪力墙破坏形态

(1) 中、高墙的延性设计

要使悬臂剪力墙具有延性，则要防止墙的剪切破坏和锚固破坏，充分发挥弯曲作用下的钢筋抗拉作用，使墙的塑性铰具有延性。主要有以下几方面。

· 设置端部约束构件。为提高墙的延性，可在墙两端配置钢箍形成暗柱或明柱。暗柱或明柱内箍筋不仅可以约束混凝土，提高其 ε_{cu}，而且还可以使墙具有较强的边框，阻止剪切裂缝迅速贯通全墙，对抗震十分有利。

· 避免过早剪切破坏及锚固破坏。由于墙截面高度 h_w 大，而腹板厚度较小，因此后者对剪切变形较为敏感。塑性铰区，首先必须按强剪弱弯的原则设计，即用截面屈服时的剪力进行抗剪验算，保证在抗弯纵筋屈服前，墙不剪坏。其次，还应严格控制剪压比 $\dfrac{V_w}{b_w h_w f_c} \leqslant \dfrac{0.2}{\gamma_{RE}}$ 和增加分布筋数量，以防止塑性铰区因腹板混凝土酥裂而发生剪切滑移破坏。

实践证明，当在墙内设置暗柱或明柱后，即使腹板混凝土内发生了许多交叉斜裂缝，墙体仍可起抗弯和抗剪作用，这使结构不至于倒塌。此外还要注意墙体钢筋在基础中的锚固，保证不发生锚固破坏。

· 防止水平施工缝截面的剪切滑移破坏。由于施工工艺要求，在各层楼板标高处都存在施工缝。它可能形成薄弱部位，特别是在地震作用下，可能出现破坏（见图 4.56(e)）。要防止这种破坏主要依靠竖向钢筋和缝间摩擦力抵抗滑移，所以要对施工缝处的竖向钢筋面积进行验算。

· 配筋构造要求。大量的试验研究分析表明，满足墙的配筋构造要求，能保证墙具有较好的延性，这是设计时必须认真考虑的。

(2) 矮墙的设计要求

$H_w/h_w < 1$ 的墙为矮墙。矮墙的特点是在一般情况下都发生斜裂缝剪切破坏，但如果配筋合理，做到强剪弱弯，可以使斜裂缝较为分散而细小，从而保证即使吸收了较大的能量也不致脆性破坏，即有一定的延性。在更矮的墙中，弯曲应力更小，往往由弯、剪形成的主拉应力起控制作用，这使墙出现接近 45° 的斜裂缝。斜裂缝形成后，主要通过斜向混凝土柱体抗压来传递剪力。这种情况下，应由水平钢筋及垂直钢筋共同维持被斜缝

隔离成各斜向混凝土柱体的平衡，并共同阻止裂缝继续扩大。矮墙剪压比的控制也应更加严格，减小截面上的平均剪应力可以推迟斜裂缝出现的时间。

4.6 框架构件设计

4.6.1 最不利内力组合

结构构件设计时，必须求出各构件的最不利内力。例如，为了计算梁在某截面的下部配筋，就必须找出此截面的最大正弯矩。确定截面上部配筋时，必须找出该截面的最大负弯矩。一般来说，并不是所有荷载同时作用时截面的弯矩即为最大值，而是在某些荷载作用下才是此截面的最大正弯矩，而在另一些荷载作用下才是此截面的最大负弯矩。对于柱子也是这样，在某些荷载作用下，截面可能属于大偏心受压，而在另一些荷载作用下，可能属于小偏心受压。本节将讨论控制截面、最不利内力种类、活荷载最不利位置等问题。

4.6.1.1 控制截面

梁的控制截面是两端支座截面及跨中截面，支座截面是指柱边缘处的梁截面。由于内力分析的结果都是轴线位置处梁的弯矩及剪力，求最不利内力时应经过换算，求得柱边截面的弯矩和剪力，见图4.57。

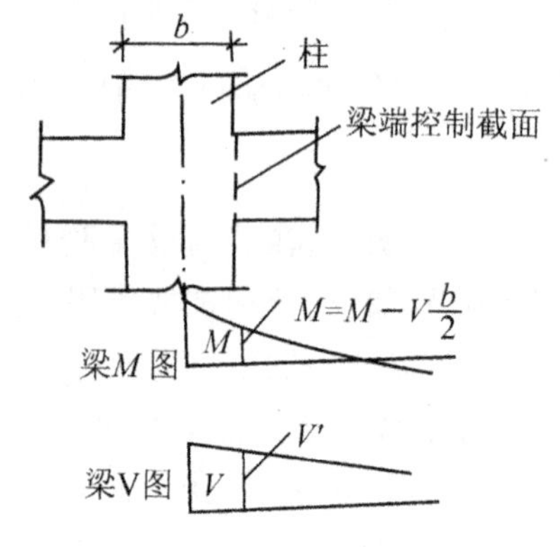

图 4.57 梁端控制截面的弯矩和剪力

对于柱子，弯矩最大值在柱两端，剪力和轴力通常在同一层内无变化或变化不大，因此柱的控制截面为上、下两个端截面。

4.6.1.2 最不利内力种类

对于框架梁支座截面，最不利内力是最大负弯矩及最大剪力，但也要组合可能出现的正弯矩。框架梁跨中截面，最不利内力是最大正弯矩或可能出现的负弯矩。

对于柱子的两个端截而，可能出现大偏压情况，此时 M 愈大 N 愈小愈不利；也可能出现小偏压情况，此时 M 愈大 N 愈大愈不利。此外，正弯矩和负弯矩大小也不相同，因此不利内力可能有好几种情况。但考虑到一般柱子都是对称配筋，最大弯矩只需选择正、负弯矩中绝对值最大的弯矩进行组合。最不利内力可归纳成下列几情况：

1）$|M_{max}|$ 及相应的 N 和 V；

2）N_{max} 及相应的 M 和 V；

3）N_{min} 及相应的 M 和 V；

4）$|V_{max}|$ 及相应的 M 和 N；

在某些情况下，最大或最小内力不见得是最不利的。因为对大偏压截面，$e_0 = M/N$ 愈大，截面的配筋愈多，因此有时 M 虽不是最大，但相应的 N 较小，此时 e_0 最大，也能成为最不利内力。对于小偏压载面，当 N 可能不是最大，但相应的 M 比较大时，配筋反而需要多一些，会成为最不利内力。采用电算分析时，计算程序一般算出所有可能的组合情况，并均进行配筋，最终输出最大配筋的组合情况。而在手算设计时，一般需组合出以上 4 种内力效应的设计值，对有些特殊情况，要根据各种荷载产生的效应的大小情况，进行合理的判断，再增加一些工况的组合进行配筋计算。

4.6.1.3　荷载布置及活荷载最不利位置的确定

结构上的恒载总是永久作用的，而活荷载是变化的，它可以单独地作用在某层的某一跨或某几跨，也可能同时作用在整个结构上。对于构件的不同截面或同一截面的不同种类的最不利内力，往往有各不相同的活荷载的最不利位置。因此，活荷载的最不利位置需要根据截面的位置、最不利内力的种类分别确定。对于活荷载的布置，一般有以下三种方法。

（1）分跨计算组合法

这种方法是将活荷载逐层逐跨单独地作用在框架上，分别计算出结构的内力，根据所设计构件的某指定截面，叠加出最不利的内力。运用计算机求解框架内力时，可以采用这一方法。

图 4.58 为一整浇式 3 跨 4 层框架。对于屋面可不考虑活荷载的分跨分布（屋面各跨无明显分隔，活荷载又较小，为了简化计算，这样考虑是可以的），对于楼面应将活荷载逐层逐跨单独作用，分别求出每种情况下的内力，然后，对各控制截面进行上述各种内力的叠加组合，并从其中找出最不利内力。图 4.58 所示框架需计算 10 种活荷载（不包括风载）逐层逐跨作用的情况。这种方法的优点是各种活载情况的框架内力分析简单、清楚，但还须进行内力组合工作。

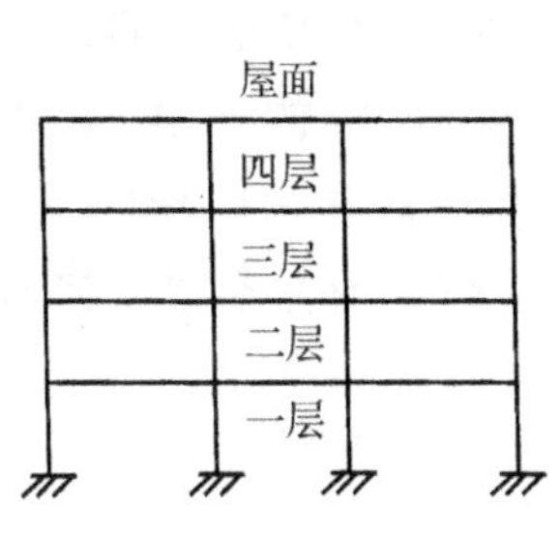

图 4.58　框架示例

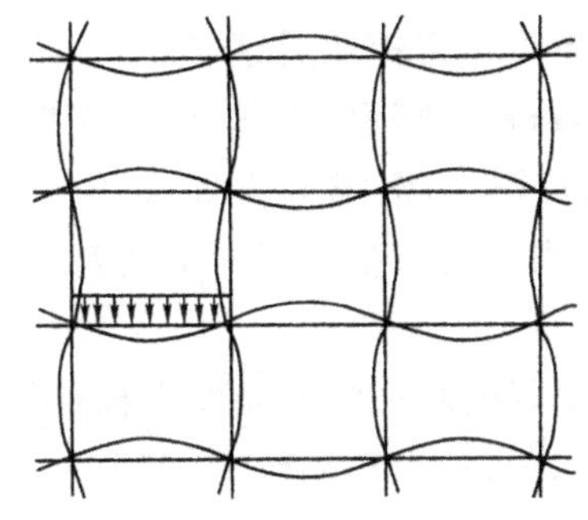

图 4.59 框架各杆件的变形曲线

(2) 最不利荷载位置法

此法类似于在连续板、梁计算中所采用的方法，即对每一控制截面，直接由影响线确定其最不利的活荷载布置，然后计算内力。图 4.59 表示一无侧移的多层框架在某跨有活载时各杆件的变形曲线。

第一种情况：框架梁跨中的最不利正弯矩

从图 4.59 中可见，如果某跨有活载，则引起该跨跨中正弯矩，同样引起沿横向隔跨及竖向叉开的各跨的跨中正弯矩，而使横向和竖向邻跨，然后再隔跨产生跨中负弯矩。

以图 4.60 所示多层框架为例。使 A_2B_2 梁的跨中产生最不利正弯矩的活载布置如图 4.60(a) 所示。这样的活载布置同样引起横梁 B_1C_1，C_2D_2，B_3C_3 等其他跨的跨中最不利正弯矩。

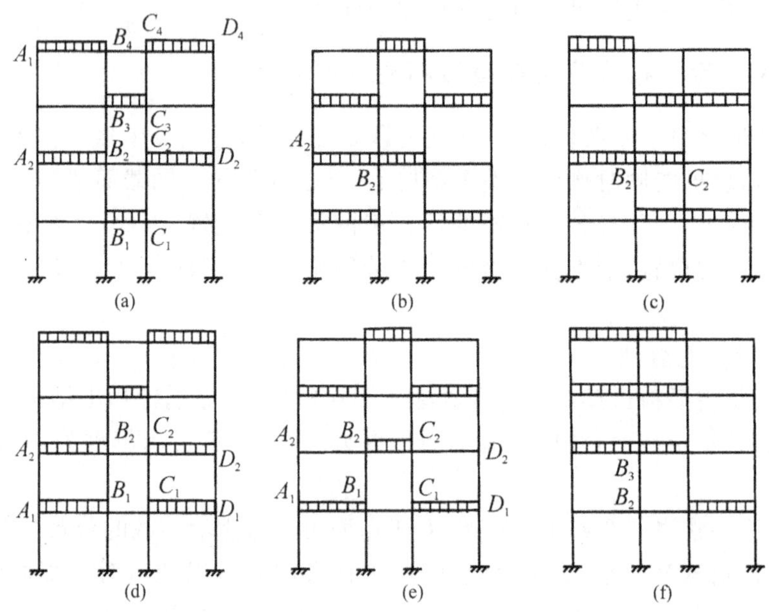

图 4.60　最不利荷载位置法的荷载布置图

第二种情况：框架梁杆端的最不利负弯矩

从图 4.59 中可以看出，如果某跨有活载，则引起该跨杆端出现负弯矩，一般也引起上下邻跨杆端出现负弯矩然后逐层相反，还引起横向邻跨近端杆端负弯矩和远端杆端正弯矩，然后逐跨逐层相反。由此可知，如果要得到梁 A_2B_2 的杆端 B_2 和梁 B_2C_2 的杆端 B_2 的最不利的负弯矩，活载可按图 4.60(c) 所示布置。这样，对于图 4.60 所示的对称多层框架，如果要求得所有框架梁杆端的最不利负弯矩，就需要布置十多种最不利的荷载位置。

第三种情况：柱顶(或柱底) 的最不利内力

柱子与梁不同，轴力影响较大，因此组合时要兼顾弯矩和轴力的影响。为了使计算简化，通常可按弯矩最大和轴力最大的情况进行内力组合。

• 弯矩最大：从图 4.59 中可以看出，沿荷载跨右端向上(或向下) 的各柱顶，一般为一层右纤维受拉时，另一层左纤维受拉，而沿横向逐跨依次相反。由此可知，如果要得到柱 B_1B_2 的柱顶 B_2 的最大弯矩，可将该杆一侧的上跨布置活载，然后沿横向及竖向隔跨上下叉开布置活载。该柱顶弯矩(右纤维受拉) 最大时的荷载布置如图 4.60(a) 所示，柱顶弯矩(左纤维受拉) 最大时的荷载布置如图 4.22(e) 所示。由图还可以看出，它们也是柱 A_1A_2，C_1C_2，D_1D_2 的柱顶弯矩为最大时的活载布置。由于柱底一般与柱顶弯矩符号反向但规律相同，因此它们也是柱底弯矩最大的活载布置。

• 轴力最大：仍由图 4.59 可见，沿荷载跨两端向下的各柱显然将受到压力，荷载跨两端以上的柱子，一般为一层受拉一层受压。除这两排柱子外，其他各柱轴力的符号沿横向一般逐跨相反，由此可知，若要得到柱 B_1B_2 轴力的最大值，见图 4.22(f). 可在该柱两边以上各层的紧邻两跨布置活载，然后沿横向隔跨竖向叉开布置活载。

最不利荷载位置法的优点是直接求出某截面的最不利内力而无需进行内力组合，但是需要独立进行很多种最不利荷载位置下的内力计算，内力分析的次数大大超过分跨计算组合法，因此计算工作量很大，即使电算也不是十分方便。

(3) 满布荷载法

以上两种方法计算工作量都很大，为了方便设计，最近多采用近似的满布荷载法，尤其在高层建筑的设计中均采用该方法。此法将活荷载同时作用于框架所有梁上，即不考虑活荷载的不利分布。这样求得的框架内力在支座处与按最不利荷载位置法求得的内力极为接近，可直接用于构件设计。但跨中弯矩却比最不利荷载位置法的计算结果明显偏低，因此对跨中弯矩应乘以 1.1 ～ 1.2 的系数予以增大。经验表明，对楼面活荷载标准值不超过 5kN/m² 的一般工业与民用多层结构，此法的计算精度已可满足工程设计要求。

4.6.2　框架柱的设计及构造

4.6.2.1　截面尺寸

框架柱的截面尺寸必须符合以下三个要求：

(1) 最小构造截面要求：截面的宽度和高度，四级或层数不超过 2 层时不宜小于 300mm；一、二、三级且层数超过 2 层时不宜小于 400mm；圆柱的直径，四级或层数不超过 2 层时不宜小于 350mm，一、二、三级且层数超过 2 层时不宜小于 450mm。截面长边与短边的边长比不宜大于 3。柱净高 H_c 与 h_c 之比宜大于 4。

(2) 斜截面抗剪要求：

无地震作用组合时

$$V < 0.25\beta_c f_c bh_0 \tag{4.33a}$$

有地震作用组合时

• 当剪跨比大于 2 的柱和抗震墙：

$$V \leqslant \frac{1}{\gamma_{RE}}(0.20 f_c bh_0) \tag{4.33b}$$

• 当剪跨比不大于 2 的柱和抗震墙、部分框支抗震墙结构的框支柱，落地抗震墙的底部加强部位：

$$V \leqslant \frac{1}{\gamma_{RE}}(0.15 f_c b h_0) \tag{4.33c}$$

剪跨比应按下式计算：

$$\lambda = M^c / (V^c h_0) \tag{4.33d}$$

式中：λ—— 剪跨比，应按柱端或墙端截面组合的弯矩计算值 M^c、对应的截面组合剪力计算值 V^c 及截面有效高度 h_0 确定，并取上下端计算结果的较大值；反弯点位于柱高中部的框架柱可按柱净高与 2 倍柱截面高度之比计算；

V—— 取按后述内力调整后的剪力设计值；

f_c—— 混凝土轴心抗压强度设计值；

b—— 梁、柱截面宽度或抗震墙墙肢截面宽度；圆形截面柱可按面积相等的方形截面计算；

H_0—— 截面有效高度，抗震墙可取墙肢长度；

β_c —— 混凝土强度影响系数，当 $\leqslant C50$，取 1.0；当为 $C80$ 时，取 0.8；在 $C50$ 与 $C80$ 间，取线性内插值。

(3) 轴压比要求：抗震规范规定柱轴压比指柱组合的轴压力设计值与柱的全截面面积和混凝土轴心抗压强度设计值乘积之比值，即 $\mu_N = \frac{N}{f_c bh}$；其值不宜超过表 4.23 的规定，对于一些特殊情况，抗震规范还给出了轴压比上浮和下调的范围，具体参见抗震规范的规定。对可不进行地震作用计算的结构，取无地震作用组合的轴力设计值计算轴压比。

表 4.23　柱轴压比限值

结构类型	抗震等级			
	一	二	三	四
框架结构	0.65	0.75	0.85	0.90
框架 — 抗震墙，板柱 — 抗震墙及筒体	0.75	0.85	0.90	0.95
部分框支抗震墙	0.6	0.7	—	

在方案设计和结构布置时，可先参考同类建筑的柱截面，或采用近似轴力 N_c^* 预估截面尺寸，同时应满足上述构造要求。近似轴力 N_c^* 可按式(4.34) 估算：

$$N_c^* = 1.2\alpha SWN_a \tag{4.34}$$

式中：α—— 考虑地震作用的轴力放大系数；7 度取 1.05 ～ 1.10，8 度取 1.15；

S—— 柱的楼面负载面积(m^2)；

W—— 单位建筑面积的竖向荷载，一般可近似地取 12 ～ 16kN/m^2；

N_a—— 柱截面以上的楼层层数。

4.6.2.2　内力设计值的调整

如前所述，对有抗震要求的结构，都应保证构件和整个结构具有足够的延性，即需进行延性设计。例如框架就应设计成“强柱弱梁、强剪弱弯、节点更强”的延性框架；剪力墙的墙肢应设计成“强墙弱梁、强剪弱弯”等等。为此就需适当调整构件截面的内力设计值。

(1) 形成强柱弱梁的设计内力调整

为了设计成“强柱弱梁”，即在地震作用下塑性铰应先在梁端形成，避免在柱端产生，所以柱端应比梁端具有更大的承载力储备。我国规范规定，框架梁、柱节点处，柱端弯矩应符合：

一、二、三、四级框架的梁柱节点处，柱端组合的弯矩设计值应符合下式要求：

$$\Sigma M_c = \eta_c \Sigma M_b \tag{4.35a}$$

一级抗震框架结构和 9 度设防的一级框架可不符合上式要求，但应符合下式要求：

$$\Sigma M_c = 1.2 \Sigma M_{bua} \tag{4.35b}$$

式中：ΣM_c—— 节点上下柱端截面顺时针或逆时针方向组合的弯矩设计值之和，上下柱端的弯矩设计值，可按弹性分析分配；

ΣM_b—— 节点左右梁端截面逆时针或顺时针方向组合的弯矩设计值之和，一级框架节点左右梁端均为负弯矩时，绝对值较小的弯矩应取零；

ΣM_{bua}—— 节点左右梁端截面逆时针或顺时针方向实配的正截面抗震受弯承载力所对应的弯矩值之和，根据实配钢筋面积（计入梁受压筋和相关楼板钢筋）和材料强度标准值确定；

η_c—— 框架柱端弯矩增大系数；对框架结构的柱子，一、二、三、四级可分别取 1.7、1.5、1.3、1.2；其他结构类型中的柱子，一级可取 1.4，二级宜取 1.2，三、四级宜取 1.1。

一、二、三、四级框架结构的底层，柱下端截面组合的弯矩设计值，应分别乘以增大系数 1.7、1.5、1.3 和 1.2。底层柱纵向钢筋应按上下端的不利情况配置。

顶层柱及轴压比小于 0.15 的柱可不考虑上述要求。

一、二级抗震等级的柱轴力设计值，均应取有地震作用组合所得的柱轴力。

(2) 形成强剪弱弯的设计内力调整

为了满足“强剪弱弯”的要求，需要对柱子剪力设计值进行调整。一、二、三、四级的框架柱组合的剪力设计值应按下式调整：

$$V = \eta_{vc} (M_c^b + M_c^t)/H_n \tag{4.36a}$$

一级抗震框架结构和 9 度设防的一级框架可不按上式调整，但应符合下式要求：

$$V = 1.2 (M_{cua}^b + M_{cua}^t)/H_n \tag{4.36b}$$

式中：V—— 柱端截面组合的剪力设计值；

H_n—— 柱的净高；

M_c^t、M_c^b—— 分别为柱的上下端按公式 4.35 调整后的弯矩设计值；

M_{cua}^t、M_{cua}^b—— 分别为偏心受压柱的上下端实配的正截面抗震受弯承载力所对应的弯矩值，根据实配钢筋面积、材料强度标准值和轴压力等确定；

η_{vc}—— 柱剪力增大系数；对框架结构的柱子，一、二、三、四级可分别取 1.5、1.3、

1.2、1.1；对其他结构类型的柱子，一级可取1.4，二级可取1.2，三、四级可取1.1。

一、二、三、四级框架的角柱，经调整后的组合弯矩设计值、剪力设计值尚应乘以不小于1.10的增大系数。

4.6.2.3 正截面承载力计算

(1) 柱的计算长度 l_0

对梁与柱为刚接的钢筋混凝土框架柱，其计算长度按下列规定取用：

① 对一般多层房屋的钢筋混凝土框架柱

当为现浇楼盖时：

底层柱 $=1.0H$

其余各层柱 $=1.25H$

当为装配式楼盖时

底层柱 $=1.25H$

其余各层柱 $=1.50H$

② 不设楼板或楼板上开孔较大的多层钢筋混凝土框架柱以及无抗侧向力刚性墙体的单跨钢筋混凝土框架柱的计算长度，应根据可靠设计经验或按计算确定。但要注意，此处 H 为层高，对底层柱，H 取为基础顶面到一层楼盖顶面之间的距离；对其余各层柱，取为上、下两层楼盖顶面之间的距离。

(2) 承载力计算

框架柱和框支柱的承载力；按混凝土设计规范的有关规定进行计算；在考虑地震作用组合时应注意：

① 一般柱宜按双向偏心受压构件计算；

② 角柱应按双向偏心受压构件计算；

③ 内力设计值需调整；

④ 原承载力计算公式的右边，除以相应的 γ_{RE} 值。

4.6.2.4 斜截面承载力计算

(1) 第一种情况：框架柱轴力为压力

· 无地震作用组合时：

$$V_c \leqslant \frac{1.75}{\lambda+1} f_t b h_0 + f_{yv} \frac{A_{sv}}{s} h_0 + 0.07N \tag{4.37a}$$

· 有地震作用组合时：

$$V_c \leqslant \frac{1}{\gamma_{RE}} \left(\frac{1.05}{\lambda+1} f_t b h_0 + f_{yv} \frac{A_{sv}}{s} h_0 + 0.056N \right) \tag{4.37b}$$

式中：λ—— 框架柱计算剪跨比，取 $\lambda=\dfrac{H_0}{2h_0}$，当 $\lambda<1$ 时取1，当 $\lambda>3$ 时取3；

N—— 取与 V_c 相同组合的框架柱轴向压力设计值，当 $N>0.3f_c b_c h_c$ 时，取 $N=$

$0.3f_c b_c h_c$。

(2) 第二种情况：框架柱轴力为拉力

· 无地震作用组合时，

$$V_c \leqslant \frac{1.75}{\lambda+1} f_t b h_0 + f_{yv} \frac{A_{sv}}{s} h_0 - 0.2N \tag{4.38a}$$

· 有地震作用组合时，

$$V_c \leqslant \frac{1}{\gamma_{RE}} \left(\frac{1.05}{\lambda+1} f_t b h_0 + f_{yv} \frac{A_{sv}}{s} h_0 - 0.2N \right) \tag{4.38b}$$

公式(4.38)右端计算值不应小于 $f_{yv} \frac{A_{sv}}{s} h_0$，同时 $f_{yv} \frac{A_{sv}}{s} h_0$ 还应 $\geqslant 0.36 f_t b h_0$。式中，N 为取自与 V_c 相同组合的框架柱轴向拉力设计值。

4.6.2.5　构造要求

框架柱设计除需进行承载力计算外，还必须采取合理的构造措施，以保证结构构件具有足够的强度、刚度和延性。构造要求的主要内容有：

(1) 柱纵向受力钢筋的最小总配筋率应按表 4.24 采用，同时每一侧配筋率不应小于 0.2%；对建造于 Ⅳ 类场地且较高的高层建筑，最小总配筋率应增加 0.1%。

表 4.24　柱截面纵向钢筋的最小总配筋率(百分率)

类　别	抗震等级			
	一	二	三	四
中柱和边柱	0.9 (1.0)	0.7 (0.8)	0.6 (0.7)	0.5 (0.6)
角柱、框支柱	1.1 (1.2)	0.9 (1.0)	0.8 (0.9)	0.7 (0.8)

注：1. 表中括号内数值用于框架结构的柱；

2. 钢筋强度标准值小于 400MPa 时，表中数值应增加 0.1，钢筋强度标准值为 400MPa 时，表中数值应增加 0.05；

3. 混凝土强度等级高于 C60 时，上述数值应相应增加 0.1。

柱的纵向钢筋宜对称配置，截面边长大于 400mm 的柱，纵向钢筋间距不宜大于 200mm。柱总配筋率不应大于 5%；剪跨比不大于 2 的一级框架的柱，每侧纵向钢筋配筋率不宜大于 1.2%。边柱、角柱及抗震墙端柱在小偏心受拉时，柱内纵筋总截面面积应比计算值增加 25%；柱纵向钢筋的绑扎接头应避开柱端的箍筋加密区。

(2) 柱箍筋在规定的范围内应加密，加密区的箍筋间距和直径，应符合下列要求：

一般情况下，箍筋的最大间距和最小直径，应按表 4.25 采用；对于一级框架柱的箍筋直径大于 12mm 且箍筋肢距小于 150mm 及二级框架柱的箍筋直径不小于 10mm 且箍筋肢距不大于 200mm 时，除底层柱下端外，最大间距应允许采用 150mm；三级框架柱的截面尺寸不大于 400mm 时，箍筋最小直径应允许采用 6mm；四级框架柱剪跨比不大于 2 时，箍筋直径不应小于 8mm。对于框支柱和剪跨比不大于 2 的框架柱，箍筋间距不应大于 100mm。

表 4.25 柱箍筋加密区的箍筋最大间距和最小直径

抗震等级	箍筋最大间距(采用较小值,mm)	箍筋最小直径(mm)
一	$6d$,100	10
二	$8d$,100	8
三	$8d$,150(柱根 100)	8
四	$8d$,150(柱根 100)	6(柱根 8)

d 为柱纵筋最小直径;

柱的箍筋加密范围,应按下列规定采用:1) 柱端,取截面高度(圆柱直径)、柱净高的 1/6 和 500mm 三者的最大值;2) 底层柱的下端不小于柱净高的 1/3;3) 刚性地面上下各 500mm;4) 剪跨比不大于 2 的柱、因设置填充墙等形成的柱净高与柱截面高度之比不大于 4 的柱、框支柱、一级和二级框架的角柱,取全高。

柱箍筋加密区的箍筋肢距,一级不宜大于 200mm,二、三级不宜大于 250mm,四级不宜大于 300mm。至少每隔一根纵向钢筋宜在两个方向有箍筋或拉筋约束;采用拉筋复合箍时,拉筋宜紧靠纵向钢筋并钩住箍筋。

柱箍筋加密区的体积配箍率应符合下式要求:

$$\rho_v \geqslant \lambda_v f_c / f_{yv} \tag{4.39}$$

式中:ρ_v—— 柱箍筋加密区的体积配箍率,一级不应小于 0.8%,二级不应小于 0.6%,三、四级不应小于 0.4%;计算复合螺旋箍的体积配箍率时,其非螺旋箍的箍筋体积应乘以折减系数 0.80;

f_c—— 混凝土轴心抗压强度设计值,强度等级低于 C35 时,应按 C35 计算;

f_{yv}—— 箍筋或拉筋抗拉强度设计值;

λ_v—— 最小配箍特征值,按表 4.26 采用。

表 4.26 柱箍筋加密区的箍筋最小配箍特征值

抗震等级	箍筋形式	柱轴压比								
		≤0.3	0.4	0.5	0.6	0.7	0.8	0.9	1.0	1.05
一	普通箍、复合箍	0.10	0.11	0.13	0.15	0.17	0.20	0.23		
	螺旋箍、复合或连续复合矩形螺旋箍	0.08	0.09	0.11	0.13	0.15	0.18	0.21		
二	普通箍、复合箍	0.08	0.09	0.11	0.13	0.15	0.17	0.19	0.22	0.24
	螺旋箍、复合或连续复合矩形螺旋箍	0.06	0.07	0.09	0.11	0.13	0.15	0.17	0.20	0.22
三、四	普通箍、复合箍	0.06	0.07	0.09	0.11	0.13	0.15	0.17	0.20	0.22
	螺旋箍、复合或连续复合矩形螺旋箍	0.05	0.06	0.07	0.09	0.11	0.13	0.15	0.18	0.20

注:1. 普通箍指单个矩形箍筋或单个圆形箍筋;螺旋箍指单个螺旋箍筋;复合箍指由矩形、多边形、圆形箍筋或拉筋组成的箍筋;复合螺旋箍指由螺旋箍与矩形、多边形、圆形箍筋或拉筋组成的箍筋;连续复合矩形螺旋箍指全部螺旋箍为同一根钢筋加工成的箍筋;

2. 在计算复合螺旋箍的体积配筋率时,其中非螺旋箍筋的体积应乘以系数 0.8;

3. 混凝土强度等级高于 C60 时,箍筋宜采用复合箍、复合螺旋箍或连续复合矩形螺旋箍,当轴压比不大于 0.6 时,其加密区的最小配箍特征值宜按表中数值增加 0.02;当轴压比大于 0.6 时,宜按表中数值增加 0.03。

对一、二、三、四级抗震等级的柱,其箍筋加密区的箍筋体积配筋率分别不应小于 0.8%、0.6%、0.4% 和 0.4%;框支柱宜采用复合螺旋箍或井字复合箍,其最小配箍特征值应按表 4.26 中的数值增加 0.02 采用,且体积配筋率不应小于 1.5%;当剪跨比 $\lambda \leqslant 2$

时，宜采用复合螺旋箍或井字复合箍，其箍筋体积配筋率不应小于 1.2%；9 度设防烈度时，不应小于 1.5%。

(3) 在箍筋加密区外，箍筋的体积配筋率不宜小于加密区配筋率的一半；对一、二级抗震等级，箍筋间距不应大于 10d；对三、四级抗震等级，箍筋间距不应大于 15d，此处，d 为纵向钢筋直径。

4.6.3　框架梁的设计及构造

4.6.3.1　截面尺寸

框架梁的截面尺寸应符合下列三个要求：

(1) 最小构造截面要求：梁截面高度 h_b 可按 $\left(\frac{1}{8} \sim \frac{1}{12}\right) l_b$ 确定（l_b 为梁的计算跨度），且不宜大于 1/4 净跨；宽度 b_b 不宜小于 $\frac{1}{4} h_b$，且不应小于 200mm。当采用扁梁时尚应满足刚度和裂缝控制的有关要求。

(2) 截面抗剪要求：对矩形、T 形和工字形截面的框架梁应满足(4.33) 式；但(4.33) 式中的剪力设计值为调整后的取值。

(3) 混凝土受压区高度的限制要求：为了保证梁端塑性铰区有足够的延性（转动能力），应限制其受压区高度。对有地震作用组合的梁端箍筋加密区的受压区高度应满足：

一级

$$x \leqslant 0.25 h_{b0} \tag{4.40a}$$

二、三级

$$x \leqslant 0.35 h_{b0} \tag{4.40b}$$

其他情况

$$x \leqslant \xi_b h_{b0} \tag{4.40c}$$

4.6.3.2　内力设计值的调整

当有抗震要求时，为使框架成为梁铰型延性结构，且使梁端铰区具有足够的延性（即转动性能），一方面对梁端范围，在构造上进行箍筋加密，另一方面通过剪力设计值的调整，来达到“强剪弱弯”的设计。具体调整为：

(1) 非抗震设计的框架梁及抗震设计时梁端箍筋加密区以外的梁，取水平荷载或地震作用组合的剪力设计值 V（即不作调整）。

(2) 抗震设计的一、二、三级的框架梁，其梁端截面组合的剪力设计值 V 应按下式调整：

$$V = \eta_{vb} (M_b^l + M_b^r)/l_n + V_{Gb} \tag{4.41a}$$

一级的框架结构和 9 度的一级框架梁可不按上式调整，但应符合下式要求：

$$V = 1.1 (M_{bua}^l + M_{bua}^r)/l_n + V_{Gb} \tag{4.41b}$$

式中：V—— 梁端截面组合的剪力设计值；

l_n—— 梁的净跨；

V_{Gb}—— 梁在重力荷载代表值（9度时高层建筑还应包括竖向地震作用标准值）作用下，按简支梁分析的梁端截面剪力设计值；

M_b^l、M_b^r—— 分别为梁左右端反时针或顺时针方向组合的弯矩设计值，一级框架两端弯矩均为负弯矩时，绝对值较小的弯矩应取零；

M_{bua}^l、M_{bua}^r—— 分别为梁左右端反时针或顺时针方向实配的正截面抗震受弯承载力所对应的弯矩值，根据实配钢筋面积（计入受压筋和梁有效翼缘宽度范围内的楼板钢筋）和材料强度标准值确定；

η_{vb}—— 梁端剪力增大系数，一级取1.3，二级取1.2，三级取1.1。

4.6.3.3 正截面承载力计算

当无地震作用组合时，按混凝土设计规范计算；当有地震作用参与组合时，要考虑抗震承载力调整系数 γ_{RE}，即在相关公式右边除以相应的 γ_{RE}，且要保证混凝土受压区高度在相应的限值以内，确保梁形成塑性铰后的转动能力。

4.6.3.4 斜截面承载力计算

当无地震作用组合时，按混凝土设计规范计算；当有地震作用参与组合时，要考虑抗震承载力调整系数 γ_{RE}，即在的在相关公式右边除以相应的 γ_{RE}。

4.6.3.5 构造要求

梁的钢筋配置，应符合下列各项要求：

(1) 梁端截面的底面和顶面纵向钢筋配筋量的比值，除按计算确定外，一级不应小于0.5，二、三级不应小于0.3。

(2) 梁端箍筋加密区的长度、箍筋最大间距和最小直径应按表4.27采用，当梁端纵向受拉钢筋配筋率大于2%时，表中箍筋最小直径数值应增大2mm。

表4.27 梁端箍筋加密区的长度、箍筋的最大间距和最小直径

抗震等级	加密区长度（采用较大值）(mm)	箍筋最大间距（采用最小值）(mm)	箍筋最小直径(mm)
一	$2h_b$，500	$h_b/4$，$6d$，100	10
二	$1.5h_b$，500	$h_b/4$，$8d$，100	8
三	$1.5h_b$，500	$h_b/4$，$8d$，150	8
四	$1.5h_b$，500	$h_b/4$，$8d$，150	6

注：1. d 为纵向钢筋直径，h_b 为梁截面高度；

2. 箍筋直径大于12m、数量不少于4肢且肢距小于150mm时，一、二级的最大间距应允许适当放宽，但不得大于150mm。

(3) 梁端纵向受拉钢筋的配筋率不宜大于2.5%。沿梁全长顶面、底面的配筋，一、二级抗震等级不应少于 2ϕ14，且分别不应少于梁顶面、底面两端纵向配筋中较大截面面积的 1/4；三、四级不应少于 2ϕ12。

(4) 一、二、三抗震等级框架梁内贯通中柱的每根纵向钢筋直径，对框架结构不应大于矩形截面柱在该方向截面尺寸的 1/20，或纵向钢筋所在位置圆形截面柱弦长的 1/20；对其他结构类型的框架不宜大于矩形截面柱在该方向截面尺寸的 1/20，或纵向钢筋所在位置圆形截面柱弦长的 1/20。

(5) 梁端加密区的箍筋肢距，一级抗震等级不宜大于 200mm 和 20 倍箍筋直径的较大值，二、三级抗震等级不宜大于 250mm 和 20 倍箍筋直径的较大值，四级不宜大于 300mm。

(6) 梁端设置的第一个箍筋距框架节点边缘不应大于 50mm。非加密区的箍筋间距不宜大于加密区箍筋间距的 2 倍。沿梁全长箍筋的配筋率 ρ_{sv} 应符合下列规定：一级抗震等级，$\rho_{sv} \geqslant 0.30\dfrac{f_t}{f_{yv}}$；二级抗震等级，$\rho_{sv} \geqslant 0.28\dfrac{f_t}{f_{yv}}$；三、四级抗震等级，$\rho_{sv} \geqslant 0.26\dfrac{f_t}{f_{yv}}$。

4.6.4　框架梁柱节点的设计及构造

由于梁柱节点在钢筋混凝土结构中处于关键地位，又受弯矩、轴力和剪力的共同作用，受力复杂，而节点本身体积不大，若发生破坏将难以修复和加固，所以节点应保证整个框架结构的安全可靠、经济和施工方便。对装配整体式框架的节点，还需保证结构的整体性，使受力明确，构造简单，安装方便又易于调整，在构件连接后能尽早地承受部分或全部设计荷载，使上部结构得以及时继续安装。

框架体系的多层厂房，在非抗震设计中，常采用全刚接、部分刚接或部分铰接的方案，但在抗震设计中则应采用全刚接的方案。特别是框架体系的高层民用房屋，由于房屋的高度增大、抗侧力的要求提高，所以均采用全刚接的方案。

对于非抗震设计的框架，其节点设计仅通过构造措施便可保证其承载力要求。而对于抗震设计的框架，其节点不仅应有必要的构造措施，而且还应进行节点区受剪承载力的验算，以保证其安全、可靠。

4.6.4.1　非抗震设计节点的构造

现浇框架的横梁与立柱，一般做成刚接节点。图 4.61 表示框架梁、柱的纵向钢筋在节点区的锚固和搭接。同时应符合下列要求：

(1) 顶层中节点柱纵向钢筋和边节点柱内侧纵向钢筋应伸至柱顶；当从梁底边计算的直线锚固长度 $\geqslant l_a$ 时，可不必水平弯折，否则应向柱内或梁、板内水平弯折，当充分利用柱纵向钢筋的抗拉强度时，其锚固段弯折前的竖向投影长度应 $\geqslant 0.5l_a$，弯折后的水平投影长度不宜 $< 12d$。

(2) 顶层端节点处，在梁宽范围以内的柱外侧纵向钢筋可与梁上部纵向钢筋搭接，搭接长度应 $\geqslant 1.5l_a$；在梁宽范围以外的柱外侧纵向钢筋可伸入现浇板内，其伸入长度与伸入梁内的相同。当柱外侧纵向钢筋的配筋率大于 1.2% 时，伸入梁内的柱纵向钢筋宜分两批截断，其截断点之间的距离不宜 < $20d$。

(3) 梁上部纵向钢筋伸入端节点的锚固长度，直线锚固时应 ≥ l_a，且伸过柱中心线的长度不宜 < $5d$；当柱截面尺寸不足时，梁上部纵向钢筋伸至节点对边并向下弯折，锚固段弯折前的水平投影长度应 ≥ $0.4l_a$，弯折后的竖向投影长度应取 $15d$。

(4) 当计算中不利用梁下部纵向钢筋的强度时，其伸入节点内的锚固长度可取 $12d$。当计算中充分利用梁下部纵向钢筋抗拉时强度，其可采用直线方式或向上 90° 弯折方式锚固于节点内，直线锚固时的锚固长度应 ≥ l_a；弯折锚固时，锚固段的水平投影长度 ≥ $0.4l_a$，竖向投影长度应取 $15d$。

装配整体式框架节点构造见有关标准图集。

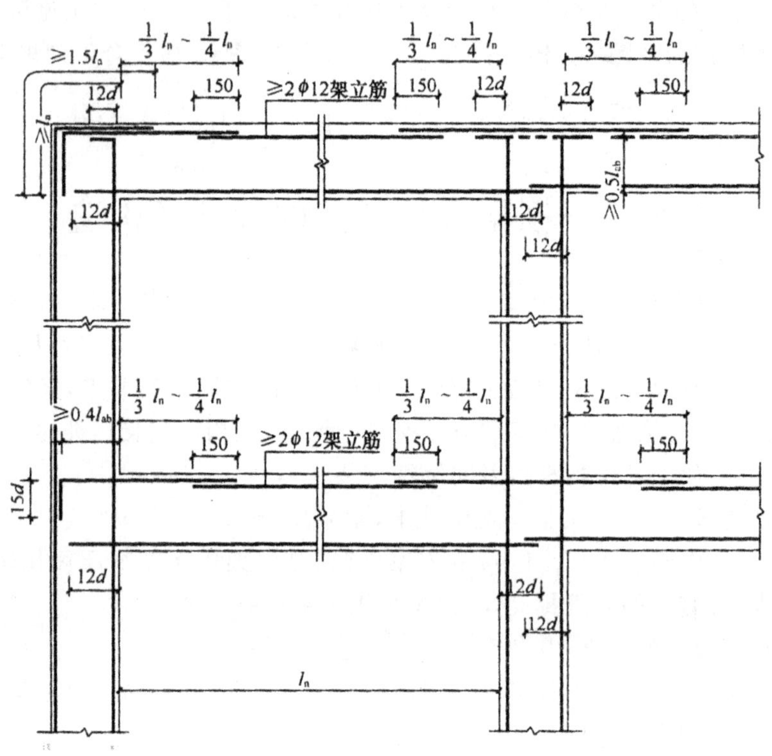

图 4.61　非抗震设计时框架梁、柱纵向钢筋在节点区的锚固要求

4.6.4.2　抗震设计节点的计算与构造

抗震设计中，对框架节点要按照“强柱弱梁，节点更强”的原则进行设计，使节点的承载力强于相连的构件。

框架节点的震害因地震烈度的增高而趋严重。根据震害调查，在 7 度地区节点一般较少损坏；在 8 度地区，部分节点特别是角柱节点有不同程度的破坏；而在 9 度地区则多数节点破坏严重。因此，设计时可按抗震等级分别对待。

节点的震害破坏主要是由于节点区无箍筋或少箍筋，在剪压作用下节点核心区发生交叉的斜向剪切裂缝，混凝土区已被压碎，造成纵向钢筋压屈突出。此外也有梁中纵向钢筋在节点核心区发生的粘结破坏。为了防止粘结破坏，应满足有关框架梁端纵向钢筋的锚固要求。但是节点的抗震设计，主要还是防止核心区的剪切破坏。对此，应适当增大剪力设计值。

(1) 形成“节点更强”的框架节点剪力设计值调整

剪力设计值 V_j 示于图 4.62。地震作用对节点核心区所产生的剪力与框架耗散能量的程度有关。属于一级抗震等级的框架，须具备充分的延性，即要求与节点相连的横梁端部出现塑性铰，形成梁铰延性破坏机构以耗散地震能量，因此，节点的剪力遂取决于横梁端部正截面实际配置的纵向钢筋的屈服弯矩。至于二级、三级抗震等级的框架，其节点核心区的剪力则按照梁端正截面的弯矩设计值取值。当然，为了确保安全，考虑抗震等级的节点核心区受剪承载力必须大于梁端截面的受弯承载力。

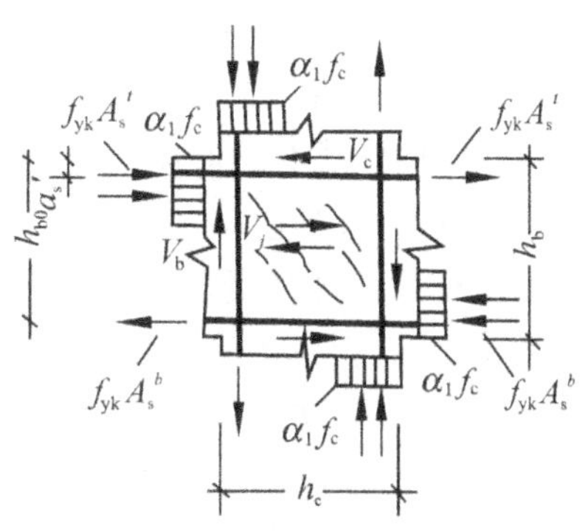

图 4.62　框架节点剪力设计值计算图

框架除顶层外其他层中间节点和端节点，当抗震等级为一、二、三级时框架梁柱节点核芯区组合的剪力设计值，应按下列公式确定：

$$V_j = \frac{\eta_{jb}\Sigma M_b}{h_{b0} - a'_s}\left(1 - \frac{h_{b0} - a'_s}{H_c - h_b}\right) \tag{4.42a}$$

一级抗震等级丝的框架结构和 9 度设防烈度的一级抗震等级框架应符合下式：

$$V_j = \frac{1.15\Sigma M_{bua}}{h_{b0} - a'_s}\left(1 - \frac{h_{b0} - a'_s}{H_c - h_b}\right) \tag{4.42b}$$

式中：V_j—— 梁柱节点核芯区组合的剪力设计值；

h_{b0}—— 梁截面的有效高度，节点两侧梁截面高度不等时可采用平均值；

a'_s—— 梁受压钢筋合力点至受压边缘的距离；

H_c—— 柱的计算高度，可采用节点上、下柱反弯点之间的距离；

h_b—— 梁的截面高度，节点两侧梁截面高度不等时可采用平均值；

η_{jb}—— 节点剪力增大系数，对于框架结构，一级宜取 1.5，二级宜取 1.35，三级宜取 1.2；对于其他结构中的框架，一级宜取 1.35，二级宜取 1.2，三级宜取 1.1；

ΣM_b—— 节点左右梁端逆时针或顺时针方向组合弯矩设计值之和，一级框架节点左右梁端均为负弯矩时，绝对值较小的弯矩应取零；

ΣM_{bua}—— 节点左右梁端逆时针或顺时针方向实配的正截面抗震受弯承载力所对应的弯矩值之和，可根据实配钢筋面积（计入受压筋）和材料强度标准值确定。

(2) 框架节点受剪水平截面的限制条件

由于节点体积较小，核心区截面有限，为了避免核心区斜向压力过大，防止混凝土首先被压碎，规范依据试验资料所作的分析，采用了如下的限制条件：

$$V_j \leqslant \frac{1}{\gamma_{RE}}(0.30\eta_j f_c b_j h_j) \tag{4.43}$$

式中：η_j—— 正交梁对节点的约束影响系数，楼板为现浇，梁柱中线重合，四侧各梁截面宽度不小于该侧柱截面宽度的 1/2，且正交方向梁高度不小于框架梁高度的 3/4 时，采用 1.5，9 度时采用 1.25，其他情况均采用 1.0；

h_j—— 节点核芯区的截面高度，采用验算方向的柱截面高度；

r_{RE}—— 承载力抗震调整系数，采用 0.85；

b_j—— 核芯区截面有效验算宽度。当 $b_b \geqslant b_c/2$ 时，可取 $b_j = b_c$。

当梁、柱轴线有偏心距 e 时，e 不宜大于柱截面宽度的 1/4，此时，节点宽度 b_j 应取取以下三者中的最小值：b_c，$b_b + 0.5h_c$，$0.5(b_b + b_c) + 0.25h_c - e$。

(3) 框架节点的受剪承载力验算

综合框架节点在承受反复荷载作用下性能的试验研究，我国规范对框架节点的受剪承载力采用了理论和经验相结合的计算公式，即节点受剪承载力由混凝土斜压杆和水平箍筋两部分组成，并考虑梁对节点约束作用的有利因素，在试验实测值的基础上加以统计分析确定。

节点核芯区截面抗震受剪承载力，应采用下列公式验算：

$$V_j \leqslant \frac{1}{\gamma_{RE}}\left(1.1\eta_j f_t b_j h_j + 0.05\eta_j N \frac{b_j}{b_c} + f_{yv} A_{svj} \frac{h_{b0} - a'_s}{s}\right) \tag{4.44a}$$

对于 9 度区的一级结构

$$V_j \leqslant \frac{1}{\gamma_{RE}}\left(0.9\eta_j f_t b_j h_j + f_{yv} A_{svj} \frac{h_{b0} - a'_s}{s}\right) \tag{4.44b}$$

式中：N—— 对应于组合剪力设计值的上柱组合轴向压力较小值，其取值不应大于柱的截面面积和混凝土轴心抗压强度设计值的乘积的 50%，当 N 为拉力时，取 $N = 0$；

f_{yv}—— 箍筋的抗拉强度设计值；

f_t—— 混凝土轴心抗拉强度设计值；

A_{svj}—— 核芯区有效验算宽度范围内同一截面验算方向箍筋的总截面面积；

s—— 箍筋间距。

(4) 构造措施

框架节点的梁、柱纵向钢筋在节点区的锚固需满足图 4.63 的要求，以确保其具有足够的受剪承载力和必要的延性。

具体要求如下：

框架中间层中间节点处，框架梁的上部纵向钢筋应贯穿中间节点。贯穿中柱的每根梁纵向钢筋直径，对于 9 度设防烈度的各类框架和一级抗震等级的框架结构，当柱为矩形截面时，不宜大于柱在该方向截面尺寸的 1/25，当柱为圆形截面时，不宜大于纵向钢筋所在位置柱截面弦长的 1/25；对一、二、三级抗震等级，当柱为矩形截面时，不宜大于柱在该方向截面尺寸的 1/20，对圆柱截面，不宜大于纵向钢筋所在位置柱截面弦长的 1/20。

对于框架中间层中间节点、中间层端节点、顶层中间节点以及顶层端节点，梁、柱纵向钢筋在节点部位的锚固和搭接，应符合图 4.63(b) 的相关构造规定。

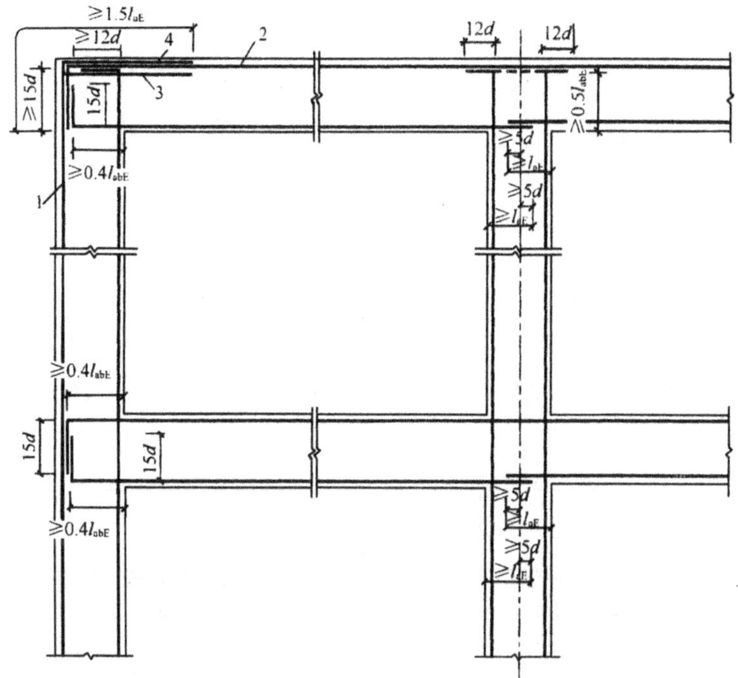

1- 柱外侧纵向钢筋；2- 梁上部纵向钢筋；3- 伸入梁内的柱外侧纵向钢筋；
4- 不能伸入梁内的柱外侧纵向钢筋，可伸入板内

图 4.63(a)　抗震设计时框架梁、柱纵向钢筋在节点区的锚固要求

图 4.61 与 4.63 中有关钢筋的锚固和连接按下列规定计算或确定。

锚固

我国混凝土设计规范规定，受拉钢筋的锚固长度 l_a 由基本锚固长度 l_{ab} 乘以锚固条件修正系数计算，即 $l_a = \zeta_a l_{ab}$（ζ_a 见混凝土设计规范）。这一锚固长度是根据静力实验得到的，故可理解为静力锚固长度。试验表明，在反复荷载作用下，钢筋混凝土的粘结强度要比承受单调荷载时低，即存在着粘结退化现象。对于地震作用组合的钢筋混凝土结构构件，为保障钢筋受拉屈服的锚固长度需要有所加长，与 l_a 和 l_{ab} 对应，分别用 l_{aE} 和 l_{abE} 表示，则它们的计算表达式如下：

$$l_{abE} = \beta l_{ab} \tag{4.45a}$$

$$l_{aE} = \beta l_a \tag{4.45b}$$

式中：l_{ab}—— 钢筋的基本锚固长度；

l_a—— 受拉钢筋的锚固长度；

l_{abE}—— 抗震设计时的钢筋基本锚固长度；

l_{aE}—— 抗震设计时的受拉钢筋锚固长度；

β—— 附加锚固长度系数。当抗震等级为一级、二级时，$\beta = 1.15$；三级时，$\beta = 1.05$；四级时，$\beta = 1.0$。

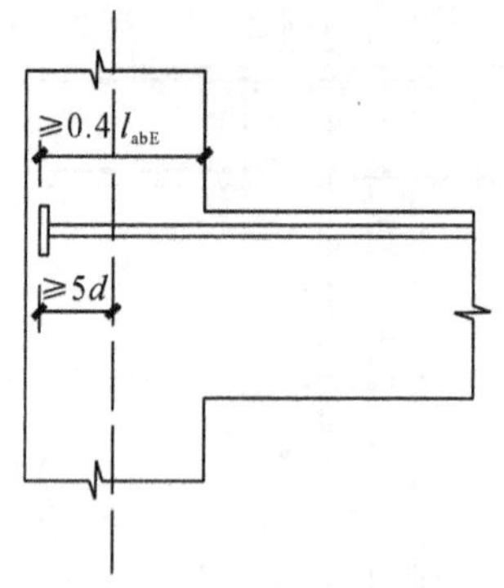

(a) 中间层端节点梁筋加锚头(锚板)锚固

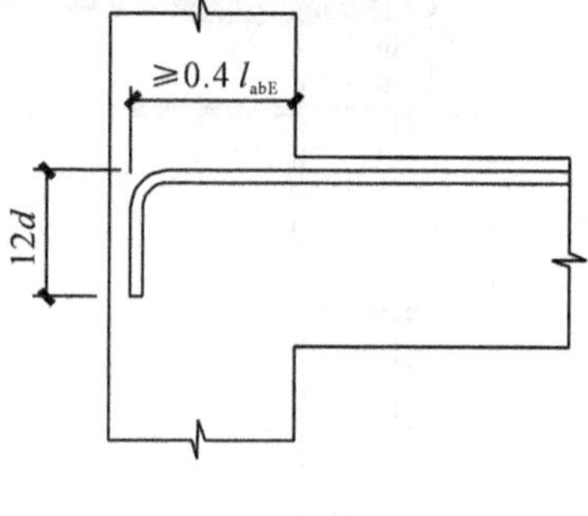

(b) 中间层端间节点梁筋90° 弯折锚固

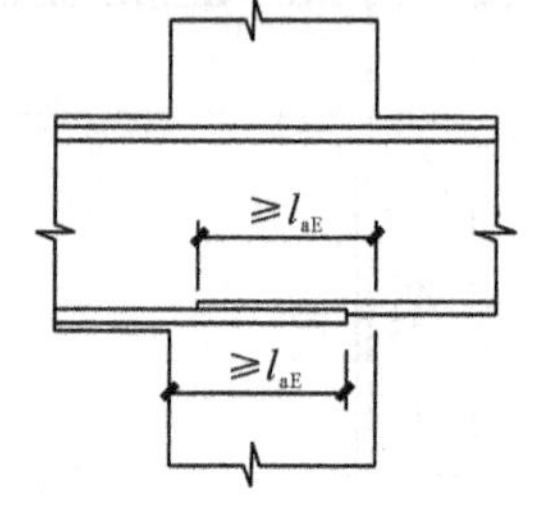

(c) 中间层中间节点梁筋在节点内直锚固

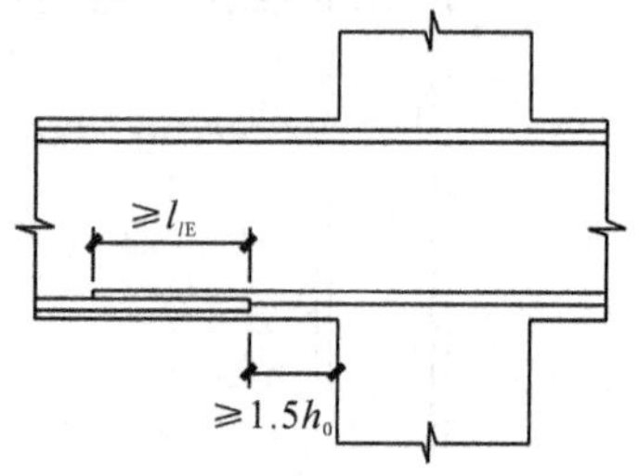

(d) 中间层中间节点梁筋在节点外搭接

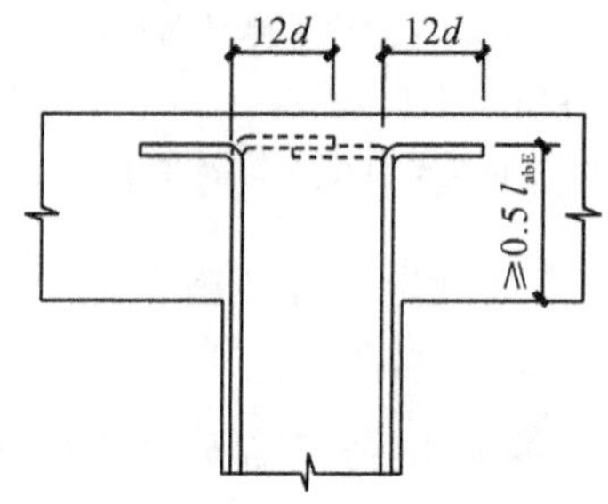

(e) 顶层中间节点柱筋90° 弯折锚固

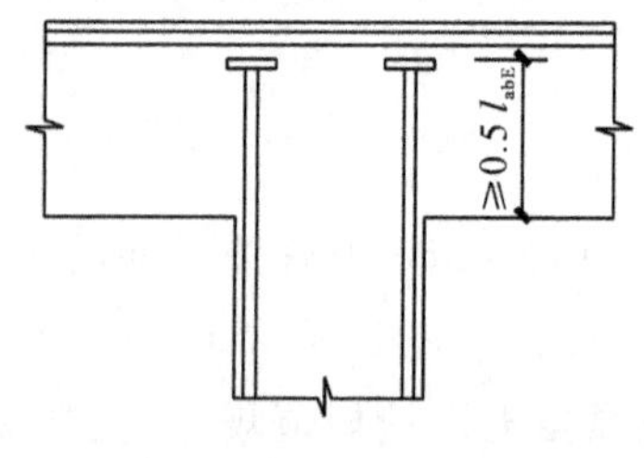

(f) 顶层中间节点柱筋加锚头(锚板)锚固

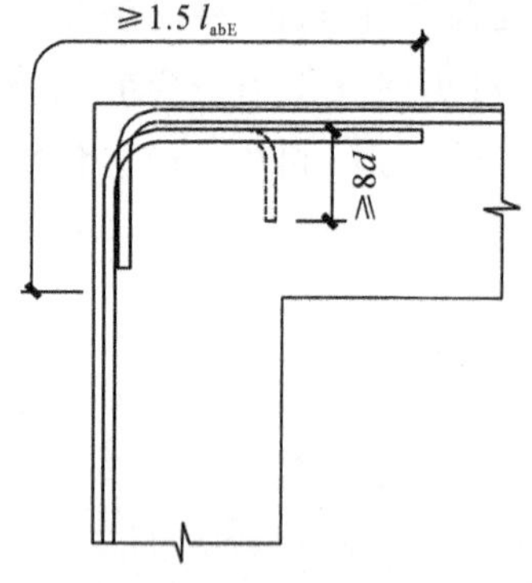

(g) 钢筋在顶层端节点外侧和梁端顶部弯折搭接

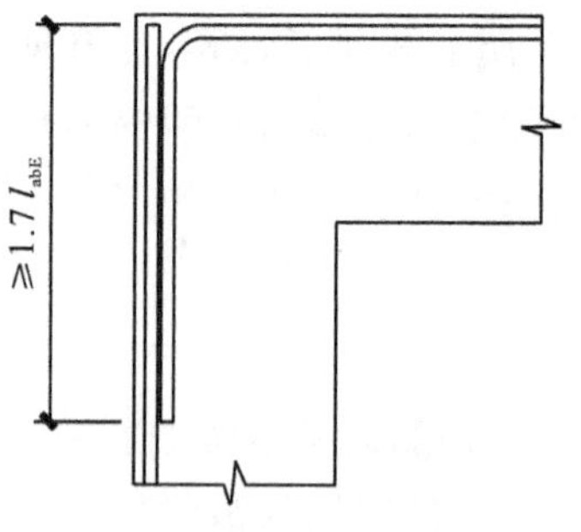

(h) 钢筋在顶层端节点外侧直线搭接

图 4.63(b) 抗震设计时梁和柱的纵向受力钢筋在节点区的锚固和搭接

箍筋末端的锚固

在地震区，由于构件的塑性铰区和重要区段要靠加密箍筋的办法，来形成对核心混凝土的约束作用。因此，要求箍筋的末端应弯成不小于 135° 弯钩，弯钩端头还应有平直段，其长度不应小于 $10d$（d 为箍筋直径）。

连接

钢筋的连接可分为绑扎搭接，机械连接或焊接两类。考虑抗震要求的受力钢筋，宜优先采用焊接，因为钢筋连接处的粘结锚固性能较差。绑扎连接钢筋，处于相向或相反的受力状态，力不作用在同一作用线上，容易产生劈裂裂缝和横向裂缝，损害粘结强度。所以，在抗震等级高或受力较大、受力复杂以及延性要求高的部位，都应采用焊接接头。

当允许采用绑扎连接时，其搭接接头的长度也以最小锚固长度 l_{aE} 为基础，再增加一段附加搭接长度以保证安全，即搭接长度取

$$l_{lE} = \zeta l_{aE} \tag{4.46}$$

式中，ζ—— 搭接长度修正系数；见混凝土结构设计规范。

4.6.5　剪力墙的设计及构造

钢筋混凝土剪力墙是偏心受压或偏心受拉构件，应进行正截面、斜截面及平面外轴心受压承载力计算。当剪力墙上有集中荷载时，尚应进行局部受压承载力的计算。

当纵、横向剪力墙均为现浇时，可考虑其共同工作，即纵墙的一部分可作为横墙的有效翼缘；横墙的一部分也可作为纵墙的有效翼缘。剪力墙的翼缘计算宽度可取剪力墙的间距、门窗洞间墙的宽度、剪力墙的厚度加两侧各 6 倍翼缘墙的厚度和剪力墙墙肢总高度的 1/10 四者中的最小值。因此，剪力墙可以是矩形、T 形和工字形截面。

4.6.5.1　截面尺寸

剪力墙的最小尺寸主要从构造、截面受剪要求和轴压比等 3 个方面去考虑。

(1) 构造要求

剪力墙的厚度，一、二级抗震等级时，一般部位不应小于 160mm 且不宜小于层高或无支长度的 1/20，三、四级抗震等级时，不应小于 140mm 且不宜小于层高或无支长度的 1/25；当墙端无端柱或翼墙时，一、二级抗震等级不宜小于层高或无支长度的 1/16，三、四级抗震等级不宜小于层高或无支长度的 1/20。剪力墙的底部加强部位的墙厚，一、二级抗震等级不应小于 200mm 且不宜小于层高或无支长度的 1/16，三、四级抗震等级不应小于 160mm 且不宜小于层高或无支长度的 1/20；当墙端无端柱或翼墙时，一、二级抗震等级不宜小于层高或无支长度的 1/12，三、四级不宜小于层高或无支长度的 1/16。

(2) 受剪截面的要求

· 无地震作用组合：

$$V \leqslant 0.25\beta_c f_c b_w h_{w0} \tag{4.47a}$$

·有地震作用组合：

当$\lambda > 2.5$时

$$V \leqslant \frac{1}{\gamma_{RE}}(0.2\beta_c f_c b_w h_{w0}) \tag{4.47b}$$

当$\lambda \leqslant 2.5$时

$$V \leqslant \frac{1}{\gamma_{RE}}(0.15\beta_c f_c b_w h_{w0}) \tag{4.47c}$$

式中：V—— 剪力墙调整后的剪力设计值；

b_w—— 矩形截面的宽度或工字形截面、T形截面的腹板宽度；

h_{w0}—— 截面有效高度；

λ—— 剪跨比。

(3) 轴压比的要求

一、二、三级剪力墙在重力荷载代表值作用下墙肢的轴压比，一级时，9度不宜大于0.4，7、8度不宜大于0.5；二、三级时不宜大于0.6。一、二、三级短肢剪力墙的轴压比分别不宜大于0.45、0.50、0.55。

4.6.5.2 内力设计值的调整

按剪力墙延性设计的概念，为了保证剪力墙"强剪弱弯"的要求，需调整内力设计值。剪力墙是十分重要的抗侧力构件，由于其只在底部出现塑性铰，因此，对其底部要特别加强配筋，这一区域称为底部加强区，其范围参见后述构造要求。高层规程针对剪力墙给出了以下内力调整的规定：

(1) 一级抗震等级剪力墙的底部加强部位以上的部位，各截面组合弯矩设计值和组合剪力设计值需乘以增大系数，弯矩增大系数取1.2，剪力增大系数取1.3。

(2) 底部加强部位剪力墙截面的剪力设计值，一、二、三级抗震等级时按(4.48a)调整，9度设防烈度的一级抗震等级剪力墙按(4.48b)调整。二、三级的其他部位及四级时可不调整。

$$V = \eta_{vw} V_w \tag{4.48a}$$

$$V = 1.1 \frac{M_{wua}}{M_w} V_w \tag{4.48b}$$

式：V—— 底部加强部位剪力墙截面剪力设计值；

V_w—— 底部加强部位剪力墙截面考虑地震作用组合的剪力计算值；

M_w—— 底部加强部位剪力墙藿面弯距的组合计算值；

M_{wua}—— 剪力墙正截面抗震受弯承载力，应考虑抗震调整系数γ_{RE}、采用实配纵筋面积、材料强度标准值和组合轴力设计值等计算，有翼墙时应计入两侧翼墙厚度范围内纵向钢筋；

η_{VC}—— 剪力增大系数；一级取1.6，二级取1.4，三级取1.2。

4.6.5.3 正截面承载力计算

剪力墙的正截面承载力计算与一般的偏压(拉)构件相同，但因墙肢中有均匀配置的水平和竖向分布钢筋，应在计算中考虑其作用，所以可按混凝土设计规范的有关规定计算，但在公式中增加一项由均匀配置的竖向分布钢筋所承担的轴向力 N_{sw} 和其对端部拉筋 A_s 重心的力矩 M_{sw}。当然，N_{sw} 与 M_{sw} 可按平截面假定并列出平衡方程进行计算，但很繁琐。所以高层规程给出了近似的简化计算。

(1) 偏心受压

· 无地震作用组合时，

$$N \leqslant A'_s f'_y - A_s\sigma_s - N_{sw} + N_c \tag{4.49a}$$

$$N\left(e_0 + h_{w0} - \frac{h_w}{2}\right) \leqslant A'_s f'_y (h_{w0} - a'_s) - M_{sw} + M_c \tag{4.49b}$$

当 $x > h'_f$ 时

$$N_c \leqslant \alpha_1 f_c b_w x + \alpha_1 f_c (b'_f - b_w) \tag{4.49c}$$

$$M_c \leqslant \alpha_1 f_c b_w x\left(h_{w0} - \frac{x}{2}\right) + \alpha_1 f_c (b'_f - b_w) h'_f \left(h_{w0} - \frac{h'_f}{2}\right) \tag{4.49d}$$

当 $x \leqslant h'_f$ 时

$$N_c \leqslant \alpha_1 f_c b'_f x \tag{4.49e}$$

$$M_c \leqslant \alpha_1 f_c b'_f x (h_{w0} - \frac{x}{2}) \tag{4.49f}$$

当 $x \leqslant \xi_b h_{w0}$ 时

$$\sigma_s = f_y \tag{4.49g}$$

$$N_{sw} = (h_{w0} - 1.5x) b_w f_{yw} \rho_w \tag{4.49h}$$

$$M_{sw} = \frac{1}{2}(h_{w0} - 1.5x)^2 b_w f_{yw} \rho_w \tag{4.49i}$$

当 $x > \xi_b h_{w0}$ 时

$$\sigma_s = \frac{f_y}{\xi_b - 0.8}\left(\frac{x}{h_{w0}} - \beta_c\right) \tag{4.49j}$$

$$N_{sw} = 0 \tag{4.49k}$$

$$M_{sw} = 0 \tag{4.49l}$$

$$\xi_b = \frac{\beta_c}{1 + \frac{f_y}{E_s \varepsilon_{cu}}} \tag{4.49m}$$

式中：b'_f——T 形或 I 形截面受压区翼缘宽度；

e_0—— 偏心距，$e_0 = M/N$；

f_y、f'_y—— 分别为剪力墙端部受拉钢筋和受压钢筋的强度设计值；

f_{yw}—— 剪力墙竖向分布钢筋强度设计值；

f_c—— 混凝土轴心抗压强度设计值；

h'_f——T 形或 I 形截面受压区翼缘高度；

h_{w0}—— 剪力墙截面有效高度，$h_{w0} = h_w - a'_s$；

a'_s—— 剪力墙受压区端部钢筋合力点到受压区边缘的距离，一般取 $a'_s = b_w$；

ρ_w—— 剪力墙竖向分布钢筋配筋率；

ε_{cu}—— 混凝土极限压应变；

ξ_b—— 相对界限受压区高度。

·有地震作用组合时，仍按式(4.49a)～(4.49m)计算，但在公式(4.49a)和(4.49b)等号右端均应除以承载力抗震调整系数 γ_{RE}，γ_{RE} 取 0.85。

(2) 偏心受拉

·无地震作用组合时，

$$N \leqslant \frac{1}{\dfrac{1}{N_{ou}} + \dfrac{e_0}{M_{wu}}} \tag{4.50a}$$

·有地震作用组合时，

$$N \leqslant \frac{1}{\gamma_{RE}}\left(\frac{1}{\dfrac{1}{N_{ou}} + \dfrac{e_0}{M_{wu}}}\right) \tag{4.50b}$$

$$N_{ou} = 2A_s f_y + A_{sw} f_{yw} \tag{4.50c}$$

$$M_{wu} = A_s f_y (h_{w0} - a'_s) + A_{sw} f_{yw} \frac{(h_{w0} - a'_s)}{2} \tag{4.50d}$$

式中：A_{sw} 为剪力墙腹板竖向分布钢筋的全部截面面积。

4.6.5.4 斜截面受剪承载力计算

(1) 偏心受压

与偏心受压构件一样，由于轴向压力的存在提高了剪力墙的受剪承载力，其值可按下式计算。

·无地震作用组合时，

$$V \leqslant \frac{1}{\lambda - 0.5}\left(0.5 f_t b_w h_{w0} + 0.13 N \frac{A_w}{A}\right) + f_{yh} \frac{A_{sw}}{s} h_{w0} \tag{4.51a}$$

·有地震作用组合时，

$$V \leqslant \frac{1}{\gamma_{RE}}\left[\frac{1}{\lambda - 0.5}\left(0.4 f_t b_w h_{w0} + 0.1 N \frac{A_w}{A}\right) + 0.8 f_{yh} \frac{A_{sw}}{s} h_{w0}\right] \tag{4.51b}$$

式中：N—— 剪力墙轴向压力设计值，当 $N > 0.2 f_c b_w h_w$ 时，取 $N = 0.2 f_c b_w h_w$；

A—— 剪力墙截面面积；

A_w——T 形或工字形截面墙肢的腹板面积，矩形取 $A_w = A$；

λ—— 计算截面处的剪跨比，$\lambda = \dfrac{M}{V h_{w0}}$，$\lambda < 1.5$ 时，取 $\lambda = 1.5$，$\lambda > 2.2$ 时，取 $\lambda = 2.2$；此处 M 为与 N 相应的弯矩值。当计算截面与墙底之间距离小于 $h_{w0}/2$ 时，λ 应按距墙底 $h_{w0}/2$ 处的弯矩值与剪力值计算；

A_{sh}—— 配置在同一截面内水平分布筋各肢面积总和；

s—— 水平分布筋间距。

(2) 偏心受拉

由于轴向拉力的存在，将降低剪力墙的受剪承载力，具体计算如下。

· 无地震作用组合时，

$$V \leqslant \frac{1}{\lambda - 0.5}\left(0.5 f_t b_w h_{w0} - 0.13 N \frac{A_w}{A}\right) + f_{yh} \frac{A_{sw}}{s} h_{w0} \tag{4.52a}$$

当上式等号右边计算值小于 $f_{yh} \frac{A_{sw}}{s} h_{w0}$ 时，取 $f_{yh} \frac{A_{sw}}{s} h_{w0}$。

· 有地震作用组合时，

$$V \leqslant \frac{1}{\gamma_{RE}}\left[\frac{1}{\lambda - 0.5}\left(0.4 f_t b_w h_{w0} - 0.1 N \frac{A_w}{A}\right) + 0.8 f_{yh} \frac{A_{sw}}{s} h_{w0}\right] \tag{4.52b}$$

当上式等号右边计算值小于 $0.8 f_{yh} \frac{A_{sw}}{s} h_{w0}$ 时，取 $0.8 f_{yh} \frac{A_{sw}}{s} h_{w0}$。

4.6.5.5 水平施工缝处抗剪计算

为避免水平施工缝处墙体受剪后沿缝滑移破坏，对按一级抗震等级的剪力墙，设计时应验算水平施工缝处的抗滑移能力，验算如下：

$$V_{wj} \leqslant \frac{1}{\gamma_{RE}}(0.6 f_y A_s + 0.8 N) \tag{4.53}$$

式中：V_{wj}—— 水平施工缝处考虑地震作用组合的剪力设计值；

N—— 水平施工缝处考虑地震作用组合的不利轴向力设计值；压力取正值，拉力取负值；

A_s—— 水平施工缝处剪力墙腹板内竖向分布钢筋和边缘构件中竖向钢筋的总面积(不包括两侧翼墙)，以及在墙体中有足够锚固长度的附加竖向插筋面积；

f_y—— 竖向钢筋抗拉强度设计值。

4.6.5.6 构造措施

(1) 剪力墙竖向、横向分布钢筋的配筋，应符合下列要求：

一、二、三级抗震等级剪力墙的竖向和横向分布钢筋最小配筋率均不应小于 0.25%，四级剪力墙分布钢筋最小配筋率不应小于 0.20%。剪力墙的竖向和横向分布钢筋的间距不宜大于 300mm，直径不宜大于墙厚的 1/10 且不应小于 8mm。部分框支剪力墙结构的落地剪力墙底部加强部位，竖向和横向分布钢筋的配筋率不应小于 0.3%，间距不宜大于 200mm。剪力墙竖向和横向分布钢筋应双排布置，双排分布钢筋间拉筋的间距不宜大于 600mm，直径不应小于 6mm。

(2) 剪力墙两端和洞口两侧应设置边缘构件，边缘构件包括暗柱、端柱、翼墙和封角墙，并应符合下列要求：

对于剪力墙结构，底层墙肢底截面的轴压比不大于表 4.28 规定的一、二、三级剪力墙及四级剪力墙，墙肢两端可设置构造边缘构件，构造边缘构件的范围可按图 4.64 采用，构造边缘构件的配筋除应满足受弯承载力要求外，并宜符合表 4.29 的要求。

表 4.28　剪力墙设置构造边缘构件的最大轴压比

抗震等级或烈度	一级(9 度)	一级(7、8 度)	二、三级
轴压比	0.1	0.2	0.3

表 4.29　剪力墙构造边缘构件的配筋要求

抗震等级	底部加强部位			其他部位		
	纵向钢筋最小量(取较大值)	箍筋		纵向钢筋最小量(取较大值)	拉筋	
		最小直径(mm)	沿竖向最大间距(mm)		最小直径(mm)	沿竖向最大间距(mm)
一	$0.010A_c$,6ϕ16	8	100	$0.008A_c$,6ϕ14	8	150
二	$0.008A_c$,6ϕ14	8	150	$0.006A_c$,6ϕ12	8	200
三	$0.006A_c$,6ϕ12	6	150	$0.005A_c$,4ϕ12	6	200
四	$0.005A_c$,4ϕ12	6	200	$0.004A_c$,4ϕ12	6	250

注:1. A_c 为边缘构件的截面面积;

2. 其他部位的拉筋,水平间距不应大于纵筋间距的 2 倍;转角处宜采用箍筋;

3. 当端柱承受集中荷载时,其纵向钢筋、箍筋直径和间距应满足柱的相应要求。

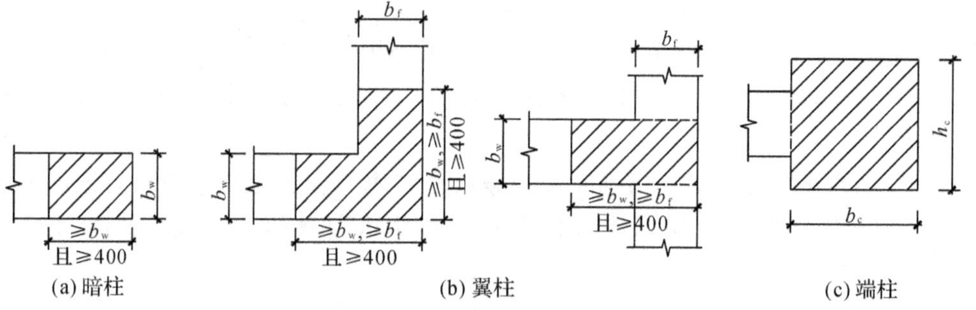

图 4.64　剪力墙的构造边缘构件范围

底层墙肢底截面的轴压比大于表 4.28 规定的一、二、三级剪力墙,以及部分框支剪力墙结构的剪力墙,应在底部加强部位及相邻的上一层设置约束边缘构件,在以上的其他部位可设置构造边缘构件。约束边缘构件沿墙肢的长度、配箍特征值、箍筋和纵向钢筋宜符合表 4.30 的要求(图 4.65)。

表 4.30　剪力墙约束边缘构件的范围及配筋要求

项目	一级(9 度)		一级(8 度)		二、三级	
	$\lambda \leqslant 0.2$	$\lambda \geqslant 0.3$	$\lambda \leqslant 0.3$	$\lambda \geqslant 0.4$	$\lambda \leqslant 0.4$	$\lambda \geqslant 0.5$
l_c(暗柱)	$0.20h_w$	$0.25h_w$	$0.15h_w$	$0.20h_w$	$0.15h_w$	$0.20h_w$
l_c(翼墙或端柱)	$0.15h_w$	$0.20h_w$	$0.10h_w$	$0.15h_w$	$0.10h_w$	$0.15h_w$
λ_v	0.12	0.20	0.12	0.20	0.12	0.20
纵向钢筋(取较大值)	$0.12A_c$,8ϕ16		$0.12A_c$,8ϕ16		$0.10A_c$,6ϕ16(三级 6ϕ14)	
箍筋或拉筋沿竖向间距	100mm		100mm		150mm	

注：1. 剪力墙的翼墙长度小于其 3 倍厚度或端柱截面边长小于 2 倍墙厚时，按无翼墙、无端柱查表；

2. l_c 为约束边缘构件沿墙肢长度，且不小于墙厚和 400mm；有翼墙或端柱时不应小于翼墙厚度或端柱沿墙肢方向截面高度加 300 mm；

3. v 为约束边缘构件的配箍特征值，体积配箍率可按对柱的要求计算，并可适当计入满足构造要求且在墙端有可靠锚固的水平分布钢筋的截面面积；

4. h_w 为剪力墙墙肢长度；

5. 为墙肢轴压比；

6. A_c 为图 4.65 中约束边缘构件阴影部分的截面面积。

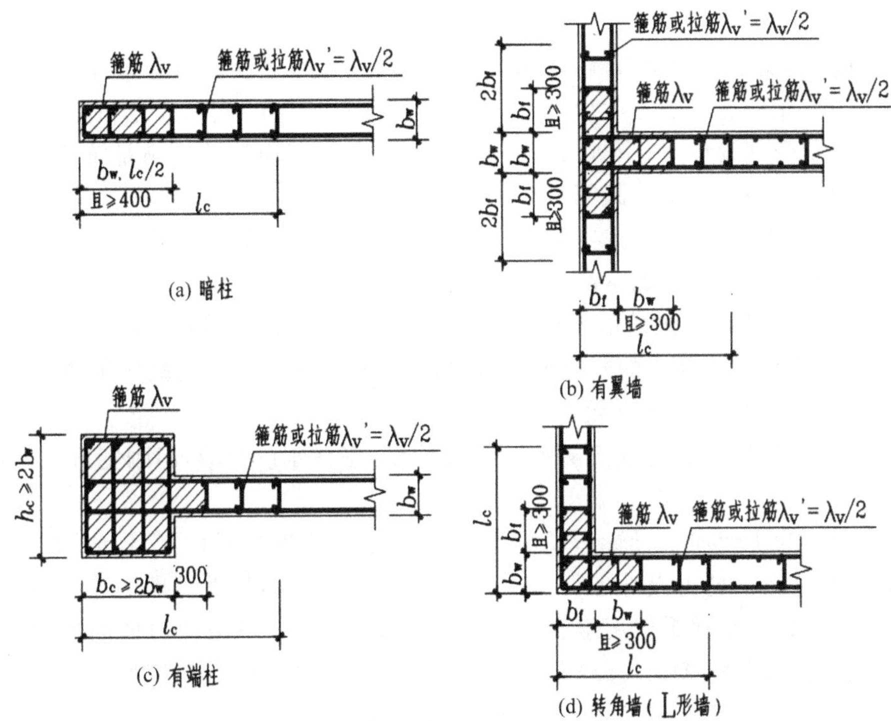

图 4.65　剪力墙的约束边缘构件

4.6.6　连梁的设计(普通配筋)

4.6.6.1　截面尺寸

连梁的截面尺寸应符合以下要求。

(1) 无地震作用组合：

$$V \leqslant 0.25\beta_c f_c b_b h_{bo} \tag{4.54a}$$

(2) 有地震作用组合：

跨高比大于 2.5 的连梁

$$V \leqslant \frac{1}{\gamma_{RE}}(0.2\beta_c f_c b_b h_{bo}) \tag{4.54b}$$

跨高比不大于 2.5 的连梁

$$V \leqslant \frac{1}{\gamma_{RE}}(0.15\beta_c f_c b_b h_{bo}) \tag{4.54c}$$

式中：V—— 连梁调整后的剪力设计值；

b_b—— 连梁的截面宽度；

h_{bo}—— 连梁的截面有效高度。

4.6.6.2 内力的调整

连梁连接刚度很大的剪力墙，在水平力作用下，将产生较大的弯矩和剪力。由于剪力墙厚度较小，相应连梁的宽度也较小，许多情况下使连梁的截面尺寸和配筋都难以满足要求，难以承受其设计弯矩和剪力。主要困难是：连梁截面尺寸不满足抗剪要求；斜截面承载力不足；纵向受弯钢筋超筋。

如果只是扩大截面尺寸，连梁刚度迅速增大，相应地连梁的计算内力也增大，问题还是无法解决。工程常采用如下的处理方法：

(1) 在满足结构位移限值的前提下，适当减小连梁的高度，使连梁的弯矩和剪力迅速减小。有时，可在减小高度的同时增大墙厚，因为连梁刚度随高度减小很快降低。

(2) 加大洞口宽度，增加连梁的跨度。

(3) 水平力作用下，连梁由于开裂而刚度降低，考虑刚度折减，但刚度折减系数不得小于 0.5。

如前所述，为了使连梁梁端形成塑性铰，以增加剪力墙的延性，设计成“强剪弱弯”，因而设计中对连梁的剪力设计进行调整。非抗震设计以及四级剪力墙的连梁，应分别取考虑水平风荷载、水平地震作用组合的剪力设计值。一、二、三级剪力墙的连梁，其梁端截面组合的剪力设计值按(4.55a) 调整，9 度时一级框架按(4.55*b*) 调整。

$$V = \eta_{vb}\ (M_b^l + M_b^r)/l_n + V_{Gb} \tag{4.55a}$$

$$V = 1.1\ (M_{bua}^l + M_{bua}^r)/l_n + V_{Gb} \tag{4.55b}$$

式中：V—— 连梁端截面的剪力设计值；

l_n—— 连梁的净跨；

V_{Gb}—— 梁在重力荷载代表值作用下，按简支梁分析的梁端截面剪力设计值；

M_b^l、M_b^r—— 分别为梁左右端反时针或顺时针方向组合的弯矩设计值；一级框架两端弯矩均为负弯矩时，绝对值较小的弯矩应取零；

M_{bua}^l、M_{bua}^r—— 分别为梁左右端反时针或顺时针方向实配的正截面抗震受弯承载力所对应的弯矩值，根据实配钢筋面积(计入受压筋) 和材料强度标准值并考虑承载力抗震调整系数计算；

η_{vb}—— 连梁端截面剪力增大系数，一级取 1.3，二级取 1.2，三级取 1.1。

4.6.6.3 正截面受弯承载力计算

连梁跨高比 l_0/h 常常比较小。当 l_0/h 大于 5.0 时，其正截面承载力按普通的受弯构件计算；当 l_0/h 小于 5.0 时按深受弯构件计算。

4.6.6.4　斜截面受剪承载力计算

连梁不设置弯起钢筋，全部剪力由箍筋和混凝土承受。

(1) 无地震作用组合：

$$V \leqslant 0.7 f_t b_b h_{bo} + f_{yv} \frac{A_{sv}}{s} h_{b0} \tag{4.56a}$$

(2) 有地震作用组合：

跨高比大于 2.5 的连梁

$$V \leqslant \frac{1}{\gamma_{RE}}(0.42 f_t b_b h_{bo} + f_{yv} \frac{A_{sv}}{s} h_{b0}) \tag{4.56b}$$

跨高比不大于 2.5 的连梁

$$V \leqslant \frac{1}{\gamma_{RE}}(0.38 f_t b_b h_{bo} + 0.9 f_{yv} \frac{A_{sv}}{s} h_{b0}) \tag{4.56c}$$

式中：V—— 连梁调整后的剪力设计值。

4.6.6.5　构造措施

(1) 跨高比不大于 1.5 的连梁，非抗震设计时，其纵向钢筋的最小配筋率可取为 0.2%；抗震设计时，其纵向钢筋的最小配筋率须符合表 4.31 的要求；跨高比大于 1.5 的连梁，其纵向钢筋的最小配筋率按框架梁采用。连梁的顶面及底面单侧纵向钢筋的最大配筋率不宜大于 2.5%；抗震设计时，顶面及底面单侧纵向钢筋的最大配筋率宜符合表 4.32 的要求。

表 4.31　跨高比不大于 1.5 的连梁纵向钢筋的最小配筋率(%)

跨高比	最小配筋率(采用较大者)
$l/h_b \leqslant 0.5$	$0.20, 45 f_t/f_y$
$0.5 \leqslant l \leqslant h_b \leqslant 1.5$	$0.25, 55 f_t/f_y$

表 4.32　连梁纵向钢筋的最大配筋率(%)

跨高比	最大配筋率
$l/h_b \leqslant 1.0$	0.6
$1.0 < l/h_b \leqslant 2.0$	1.2
$2.0 < l/h_b \leqslant 2.5$	1.5

(2)连梁顶面、底面纵向钢筋伸入墙肢的长度，抗震设计时不应小于 l_{aE}，非抗震设计时不应小于 l_a，且均不应小于 600mm。抗震设计时，沿连梁全长箍筋加密，加密配置要求同框架梁的箍筋加密区；非抗震设计时，沿连梁全长的箍筋直径不应小于 6mm，间距不应大于 150mm。顶层连梁纵向钢筋伸入墙肢的长度范围内应配置箍筋，箍筋间距不宜大于 150mm，直径应与该连梁的箍筋直径相同。

复习思考题

1. 多层与高层结构的设计有哪些特点？

2. 什么是结构的延性？为什么在抗震设计时要强调结构的延性？

3. 常用的竖向结构体系(或称抗侧力结构体系)有哪些？

4. 各种常用的竖向结构体系的受力有何特点？其布置有何要求？

5. 理解框架一剪力墙结构体系中,框架与剪力墙如何协同工作。

6. 高层结构的总体布置应考虑哪些问题及如何考虑？

7. 风载的特点有哪些？如何计算风载？

8. 地震作用的特点有哪些？如何计算地震作用？

9. 采用计算机作结构分析手段时,工程师的主要任务是什么？为什么？

10. 为什么说目前大部分结构分析程序采用结构处于弹性受力状态的假定是合理的。

11. 掌握框架结构的简化近似分析方法:分层法、反弯点法和改进反弯点法。

12. 了解框架在水平作用下侧移的近似计算方法。

13. 结构及截面设汁的要求有哪些？

14. 抗震设计的基本要求是什么？

15. 如何提高框架梁、框架柱的延性？

16. 延性框架的设计思想有哪些？

17. 如何提高剪力墙的延性？

18. 框架柱、框架梁及节点的设计应掌握哪些要点？

19. 剪力墙设计有哪些内容？如何进行？

20. 剪力墙的水平分布筋和竖向分布筋起什么作用？

第 5 章

PKPM 软件简介及算例分析

导 读

软件应用在建筑结构设计中已经起到越来越大的作用，这为结构工程师节省了大量的时间，也提高了结构设计的效率和质量。现在国内建筑结构设计院主要使用 PKPM 系列软件进行结构设计。本章将对 PKPM 系列软件进行简要介绍，着重讲解结构模块的应用，并以一个钢筋混凝土框架结构设计为例，介绍利用 PKPM 软件进行结构设计的主要步骤。

5.1 PKPM 系列软件简介

PKPM 系列建筑工程软件系统是一套集建筑设计、结构设计、设备设计等软件于一体的大型建筑工程综合 CAD 系统，系统界面如图 5.1 所示(配图基于 PKPM2010 网络版，下同)。PKPM 软件包括结构、建筑、钢结构、特种结构、砌体结构、鉴定加固和设备板块。对于钢筋混凝土结构设计来说，主要是使用结构模块。

PKPM 系列建筑工程软件系统各软件之间的联系如图 5.2 所示。

5.1.1 结构模块

PKPM 结构模块是 PKPM 设计系统重要组成部分之一。结构模块又包含 PM-

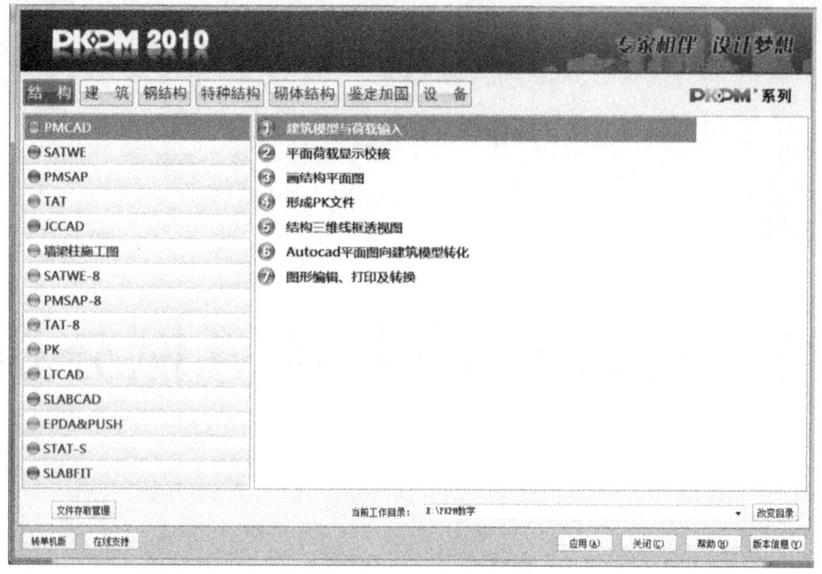

图 5.1 PKPM 系列软件界面

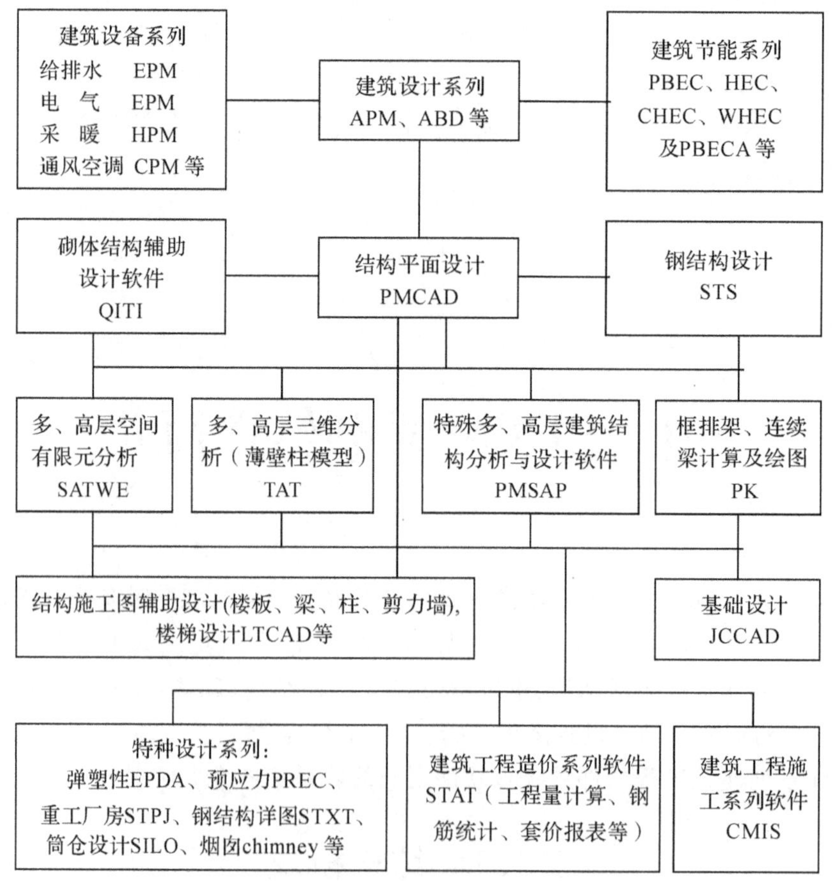

图 5.2 PKPM 设计 CAD 系统各软件联系框图

CAD、SATWE、墙梁柱施工图、PK、PMSAP、TAT、JCCAD等软件，下面简要介绍个软件的功能。

(1)结构平面计算机辅助设计软件PMCAD，PMCAD是整个结构CAD的核心，它建立的全楼结构模型是PKPM各二维、三维结构计算软件的前处理部分，也是梁、柱、剪力墙、楼板等施工图设计软件和基础CAD的必备接口软件。PMCAD也是建筑CAD与结构的必要接口。

(2)钢筋混凝土框架、排架结构以及连续梁计算与施工图绘制软件PK。PK模块具有二维结构计算和钢筋混凝土梁柱施工图绘制两大功能。

(3)高层建筑结构空间有限元分析软件SATWE。SATWE适用于多层和高层钢筋砼框架、框架—剪力墙、剪力墙结构以及高层钢结构和钢一混凝土混合结构。

(4)多、高层建筑结构三维分析程序TAT。TAT是采用薄壁杆件原理的空间分析程序，它适用于分析设计各种复杂体型的多、高层建筑，不但可以计算钢筋混凝土结构，还可以计算钢—混凝土混合结构、纯钢结构，井字梁及带有支撑或斜柱结构。

(5)复杂多层及高层建筑结构分析与设计软件PMSAP。PMSAP在程序总体结构的组织上采用了通用程序技术，在剪力墙单元、楼板单元的计算以及动力求解器等关键的分析技术上采用了先进的研究成果。PMSAP直接针对多层及高层建筑中所出现的各种复杂情形。

(6)多层及高层建筑结构弹塑性静、动力分析软件EPDA& PUSH。EPDA& PUSH软件可对结构进行罕遇地震作用下的弹塑性静力和动力分析，以了解结构的抗震性能，确定薄弱层位置并进行罕遇地震作用下结构的弹塑性变形验算。

(7)楼梯计算机辅助设计软件LTCAD。适用于单跑、二跑、三跑的梁式及板式楼梯和螺旋及悬挑等各种异形楼梯。LTCAD可完成楼梯的内力与配筋计算及施工图设计，画出楼梯平面图，竖向剖面图，楼梯板，楼梯梁及平台板配筋详图。LTCAD可与PM-CAD或APM连接使用，只需指定楼梯间所在位置并提供楼梯布置数据，即可快速成图。

(8)基础CAD设计软件JCCAD。JCCAD是建筑工程的基础设计软件，可完成柱下独立基础、墙下条形基础、弹性梁、带肋筏板、柱下平板(板厚可不同)、墙下筏板、柱下独立桩基承台基础、桩筏基础、桩格梁基础及单桩的设计。同时还可完成由上述多类基础组合起来的大型混合基础设计。

需要指出的是，对于普通的钢筋混凝土结构而言，较常使用的是PMCAD、SAT-WE、墙梁柱施工图以及JCCAD，一般情况下，先应用PMCAD进行结构平面设计，包括建模和荷载输入等，然后使用SATWE进行分析和计算后通过墙梁柱施工图绘制和输出主体结构施工图，最后使用JCCAD设计基础。只有一些特殊结构计算和分析的时候才会使用PMSAP或者TAT等功能软件。

5.1.2 其他模块

PKPM中除结构模块外，还有建筑、钢结构、特种结构、砌体结构、鉴定加固和设备板块。由于本课程侧重点在钢筋混凝土结构设计，所以本章节的内容将主要集中在结构板块中，而其他板块的内容将不再展开讲解。另外，在本章节的学习中，将会以一个简单的钢筋混凝土框架结构设计为例，讲解利用 PKPM 软件进行钢筋混凝土结构设计的主要步骤。

符号约定

● [···]：按键盘上的某一个键，执行某一操作。

例如：点击[S]键，显示捕捉菜单。点击[F5]键，屏幕重新显示。点击[ESC]键，执行退出命令。

●【···】：点击屏幕右边的功能菜单命令或屏幕上方的下拉菜单命令，执行某项操作。

例如：点击屏幕菜单【轴线输入】项，显示轴线输入的各项子命令。

●【···/···/···】：点击主菜单或下拉菜单的下级子菜单命令，执行某项操作。

例如：点击【轴线输入/两点直线】，为点击【轴线输入】后再点击【两点直线】命令。

● "···"：屏幕下面人机对话内容，或对话框中输入和选择的参数，或规范原文。

例如：点击【两点直线】，屏幕下方提示："输入第一点"。在打开的对话框中选择："6：混凝土"。

● 〈···〉：对话框中的选项。

例如：点击【正交轴网】，弹出直线轴网输入对话框，点击〈确定〉。

5.2 建立结构模型

结构模型建立一般采用 PMCAD 软件进行。PMCAD 主菜单中较常使用的是前三项(图 5.1)，主菜单 1 主要进行建筑模型和荷载输入工作，然后通过主菜单 2 进行校核荷载。主菜单 3 用于结构平面绘图以及楼板的计算和设计。下面以一个钢筋混凝土框架结构设计为例，介绍如何应用 PMCAD 进行结构建模(SATWE 等其他软件也基于此设计项目进行介绍)。

设计例题：某工程为五层框架结构，各楼层高为 3.3m，屋顶为平屋顶。柱截面为 500mm×500mm，主梁截面为 300mm×600mm，次梁截面为 250mm×500mm。结构平面图如图 5.3 所示。

首先，点击 PMCAD 主菜单 1【建筑模型与荷载输入】，逐层输入各层的轴线、网格，输入每层的柱、梁、墙、门窗洞口。点取 PMCAD 主菜单 1 进入本模型输入程序，在弹出的交互式数据输入对话框中，输入文件名，启动建模程序。

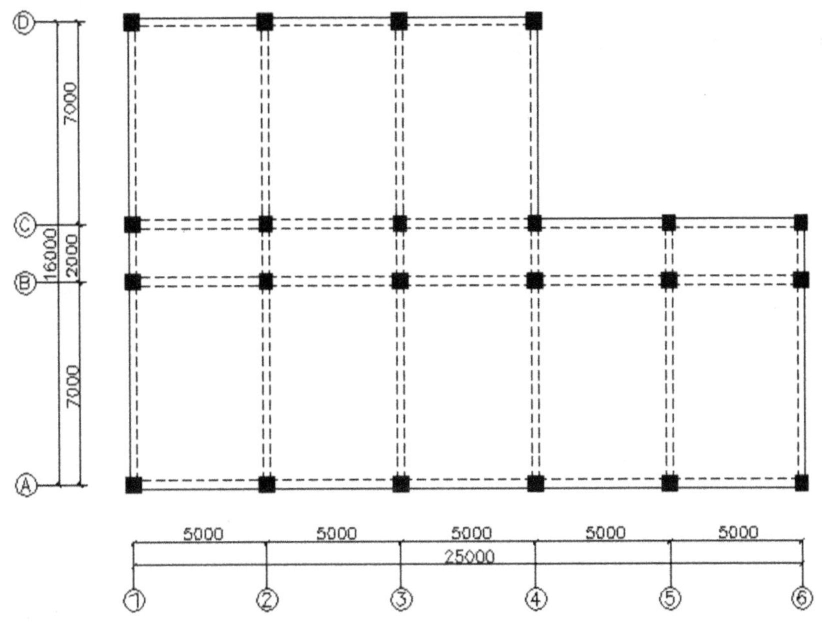

图 5.3　结构平面图(单位 mm)

5.2.1　轴线输入

点取【轴线输入】,输入布置柱、梁、墙的轴线网。

轴线由直线,圆弧,节点等组成,可先用光标点取【两点直线】,【平行直线】,【圆弧】等菜单,用光标试着在屏幕上画,屏幕上画出的线条是红颜色的。画直线时试着按[F3]、[F4],用网格和角度控制线条的长度和角度。随着线条的移动,屏幕右下角坐标及角度也会相应变化。

各点的坐标光标和键盘配合使用确定,如用光标输入直线的第一点后,用键盘键入第二点的相对坐标后回车即可。一般应记住下面三种坐标的输入方法:

相对直角坐标:直接键入"x,y"或"x,y,z";

相对极坐标:键入"R<A";

绝对直角坐标:"! x,y,z"或"! x,y";

绝对极坐标:"! R<A"。

其中 x、y、z 代表三个坐标方向的取值;R 为半径;A 为角度。

下面将输入图 5.3 所示的结构平面图的轴线。

5.2.1.1　输入①轴

点取【平行直线】菜单(图 5.4),注意屏幕下的提示。

输入第一点:用鼠标在屏幕空白处任意点一点;

输入下一点:可转用键盘输入方式,直接在键盘上键入"0,16000";

屏幕上即出现①轴线。

5.2.1.2 复制①轴到②～⑥轴

在屏幕下提示："复制间距，次数"时键入"5000，5"，即出现②～⑥轴线，如图 5.4。

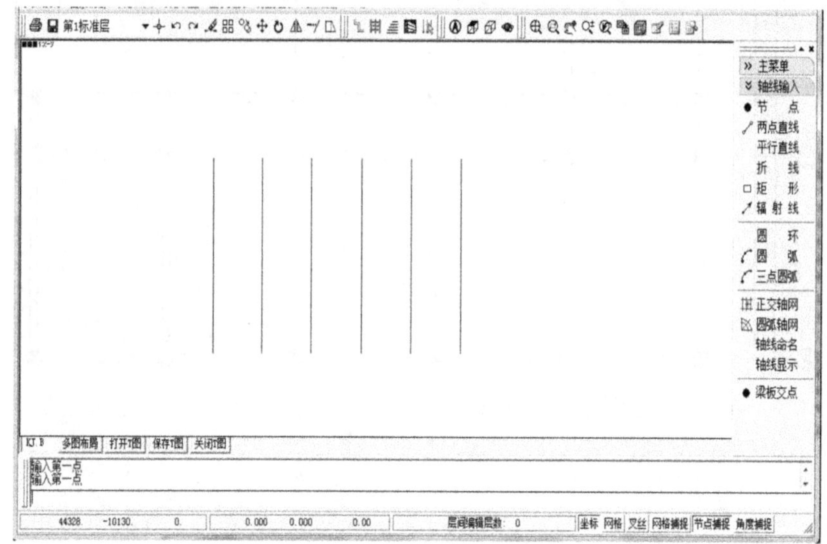

图 5.4 ①～⑥轴线输入

5.2.1.3 输入 A～D 轴

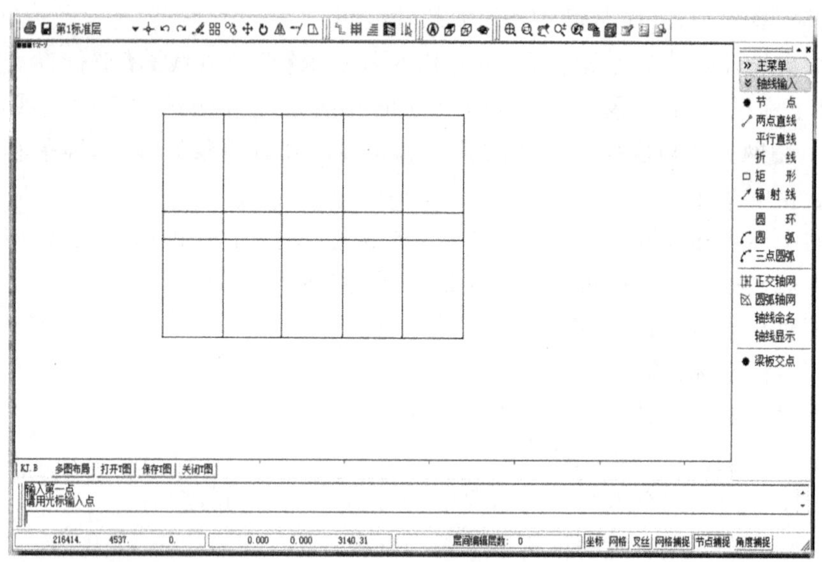

图 5.5 A～D 轴线输入

同样点取【平行直线】菜单，用光标点取①轴左下端，按[F4]（捕捉角度），再移光标点取⑥轴下端，即生成 A 轴，在屏幕下提示："输入复制间距、次数"时键入："7000"，生成 B 轴；"2000"，生成 C 轴；"7000"，生成 D 轴（图 5.5）。复制命令中，默认向右/上复制时为正，相反向左/下复制时为负。

利用工具条中的〈删除〉按钮，去除网轴线中不需要的部分，经过以上的操作所有轴线输入完毕，如图 5.6 所示。

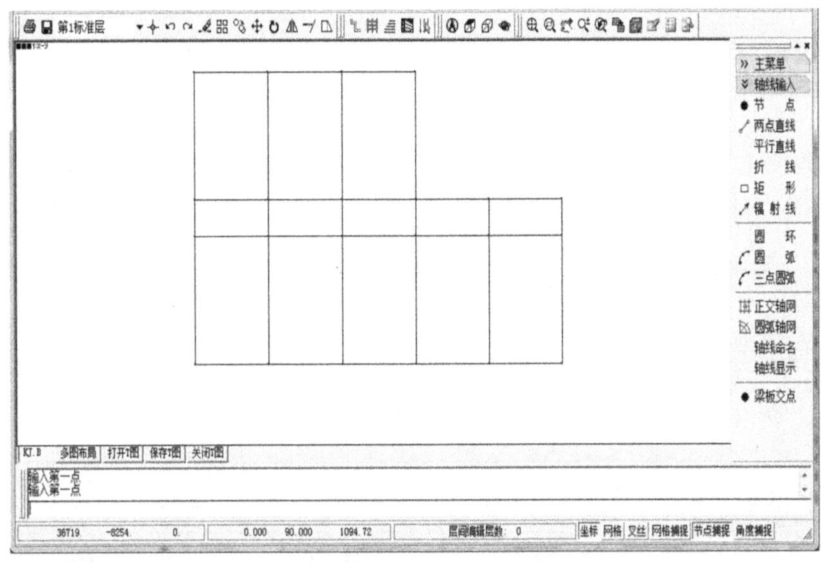

图 5.6　轴线输入完毕

5.2.1.4　试按[F7]、[F8]键缩放图形，[F5]重现图形，[F6]恢复图形。

5.2.2　生成网格

【网格生成】菜单是用来输入各轴线的轴线名称。

点取【轴线命名】菜单，屏幕上显示各平行轴线的间距，如图 5.7(a)所示。

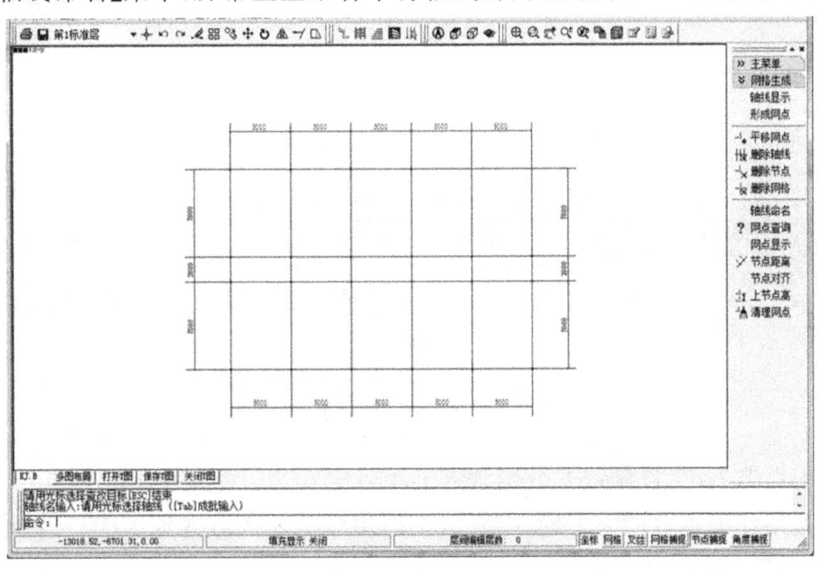

(a)

图 5.7　轴线命名

屏幕下提示:“轴线名输入:请用光标选取轴线”,用户用光标点取 A 轴,屏幕下提示:“轴线选中,输入轴线名”,再键入“A”,注意字母应大写,见图 5.7(b)。

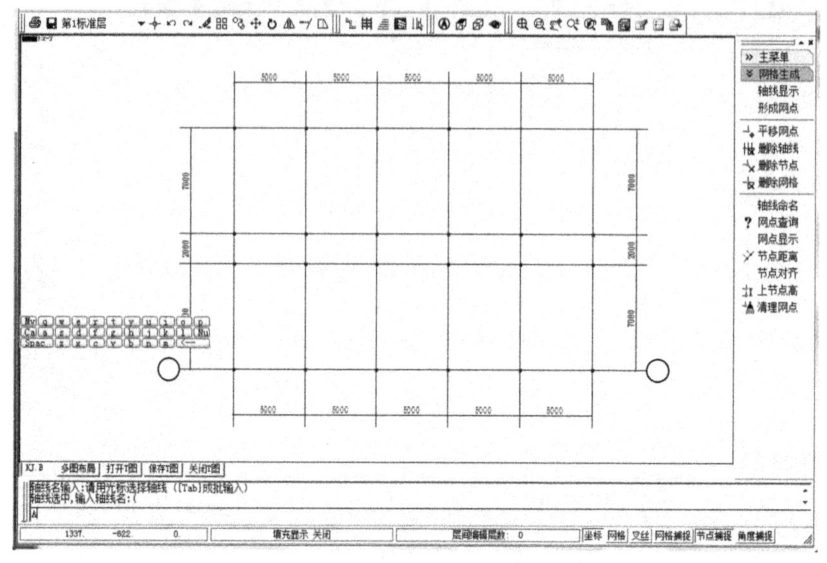

(b)

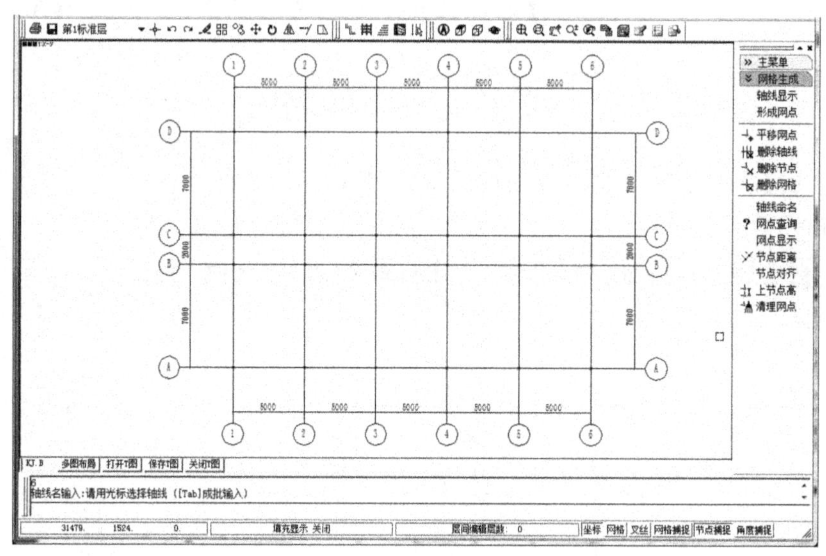

(c)

图 5.7 轴线命名

再逐根点取 B、C、D 轴线并分别键入 B,C,D。

以上是用逐根点取的方式输入轴线,下面用成批输入方式输入①~⑥轴,输入完成如图 5.7(c)所示的轴网。

按[Tab]转入成批输轴线名方式:屏幕下方提示提示:“移光标点取起始轴线”,点取①轴,软件自动把①~⑥轴间所有平行的轴线选中变色。“移光标点取不标的轴线”,按

[Esc]表示①～⑥间没有不标名的轴线。“输入起始轴线名”，键入 1，此后程序自动对①～⑥轴线标注轴线名，同理可以对 A～D 轴线命名。成批输入方式适用于快速输入一批按数字顺序或按字母顺序排列的平行轴线。

5.2.3　楼层定义

点击【楼层定义】菜单，输入本建筑要用到的所有柱、梁(包括柱、次梁、层间梁)、墙、门窗洞口、斜杆的截面尺寸。可以在定义构件尺寸的同时布置构件。

5.2.3.1　柱截面定义和布置

(1)柱截面定义

点取【柱布置】菜单，弹出柱截面列表对话框(图 5.8)，点〈新建〉按钮即可出现柱截面输入的对话窗口(图 5.9)，点〈截面类型〉会弹出一页画有各种类型柱的图形(图5.10)。

图 5.8 柱截面列表对话框

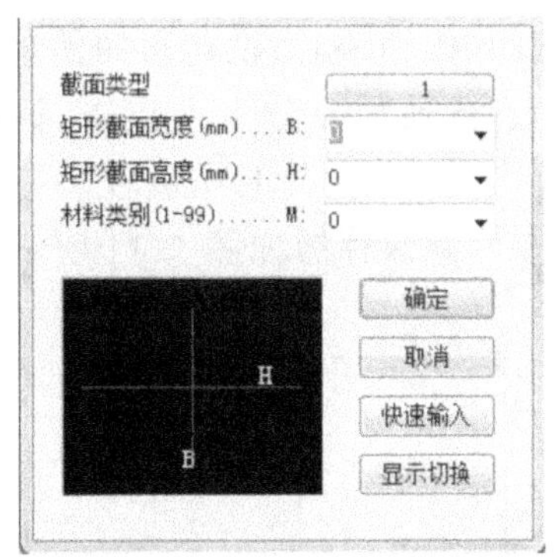

图 5.9　柱截面输入对话框

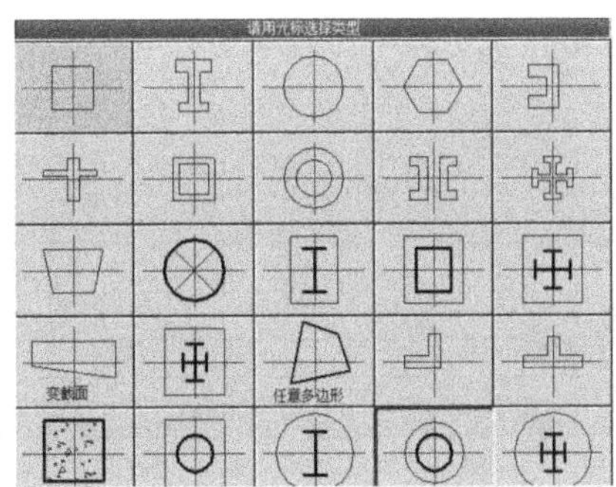

图 5.10　构件截面类型对话框

在矩形截面宽度 B 后的空格中，键入“500”，接着在矩形截面高度 H 后键入“500”。材料类别后输入“6”，表示材料是混凝土，按〈确定〉结束这一截面的输入(见图 5.11)。截面列表出现“500×500”字样，表示已输入一个 500×500 的柱截面，如图 5.12 所示。用同样方法还可定义其他尺寸的柱截面。

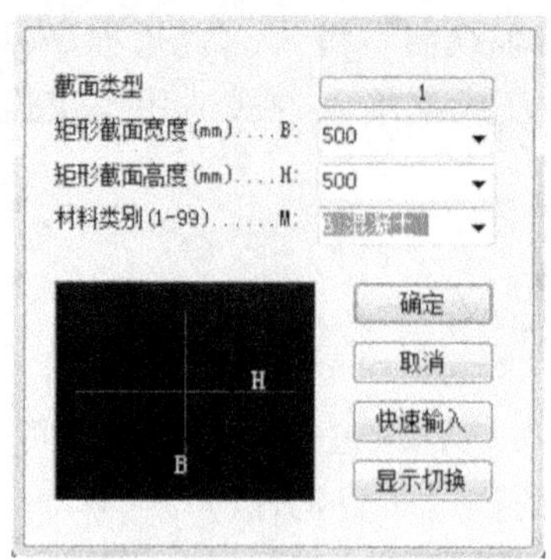

图 5.11　输入柱截面参数

图 5.12　柱新建 500mm×500mm 截面完成

(2)柱布置

在柱截面列表中选择 500×500 截面,点〈布置〉按钮,弹出柱布置的参数对话框(图 5.13),可以在布置时更改沿轴偏心、偏轴偏心、轴转角的信息。

图 5.13　柱布置参数对话框

移动光标到某一节点上点击,该柱截面将被布放在该节点上,逐个在节点上布放柱。把所有节点上都布置完 500×500 截面柱后如图 5.14 所示。

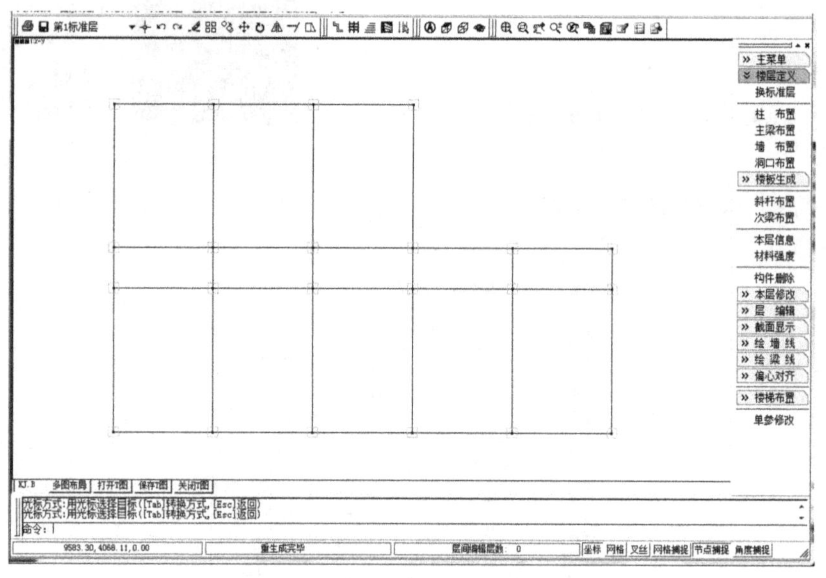

图 5.14　柱布置完成

5.2.3.2　主梁截面定义和布置

梁截面输入方法同柱截面,在网格上布的梁都称作主梁。

点取【主梁布置】菜单,在梁截面列表中出现已定义的几种梁截面列,双击 300×600 截面或选中 300×600 截面点〈布置〉按钮,弹出布置参数对话框,根据提示可完成梁的布置，形成梁布置图(见图 5.15)。

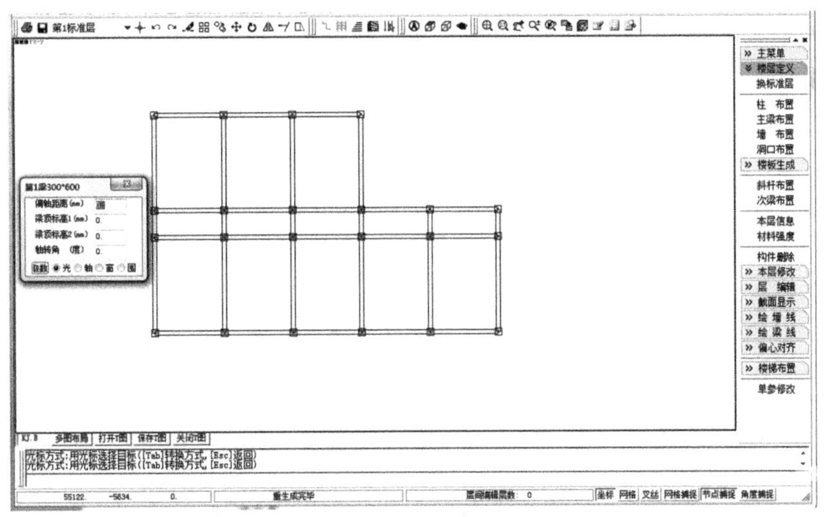

图 5.15　主梁布置

5.2.3.3　墙的定义

墙截面的参数输入框有 3 项：墙厚度、墙高度、墙材料。在结构软件中只需要输入墙厚度，墙高一项不用输入，程序自动取本层层高为墙高。墙可以是混凝土材料或砖材料。需要说明的是，这里输入的墙，无论砖墙或混凝土墙均是结构承重墙，而不是填充墙。填充墙要转化成作用在梁上的外荷载输入。

因为本算例不需要布置混凝土墙，所以此步骤不需要执行。

5.2.3.4　次梁的定义和布置

次梁的定义和布置的方法同主梁，另外次梁与主梁采用同一套截面定义的数据，此例中次梁截面为 250×500。

次梁布置时是选取它首、尾两端相交的主梁或墙构件，连续次梁的首、尾两端可以跨越若干跨一次布置，不需要在次梁下布置网格线，次梁的顶面标高和与它相连的主梁或墙构件的标高相同。

点【次梁布置】后，输入次梁的起点，如果需要相对坐标，可将鼠标移动到相对点上后按[TAB]输入数值就可以了。图 5.16 显示了布置次梁后的情况。

另外需要指出的是，PKPM 软件对次梁的处理方式有两种：

(1) 按主梁方式输入次梁(即在次梁处也作网轴线，与主梁一样定义和布置，只不过截面和材料等按次梁的信息)；

(2) 按次梁方式输入次梁(即上面讲到的利用【次梁布置】菜单完成次梁布置的方法，不需要在次梁下布置网格线)。

两种方法在建模、分析、配筋、用法等方面均有不同，应注意到这些区别，以便合理

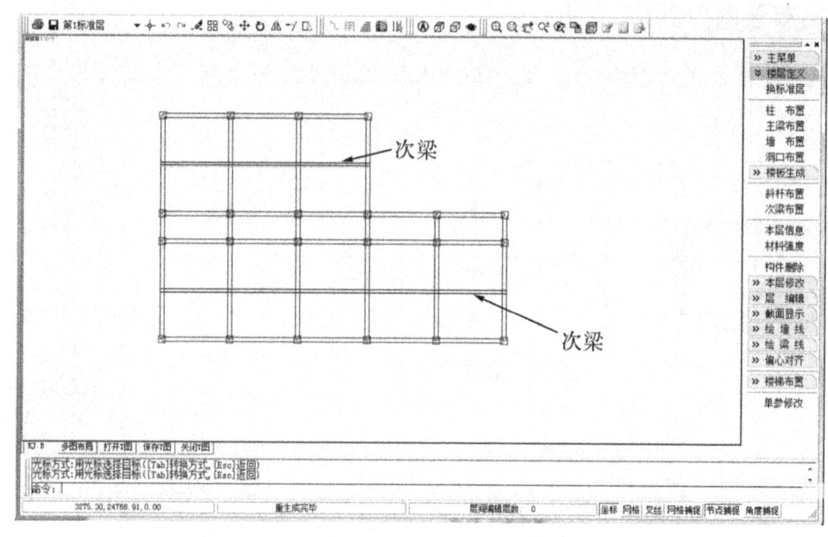

图 5.16　次梁布置

利用。

经以上梁、柱布置完成后，第 1 个结构标准层的布置完成。

5.2.3.5　本层楼板、层高及材料信息

用【楼层定义/楼板生成/生成楼板】命令自动生成楼板。点取【本层信息】菜单输入本层的一些参数，程序弹出一页参数（见图 5.17），上面有各参数的隐含值。在〈板厚〉行点一下，输入“120”，即改板厚为 120 毫米，同理确定其他参数后点〈确认〉退回到右侧菜单。

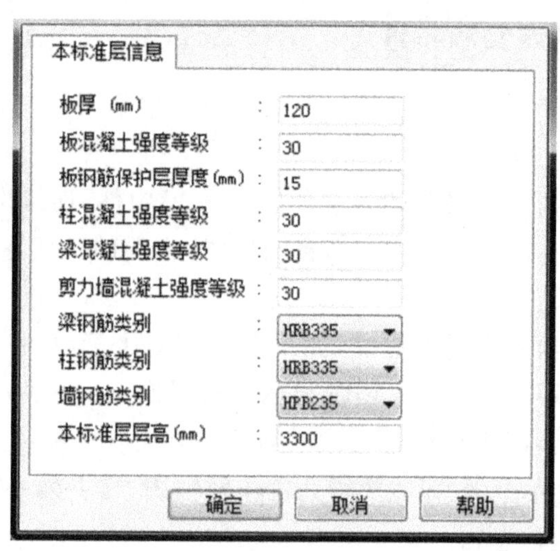

图 5.17　本层信息修改对话框

5.2.3.6 其他结构标准层

如果建筑结构还有其他类型的标准层,还需建立新的标准层。本项目的顶层是另外一个结构标准层,还需另外定义。点取工具条的〈添加新标准层〉或【楼层定义/换标准层】菜单,在对话框(图 5.18)中选择添加新标准层以及添加的方式(全部复制、局部复制、不复制),这里选择“全部复制”,按[Enter],把标准层 1 全部复制上来;然后在标准层 1 的基础上进行修改,可以用【轴线输入】补充新的轴线或删除轴线,然后布置或删除柱、梁、墙、洞口等,形成新的标准层 2。

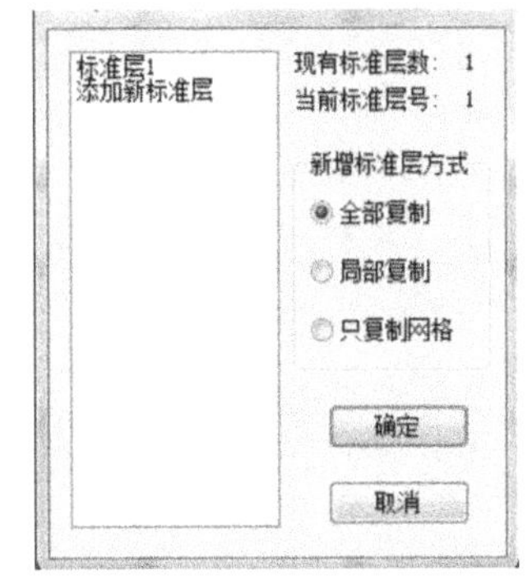

图 5.18 选择/添加标准层对话框

5.2.4 输入荷载

点取【荷载输入】菜单,可输入楼面荷载、梁间荷载、柱间荷载、墙间荷载、节点荷载等荷载值。输入的是荷载标准值。每个构件上可加载多个荷载,如果删除了构件,构件上的荷载也自动删除掉。

5.2.4.1 楼面荷载布置

点击【楼面荷载】可定义各楼面的恒、活均布面荷载,输入荷载标准值。根据实际荷载分布对各标准层楼面荷载进行布置。点击【荷载输入/恒活设置】,弹出荷载定义对话框,输入楼板恒载和活载,点击〈确定〉,如图 5.19 所示。

注意:可以选择〈自动计算现浇楼板自重〉,此时输入的恒荷载应扣除板重。

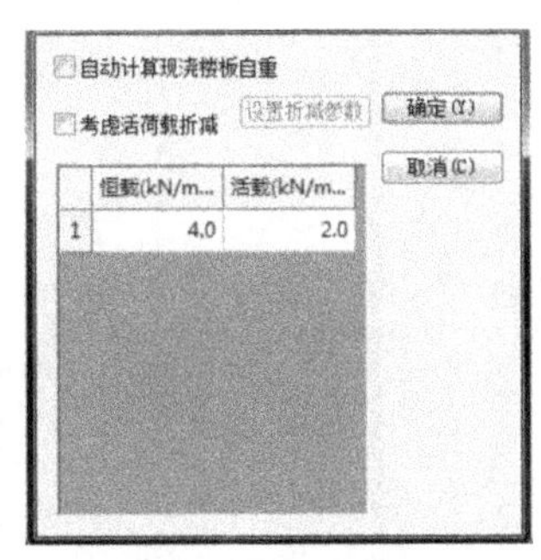

图 5.19 荷载定义对话框

点取【荷载输入/楼面荷载/楼面恒载】和【荷载输入/楼面荷载/楼面活载】对各标准层荷载进行布置,如图 5.20所示。每荷载标准层需定义作用于楼面的恒、活均布面荷载。先假定各标准层上选用统一的(大多数房间的数值)恒、活面荷载。如各房间不同时,可局部修改调整。

在同一个结构标准层中,如果楼面的荷载布置也相同的楼层视为一个标准层。在本工程算例中定义了 2 个标准层,即第 1～4 层结构相同、荷载相同为标准层 1,第 5 层为标准层 2。

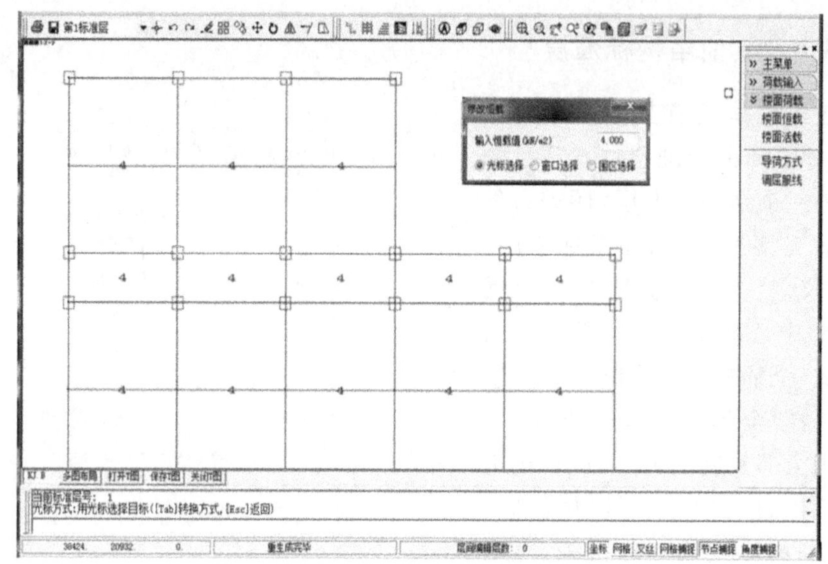
图 5.20　楼面荷载布置

5.2.4.2　梁间荷载布置

点击【梁间荷载】对梁承受的非板传来的荷载(如填充墙等)进行输入。注意,对梁承受填充墙荷载的需考虑窗洞。

点击【荷载输入/梁间荷载】,通过【梁荷定义】、【恒载输入】、【活载输入】子菜单布置梁间荷载,如图 5.21 所示。

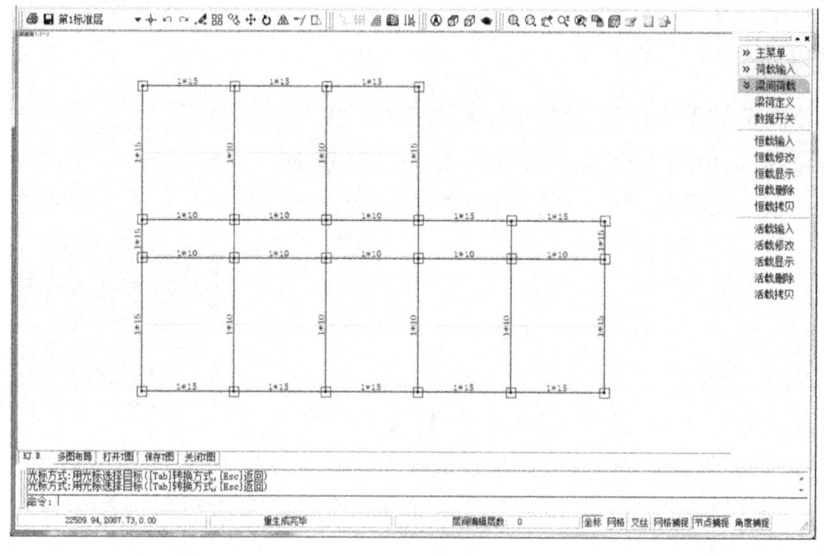
图 5.21　梁间荷载布置

5.2.5　楼层组装

点取【楼层组装】菜单,出现如图 5.22 所示的对话框。把已经做好的结构标准层和荷载标准层组装成一栋实际的建筑物，即定义每一个实际楼层所属的标准层号和层高，自下往上布置，直至顶层。

本项目中第 1 到第 4 层都是第一结构标准层和第一荷载标准层，层高都是 3300，则应在左侧〈复制层数〉下选 4，在〈标准层〉下选 1，在〈层高〉输 3300，再点〈增加〉钮，这时在〈组装结果〉出现 1～4 层的布置。再布置第 5 层，在左侧〈复制层数〉下选 1，在〈标准层〉下选 2，在〈层高〉下输 3300，再点〈添加〉按钮，这时在〈组装结果〉下出现 5 层的布置。

点〈确定〉按钮，退出楼层组装。

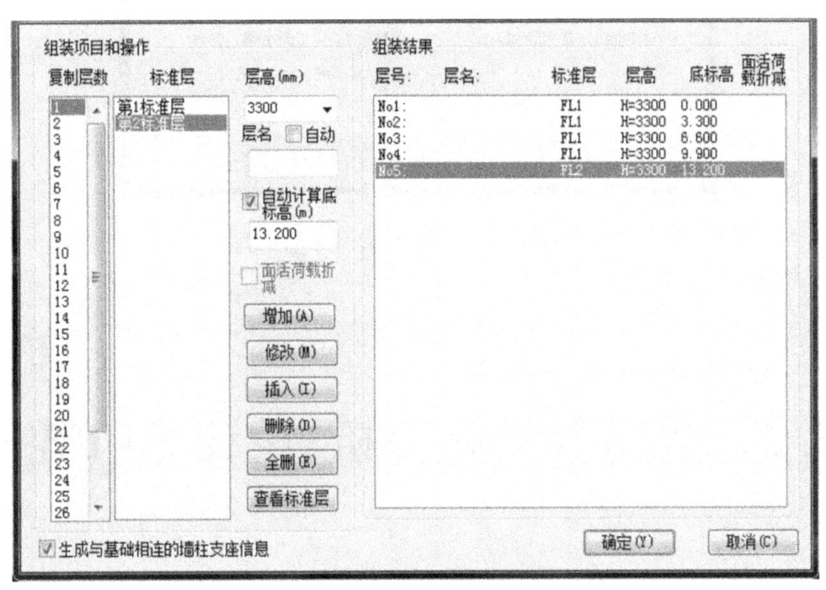

图 5.22　楼层组装对话框

5.2.6　设计参数

点击【设计参数】菜单，屏幕上分别弹出设计中采用的主要结构参数(见图 5.23)，通常应根据自己工程的状况做相应修改。

5.2.7　完成建模

一个五层建筑的主体布置已经完成，点【退出】菜单，在弹出的对话框中选择〈存盘退出〉，然后屏幕弹出对话框，点〈确定〉键。程序自动完成导荷、数据检查、数据输出等工作后退出交互建模程序，返回 PKPM 软件主页面。

至此，建立模型阶段的工作基本完成。

完成结构建模和荷载输入以后，还需对框架结构、框剪结构、剪力墙结构和砖混结构进行结构平面图绘制，这个功能可由【画结构平面图】菜单实现。该菜单还可以完成现浇楼板的配筋计算。关于本菜单具体内容请参见本章 5.4.3 节内容。

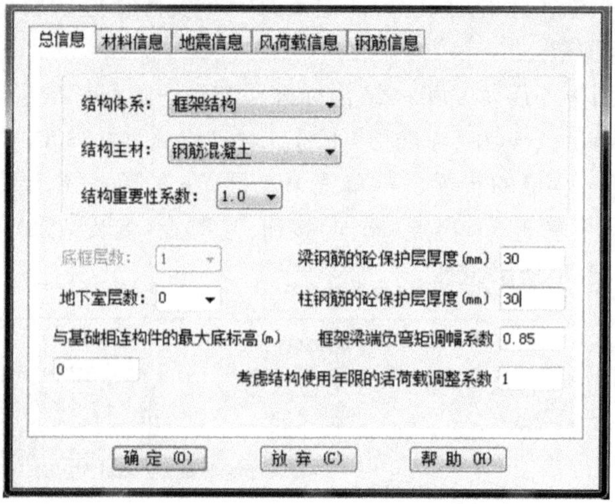

图 5.23　设计参数对话框

5.3　空间有限元分析、设计 SATWE

本项目的这个结构也可用 SATWE 进行计算。SATWE 的计算特点是：1. 模型化误差小，分析精度高。由于对剪力墙和楼板进行了合理简化及有限元模拟，可计算分析复杂的多、高层结构。2. 计算速度快，解题能力强。3. 前后处理功能强。

选择 SATWE 或 SATWE-8 项，屏幕出现 SATWE 主菜单(见图 5.24)。通常较为常用的是第 1、2、4 项。一般会先执行 SATWE 主菜单 1 将 PMCAD 建模的数据转接过来，然后执行主菜单 2 进行结构内力和配筋计算，最后通过主菜单 4 可以观看计算和分析结果。

5.3.1　接入 PMCAD 数据

点击【接 PMCAD 生成 SATWE 数据】，进入 SATWE 前处理子菜单(见图 5.25)。在“补充输入及 SATWE 数据生成”菜单选项中第 1、6 一般均需执行，其他选项则根据设计需要选择执行。

5.3.1.1　分析与设计参数补充定义

结构计算时需要大量控制参数，在前面 PMCAD 建模时已经定义过的会自动传过来，有些还需要用户在这里修改。这一项是必须执行的。

图 5.24 SATWE 主菜单

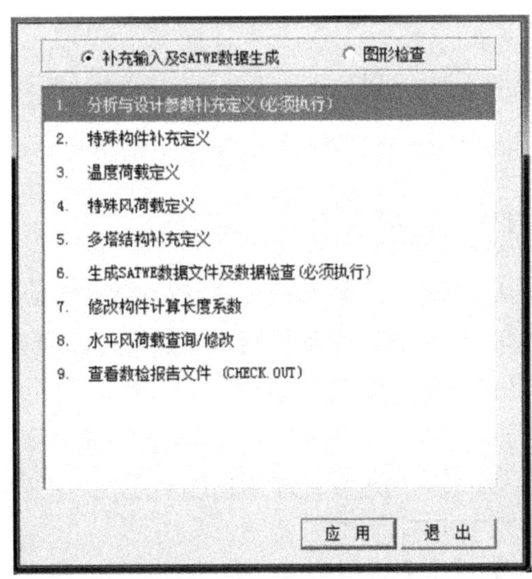

图 5.25 SATWE 前处理菜单

参数分为总信息、风荷载信息、地震信息、活荷信息、调整信息、设计信息、配筋信息、荷载组合、地下室信息和砌体结构信息，如图 5.26 所示。

点取〈确定〉以确认所修正参数，或点取〈取消〉来放弃，返回菜单回到 SATWE 前处理菜单。

需要说明的是，对于应用 PKPM 软件进行结构分析和设计时，各种参数和信息的选择是至关重要的，它直接决定分析和计算结果的准确性与合理性；这往往取决于结构工程师专业知识水平和工程经验。合理、准确的确定各种参数和信息是每一个合格结

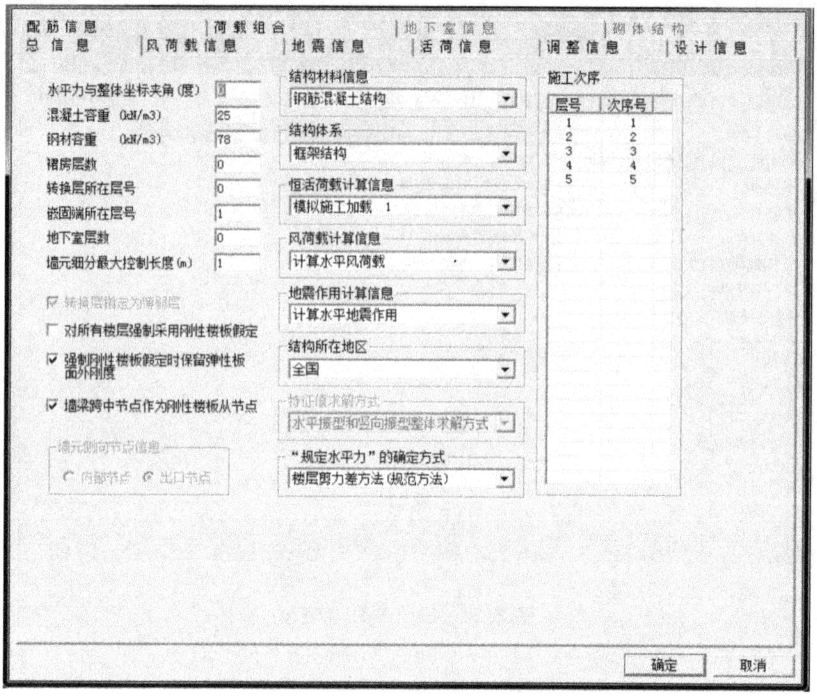

图 5.26　分析与设计参数补充定义对话框

构工程师必备的素质。

5.3.1.2　生成 SATWE 数据文件及数据检查

SATWE 读取 PMCAD 生成的几何数据及荷载数据，自动将其转换成空间有限元分析所需的数据格式。这一项菜单是必须执行的，点取此项菜单后，程序会自动生成数据并进行数据检查，如果没有错误，则可以进行下一步的计算分析。

5.3.2　内力分析和配筋计算

SATWE 的第二项主菜单为【结构内力、配筋计算】。它是 SATWE 的核心功能，多、高层结构分析的主要计算工作都在这里完成。点取主菜单的【结构内力，配筋计算】即可对 SATWE 全楼进行计算。执行【结构的内力、配筋计算】时，屏幕上出现一页“SATWE 计算控制参数”窗口，如图 5.27 所示。

如果确认所选项，用光标点取〈确定〉，否则选择〈取消〉。点取〈确认〉后，程序即正式开始计算。

需要指出的是，本项目建模时，在 PMCAD 主菜单 2 中是“按次梁输入方式”输入次梁(参见5.2.3.4节)，所以在 SATWE 菜单【结构内力、配筋计算】中次梁并没有参与计算。计算时假定次梁铰接于主梁上，竖向荷载通过次梁以集中力的形式传递到主梁上后进行主梁和柱的内力和配筋计算。因此还需要对全部次梁进行内力和配筋计算。点

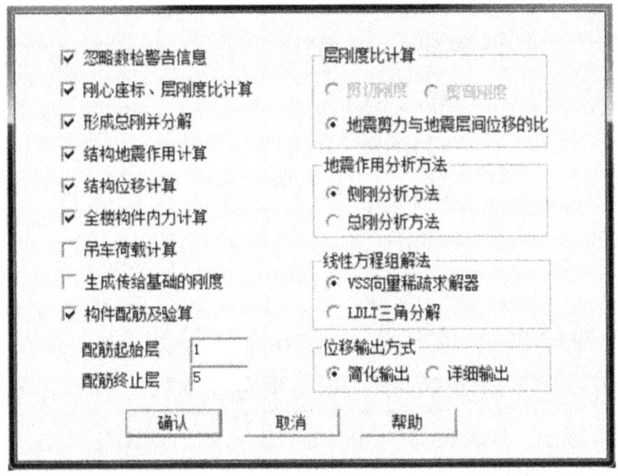

图 5.27　SATWE 计算参数控制窗口

击【PM 次梁内力与配筋计算】进行次梁计算。如果次梁是按主梁方式布置(参见5.2.3.4节),则不需要执行此步。

5.3.3　SATWE 的计算结果

点取 SATWE 主菜单 4【分析结果图形和文本文件显示】,如图 5.28 所示。

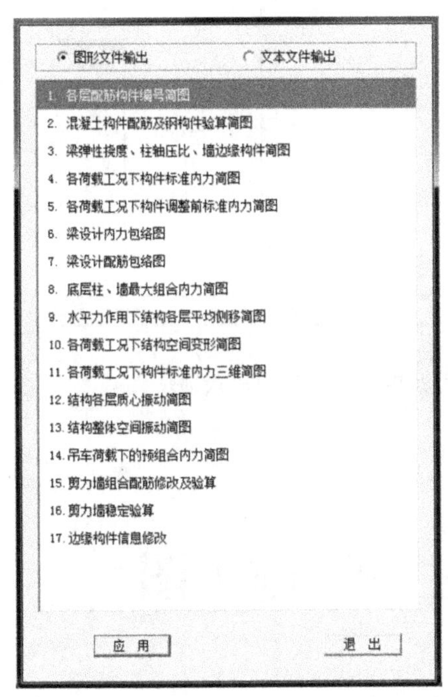

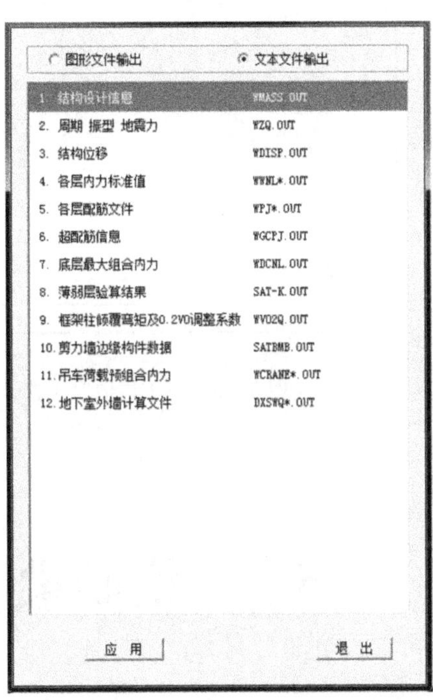

图 5.28　分析结果图形和文本文件显示

SATWE 计算内容丰富,其结果记在不同的文件中,可点取选项〈文本文件输出〉,

看到以下主要文件。

(1)结构设计信息　　　　WMASS. OUT

(2)周期、振型、地震力　WZQ. OUT

(3)结构位移　　　　　　WDISP. OUT

(4)各层内力标准值　　　WNL * . OUT　　　* 代表层号

(5)各层配筋文件　　　　WPJ * . OUT

(6)超配筋信息　　　　　WGCPJ. OUT

点取选项〈图形文件输出〉,可用平面简图方式输出各计算结果。其中,点取选项“2. 混凝土构件配筋及钢构件验算简图”,可用平面简图方式输出各层配筋。

选择一个楼层号后输出一个配筋平面图(图 5.29),标出所有柱、主梁、次梁、剪力墙的配筋计算值,可结合 PKPM 用户手册或者右侧菜单中的帮助文件阅读该图。图中为结构局部放大图。

如有超筋或超规范要求现象,图中相应数字变为红色。

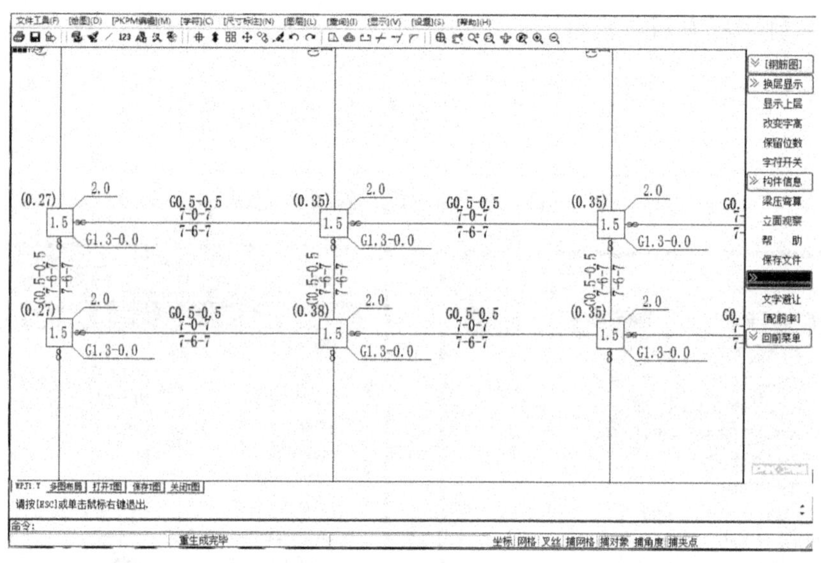

图 5.29　第 1 层混凝土构件配筋及构件应力比简图(局部)

5.4　绘制梁、柱、板、施工图

接 SATWE 的梁柱配筋计算结果绘制梁柱施工图有多种方式:①梁柱平法方式;②梁柱立、剖面分开画方式;③挑选一榀框架梁柱整体画法。

5.4.1　梁施工图绘制

5.4.1.1　打开梁平面图

在 PKPM 软件主界面结构页中选择墙梁柱施工图主菜单 1【梁平法施工图】，如图 5.30 所示。

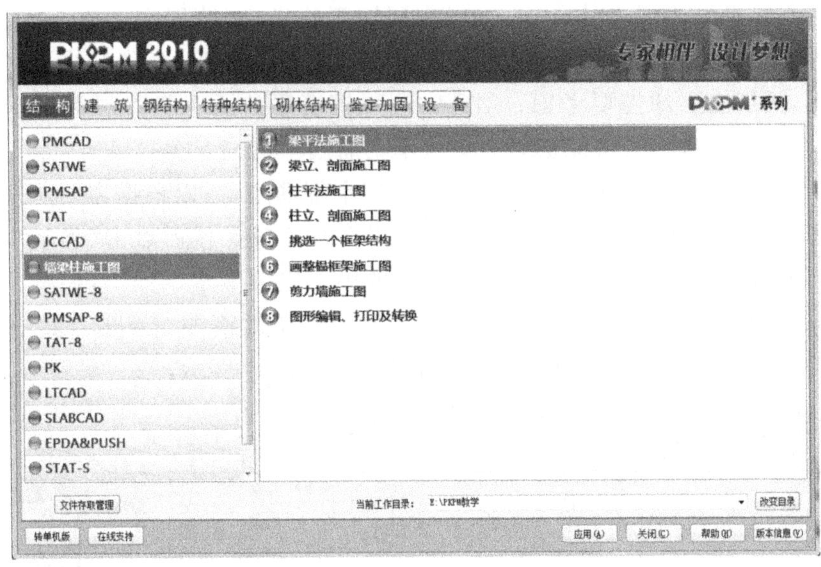

图 5.30　墙梁柱施工图主菜单

(1)选择钢筋层

进入【梁平法施工图】界面，在右侧菜单中点击【设钢筋层】，弹出定义钢筋标准层对话框，如图 5.31 所示。

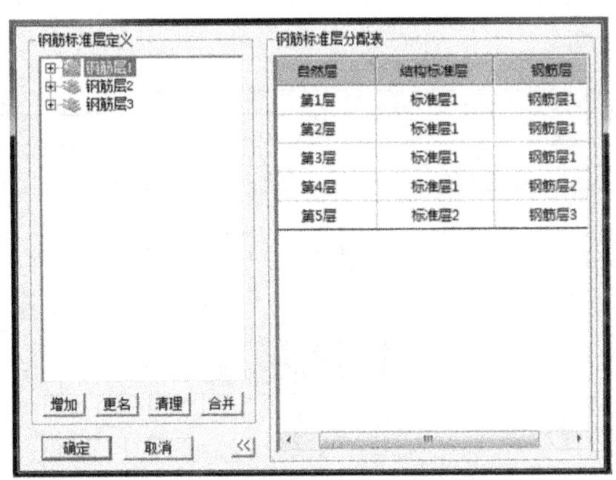

图 5.31　定义钢筋标准层对话框

自 PKPM2008 起的新版程序中在原有结构标准层和建筑自然层的基础上，又提出“钢筋标准层”（以下简称“钢筋层”）的概念。钢筋层主要用于钢筋归并和出图，每个钢筋层对应一张施工图，准备出几张施工图就设置几个钢筋层。通常梁、柱、墙等主要构件各自独立出图，因此这些构件拥有各自独立的钢筋层，各类构件的钢筋层可能相同，也可能不同。钢筋层由构件布置相同，受力特性近似的若干自然层组成，相同位置的构件名称相同，配筋相同。程序会根据工程的实际情况自动生成初始钢筋层，但允许编辑修改钢筋层和各钢筋层包含的自然层数，以满足出图的需要。

钢筋层与标准层不同之处在于：①标准层用于建模，钢筋层用于出图；②标准层要求结构构件布置和荷载都相同，钢筋层仅要求构件布置配筋相同；③标准层不考虑上下楼层的关系，梁钢筋层却需要考虑；④通常同一钢筋层的所有自然层都属于同一标准层，但同一标准层的自然层可能被划分为若干钢筋层。

图 5.31 是程序初始定义的关于本项目的三个钢筋层，可以根据需要对这三个钢筋层进行清理和合并等操作（本项目没有进行此操作），完成操作后点击〈确定〉，进入梁施工图绘图环境，程序自动打开当前工作目录下的第 1 层梁平法钢筋图，如图 5.32 所示，可结合 PKPM 用户手册或者右侧菜单中的帮助文件阅读该图。点击屏幕右上角的下拉菜单，选择需要编辑的楼层，以便生成施工图，如图 5.33 所示。

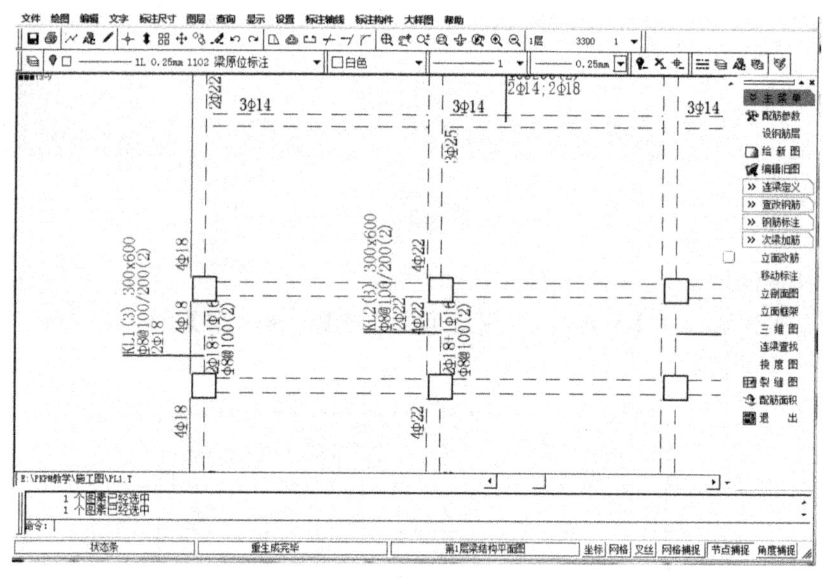

图 5.32　第 1 层梁平法施工图(局部)

层名	层高	标准层
1层	3300	1
2层	3300	1
3层	3300	1
4层	3300	1
5层	3300	2

图 5.33　楼层选择

5.4.1.2　梁施工图参数设置

点击【配筋参数】,弹出梁参数修改对话框,如图 5.34 所示。

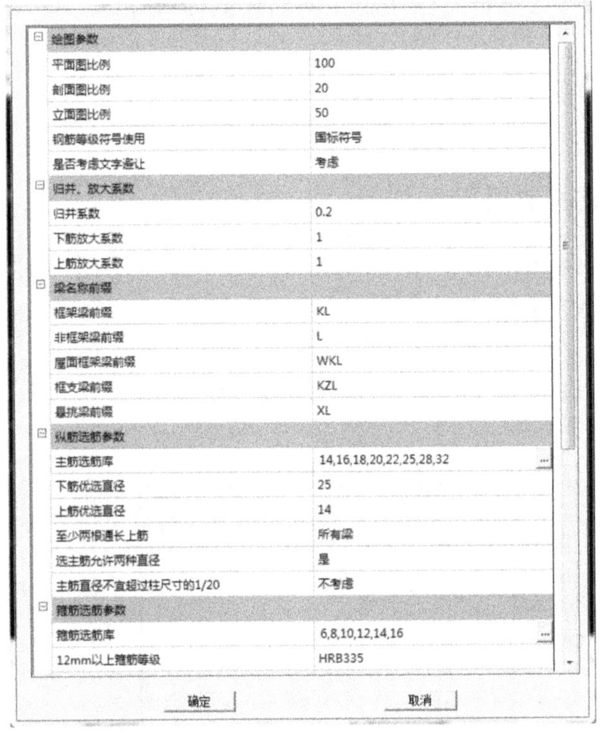

图 5.34　梁配筋参数修改对话框

通过此对话框,可以对绘图参数、归并放大系数、梁名称前缀、纵筋和箍筋选筋参数、裂缝挠度计算参数等进行设置。

5.4.1.3　连梁跨数和支座修改

虽然程序可以自动判断梁的跨数和支座属性,但由于工程项目千差万别,需要设计人员根据实际工程结构情况进行判断、校核和修改。点击【连梁定义】,显示连续梁二级菜单命令,通过本级菜单可以完成连续梁命名,跨数显示和修改,支座显示和修改等工作。支座调整后,程序会重新调整梁钢筋并重新绘图。

5.4.1.4　梁钢筋查询和修改

程序提供了很多种梁钢筋修改方式:

(1)平面查改钢筋。点击【查改钢筋】,显示查改钢筋二级菜单,通过本级菜单命令,可以用多种方式修改、拷贝、重算平法图中连续梁钢筋。

(2)立面查改钢筋。点击【立面改筋】,可以在梁的立面图中显示和修改钢筋。

(3)钢筋标注方式。点击【钢筋标注】,显示钢筋标注二级菜单,允许用多种方式标注钢筋以及修改梁截面。

(4)双击原位钢筋修改。在图中双击钢筋标注字符,在光标处弹出钢筋修改对话框,直接修改即可。

(5) 动态查询梁参数。将光标停放在梁轴线上,即弹出浮动框显示梁的截面和配筋数据。

对于梁施工图参数设置和梁钢筋查询与修改工作均需要结构工程师有较好的专业基础和工程经验。对于柱、板和墙体设计均是如此。

5.4.1.5 生成其他梁图

梁施工图除了平法表示图外,有需要时还可以生成立面图和剖面详图,点击【梁立、剖面施工图】,输入绘图参数,点取需要绘图的梁,生成梁立、剖面图,如图 5.35 所示。

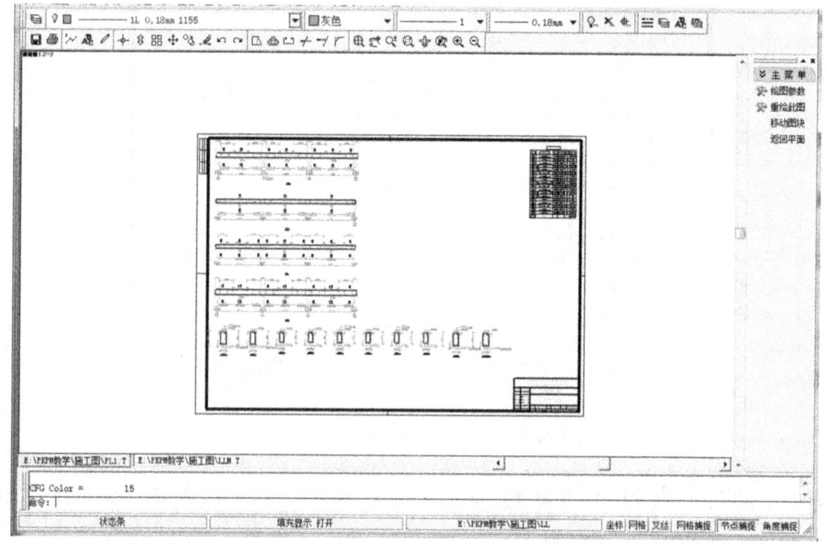

图 5.35 梁立剖面图

另外,还可以查看梁的三维图、挠度图、裂缝图等。

5.4.2 柱施工图绘制

5.4.2.1 打开柱平面图

在 PKPM 软件主界面结构页中选择墙梁柱施工图主菜单 3【柱平法施工图】,如图 5.36 所示。

点击〈应用〉,进入柱施工图绘图环境,程序自动打开当前工作目录下的第 1 层柱平面施工图,如图 5.37 所示。与梁立、剖面施工图生成相同,点取【柱立、剖面施工图】菜单及其子菜单可以生成柱立面和剖面施工详图。

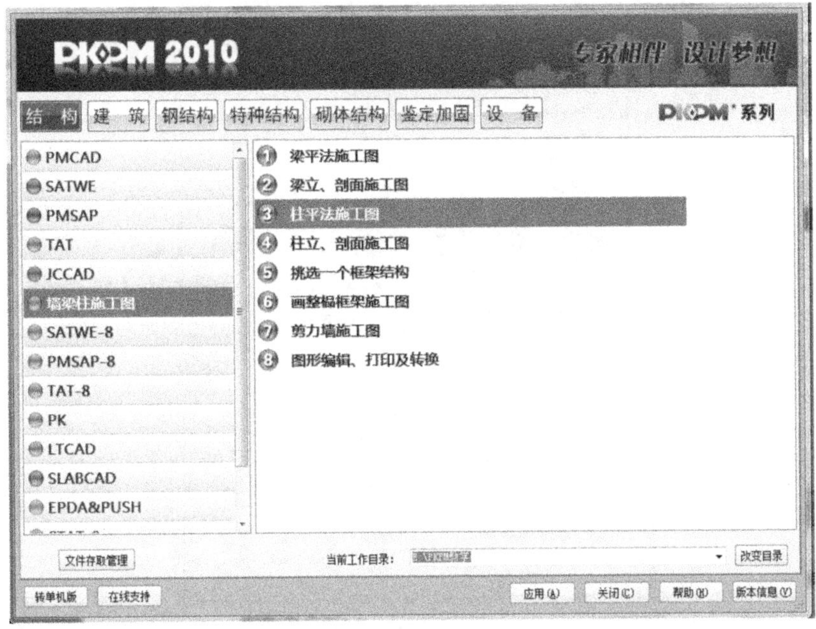

图 5.36　墙梁柱施工图主菜单

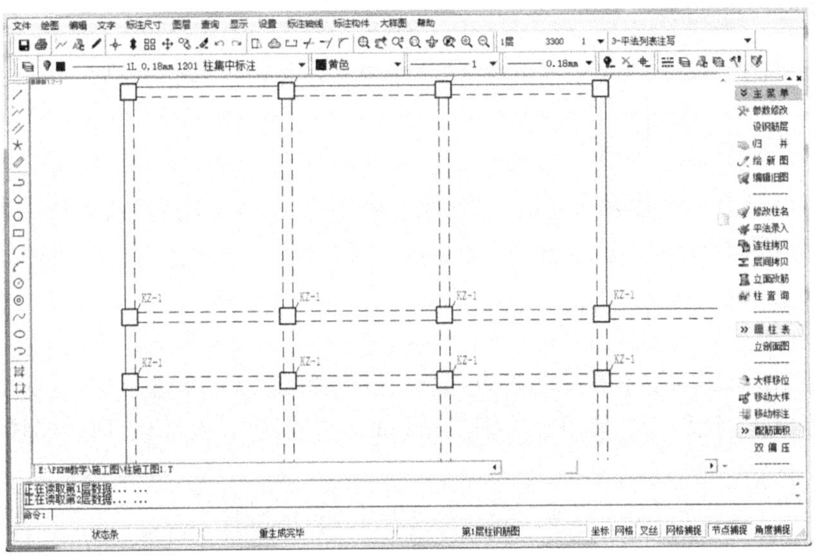

图 5.37　柱绘图环境(局部)

5.4.2.2　柱设计参数设置

点击【参数修改】,弹出柱参数对话框,如图 5.38 所示,在出图前应设置柱绘图、归并、配筋等参数。

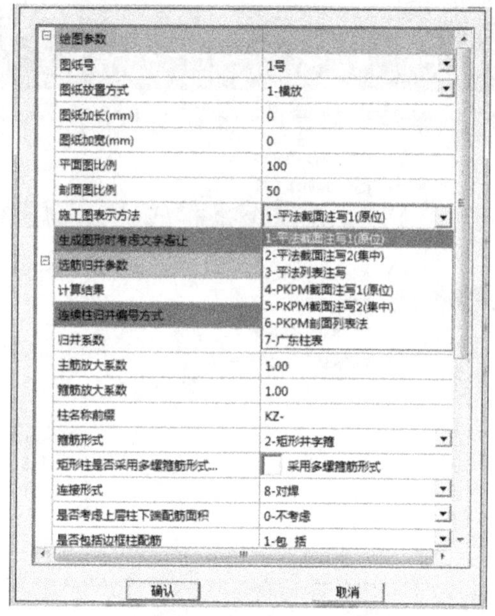

图 5.38　参数修改对话框

5.4.2.3　柱归并

点击【归并】，程序按用户设定的钢筋层和归并系数进行柱归并操作。

5.4.2.4　柱施工图生成

程序可以用多种方法表示柱施工图，选择出图的方式可以在柱【参数修改】对话框中〈施工图表示方法〉中设定，如图 5.38 所示。

5.4.2.5　柱施工图编辑

和梁施工图相似，程序提供多种方式对已生成的柱施工图进行修改、标注、移动和查询显示等操作，以及显示柱的计算钢筋面积和实配钢筋面积，便于用户校核。

5.4.3　板施工图绘制

5.4.3.1　打开板平面图

在 PKPM 软件主界面结构页中选择 PMCAD 主菜单 3【画结构平面图】，如图 5.39 所示。

点击〈应用〉，进入楼板绘图环境，程序自动打开当前工作目录下的第 1 楼层结构平面图，如图 5.40 所示。

点击【绘图参数】，弹出楼板绘图参数对话框。用户可以根据需要对各绘图参数默

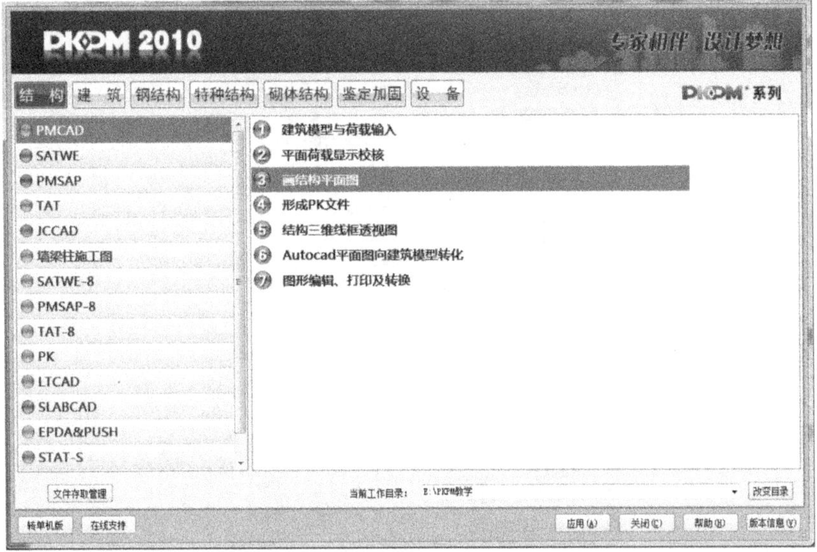

图 5.39　PMCAD 主菜单

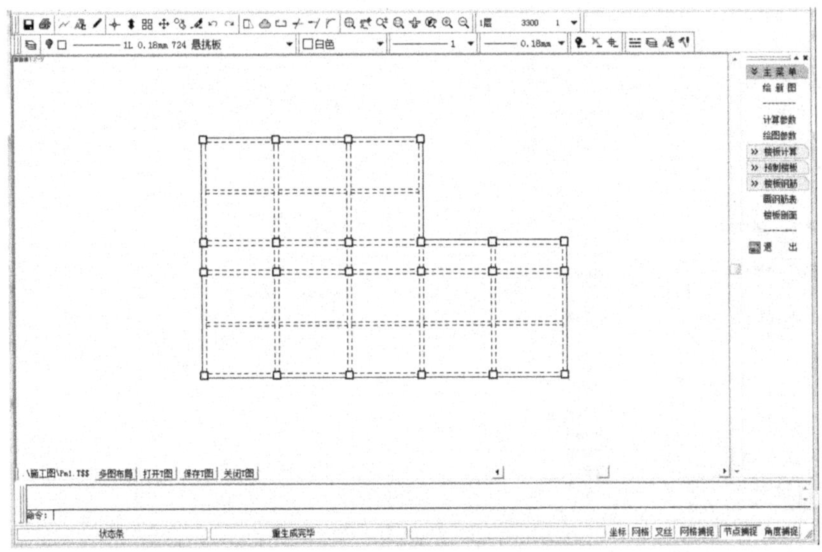

图 5.40　第一楼层结构平面图

认值进行修改和调整，本项目采用各个参数默认值如图 5.41 所示。

5.4.3.2　现浇楼板计算

(1)板计算参数设定

点击【楼板计算/计算参数】，弹出楼板配筋参数对话框，共有 3 页，除钢筋级配表以外的另外的两页如图 5.42 所示。

用户可以对配筋计算参数、钢筋级配以及连板及挠度参数进行设置和修改，本项目

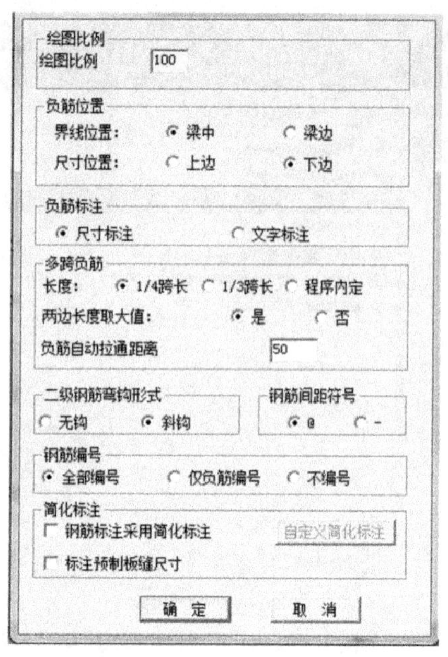

图 5.41　绘图参数对话框

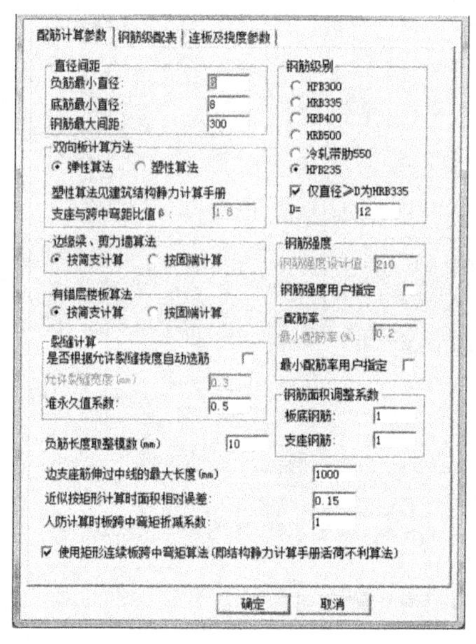

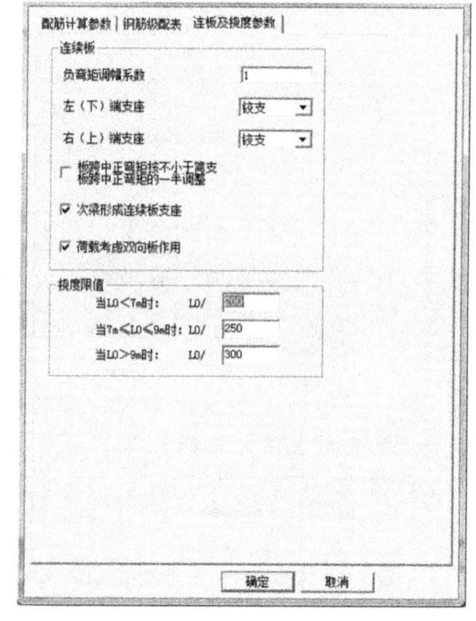

图 5.42　楼板配筋参数对话框

采用各个参数默认值如图 5.42 所示。

(2)楼板计算

①楼板边界条件设定。点击【楼板计算/显示边界】,显示程序自动设定的楼板边界条件,如果与实际情况不符,设计人员可以自行修改。楼板边界条件共有三种选择:固定边界、简支边界和自由边界。

②楼板自动计算。点击【楼板计算/自动计算】,程序自动完成本楼层所有房间的楼板内力和配筋计算。

③连续板计算。点击【楼板计算/连板计算】,在图上用两点画直线,凡是与直线相交的楼板按连续板计算,这是程序提供的一种协调相邻板块负弯矩的方法,供用户选择使用。

(3)计算结果显示

点击各显示命令,可以显示楼板计算结果,如楼板弯矩、计算钢筋面积、实配钢筋面积、裂缝、挠度、剪力和计算书等。

5.4.3.3　绘制楼板施工图

(1)绘制楼板钢筋

程序提供了多种楼板钢筋的绘图方式。

①点击【逐间布筋】,程序自动在指定房间按计算结果绘制板底钢筋和支座负筋。

②绘制一根(对)楼板钢筋。点击【板底正筋】或【板底负筋】,程序自动在指定的位置绘制楼板正、负筋。

③绘制补强钢筋。点击【补强正筋】或【补强负筋】,程序自动在指定的区域增加楼板正、负筋。

④绘制通长楼板钢筋。点击【板底通长】或【支座通长】,程序自动在指定的区域增加楼板正、负筋。

⑤在区域内绘制楼板钢筋。点击【区域布筋】,程序自动在指定的区域内(含多块楼板)布置板钢筋。

⑥绘制标准间钢筋。点击【房间归并/自动归并】,程序将楼板配筋相同的房间归并为一类,统一编号,点击【定样板间】和【重画钢筋】,可以仅在样板间绘制楼板钢筋,与其配筋相同的房间仅标注板号。

(2)编辑楼板钢筋

程序提供了多种楼板钢筋和标注的修改、移动、删除、归并、编号等功能。

点击【钢筋修改】,在图中点取钢筋,例如点取支座钢筋,弹出修改支座钢筋对话框(图 5.43),可以进行相关内容的调整和修改。

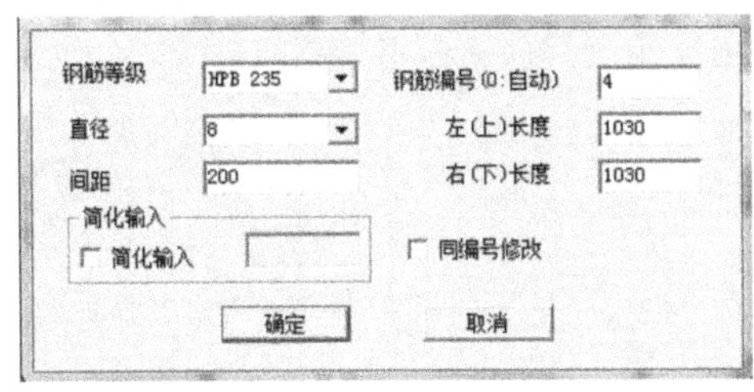

图 5.43　修改支座钢筋对话框

点击【钢筋编号】,弹出钢筋编号参数对话框,如图 5.44 所示。

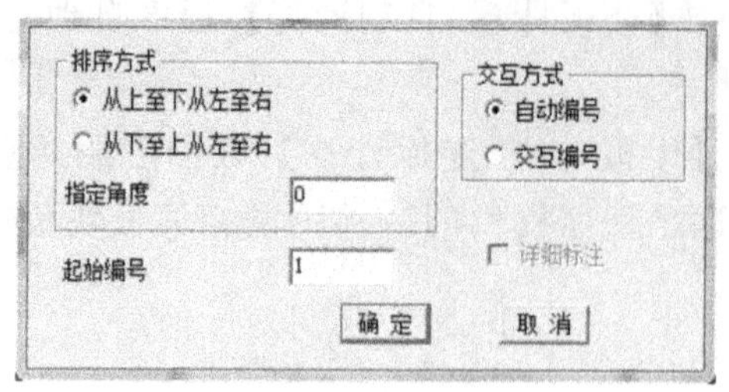

图 5.44　钢筋编号参数对话框

允许任意调整钢筋编号顺序，指定角度和起始编号，使命名钢筋编号更加随意方便。

(3)绘制钢筋表和剖面图

点击【画钢筋表】，程序自动统计绘图中所用到的钢筋，并在指定的位置绘制楼板钢筋表。点击【楼板剖面】，程序在指定位置绘制楼板剖面图。

(4)标注轴线和构件尺寸

点击屏幕上方的下拉菜单，执行相关的轴线、构件、文字等标注命令。最后生成楼板配筋表和平面图施工图(见图 5.45、图 5.46)。

至此已基本完成了设计例题主要构件(梁、柱、板)的设计工作。关于基础设计等内容请参见 PKPM 应用手册或者其他参考资料，这里不再展开介绍。

编号	钢筋简图	规格	最短长度	最长长度	根数	总长度	重量
①	2000-7000	ø10@200	2125	7125	52	234000	144.3
②	130 1150 105	ø8@200	1385	1385	352	487520	192.4
③	105 2100 105	ø10@200	2310	2310	424	979440	603.9
④	105 2000 105	ø8@100	2210	2210	200	442000	174.4
⑤	105 2000 105	ø10@180	2210	2210	116	256360	158.1
⑥	105 1300 105	ø10@200	1510	1510	44	66440	41.0
⑦	105 800 130	ø8@200	1035	1035	74	76590	30.2
⑧	24999	ø10@200	5124	5125	180	899964	554.9
⑨	14999	ø10@200	5124	5125	108	539964	332.9
⑩	2000-7000	ø10@200	2125	7125	78	415972	256.5
总重							2488.4

图 5.45　楼板钢筋表

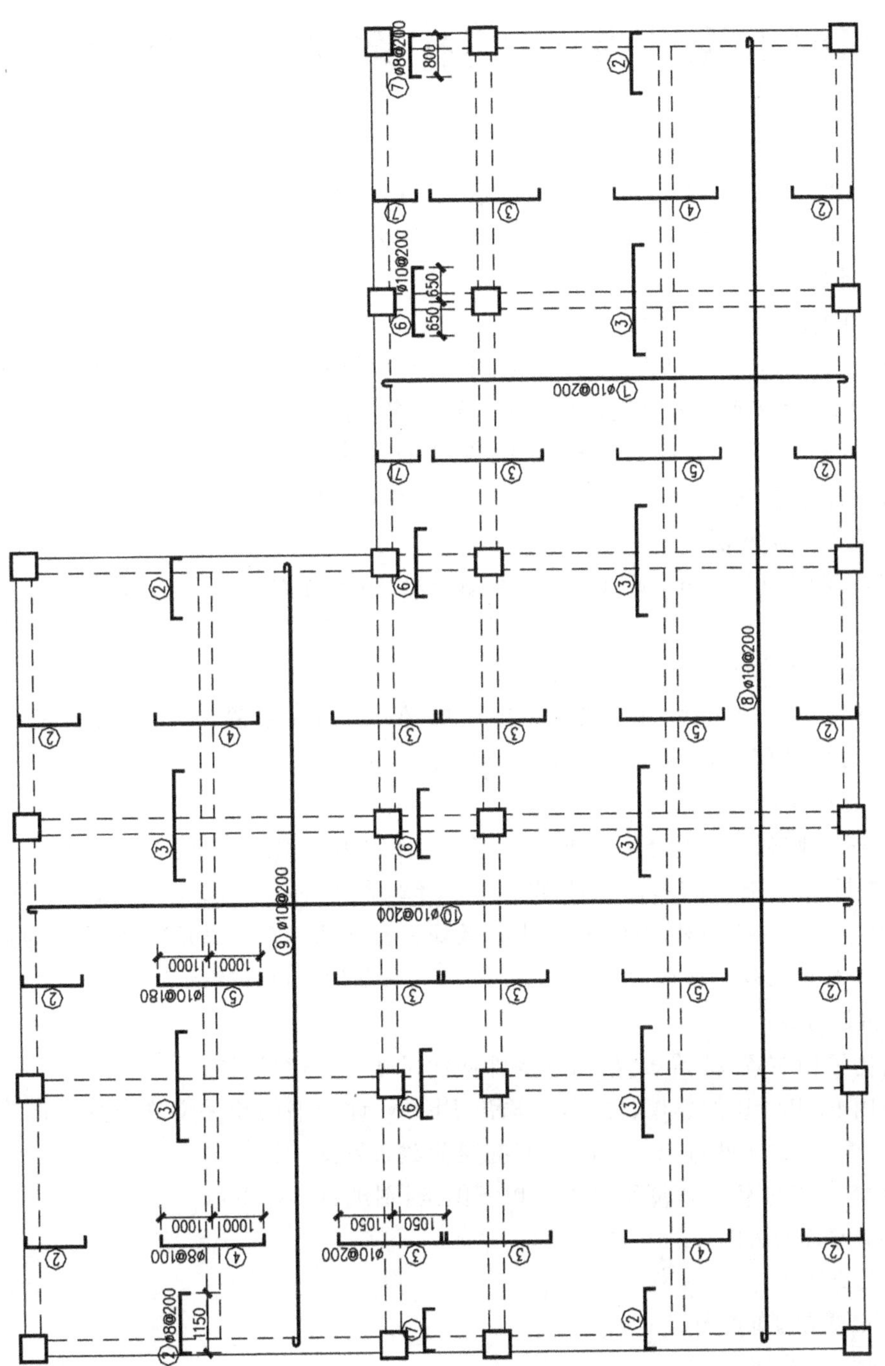

图 5.46　楼板平面施工图

钢筋混凝土框架结构案例设计任务书

某内廊式多层办公楼,标准层建筑平面如图 5.47 所示,层高为 3.6m,层数为 4 层。房屋的安全等级为二级,设计使用年限为 50 年,环境类别为一类,采用钢筋混凝土结构。

一、设计条件

1. 建筑做法

墙体:采用 MU10 烧结多孔砖;内粉刷为混合砂浆底,纸筋灰面,厚 20mm,内墙涂料。外粉刷为 1∶3 水泥砂浆底,厚 20mm,外墙涂料。

楼面:磨石子楼面,板底为 15mm 厚纸筋面石灰抹底,涂料两度。屋面:现浇板上铺膨胀珍珠岩保温层(檐口处厚 100mm,2%自两侧向中间找坡),1∶2 水泥砂浆找平厚 20mm,二毡三油防水层。

门窗:窗洞高 1800mm,宽如建筑平面图所示;门洞高 2400mm、宽 1200mm;木门、塑钢窗。

2. 可变荷载

基本风压 $w_0=0.6\text{kN/m}^2$,地面粗糙度属 A 类,组合系数为 0.6;基本雪压 $S_0=0.4\text{kN/m}^2$;I 类地区;不上人屋面荷载标准值 0.5kN/m^2;

3. 地质条件

建设场地地势平坦,地下水位埋深 1.5m。表层为素填土,重度 $\gamma=17\text{kN/m}^3$,厚度 1.0m;第二层为粘土,可塑,液性指数 $I_L=0.62$,含水率 $w=23.1\%$,相对密度 $C_S=2.73$,重度 $\gamma=19.1\text{kN/m}^3$,厚度 8m,地基承载力特征值 $f_{ak}=220\text{kPa}$;第三层为强风化岩,未钻穿,地基承载力特征值 $f_{ak}=380\text{kPa}$。地基基础的设计等级为丙级。

二、设计要求

1. 结构平面布置(楼盖布置、估算构件截面尺寸)与材料选择;

2. 利用 PKPM 软件建模、分析,并输出 PKPM 计算书的相关文件,包括:图形文件输出 1~3 项;文本文件输出 1~3 项;标准层荷载布置图;

3. 根据 PKPM 软件电算结果导出以下图纸,图纸目录如下:

- 基础平面布置图;
- 基础详图
- 标准层结构布置图;
- 标准层梁详图;
- 屋顶层结构布置图;
- 屋顶层梁详图;
- 标准层柱平面布置图;
- 楼梯结构详图。

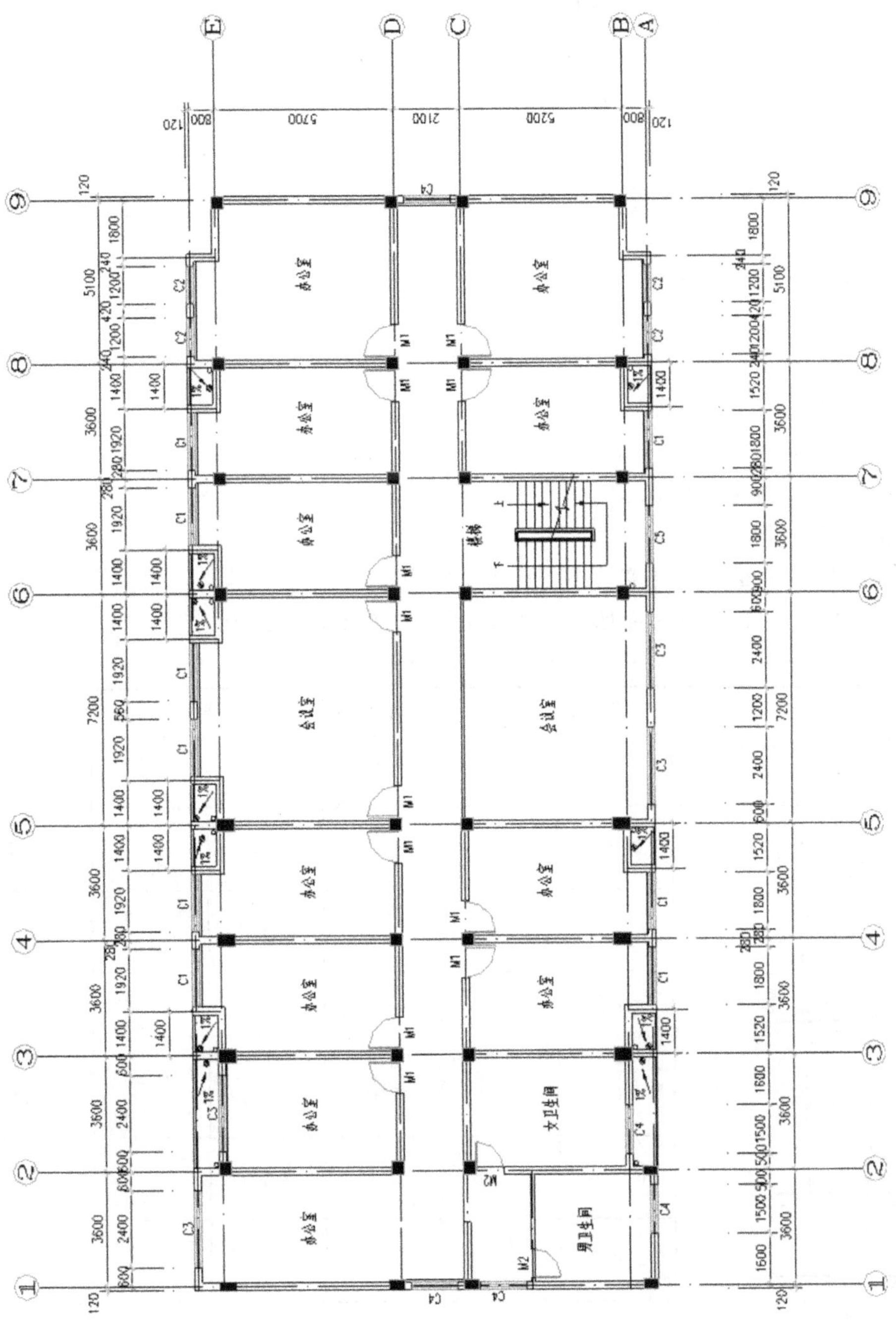

图 5.47　标准层建筑平面图

附　　表

（注：本书所有附表仅供教学使用。）

附表 1　等截面等跨连续梁在常用荷载作用下的内力系数表

在均布及三角形荷载作用下：

$M =$ 表中系数 $\times ql^2$

$V =$ 表中系数 $\times ql$

在集中荷载作用下：

$M =$ 表中系数 $\times Pl$

$V =$ 表中系数 $\times P$

内力正负号规定：

M—— 使截面上部受压、下部受拉为正；

V—— 对邻近截面所产生的力矩沿顺时针方向者为正。

附表 1.1　两跨梁

荷　载　图	跨内最大弯矩		支座弯矩	剪　　力		
	M_1	M_2	M_B	V_A	V_{Bl} V_{Br}	V_c
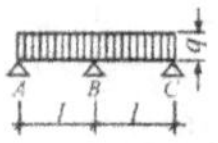	0.070	0.0703	−0.125	0.375	−0.625 0.625	−0.375
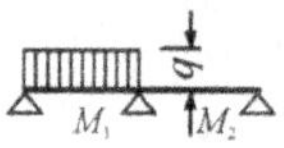	0.096	—	−0.063	0.437	−0.563 0.063	0.063
	0.048	0.048	−0.078	0.172	−0.328 0.328	−0.172
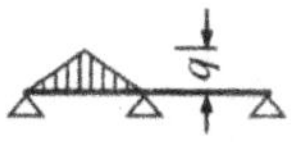	0.064	—	−0.039	0.211	−0.289 −0.039	0.039
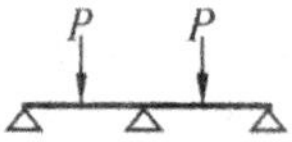	0.156	0.156	−0.188	0.312	−0.688 0.688	−0.312
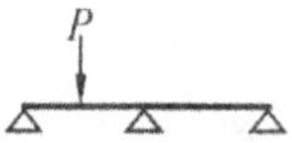	0.203	—	−0.094	0.406	−0.594 0.094	0.094
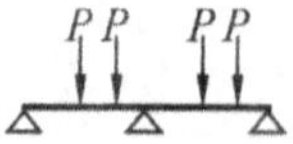	0.222	0.222	−0.333	0.667	−1.333 1.333	−0.667
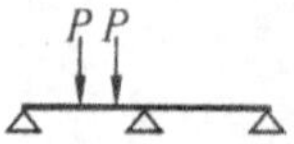	0.278	—	−0.167	0.833	−1.167 0.167	0.167

附表 1.2　三跨梁

荷载图	跨内最大弯矩		支座弯矩		剪力			
	M_1	M_2	M_B	M_C	V_A	V_{Bl} V_{Br}	V_{Cl} V_{Cr}	V_D
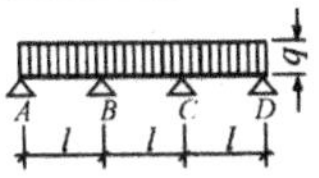	0.080	0.025	-0.100	-0.100	0.400	-0.600 0.500	-0.500 0.600	-0.400
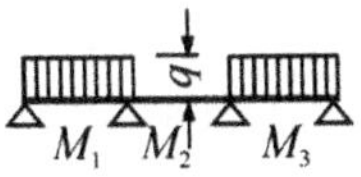	0.101	—	-0.050	-0.050	0.450	-0.550 0	0 0.550	-0.450
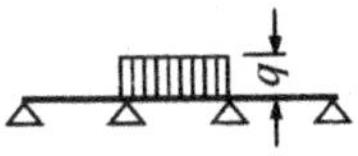	—	0.075	-0.050	-0.050	0.050	-0.050 0.500	-0.500 0.050	0.050
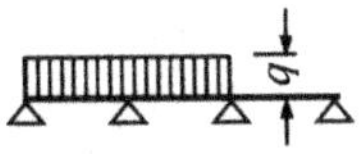	0.073	0.054	-0.117	-0.033	0.383	-0.617 0.583	-0.417 0.033	0.033
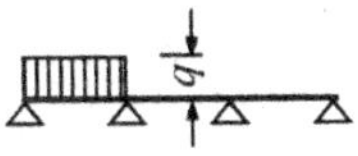	0.094	—	-0.067	0.017	0.433	-0.567 0.083	0.083 -0.017	-0.017
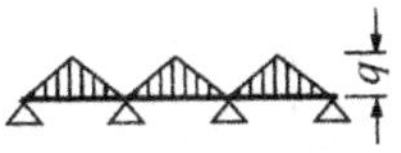	0.054	0.021	-0.063	-0.063	0.183	-0.313 0.250	-0.250 0.313	-0.188
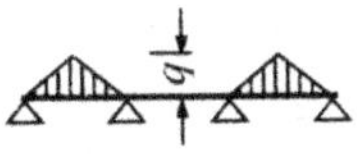	0.068	—	-0.031	-0.031	0.219	-0.281 0	0 0.281	-0.219
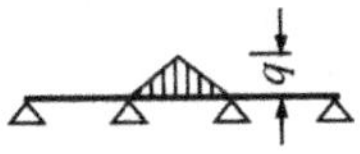	—	0.052	-0.031	-0.031	0.031	-0.031 0.250	-0.250 0.031	0.031
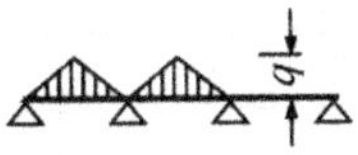	0.050	0.038	-0.073	-0.021	0.177	-0.323 0.302	-0.198 0.021	0.021
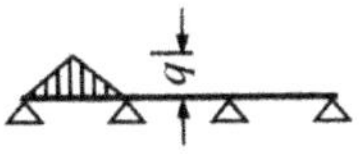	0.063	—	-0.042	0.010	0.208	-0.292 0.052	0.052 -0.010	-0.010
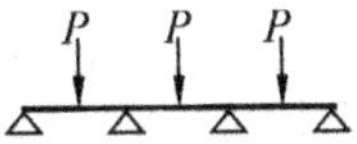	0.176	0.100	-0.150	-0.150	0.350	-0.650 0.500	-0.500 0.650	-0.350
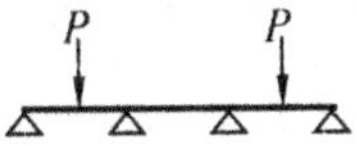	0.213	—	-0.075	-0.075	0.425	-0.575 0	0 0.575	-0.425
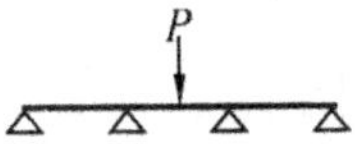	—	0.175	-0.075	-0.075	-0.075	-0.075 0.500	-0.500 0.075	0.075
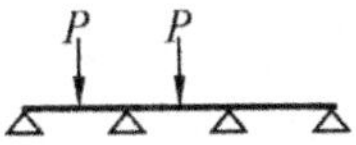	0.162	0.137	-0.175	-0.050	0.325	-0.675 0.625	-0.375 0.050	0.050

续表

荷载图	跨内最大弯矩		支座弯矩		剪力			
	M_1	M_2	M_B	M_C	V_A	V_{Bl} V_{Br}	V_{Cl} V_{Cr}	V_D
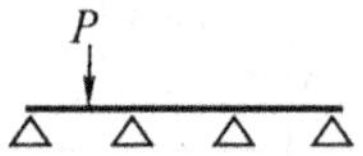 P	0.200	—	−0.100	0.025	0.400	−0.600 0.125	0.125 −0.026	−0.026
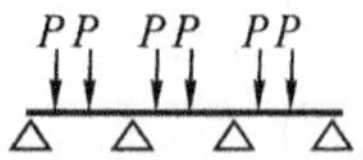 PP PP PP	0.244	0.067	−0.267	0.267	0.733	−1.267 1.000	−1.000 1.267	−0.733
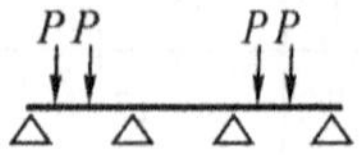 PP PP	0.289	—	0.133	−0.133	0.866	−1.134 0	0 1.134	−0.868
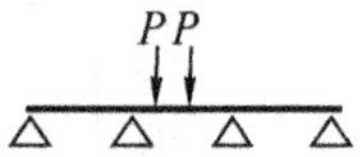 PP	—	0.200	−0.133	0.133	−0.133	−0.133 1.000	−1.000 0.133	0.133
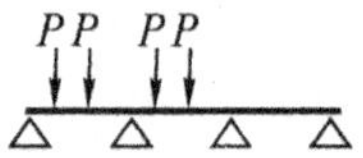 PP PP	0.229	0.170	−0.311	−0.089	0.689	−1.311 1.222	−0.778 0.089	0.089
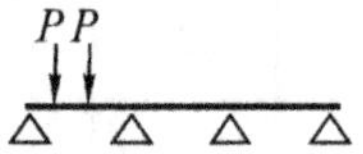 PP	0.274	—	0.178	0.044	0.822	−1.178 0.222	0.222 −0.044	−0.044

附表 1.3　四跨梁

荷载图	跨内最大弯矩				支座弯矩			剪力				
	M_1	M_2	M_3	M_4	M_B	M_C	M_D	V_A	V_{Bl} V_{Br}	V_{Cl} V_{Cr}	V_{Dl} V_{Dr}	V_E
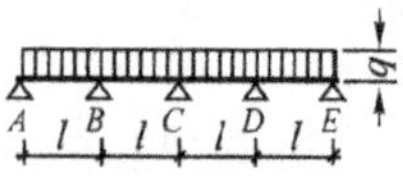 q A l B l C l D l E	0.077	0.036	0.036	0.077	−0.107	−0.071	−0.107	0.393	−0.607 0.536	−0.464 0.464	−0.536 0.607	−0.395
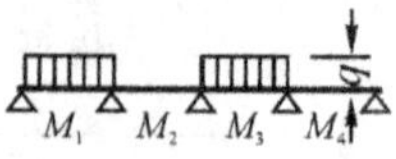 q M_1 M_2 M_3 M_4	0.100	—	0.081	—	−0.054	−0.036	−0.054	0.446	−0.554 0.018	0.018 0.482	−0.518 0.054	0.054
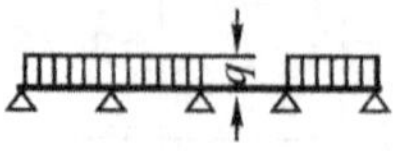 q	0.072	0.061	—	0.098	−0.121	−0.018	−0.058	0.380	−0.620 0.603	−0.397 −0.040	−0.040 0.558	−0.442
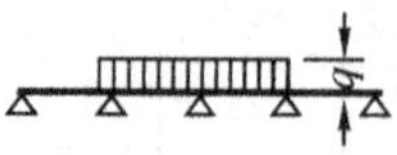 q	—	0.056	0.056	—	−0.036	−0.107	−0.036	−0.036	−0.036 0.429	−0.571 0.571	−0.429 0.036	0.036
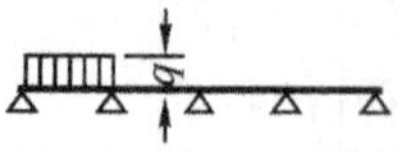 q	0.094	—	—	—	−0.067	0.018	−0.004	0.433	−0.567 0.085	0.085 −0.022	0.022 0.004	0.004
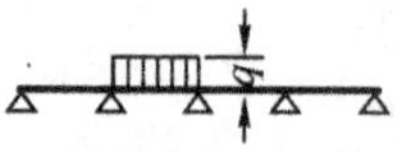 q	—	0.071	—	—	−0.049	−0.054	0.013	−0.049	−0.049 0.496	−0.504 0.067	0.067 −0.013	−0.013

续表

荷载图	跨内最大弯矩				支座弯矩			剪力				
	M_1	M_2	M_3	M_4	M_B	M_C	M_D	V_A	V_{Bl} V_{Br}	V_{Cl} V_{Cr}	V_{Dl} V_{Dr}	V_E
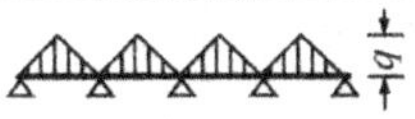	0.052	0.028	0.028	0.052	-0.067	-0.045	-0.067	0.183	-0.317 0.272	-0.228 0.228	-0.272 0.317	-0.183
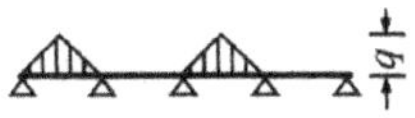	0.067	—	0.055	—	-0.034	-0.022	-0.034	0.217	-0.281 0.011	0.011 0.239	-0.261 0.034	0.034
	0.049	0.042	—	0.066	-0.075	-0.011	-0.036	0.175	-0.325 0.314	-0.186 -0.025	-0.025 0.286	-0.214
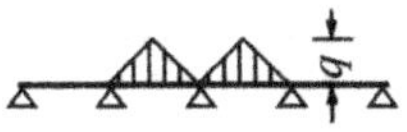	—	0.040	0.040	—	-0.022	-0.067	-0.022	-0.022	-0.022 0.295	-0.295 0.295	-0.205 0.022	0.022
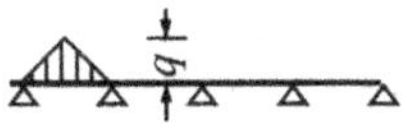	0.063	—	—	—	-0.042	0.011	-0.003	0.208	-0.292 0.053	0.053 -0.014	-0.014 0.003	0.003
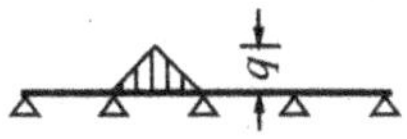	—	0.051	—	—	-0.031	-0.034	0.008	-0.031	-0.031 0.247	-0.253 0.042	0.042 -0.008	-0.008
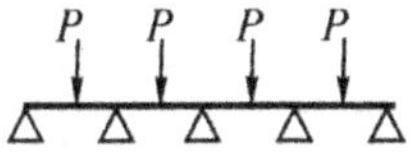	0.169	0.116	0.116	0.169	-0.161	-0.107	-0.161	0.339	-0.061 0.554	-0.446 0.446	-0.554 0.661	-0.339
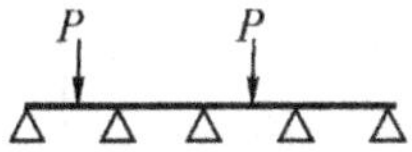	0.210	—	0.183	—	-0.080	-0.054	-0.080	-0.420	-0.580 0.027	0.027 0.473	-0.527 0.080	0.080
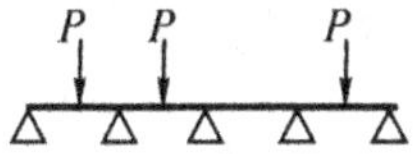	0.159	0.146	—	0.206	-0.181	-0.027	-0.087	0.319	-0.681 0.654	-0.346 -0.060	-0.060 0.587	-0.413
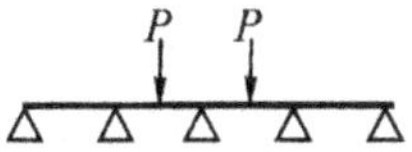	—	0.142	0.142	—	-0.054	-0.161	-0.054	0.054	-0.054 0.393	-0.607 0.607	-0.393 0.054	0.054
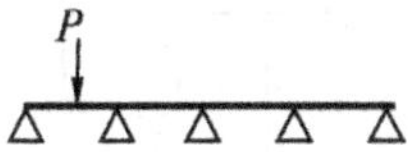	0.200	—	—	—	-0.100	0.027	-0.007	0.400	-0.600 0.127	0.127 -0.033	-0.033 0.007	0.007
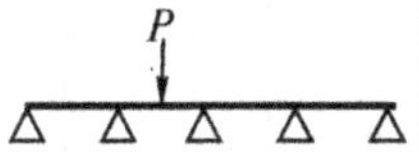	—	0.173	—	—	-0.074	-0.080	0.020	-0.074	-0.074 0.493	-0.507 0.100	0.100 -0.020	-0.020
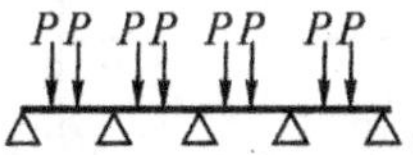	0.238	0.111	0.111	0.238	-0.286	-0.191	-0.286	0.714	1.286 1.095	-0.905 0.905	-1.095 1.286	-0.714
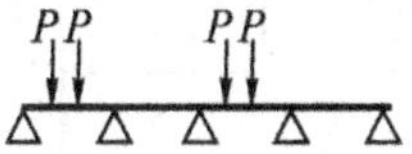	0.286	—	0.222	—	-0.143	-0.095	-0.143	0.857	-1.143 0.048	0.048 0.952	-1.046 0.143	0.143
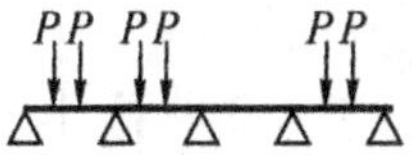	0.226	0.194	—	0.282	-0.321	-0.048	-0.155	0.679	-1.321 1.274	-0.726 -0.107	-0.107 1.155	-0.845
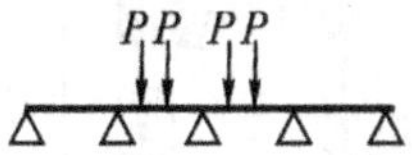	—	0.175	0.175	—	-0.095	-0.286	-0.095	-0.095	0.095 0.810	-1.190 1.190	-0.810 0.095	0.095
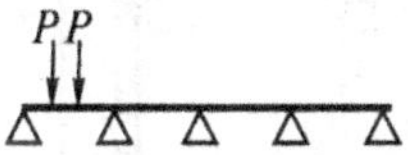	0.274	—	—	—	-0.178	0.048	-0.012	0.822	-1.178 0.226	0.226 -0.060	-0.060 0.012	0.012
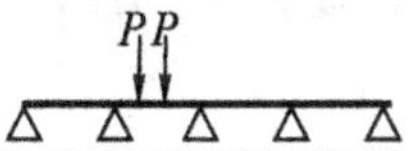	—	0.198	—	—	-0.131	-0.143	0.036	-0.131	-0.131 0.988	-1.012 0.178	0.178 -0.036	-0.036

附表 1.4　五跨梁

荷载图	跨内最大弯矩			支座弯矩				剪力					
	M_1	M_2	M_3	M_B	M_C	M_D	M_B	V_A	V_{Bl} V_{Br}	V_{cl} V_{cr}	V_{Dl} V_{Dr}	V_{El} V_{Er}	V_F
	0.078	0.033	0.046	−0.105	−0.079	−0.079	−0.105	0.394	−0.606 0.526	−0.474 0.500	−0.500 0.474	−0.526 0.606	−0.394
	0.100	—	0.085	−0.053	−0.040	−0.040	−0.053	0.447	−0.553 0.013	0.013 0.500	−0.500 −0.013	−0.013 0.553	−0.447
	—	0.079	—	−0.053	−0.040	−0.040	−0.053	−0.053	−0.053 0.513	−0.487 0	0 0.487	−0.513 0.053	0.053
	0.073	②0.059 0.078	—	−0.119	−0.022	−0.044	−0.051	0.380	−0.620 0.598	−0.402 −0.023	−0.023 0.493	−0.507 0.052	0.052
	①— 0.098	0.055	0.064	−0.035	−0.111	−0.020	−0.057	0.035	0.035 0.424	0.576 0.591	−0.409 −0.037	−0.037 0.557	−0.443
	0.094	—	—	−0.067	0.018	−0.005	0.001	0.433	0.567 0.085	0.085 0.023	0.023 0.006	0.006 −0.001	0.001
	—	0.074	—	−0.049	−0.054	0.014	−0.004	0.019	−0.049 0.496	−0.505 0.068	0.068 −0.018	−0.018 0.004	0.004
	—	—	0.072	0.013	0.053	0.053	0.013	0.013	0.013 −0.066	−0.066 0.500	−0.500 0.066	0.066 −0.013	0.013

续表

荷载图	跨内最大弯矩			支座弯矩				剪力					
	M_1	M_2	M_3	M_B	M_C	M_D	M_B	V_A	V_{Bl} V_{Br}	V_{Cl} V_{Cr}	V_{Dl} V_{Dr}	V_{El} V_{Er}	V_F
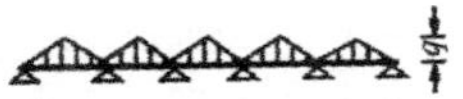	0.053	0.026	0.034	−0.066	−0.049	0.049	−0.066	0.184	−0.316 0.266	−0.234 0.250	−0.250 0.234	−0.266 0.316	0.184
	0.067	—	0.059	−0.033	−0.025	−0.025	0.033	0.217	0.283 0.008	0.008 0.250	−0.250 −0.008	−0.008 0.283	0.217
	—	0.055	—	−0.033	−0.025	−0.025	−0.033	0.033	−0.033 0.258	−0.242 0	0 0.242	−0.258 0.033	0.033
	0.049	②0.041 0.053	—	−0.075	−0.014	−0.028	−0.032	0.175	0.325 0.311	−0.189 −0.014	−0.014 0.246	−0.255 0.032	0.032
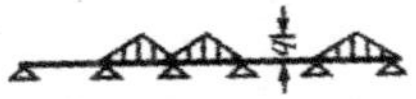	①— 0.066	0.039	0.044	−0.022	−0.070	−0.013	−0.036	−0.022	−0.022 0.202	−0.298 0.307	−0.193 −0.023	−0.023 0.286	−0.214
	0.063	—	—	−0.042	0.011	−0.003	0.001	0.203	−0.292 0.053	0.053 −0.014	−0.014 0.004	0.004 −0.001	−0.001
	—	0.051	—	−0.031	−0.034	0.009	−0.002	−0.031	−0.031 0.247	−0.253 0.043	0.043 −0.011	−0.011 0.002	0.002
	—	—	0.050	0.008	−0.033	−0.033	0.008	0.008	0.008 −0.041	−0.041 0.250	−0.250 0.041	0.041 −0.008	−0.008

续表

荷载图	跨内最大弯矩			支座弯矩				剪力					
	M_1	M_2	M_3	M_B	M_C	M_D	M_B	V_A	V_{Bl} V_{Br}	V_{cl} V_{cr}	V_{Dl} V_{Dr}	V_{El} V_{Er}	V_F
	0.171	0.112	0.132	−0.158	−0.118	−0.118	−0.151	0.342	−0.658 0.540	−0.460 0.500	−0.500 0.460	−0.540 0.658	−0.342
	0.211	—	0.191	−0.079	−0.059	−0.059	−0.079	0.421	−0.579 0.020	0.020 0.500	−0.500 −0.020	−0.020 0.579	−0.421
	—	0.181	—	−0.079	−0.059	−0.059	−0.079	−0.079	−0.070 0.520	−0.480 0	0 0.480	−0.520 0.079	0.079
	0.160	②0.144/0.178	—	−0.179	−0.032	−0.066	−0.077	0.321	−0.679 0.647	−0.353 −0.034	−0.034 0.489	−0.511 0.077	0.077
	①—/0.207	0.140	0.151	−0.052	−0.167	−0.031	−0.086	−0.052	−0.052 0.385	−0.615 0.637	−0.363 −0.056	−0.056 0.586	−0.414
	0.200	—	—	−0.100	0.027	−0.007	0.002	0.400	−0.600 0.127	0.127 −0.031	−0.034 0.009	0.009 −0.002	−0.002
	—	0.173	—	−0.073	−0.081	0.022	−0.005	−0.073	−0.073 0.493	−0.507 0.102	0.102 −0.027	−0.027 0.005	0.005
	—	—	0.171	0.020	−0.079	−0.079	0.020	0.020	0.020 −0.099	−0.099 0.500	−0.500 0.099	0.099 −0.020	0.020

续表

荷载图	跨内最大弯矩			支座弯矩				剪力					
	M_1	M_2	M_3	M_B	M_C	M_D	M_B	V_A	V_{Bl} V_{Br}	V_{Cl} V_{Cr}	V_{Dl} V_{Dr}	V_{El} V_{Er}	V_F
PP PP PP PP PP	0.240	0.100	0.122	−0.281	−0.211	0.211	−0.281	0.719	−1.281 1.070	−0.930 1.000	−1.000 0.930	1.070 1.281	−0.710
PP PP PP	0.287	—	0.228	−0.140	−0.105	−0.105	−0.140	0.860	−1.140 0.035	0.035 1.000	1.000 −0.035	−0.035 1.140	−0.860
PP PP	—	0.216	—	−0.140	−0.105	−0.105	−0.140	−0.140	−0.140 1.035	−0.965 0	0.000 0.965	−1.035 0.140	0.140
PP PP PP	0.227	②0.189/0.209	—	−0.319	−0.057	−0.118	−0.137	0.681	−1.319 1.262	−0.738 −0.061	−0.061 0.981	−1.019 0.137	0.137
PP PP PP PP	①—/0.282	0.172	0.198	−0.093	−0.297	−0.054	−0.153	−0.093	−0.093 0.796	−1.204 1.243	−0.757 −0.099	−0.099 1.153	−0.847
PP	0.274	—	—	−0.179	0.048	−0.013	0.003	0.821	−1.179 0.227	0.227 −0.061	−0.061 0.016	0.016 −0.003	−0.003
PP	—	0.198	—	−0.131	−0.144	0.038	−0.010	−0.131	−0.131 0.987	−0.013 0.182	0.182 −0.048	−0.048 0.010	0.010
PP	—	—	0.193	0.035	−0.140	−0.140	0.035	0.035	0.035 −0.175	−0.175 1.000	−1.000 0.175	0.175 −0.035	−0.035

表中：① 分子及分母分别为 M_1 及 M_5 的弯矩系数；② 分子与分母分别为 M_2 及 M_4 的弯矩系数。

附表 2　双向板计算系数表

符　号　说　明

$$B_c = \frac{Eh^3}{12(1-\mu^2)}$$

式中：B_c—— 刚度；

E—— 弹性模量；

h—— 板厚；

μ—— 泊松比。

f, f_{max}—— 分别为板中心点的挠度和最大挠度；

f_{ax}, f_{ay}—— 分别为平行于 l_x 和 l_y 方向自由边的中点挠度；

m_x, m_{xmax}—— 分别为平行于 l_x 方向板中心点单位板宽内的弯矩和板跨内最大弯矩；

m_y, m_{ymax}—— 分别为平行于 l_y 方向板中心点单位板宽内的弯矩和板跨内最大弯矩；

m_{ax}, m_{ay}—— 分别为平行于 l_x 和 l_y 方向自由边的中点单位板宽内的弯矩；

m'_x—— 固定边中点沿 l_x 方向单位板宽内的弯矩；

m'_y—— 固定边中点沿 l_y 方向单位板宽内的弯矩；

m'_{xz}—— 平行于 l_x 方向自由边上固定端单位板宽内的支座弯矩。

——代表自由边；　┅┅ 代表简支边；　ㄩㄩㄩ 代表固定边。

正负号的规定：

弯矩 —— 使板的受荷面受压者为正；

挠度 —— 变位方向与荷载方向相同者为正。

①

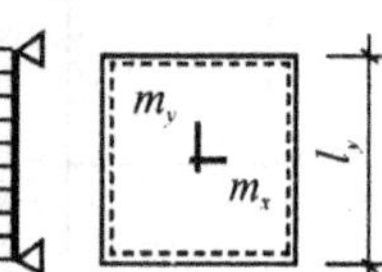

挠度 = 表中系数 × $\frac{ql^4}{B_c}$；

$\mu = 0$，弯矩 = 表中系数 × ql^2

式中 l 取用 l_x 和 l_y 中之较小者。

附表 2.1

l_x/l_y	f	m_x	m_y	l_x/l_y	f	m_x	m_y
0.50	0.01013	0.0965	0.0174	0.80	0.00603	0.0561	0.0334
0.55	0.00940	0.0892	0.0210	0.85	0.00547	0.0506	0.0348
0.60	0.00867	0.0820	0.0242	0.90	0.00496	0.0456	0.0358
0.65	0.00796	0.0750	0.0271	0.95	0.00449	0.0410	0.0364
0.70	0.00727	0.0683	0.0296	1.00	0.00406	0.0368	0.0368
0.75	0.00663	0.0620	0.0317				

②

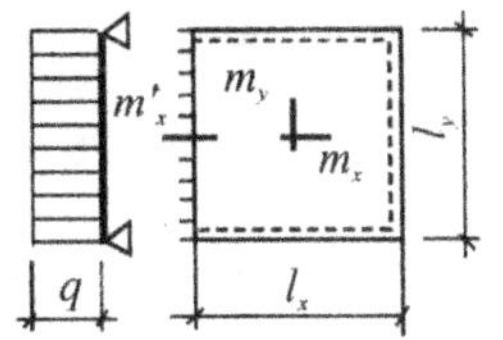

挠度 = 表中系数 × $\frac{ql^4}{B_c}$；

$\mu = 0$，弯矩 = 表中系数 × ql^2

式中 l 取用 l_x 和 l_y 中之较小者。

附表 2.2

l_x/l_y	l_y/l_x	f	f_{max}	m_x	m_{xmax}	m_y	m_{ymax}	m'_x
0.50		0.00488	0.00504	0.0583	0.0646	0.0060	0.0063	−0.1212
0.55		0.00471	0.00492	0.0563	0.0618	0.0081	0.0087	−0.1187
0.60		0.00453	0.00472	0.0539	0.0589	0.0104	0.0111	−0.1158
0.65		0.00432	0.00448	0.0513	0.0559	0.0126	0.0133	−0.1124
0.70		0.00410	0.00422	0.0485	0.0529	0.0148	0.0154	−0.1087
0.75		0.00388	0.00399	0.0457	0.0496	0.0168	0.0174	−0.1048
0.80		0.00365	0.00376	0.0428	0.0463	0.0187	0.0193	−0.1007
0.85		0.00343	0.00352	0.0400	0.0431	0.0204	0.0211	−0.0965
0.90		0.00321	0.00329	0.0372	0.0400	0.0219	0.0226	−0.0922
0.95		0.00299	0.00306	0.0345	0.0369	0.0232	0.0239	−0.0880
1.00	1.00	0.00279	0.00285	0.0319	0.0340	0.0243	0.0249	−0.0839
	0.95	0.00316	0.00324	0.0324	0.0345	0.0280	0.0287	−0.0882
	0.90	0.00360	0.00368	0.0328	0.0347	0.0322	0.0330	−0.0926
	0.85	0.00409	0.00417	0.0329	0.0347	0.0370	0.0378	−0.0970
	0.80	0.00464	0.00473	0.0326	0.0343	0.0424	0.0433	−0.1014
	0.75	0.00526	0.00536	0.0319	0.0336	0.0485	0.0494	−0.1056
	0.70	0.00596	0.00605	0.0308	0.0323	0.0553	0.0562	−0.1096
	0.65	0.00670	0.00680	0.0291	0.0306	0.0627	0.0637	−0.1133
	0.60	0.00752	0.00762	0.0268	0.0289	0.0707	0.0717	−0.1166
	0.55	0.00838	0.00848	0.0239	0.0271	0.0792	0.0801	−0.1193
	0.50	0.00927	0.00935	0.0205	0.0249	0.0880	0.0888	−0.1215

③

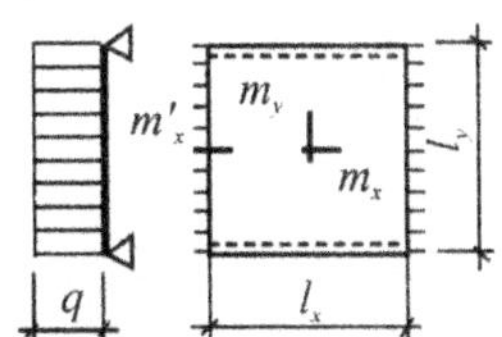

挠度 = 表中系数 × $\frac{ql^4}{B_c}$；

$\mu = 0$，弯矩 = 表中系数 × ql^2

式中 l 取用 l_x 和 l_y 中之较小者。

附表 2.3

l_x/l_y	l_y/l_x	f	m_x	m_y	m'_x
0.50		0.00261	0.0416	0.0017	−0.0843
0.55		0.00259	0.0410	0.0028	−0.0840
0.60		0.00255	0.0402	0.0042	−0.0834
0.65		0.00250	0.0392	0.0057	−0.0826
0.70		0.00243	0.0379	0.0072	−0.0814
0.75		0.00236	0.0366	0.0088	−0.0799
0.80		0.00228	0.0351	0.0103	−0.0782
0.85		0.00220	0.0335	0.0118	−0.0763
0.90		0.00211	0.0319	0.0133	−0.0743
0.95		0.00201	0.0302	0.0146	−0.0721
1.00	1.00	0.00192	0.0285	0.0158	−0.0698
	0.95	0.00223	0.0296	0.0189	−0.0746
	0.90	0.00260	0.0306	0.0224	−0.0797
	0.85	0.00303	0.0314	0.0266	−0.0850
	0.80	0.00354	0.0319	0.0316	−0.0904
	0.75	0.00413	0.0321	0.0374	−0.0959
	0.70	0.00482	0.0318	0.0441	−0.1013
	0.65	0.00560	0.0308	0.0518	−0.1066
	0.60	0.00647	0.0292	0.0604	−0.1114
	0.55	0.00743	0.0267	0.0698	−0.1156
	0.50	0.00844	0.0234	0.0798	−0.1191

④

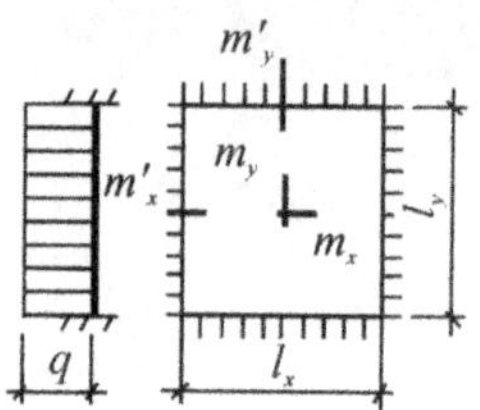

挠度 = 表中系数 × $\frac{ql^4}{B_c}$；

$\mu=0$，弯矩 = 表中系数 × ql^2

式中 l 取用 l_x 和 l_y 中之较小者。

附表 2.4

l_x/l_y	f	m_x	m_y	m'_x	m'_y
0.50	0.00253	0.0400	0.0038	−0.0829	−0.0570
0.55	0.00246	0.0385	0.0056	−0.0814	−0.0571
0.60	0.00236	0.0367	0.0076	−0.0793	−0.0571
0.65	0.00224	0.0345	0.0095	−0.0766	−0.0571
0.70	0.00211	0.0321	0.0113	−0.0735	−0.0569
0.75	0.00197	0.0296	0.0130	−0.0701	−0.0565
0.80	0.00182	0.0271	0.0144	−0.0664	−0.0559
0.85	0.00168	0.0246	0.0156	−0.0626	−0.0551
0.90	0.00153	0.0221	0.0165	−0.0588	−0.0541
0.95	0.00140	0.0198	0.0172	−0.0550	−0.0528
1.00	0.00127	0.0176	0.0176	−0.0513	−0.0513

⑤

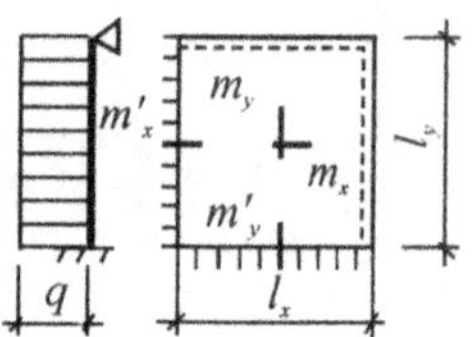

挠度 = 表中系数 × $\frac{ql^4}{B_c}$；

$\mu=0$，弯矩 = 表中系数 × ql^2

式中 l 取用 l_x 和 l_y 中之较小者。

附表 2.5

l_x/l_y	f	f_{max}	m_x	m_{xmax}	m_y	m_{ymax}	m'_x	m'_y
0.50	0.00468	0.00471	0.0559	0.0562	0.0079	0.0135	−0.1179	−0.0786
0.55	0.00445	0.00454	0.0529	0.0530	0.0104	0.0153	−0.1140	−0.0785
0.60	0.00419	0.00429	0.0496	0.0498	0.0129	0.0169	−0.1095	−0.0782
0.65	0.00391	0.00399	0.0461	0.0465	0.0151	0.0183	−0.1045	−0.0777
0.70	0.00363	0.00368	0.0426	0.0432	0.0172	0.0195	−0.0992	−0.0770
0.75	0.00335	0.00340	0.0390	0.0396	0.0189	0.0206	−0.0938	−0.0760
0.80	0.00308	0.00313	0.0356	0.0361	0.0204	0.0218	−0.0883	−0.0748
0.85	0.00281	0.00236	0.0322	0.0328	0.0215	0.0229	−0.0829	−0.0733
0.90	0.00256	0.00261	0.0291	0.0297	0.0224	0.0238	−0.0776	−0.0716
0.95	0.00232	0.00237	0.0261	0.0267	0.0230	0.0244	−0.0726	−0.0698
1.00	0.00210	0.00215	0.0234	0.0240	0.0234	0.0249	−0.0677	−0.0677

⑥

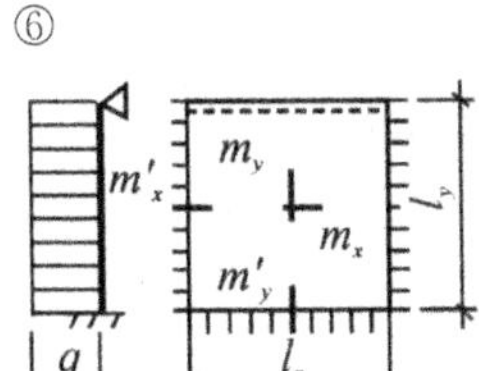

挠度 ＝ 表中系数 × $\frac{ql^4}{B_c}$；

$\mu = 0$，弯矩 ＝ 表中系数 × ql^2

式中 l 取用 l_x 和 l_y 中之较小者。

附表 2.6

l_x/l_y	l_y/l_x	f	f_{max}	m_x	m_{xmax}	m_y	m_{ymax}	m'_x	m'_y
0.50		0.00257	0.00258	0.0408	0.0409	0.0028	0.0089	−0.0836	−0.0569
0.55		0.00252	0.00256	0.0398	0.0399	0.0042	0.0093	−0.0827	−0.0570
0.60		0.00245	0.00249	0.0384	0.0386	0.0059	0.0105	−0.0814	−0.0571
0.65		0.00237	0.00240	0.0368	0.0371	0.0076	0.0116	−0.0796	−0.0572
0.70		0.00227	0.00229	0.0350	0.0354	0.0093	0.0127	−0.0774	−0.0572
0.75		0.00216	0.00219	0.0331	0.0335	0.0109	0.0137	−0.0750	−0.0572
0.80		0.00205	0.00208	0.0310	0.0314	0.0124	0.0147	−0.0722	−0.0570
0.85		0.00193	0.00196	0.0289	0.0293	0.0138	0.0155	−0.0693	−0.0567
0.90		0.00181	0.00184	0.0268	0.0273	0.0159	0.0163	−0.0663	−0.0563
0.95		0.00169	0.00172	0.0247	0.0252	0.0160	0.0172	−0.0631	−0.0558
1.00	1.00	0.00157	0.00160	0.0227	0.0231	0.0168	0.0180	−0.0600	−0.0550
	0.95	0.00178	0.00182	0.0229	0.0234	0.0194	0.0207	−0.0629	−0.0599
	0.90	0.00201	0.00206	0.0228	0.0234	0.0223	0.0238	−0.0656	−0.0653
	0.85	0.00227	0.00233	0.0225	0.0231	0.0255	0.0273	−0.0683	−0.0711
	0.80	0.00256	0.00262	0.0219	0.0224	0.0290	0.0311	−0.0707	−0.0772
	0.75	0.00286	0.00294	0.0208	0.0214	0.0329	0.0354	−0.0729	−0.0837
	0.70	0.00319	0.00327	0.0194	0.0200	0.0370	0.0400	−0.0748	−0.0903
	0.65	0.00352	0.00365	0.0175	0.0182	0.0412	0.0446	−0.0762	−0.0970
	0.60	0.00386	0.00403	0.0153	0.0160	0.0454	0.0493	−0.0773	−0.1033
	0.55	0.00419	0.00437	0.0127	0.0133	0.0496	0.0541	−0.0780	−0.1093
	0.50	0.00449	0.00463	0.0099	0.0103	0.0534	0.0588	−0.0784	−0.1146

附表 3　单阶柱柱顶反力与位移系数图表

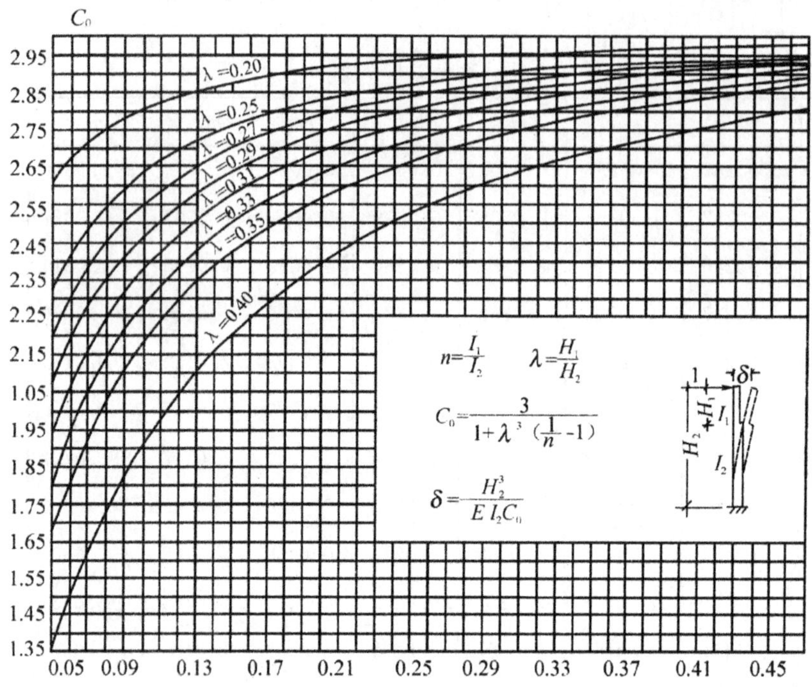

附表图 3.1　柱顶单位集中荷载作用下系数 C_0 的数值

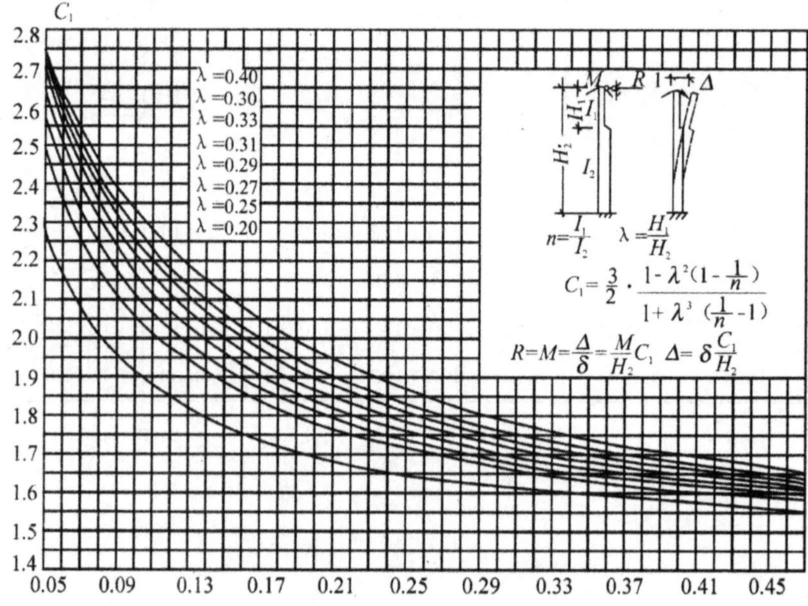

附表图 3.2　柱顶力矩作用下系数 C_1 的数值

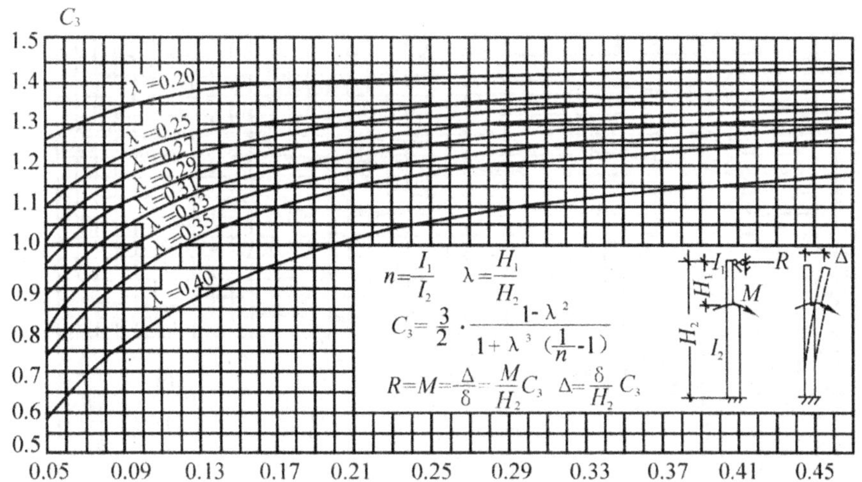

附表图 3.3　力矩作用在牛腿面系数 C_3 的数值

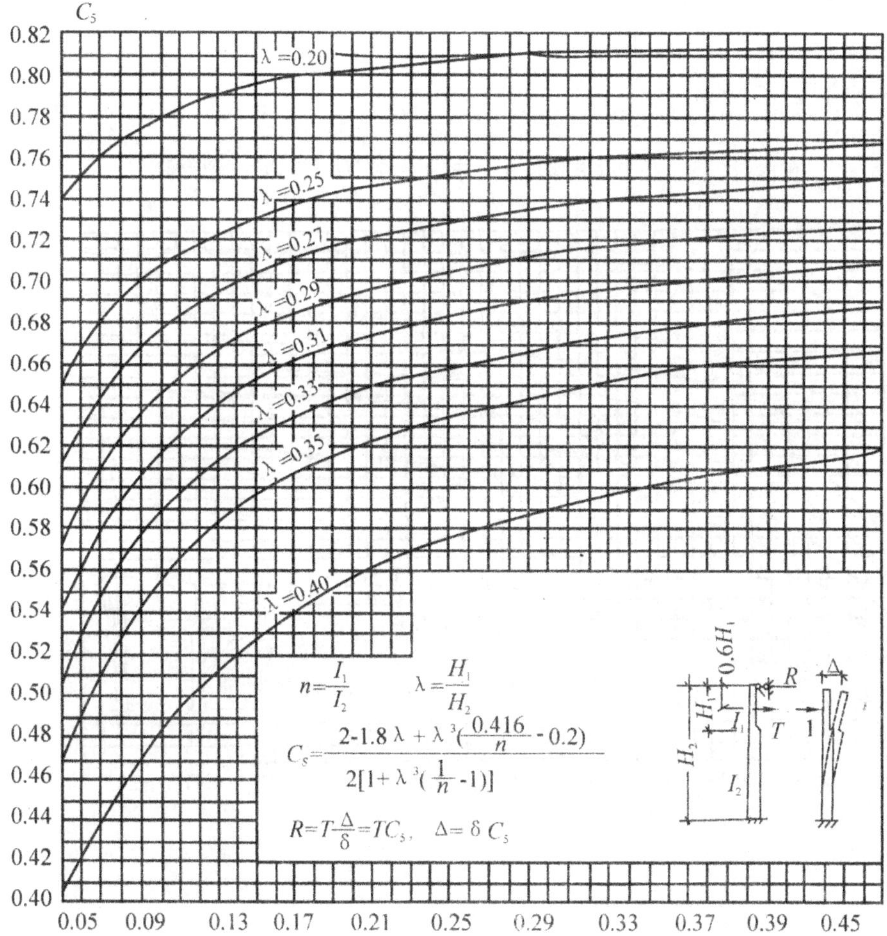

附表图 3.4　集中荷载作用在上柱（$y=0.6H_1$）系数 C_5 的数值

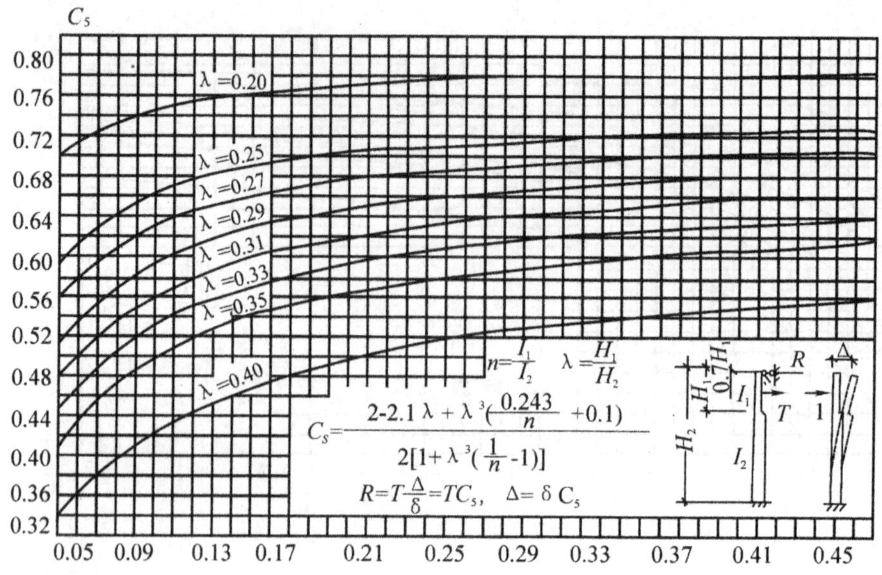

附表图 3.5　集中荷载作用在上柱($y=0.7H_1$)系数 C_5 的数值

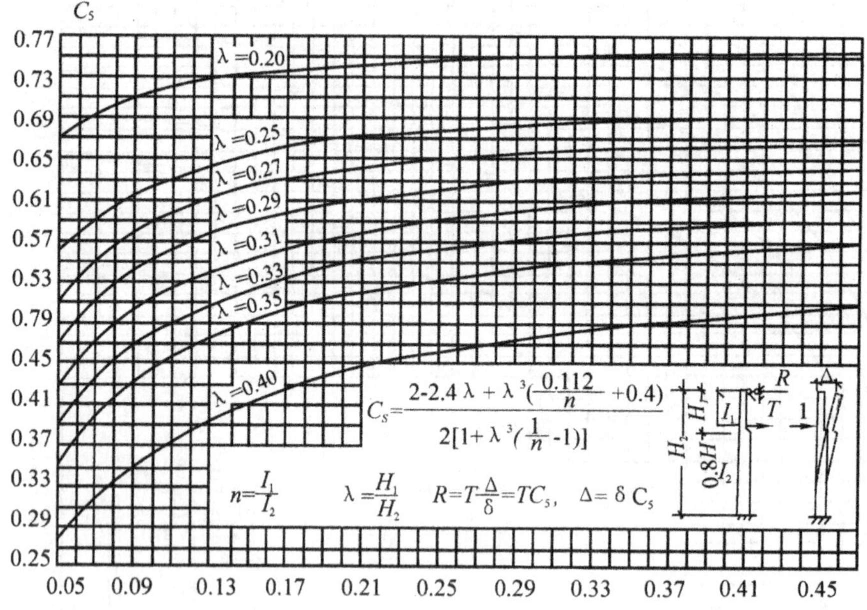

附表图 3.6　集中荷载作用在上柱($y=0.8H_1$)系数 C_5 的数值

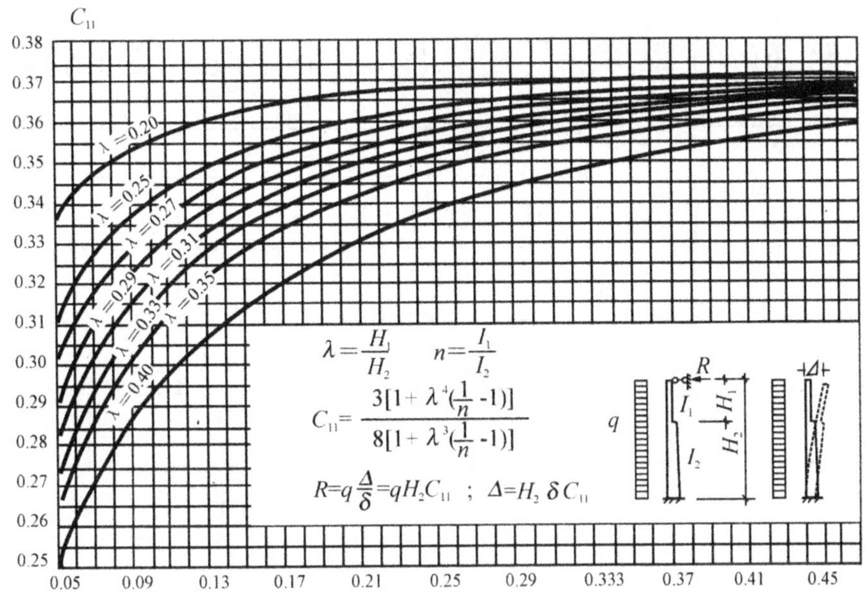

附表图 3.7　均布荷载作用在整个上、下柱系数 C_{11} 的数值

附表 4　采用刚性屋盖的单层工业厂房排架柱、露天吊车和栈桥柱的计算长度 l_0

项　次	柱　的　类　型		排架方向	垂　直　排　架　方　向	
				有柱间支撑	无柱间支撑
1	无吊车厂房柱	单　跨	$1.5H$	$1.0H$	$1.2H$
		多　跨	$1.25H$	$1.0H$	$1.2H$
2	有吊车厂房柱	上　柱	$2.0H_u$	$1.25H_u$	$1.5H_u$
		下　柱	$1.0H_l$	$0.8H_l$	$1.0H_l$
3	露天吊车栈桥柱		$2.0H_l$	$1.0H_l$	—

注：1. 表中：H— 从基础顶面算起的柱全高；H_l— 从基础顶面至装配式吊车梁底面或现浇式吊车梁顶面的柱下部高度；H_u— 从装配式吊车梁底面或从现浇式吊车梁顶面算起的柱上部高度。

2. 表中有吊车厂房的柱的计算长度，当计算中不考虑吊车荷载时，可按无吊车厂房采用；但上柱的计算长度仍按有吊车厂房采用。

3. 表中有吊车厂房柱在排架方向上柱的计算长度，适用于 $H_u/H_l \geqslant 0.3$ 的情况；当 $H_u/H_l < 0.3$ 时，宜采用 $2.5H_u$。

附表 5　6m 柱距单层厂房矩形、工字形截面尺寸限值

柱　的　类　型	b	h		
		$Q \leqslant 100\text{kN}$	$100\text{kN} < Q < 300\text{kN}$	$300\text{kN} \leqslant Q \leqslant 500\text{kN}$
有吊车厂房下柱	$\geqslant \frac{H_l}{22}$	$\geqslant \frac{H_l}{14}$	$\geqslant \frac{H_l}{12}$	$\geqslant \frac{H_l}{10}$
露天吊车柱	$\geqslant \frac{H_l}{25}$	$\geqslant \frac{H_l}{10}$	$\geqslant \frac{H_l}{8}$	$\geqslant \frac{H_l}{7}$
单跨无吊车厂房柱	$\geqslant \frac{H}{30}$	$\geqslant \frac{1.5H}{25}$（或 $0.06H$）		
多跨无吊车厂房柱	$\geqslant \frac{H}{30}$	$\geqslant \frac{1.25H}{25}$		
仅承受风载及自重的抗风柱	$\geqslant \frac{H_b}{40}$	$\geqslant \frac{H_l}{25}$		
同时承受由连系梁传来山墙自重的抗风柱	$\geqslant \frac{H_b}{30}$	$\geqslant \frac{H_l}{25}$		

注：H_l—— 下柱高度(算至基础顶面)；

H—— 柱全高(算至基础顶面)；

H_b—— 抗风柱从基础顶面至柱平面外(宽度)方向支撑点的高度。

附表 6　厂房柱截面型式和尺寸参考表(中级工作制)

吊车起重量	轨顶高度	6m 柱距(边柱)		6m 柱距(中柱)	
kN	m	上柱(mm)	下柱(mm)	上柱(mm)	下柱(mm)
≤ 50	6 ~ 8	矩 400 × 400	工 400 × 600 × 100	矩 400 × 400	工 400 × 600 × 100
100	8	矩 400 × 400	工 400 × 700 × 100	矩 400 × 600	工 400 × 800 × 150
	10	矩 400 × 400	工 400 × 800 × 150	矩 400 × 600	工 400 × 800 × 150
150 ~ 200	8	矩 400 × 400	工 400 × 800 × 150	矩 400 × 600	工 400 × 800 × 150
	10	矩 400 × 400	工 400 × 900 × 150	矩 400 × 600	工 400 × 1000 × 150
	12	矩 500 × 400	工 500 × 1000 × 200	矩 500 × 600	工 500 × 1200 × 200
300	8	矩 400 × 400	工 400 × 1000 × 150	矩 400 × 600	工 400 × 1000 × 150
	10	矩 400 × 500	工 400 × 1000 × 150	矩 500 × 600	工 500 × 1200 × 200
	12	矩 500 × 500	工 500 × 1000 × 200	矩 500 × 600	工 500 × 1200 × 200
	14	矩 600 × 500	工 600 × 1200 × 200	矩 600 × 600	工 600 × 1200 × 200
500	10	矩 500 × 500	工 500 × 1200 × 200	矩 500 × 700	双 500 × 1600 × 300
	12	矩 500 × 600	工 500 × 1400 × 200	矩 500 × 700	双 500 × 1600 × 300
	14	矩 600 × 600	工 600 × 1400 × 200	矩 600 × 700	双 600 × 1800 × 300

注：表中的截面形式采用下列符号：矩 —— 矩形截面 $b \times h$(宽度 × 高度)；工 —— 工字形截面 $b \times h \times h_f$(h_f 为翼缘高度)；双 —— 双肢柱 $b \times h \times h_l$(h_l 为肢杆高度)。

附表 7　厂房柱截面型式和尺寸参考表(重级工作制)

吊车起重量	轨顶高度	6m 柱距(边柱)		6m 柱距(中柱)	
kN	m	上柱(mm)	下柱(mm)	上柱(mm)	下柱(mm)
≤ 50	6 ～ 8	矩 400 × 400	工 400 × 600 × 100	矩 400 × 500	工 400 × 800 × 150
100	8 10	矩 400 × 400 矩 400 × 400	工 400 × 800 × 150 工 400 × 800 × 150	矩 400 × 600 矩 400 × 600	工 400 × 800 × 150 工 400 × 800 × 150
150 ～ 200	8 10 12	矩 400 × 400 矩 500 × 500 矩 500 × 500	工 400 × 800 × 150 工 500 × 1000 × 200 工 500 × 1000 × 200	矩 400 × 600 矩 500 × 600 矩 600 × 600	工 400 × 1000 × 150 工 500 × 1000 × 200 工 500 × 1000 × 220
300	10 12 14	矩 500 × 500 矩 500 × 600 矩 600 × 600	工 500 × 1000 × 200 工 500 × 1200 × 200 工 600 × 1400 × 200	矩 500 × 600 矩 500 × 600 矩 600 × 600	工 500 × 1200 × 200 工 500 × 1400 × 200 工 600 × 1400 × 200
500	10 12 14	矩 500 × 500 矩 500 × 600 矩 600 × 600	工 500 × 1200 × 200 工 500 × 1400 × 200 双 600 × 1600 × 300	矩 500 × 700 矩 500 × 700 矩 600 × 700	双 500 × 1600 × 300 双 500 × 1600 × 300 双 600 × 1800 × 300
750	12 14 16	双 600 × 1000 × 250 双 600 × 1000 × 250 双 700 × 1000 × 250	双 600 × 1800 × 300 双 600 × 1800 × 300 双 700 × 2000 × 350	双 600 × 1000 × 300 双 600 × 1000 × 300 双 700 × 1000 × 300	双 600 × 2200 × 350 双 600 × 2200 × 350 双 700 × 2200 × 350
1000	12 14 16	双 600 × 1000 × 250 双 600 × 1000 × 250 双 700 × 1000 × 300	双 600 × 1800 × 300 双 600 × 2000 × 350 双 700 × 2200 × 400	双 600 × 1000 × 300 双 600 × 1000 × 300 双 700 × 1000 × 300	双 600 × 2400 × 350 双 600 × 2400 × 350 双 700 × 2400 × 400

注:表中的截面符号同附表 6

参考文献

[1] 混凝土结构设计规范(GB 50010－2012).北京:中国建筑工业出版社,2010
[2] 建筑结构荷载规范(GB 50009－2012).北京:中国建筑工业出版社,2010
[3] 建筑结构可靠度设计统一标准(GB 50068－2001).北京:中国建筑工业出版社,2010
[4] 建筑抗震设计规范(GB 50011－2010).北京:中国建筑工业出版社,2010
[5] 建筑地基基础设计规范(GB 50007－2011).北京:中国建筑工业出版社,2011
[6] 高层建筑混凝土结构技术规程(JGJ 3－2010).北京:中国建筑工业出版社,2010
[7] 舒士霖等.钢筋混凝土结构(第三版).杭州:浙江大学出版社,2011
[8] 天津大学,同济大学,南京工学院.钢筋混凝土结构(下册).北京:中国建筑工业出版社,1980
[9] R. Park and T. Paulay. Reinforced Concrete Structures, New York: John Wiley and Sons Inc., 1975
[10] 单层厂房建筑设计编写组.单层厂房建筑设计.北京:中国建筑工业出版社,1974
[11] 同济大学.单层厂房设计与施工.上海:上海人民出版社,1976
[12] [美]沃尔夫岗·舒勒尔著.同济大学钢筋混凝土教研室译.高层房屋结构.上海:上海科学技术出版社,1981
[13] 高层建筑结构概念与结构设计译文集.上海:建筑科学,1988
[14] 高层建筑结构设计建议.上海:上海科学技术出版社,1985
[15] 包世华,方鄂华.高层建筑结构设计(第二版).北京:清华大学出版社,1990
[16] 赵西安.钢筋混凝土高层建筑结构设计(第二版).北京:中国建筑工业出版社,1995
[17] 胡世德.高层建筑结构施工.上海:上海科学技术出版社,1991
[18] 上海科学技术情报研究所.国外高层建筑抗风译文集.上海:上海科学技术出版社,1979
[19] 张相庭.结构风压和风振计算.上海:同济大学出版社,1985
[20] 地震工程概论编写组.地震工程概论.北京:科学出版社,1977
[21] 李桂青.抗震结构计算理论和方法.北京:地震出版社,1985
[22] 汪达尊,周齐雄.建筑结构技术资料汇编.第十二辑(建筑抗震设计).中国建筑技术发展中心技术开发与咨询部,1988
[23] 高层建筑结构设计实例集.北京:中国建筑工业出版社,1989
[24] 薛建阳等.混凝土结构设计.北京:中国电力出版社,2011
[25] 中国建筑科学研究院.PKPM 多高层结构计算软件应用指南.北京:中国建筑工业出版社,2010
[26] 杨星.PKPM 结构软件从入门到精通.北京:中国建筑工业出版社,2012